VORLESUNGEN

ÜBER

TECHNISCHE MECHANIK

VON

DR. PHIL. DR.-ING. AUG. FÖPPL†

PROF. A. D. TECHN. HOCHSCHULE IN MÜNCHEN, GEH. HOFRAT

DRITTER BAND

FESTIGKEITSLEHRE

VIERZEHNTE AUFLAGE

BEARBEITET VON DR.-ING. OTTO FÖPPL, BRAUNSCHWEIG

MIT 114 ABBILDUNGEN IM TEXT

MÜNCHEN UND BERLIN 1944
VERLAG VON R. OLDENBOURG

Photomechanische Übertragung (Manuldruck) 1944
der Firma F. Ullmann G.m.b.H., Zwickau Sa.

Printed in Germany

Aus dem Vorwort zur ersten Auflage.

An der Technischen Hochschule in München erstreckten sich die Vorlesungen über technische Mechanik von jeher über das ganze Gebiet der Mechanik, soweit es für die Ausbildung der Techniker überhaupt in Betracht kommt. Schon mein Vorgänger, Bauschinger, war bemüht, seinen Hörern alles zu bieten, was der Techniker von der Mechanik wissen sollte, und ich bin ihm darin gefolgt. Der Besuch einer vom mathematischen Standpunkte aus abgehaltenen Vorlesung über analytische Mechanik kann zwar den sich für die theoretischen Seiten der Mechanik näher interessierenden Studierenden daneben lebhaft empfohlen werden; für die weitaus überwiegende Mehrzahl der Hörer reicht aber nach den Traditionen unserer Hochschule die Vorlesung über technische Mechanik schon vollständig aus. Bei den großen Ansprüchen, die heute von allen Seiten an die Zeit und an die Arbeitskraft der studierenden Techniker gestellt werden, ist der Vorteil, der diesen hieraus erwächst, nicht zu unterschätzen.

Die Vorlesungen zerfallen in vier Teile, von denen der erste eine Einführung in die Mechanik bildet, während die drei übrigen die graphische Statik, die Festigkeitslehre und die Dynamik behandeln. Der erste Teil fällt in das zweite Studiensemester, darauf folgen die beiden nächsten Teile nebeneinander im dritten und schließlich der letzte Teil im vierten Studiensemester. Jeder dieser Teile soll bei der Veröffentlichung in einem besonderen Bande zur Darstellung kommen, der von den übrigen unabhängig ist. Dabei sollen indessen Wiederholungen so weit als tunlich vermieden werden. Wer nur einen dieser Bände zur Hand nimmt, wird daher manches vermissen, was sonst aufgenommen worden wäre, wenn der Band nicht durch die übrigen ergänzt werden sollte.

a *

Bei der Verteilung des Stoffes auf die einzelnen Bände war nicht nur auf die Zahl der in jedem Semester zur Verfügung stehenden Vorlesungsstunden, sondern auch auf die bis zur gegebenen Zeit von den Studierenden bereits erreichte mathematische Vorbildung Rücksicht zu nehmen. Hiernach wird der erste Band nur geringe Ansprüche an die mathematischen Vorkenntnisse machen und jeder folgende allmählich höhere. Man wird auch schon innerhalb des jetzt vorliegenden Bandes bemerken, daß sich diese Ansprüche vom Anfange gegen das Ende hin steigern.

Bei der Ausarbeitung habe ich mich möglichst eng an das Vorlesungsheft angeschlossen. Von den Zwischenrechnungen, die sich bei der Ableitung der Formeln im Vortrage nötig machen, habe ich, um nicht zu weitläufig zu werden, soviel als anging, ohne das Verständnis zu erschweren, weggelassen; manche sind aber auch entweder ganz beibehalten oder doch durch entsprechende Andeutungen hinreichend gekennzeichnet. Freilich: den Besuch der Vorlesung selbst wird das Buch schwerlich ganz ersetzen können; in dieser Absicht ist es aber auch nicht geschrieben worden.

Dem in der Rechnung ungeübten Leser glaube ich — falls er nur mit den Grundbegriffen überhaupt noch genügend vertraut ist — durch die vollständig durchgerechneten Übungsbeispiele in den Aufgaben die Benutzung des Buches erleichtert zu haben. Diese Aufgaben löse ich als Musterbeispiele auch in den Vorlesungen selbst; sie dienen in vielen Fällen nicht nur zur Übung, sondern sind zugleich zu wesentlichen Ergänzungen des Textes bestimmt.

Freilich wird der Praktiker nicht nur durch die Differentialformeln, sondern mehr vielleicht noch durch das leidige Schlagwort von dem Gegensatze zwischen Theorie und Praxis von dem Studium solcher Bücher abgehalten. Diese Behauptung lasse ich aber auf dem Gebiete der technischen Mechanik durchaus nicht gelten; hier kann nur von einem Gegensatze zwischen falscher oder unvollständiger Theorie und der richtigen Theorie die Rede sein. Die richtige Theorie ist immer in Übereinstimmung mit der Praxis. — Daß mein Ziel bei der Bearbeitung der Mechanik ausschließlich die Erkenntnis der Wirklichkeit ist — was mit Recht gefordert werden darf — wird der Leser bald herausfinden. In der Tat sind die Lehren dieses Bandes keineswegs allein am Schreibtisch zusammengestellt, sondern sie sind ganz wesentlich auf eigenen Erfahrungen aufgebaut. Gerade bei der Bearbeitung der Festigkeitslehre sind mir die Ergebnisse sehr zahlreicher Versuche der verschiedensten Art, die ich während der letzten Jahre in dem mit meinem Lehrstuhle verbundenen Laboratorium anstellen konnte, erheblich zustatten gekommen.

Analytische Entwicklungen betrachte ich immer nur als ein Mittel zur Erkenntnis des inneren Zusammenhanges der Tatsachen. Wer auf sie verzichten wollte, würde das schärfste und zuverlässigste Werkzeug zur Verarbeitung der Beobachtungstatsachen aus der Hand geben. In der Tat gibt es auch heute kaum ein einziges Gebiet der Mechanik oder der Physik, das man ohne Benutzung der Hilfsmittel der höheren Rechnungsarten hinreichend zu beherrschen vermöchte.

München, im Oktober 1897.

A. Föppl.

Vorwort zur zehnten Auflage.

Einem Wunsche meines verstorbenen Vaters folgend habe ich die Neubearbeitung des vorliegenden Bandes III der Vorlesungen übernommen.

Es ist natürlich, daß ein neuer Bearbeiter mit manchen Ausführungen eines vorhandenen Buches — es mag im ganzen noch so meisterhaft geschrieben sein — nicht voll einverstanden sein wird, und es liegt unter diesen Umständen nahe, daß der neue Herausgeber manche Veränderungen vornehmen wird

Neu verfaßt sind bei der vorliegenden Auflage die Paragraphen 12, 12a, 12b, 13, 14, 14a, 14b, 45 und 45a. Wesentliche Veränderungen oder Ergänzungen haben erfahren die Paragraphen 3, 10, 15, 17, 19, 32, 35, 37, 39, 43, 44, 57 und 58.

Von den Aufgaben sind einige entfernt oder gekürzt und dafür die Aufgaben 34 und 44 neu aufgenommen worden. In Übereinstimmung mit den D.I.N. ist für das Trägheitsmoment einer Fläche das Zeichen J (statt bisher Θ) eingeführt worden.

Braunschweig im November 1926.

Otto Föppl.

Vorwort zur elften, zwölften und dreizehnten Auflage.

Ein Buch, das 40 Jahre lang großen Einfluß auf die Ausbildung der heranwachsenden deutschen Ingenieure gehabt und das wissenschaftliche Ansehen der deutschen Technik wesentlich gehoben hat, darf nicht vom Buchmarkt verschwinden, wenn es, wie im vorliegenden Fall, jedes Jahr eine große Anzahl neuer Käufer und Leser findet. Ich bin unter diesen Umständen der Firma R. Oldenbourg, München, zu besonderem Dank verpflichtet, daß sie die Herausgabe der elften, zwei Jahre später der zwölften, und wieder zwei Jahre später der dreizehnten Auflage des Buches übernommen hat.

Unsere Auffassungen von der Dauerfestigkeit der Werkstoffe sind in den letzten 10 bis 20 Jahren, die seit der Herausgabe der zehnten Auflage verflossen sind, ganz wesentlich geändert worden. Um dieser Tatsache Rechnung zu tragen, habe ich die Paragraphen 12b bis 14b unter Verwertung der im Wöhler-Institut, Braunschweig, gewonnenen Erfahrungen neu verfaßt.

Bei der Herausgabe der dreizehnten Auflage ist der Paragraph 13 „Das Oberflächendrücken zum Zwecke der Steigerung der Dauerhaltbarkeit" weiter ergänzt worden, nachdem sich das neue Verfahren auf verschiedenen Gebieten als sehr wertvoll herausgestellt hat.

Braunschweig im Juli 1938, im Juni 1940 bzw. im Juni 1942.

O. Föppl.

Inhaltsübersicht.

Erster Abschnitt.

Allgemeine Untersuchungen über den Spannungszustand.

§ 1. Die Aufgaben der Festigkeitslehre.

Bei vielen Untersuchungen der Mechanik genügt es, die festen Körper als durchaus unveränderlich oder als starr zu betrachten. In anderen Fällen aber, mit denen wir uns hier zu beschäftigen haben, reicht dieser Grad der Annäherung an das wirkliche Verhalten der in der Natur vorkommenden festen Körper nicht aus.

Man kann diese Fälle in zwei Gruppen einteilen. Bei der ersten Gruppe fragt man danach, ob und unter welchen Umständen ein Bruch oder eine größere Formänderung zu befürchten ist oder auch, wie man den Körper, um den es sich handelt, zu gestalten hat, damit man sicher sein kann, daß er sich unter den gegebenen Umständen ungefähr wie ein starrer Körper verhalten wird. Aufgaben von dieser Art werden häufig zur Festigkeitslehre „im engeren Sinne" gerechnet.

In den Fällen der zweiten Gruppe weiß man vorher schon, daß der betrachtete Körper gegen größere Formänderungen oder gegen Bruch widerstandsfähig genug ist, um ihn annähernd als starr betrachten zu können; trotzdem reichen die Lehren der Mechanik starrer Körper nicht aus, um gewisse Fragen zu beantworten, die sich auf das Verhalten dieses Körpers beziehen. Einfache Beispiele dafür sind folgende. Ein Balken, der auf zwei Stützen aufruht, überträgt auf diese, wenn er belastet ist, Auflagerkräfte, die sich nach den Lehren der Mechanik starrer Körper berechnen lassen. Das ist aber nicht mehr möglich, wenn der Balken an drei Stellen gestützt ist. Ebensowenig vermag man anzugeben, wie groß der Druck

ist, den jedes Bein eines beliebig belasteten vierbeinigen Tisches
auf den Boden ausübt, wenn man von der in diesem Falle
nicht zutreffenden Voraussetzung ausgeht, daß es genüge, den
Tisch als starren Körper zu betrachten. Zu ähnlichen Schwierigkeiten gelangt man bei der Untersuchung des Stoßes der Körper, wenn man diese als starr ansieht.

Früher, als man noch annahm, daß bei manchen Körpern,
z. B. bei den Bausteinen, das Bild des starren Körpers zur
Beschreibung ihres Verhaltens genügen müsse, hat man sich
öfters bemüht, die scheinbar vorhandene Lücke der Mechanik
starrer Körper durch Aufstellung besonderer Gesetze (z. B. des
sogenannten Gesetzes des kleinsten Widerstandes in der Ge-
wölbetheorie) zu schließen, ohne von dem Bilde des starren
Körpers abzuweichen. Heute weiß man, daß diese Bemühungen
verfehlt waren. Es gibt keine Körper in der Natur, die vollkommen starr wären. Alle vermögen ihre Form etwas zu ändern,
ohne deshalb sofort zu zerbrechen, und alle Fragen, auf die man
bei der früheren Anschauung keine Antwort zu geben vermochte,
finden ihre Lösung, sobald man auf die Formänderungsfähigkeit
der Naturkörper Rücksicht nimmt.

Aus jener Zeit, in der man sich hierüber noch nicht klar
geworden war, stammt auch die Bezeichnung dieser Aufgaben.
Man nennt auch heute noch solche Aufgaben statisch unbestimmt, bei denen kein Zweifel darüber erhoben werden kann,
daß die Körper nur geringe Gestaltänderungen erfahren, daß
sie sich also auf den ersten Anschein wie starre verhalten
werden, bei denen aber trotzdem die Mechanik der starren
Körper zur Lösung nicht ausreicht.   .

Mit der zuerst genannten Gruppe von Fällen teilt diese
zweite Gruppe die Eigentümlichkeit, daß man auf die Gestaltänderungen, wenn sie auch noch so klein seien, Rücksicht
nehmen muß, um zu einer Lösung zu gelangen. Beide Gruppen
werden daher am besten gemeinsam untersucht. Man macht
zwar manchmal insofern einen Unterschied, als man nur die
Fälle der ersten Gruppe der eigentlichen Festigkeitslehre, die
der zweiten Gruppe der „Theorie der Elastizität" zuweist. Ich

werde aber von einer solchen Unterscheidung absehen. Unter
der Festigkeitslehre im weiteren Sinne verstehe ich vielmehr
ganz allgemein jenen Teil der Mechanik fester Körper, bei dem
auf die Betrachtung der gewöhnlich nur sehr kleinen Formänderungen dieser Körper eingegangen wird. „Fest" steht daher
hier ausdrücklich im Gegensatze zu „starr", braucht aber darum noch nicht mit „elastisch" zusammenzufallen. Die Untersuchung des Verhaltens eines plastischen Körpers, also etwa
eines Klumpens aus knetbarem Tone, würde vielmehr auch als
eine Aufgabe der Festigkeitslehre aufzufassen sein. Mit solchen
Fällen hat man aber nur selten zu tun und es ist daher nicht
nötig, in diesem Buche darauf einzugehen.

§ 2. Die inneren Kräfte.

Durch die kleine Formänderung, die ein Körper an irgendeiner bestimmten Stelle unter dem Einflusse der Belastung erfährt, werden an dieser Stelle innere Kräfte wachgerufen, die
die Formänderung wieder rückgängig zu machen suchen. Um
die Aufgaben der Festigkeitslehre, zu welcher Gruppe sie nun
auch gehören mögen, lösen zu können, muß man sowohl die
Formänderung als auch den damit verbundenen Spannungszustand genauer untersuchen. Will man die zuletzt genannte
Seite der Betrachtung besonders hervorheben, so kann man
die Festigkeitslehre auch als die Mechanik der inneren
Kräfte bezeichnen. Man darf dabei freilich nicht vergessen,
daß die vollständige Lösung aller bei der Behandlung der
inneren Kräfte auftretenden Fragen ohne Berücksichtigung der
damit verbundenen Formänderung ebensowenig möglich ist,
wie eine Untersuchung der Formänderung ohne Betrachtung
der dazu gehörigen inneren Kräfte. Einige der wichtigsten
Gesetzmäßigkeiten, denen die inneren Kräfte unterworfen sind,
lassen sich indessen auch schon ohne nähere Erörterung der
Formänderung behandeln und mit ihnen haben wir uns in
diesem ersten Abschnitte vorwiegend zu beschäftigen.

Wenn auch die Festigkeitslehre mit anderen Aufgaben zu
tun hat und andere Verfahren anwendet, wie die Statik starrer

Körper, so steht sie darum doch nicht im Gegensatz zu dieser.
Die Festigkeitslehre stützt sich vielmehr auf die Mechanik
starrer Körper und ergänzt deren Lehren nur so weit, als nötig
ist, um das wirkliche Verhalten der festen Körper in der Natur zu
beschreiben. Wenn nämlich auch die Mechanik starrer Körper
nur einen Teil des ganzen Erfahrungsgebietes umfaßt, so gelten
doch ihre Lehren innerhalb ihres Bereichs genau für alle
Körper, auch wenn sie an sich nicht starr sind. Für die Anwendung dieser Lehren genügt es stets, wenn sich der Körper
nur im gegebenen Falle so verhält, als wenn er starr wäre.
Dies trifft namentlich zu, wenn der ganze Körper ruht, denn
die Ruhe des ganzen Körpers und hiermit aller Teile, aus
denen er besteht, schließt in sich, daß keine Gestaltänderung
eintritt, daß sich also der Körper wenigstens während der Zeit,
in der wir ihn betrachten, so wie ein starrer verhält. Wir
brauchen daher, um von der Statik starrer Körper Gebrauch
machen zu können, nur abzuwarten, bis sich die Formänderung,
die ein Körper unter einer Belastung erfuhr, vollzogen hat und
der Körper wieder zur Ruhe gelangt ist.

Der wichtigste Grundsatz, von dem die Festigkeitslehre
ausgeht, läßt sich in die Worte fassen: Jeder Teil eines
Körpers, wie er auch in Gedanken aus diesem abgegrenzt werden möge, ist selbst wieder als ein Körper
anzusehen, auf den sich die allgemeinen Sätze der
Mechanik anwenden lassen. Mancher wird vielleicht geneigt sein, diesen Grundsatz einfach als selbstverständlich hin-
zunehmen. Er ist es auch ohne Zweifel, wenn man die
Trennung nicht nur in Gedanken, sondern in Wirklichkeit vornimmt. Er soll aber nicht nur auf wirkliche Bruchstücke angewendet werden, sondern auch auf Teile des Körpers, die dauernd mit dem Reste verbunden bleiben und die wir nur deshalb für sich genommen betrachten, weil wir dadurch Aufschlüsse
über das Verhalten des ganzen Körpers zu gewinnen suchen.
In dieser Form kann der Satz nur als ein Erfahrungsgesetz hingestellt werden, zu dessen Rechtfertigung es vollständig genügt,
daß es sich bisher unter allen Umständen bewährt hat.

In der Mechanik der starren Körper braucht man nur auf die äußeren Kräfte zu achten, also auf jene, die von anderen Körpern her auf den gegebenen einwirken. Bei allen Sätzen, die für das Gleichgewicht solcher Körper aufgestellt sind, kommen nämlich die inneren Kräfte, die den Zusammenhang des Körpers aufrechterhalten, überhaupt nicht vor. Sobald wir aber einen beliebig abgegrenzten Teil des Körpers zum Gegenstand unserer Untersuchung machen, müssen wir beachten, daß Kräfte, die zwischen diesem Teile und dem Reste des Körpers auftreten, zwar für den ganzen Körper immer noch als innere, für jenen Teil — oder auch für den Rest — aber als äußere aufzufassen sind. Wir werden uns also, um die Sätze der gewöhnlichen Statik auf das Gleichgewicht eines Teiles des Körpers anwenden zu können, vor allen Dingen zu fragen haben, von welcher Art die Kräfte sein können, die zwischen dem Teile und dem Reste des Körpers wirken.

Zu diesem Zwecke erinnern wir uns daran, daß die irdischen Körper, die wir untersuchen, in der Regel nur dann Kräfte von meßbarer Größe aufeinander übertragen, wenn sie miteinander in Berührung kommen. Ausnahmsweise kommen allerdings auch Kräfte vor, die dem Anscheine nach ohne vermittelndes Bindeglied in die Ferne wirken. Wenn wir also z. B. einen Teil eines Magneten betrachten, müssen wir auch auf die magnetischen Fernkräfte achten, die von dem Reste auf das betrachtete Stück übertragen werden und die an diesem Stücke als äußere Kräfte auftreten. Mit solchen Fällen hat man sich aber nur ganz ausnahmsweise zu beschäftigen und wir wollen daher, um die Betrachtung nicht verwickelter zu machen, als es in der Regel nötig ist, weiterhin ganz von ihnen absehen.

Wenn dies geschieht, bleiben zwischen einem gegebenen Teile eines Körpers und dem Reste nur solche Kräfte übrig, die mit den Druckkräften bei der Berührung verschiedener Körper zu vergleichen sind, die also ihren Sitz (d. h. ihre Angriffspunkte) an den Grenzflächen zwischen beiden Teilen haben. Freilich ist hier von vornherein darauf zu achten, daß diese Kräfte nicht notwendig Druckkräfte zu sein brauchen, sondern auch Zugkräfte sein können oder überhaupt jede beliebige Richtung und Größe haben können, da ein fester Körper nicht nur einer Annäherung, sondern auch einer Entfernung seiner einzelnen Teile und überhaupt jeder Formänderung einen Widerstand entgegensetzt.

Diese in einer solchen Grenzfläche übertragenen Kräfte bezeichnet man als Spannungen des Körpers. Da man sich auf jede beliebige Weise einen Teil des Körpers von dem Reste abgegrenzt denken kann, vermag man die Spannung an jeder Stelle und für jede Schnittrichtung als äußere Kraft an einem Teile des Körpers aufzufassen. Dadurch werden alle Spannungen der Untersuchung zugänglich und aus den Gleichgewichtsbedingungen, die für jedes beliebig abgegrenzte Körperelement erfüllt sein müssen, folgen sofort die Beziehungen zwischen den Spannungen für verschiedene Schnittrichtungen und an verschiedenen Stellen des Körpers, die zur Grundlage für alle weiteren Untersuchungen dienen müssen.

Wird ein Stück des Körpers so abgegrenzt, daß seine Oberfläche mit der Oberfläche des ganzen Körpers zum Teile zusammenfällt (also so, daß das Stück nicht ganz aus dem Inneren des Körpers herausgeschnitten ist), so treten an diesen Stellen keine Spannungen auf. Dagegen können hier Druckkräfte von außen, also von anderen Körpern her übertragen werden. Die äußeren Kräfte müssen im Gleichgewichte mit den an den übrigen Teilen der Oberfläche des Körperstücks (also an den Schnittflächen) übertragenen Spannungen und mit den etwa auf die Masse des Körperstücks selbst wirkenden Fernkräften stehen. Da die äußeren Kräfte gewöhnlich als gegeben angesehen werden können, erhält man durch diese Gleichgewichtsbedingung ein Mittel, um die Größe der Spannungen unter gewissen Umständen zu berechnen.

§ 3. Die bezogene Spannung.

Wir betrachten zunächst den in Abb. 1 dargestellten Fall einer Zugstange, die durch die an beiden Enden angreifenden

Kräfte P in Spannung versetzt wird. Denkt man sich durch einen Schnitt mm den links davon liegenden Teil des Körpers von dem Reste abgetrennt, so erfordert die Gleichgewichtsbedingung für diesen Teil, daß im Schnitte mm Spannungen übertragen werden, deren Resultierende gleich P ist und in die Richtung der Stabmittellinie fällt.

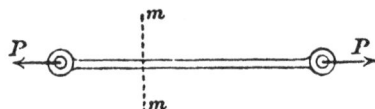

Abb. 1.

Freilich kennt man damit zunächst nur die gesamte durch die Schnittfläche mm übertragene Spannkraft, und man weiß noch nicht, wie sie sich auf die einzelnen Teile des Querschnitts verteilt. Solange man den Körper, was bisher immer noch zulässig war, als starr ansieht, fehlt in der Tat jedes Mittel, um selbst für diesen einfachsten Fall der Zugbeanspruchung einen Anhaltspunkt für die Verteilung der Spannungen über den Querschnitt zu finden. Die Aufgabe ist statisch unbestimmt, genau in demselben Sinne wie jene über die Druckverteilung auf die vier Beine eines Tisches, von der vorher die Rede war.

Wenn die Stange wirklich starr wäre, hätte es allerdings überhaupt keine Bedeutung, näheres über die Verteilung der Spannungen im Querschnitte zu erfahren, da sie für das physikalische Verhalten des Körpers ganz belanglos wäre. Der Widerstand, den ein Körper dem Zerreißen entgegenzusetzen vermag, ist aber immer nur begrenzt. Wenn ein Bruch eintritt, ist von vornherein nicht zu erwarten, daß er sich gleichzeitig über den ganzen Querschnitt erstreckt. Er wird vielmehr von einer Stelle, an der die günstigsten Bedingungen dafür vorliegen, ausgehen und sich dann erst über die übrigen Stellen ausbreiten. Um ein Urteil darüber zu erhalten, ob bei einer bestimmten Belastung ein Bruch zu erwarten ist, müssen wir daher näheres über die Verteilung der gesamten Spannung über den Bruchquerschnitt zu erfahren suchen.

Dazu kann uns nur eine Untersuchung der Formänderungen verhelfen, die dem Bruche vorausgehen. Denn diese hängen in bestimmter Weise mit der Verteilung der Spannungen zusammen. Die Art dieses Zusammenhanges wird durch die besonderen Eigenschaften des belasteten Körpers bedingt und kann nur auf Grund der Erfahrung festgestellt werden. Wenn der Körper elastisch ist und der Schnitt mm von den Enden der Stange weit genug entfernt ist, läßt sich erwarten und findet sich auch durch den Versuch bestätigt, daß die durch die Belastung hervorgerufene elastische Dehnung für alle Punkte des Querschnitts mm ungefähr gleich groß ist. Erst hieraus läßt sich schließen, daß sich auch die Spannungen gleichförmig über den Querschnitt verteilen werden. Man findet dann, wieviel Spannung in der Flächeneinheit des Querschnitts übertragen wird, wenn man die ganze Kraft P durch den Flächeninhalt F des Querschnitts dividiert. Die in dieser Weise berechnete Spannung für die Flächeneinheit

$$\sigma = \frac{P}{F} \tag{1}$$

wird die bezogene (nämlich die auf die Flächeneinheit bezogene) Spannung oder auch die spezifische Spannung genannt. Es hängt von dem Stoffe ab, aus dem die Zugstange besteht, wie groß die bezogene Spannung werden darf, ohne daß die Gefahr eines Bruches nahe gerückt ist.

Es sei schon an dieser Stelle darauf hingewiesen, daß die Voraussetzung einer gleichmäßigen Verteilung der Spannung über den Querschnitt auch für den einfachsten durch Abb. 1 gegebenen Fall nicht streng zutrifft. Alle praktisch wichtigen Baustoffe sind nicht von homogenem Aufbau, wie wir es bisher stillschweigend vorausgesetzt haben. Sie sind vielmehr aus einzelnen mehr oder weniger wirr durcheinander liegenden Bausteinen aufgebaut, die unter dem Mikroskop (mitunter auch schon mit dem bloßen Auge) nach entsprechender Vorbereitung der Oberfläche deutlich voneinander unterschieden werden können. In den Fugen zwischen den einzelnen Bausteinen ist Füllmasse oft mit anderem metallographischen Aufbau und von etwas anderer chemischer Zusammensetzung zwischengestreut.

Es leuchtet ohne weiteres ein, daß bei einem derartig ungleichmäßigen Aufbau nicht eine gleichmäßige Verteilung der Spannungen über dem Querschnitt erwartet werden kann. Gleichmäßige Spannungsverteilung kann man nur erwarten, wenn man den Querschnitt im Gebiete zergliedert, die groß sind gegen die Abmessungen der Bausteine. also groß gegenüber den Abmessungen der Kristalle. Schließlich geht aber ein Bruch von einer kleinen Stelle aus, an der die Verhältnisse besonders ungünstig liegen. Durch den Ausfall dieser Stelle wird die Umgebung besonders stark beansprucht; der Bruch breitet sich aus.

In den nachfolgenden Betrachtungen wird auf die Ungleichmäßigkeiten im Aufbau der Baustoffe nicht eingegangen, da sich darüber im praktischen Falle doch keine bestimmten Angaben machen lassen. Die Baustoffe werden als homogen vorausgesetzt. Es ist aber gut, wenn man sich mit der Tatsache des ungleichmäßigen Aufbaues von Anfang an vertraut macht, da dadurch manche Unstimmigkeiten zwischen Berechnung und Versuch erklärt werden können.

Neben diesen Störungen in der gleichförmigen Verteilung der Spannungen über dem Querschnitt infolge ungleichmäßigem Aufbaues sind noch Störungen infolge der besonderen Form des unter Spannung befindlichen Körpers zu erwähnen. Ein wichtiges Beispiel für eine ungleichförmige Spannungsverteilung bei Zugbelastung liefert die Prüfung von Zementkörpern auf Zugfestigkeit. Um einen Zement auf seine Zugfestigkeit zu prüfen, pflegt man einen Gewichtsteil mit drei Gewichtsteilen einer besonderen Sandsorte (sog. Normalsande) zu mischen, eine bestimmte Menge Wasser zuzusetzen, das Ganze gehörig durchzuarbeiten und den erhaltenen Mörtel in eine Metallform zu bringen, in der er durch Schläge eines Schlagwerks stark zusammengedrückt wird. Der so erhaltene Probekörper von der in Abb. 2 angegebenen Gestalt wird dann später, nachdem er erhärtet ist, in eine Maschine gebracht, in der der Körper von zwei Zangen erfaßt und durch eine abgewogene Belastung P abgerissen wird. Der Bruch erfolgt zwischen den Linien aa und bb in Abb. 2. Auch in diesem Falle berechnet man allerdings gewöhnlich die Festigkeit des Zements nach Gleichung (1). Man erhält aber dabei nur einen Durchschnittswert der bezogenen Spannung σ für den ganzen Bruchquerschnitt und bleibt im unklaren darüber, wie groß die bezogene Spannung an jener Stelle ist, an der der Bruch beginnt. Um sich davon zu überzeugen, daß diese viel höher ist, als der nach Gl. (1) berechnete Durchschnittswert, genügt es, ein Stück von derselben Gestalt aus Kautschuk herzustellen und dieses in derselben Weise auf Zug zu beanspruchen, wie es mit dem Zementkörper bei der Prüfung geschieht. Zieht man auf einer der ebenen Seitenflächen zwei feine Linien aa und bb, so bemerkt man, daß die Dehnung in der Nähe der Kanten viel größer wird als in der Mitte. Die vorher geraden Linien aa und bb werden etwas gekrümmt, und zwar so, daß sie sich ihre konvexen Seiten zukehren. Bei einem Versuche, den ich in dieser Weise ausführte, wobei ich die Dehnungen zwischen aa und bb in verschiedenen Abständen von der Mitte mit dem Mikroskope maß, fand ich, wenn die Dehnung in 11,5 mm Abstand von der Mitte, d. h. in $\frac{1}{2}$ mm Abstand von der Kante gleich 100 gesetzt wird,

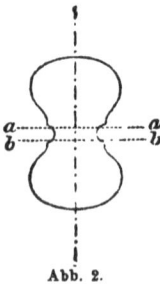

Abb. 2.

im Abstande von der Mitte = 0 4 8 11,5 mm
die Dehnungen = 24 34 53 100.

Die Dehnung an der Kante ist also mehr als viermal so groß als jene in der Mitte und daraus folgt, daß jedenfalls auch die Spannung in der Nähe der Kante viel größer ist als in der Mitte.

Bei einem Zementkörper sind die elastischen Dehnungen, die dem Bruche vorausgehen, weit geringer als bei einem Kautschukkörper und daher einer unmittelbaren Messung, wenigstens bei so kleinen Körpern, wie sie zu den üblichen Festigkeitsprüfungen hergestellt werden, nicht zugänglich. Dagegen weiß man aus anderen Versuchen, daß auch Zementkörper vor dem Bruche Dehnungen erfahren, die der Art nach in ganz ähnlicher Weise mit den Spannungen zusammenhängen wie bei dem Kautschuk. Wir müssen daher schließen, daß der Vorgang der elastischen Dehnung, wenn auch die Formänderung viel kleiner ist als beim Kautschuk, doch im ganzen ein ähnliches Gesetz befolgt wie bei dem vorher beschriebenen Versuche. Freilich kann man aus den Ergebnissen dieses Versuches noch nicht vollständig erkennen, in welcher Weise sich die Spannung bei einem Zementkörper genau über den Querschnitt verteilt. Hier kam es nur darauf an, zu zeigen, erstens mit welcher Vorsicht man bei der Berechnung der Spannungen verfahren muß, und zweitens, daß ein zuverlässiges Urteil über die Art der Spannungsverteilung immer erst aus einer Untersuchung der damit verbundenen Formänderung des Körpers gewonnen werden kann.

Mit der eigentlichen Berechnung der Spannungen haben wir es an dieser Stelle noch nicht zu tun. Ich habe diese Betrachtungen nur angestellt, um den Begriff der bezogenen Spannung in das rechte Licht zu setzen. Wenn eine gleichförmige Verteilung der Spannungen über eine größere Fläche nicht zu erwarten ist, müssen wir, um die bezogene Spannuug an einer bestimmten Stelle dieser Fläche zu erhalten, einen kleinen Teil $\varDelta F$ der Fläche an dieser Stelle abgrenzen und jenen Teil $\varDelta P$ der ganzen Kraft P, der in $\varDelta F$ übertragen wird, nach Gl. (1) durch $\varDelta F$ dividieren. Wir erhalten dann den Durchschnittsbetrag von σ für die Fläche $\varDelta F$ und dieser fällt um so genauer mit dem Werte von σ an der ins Auge gefaßten Stelle zusammen, je kleiner wir $\varDelta F$ wählen. Als Definition der bezogenen Spannung an einem bestimmten Punkte des Querschnitts haben wir daher bei ungleichförmiger Spannungsverteilung den Grenzwert

$$\sigma = \lim \frac{\varDelta P}{\varDelta F} = \frac{dP}{dF} \tag{2}$$

anzusehen, woraus auch umgekehrt

$$dP = \sigma dF \tag{3}$$

folgt.

Bisher setzte ich in Anlehnung an das einfache zur Erläuterung gewählte Beispiel stillschweigend voraus, daß die Spannungen σ senkrecht zum gewählten Querschnitte gerichtet seien. Im allgemeinen ist dies aber keineswegs der Fall. Wenn die in einem Flächenelemente dF übertragene Kraft irgendeinen Winkel mit der Normalen zu dF bildet, können wir uns die Kraft und daher auch die bezogene Spannung in zwei Komponenten zerlegt denken, von denen eine in die Richtung der Normalen, die andere in die Fläche dF selbst fällt. Die erste heißt Normalspannuug, und zwar Zug- oder Druckspannung, je nachdem sie einer Entfernung oder einer Annäherung der beiden Teile des Körpers, zwischen denen der Schnitt gelegt ist, widerstrebt, und die andere die Schubspannung. Für jene werde ich den Buchstaben σ, für diese den Buchstaben τ gebrauchen. Wenn das Flächenelement gegeben ist, wird die in ihm übertragene Normalspannung vollständig durch die Angabe der Größe von σ und eines Vorzeichens beschrieben, durch das zwischen Zug- und Druckspannung unterschieden wird. Ich werde den Zugspannungen gewöhnlich das positive Vorzeichen geben. Zur Beschreibung der Schubspannung muß dagegen noch eine nähere Angabe über die Richtung von τ in der Fläche dF gemacht werden. Gewöhnlich ist es am bequemsten, zu diesem Zwecke auf der Fläche dF zwei zueinander senkrechte Richtungen zu ziehen und τ in zwei Komponenten nach diesen beiden Richtungen zu zerlegen. Im ganzen ist dann die Angabe von drei Komponenten erforderlich, um die durch die Fläche dF übertragene Spannung zu kennzeichnen.

Es wäre freilich ein Irrtum, wenn man annehmen wollte, daß der Spannungszustand des Körpers an der fraglichen Stelle durch die Angabe dieser drei Komponenten vollständig festgesetzt wäre. Dies ist keineswegs der Fall: um vollständig darüber unterrichtet zu sein, müssen wir diese Komponenten nicht nur für die Fläche dF, sondern auch für jedes andere Flächenelement anzugeben vermögen, das in beliebiger Stellung durch den gegebenen Punkt des Körpers gelegt werden kann.

Auf den ersten Blick erscheint es nun, als wenn dazu unendlich viele Angaben erforderlich wären. Man überzeugt sich aber leicht, daß es schon vollständig genügt, wenn man die Spannungskomponenten für drei verschiedene Stellungen von dF anzugeben vermag; für jedes vierte Flächenelement, das man durch den gegebenen Punkt legen mag, ist die Spannung dadurch schon mitbestimmt. Um dies zu erkennen, denke man sich ein unendlich kleines Tetraeder aus dem Körper abgegrenzt, so daß der gegebene Punkt etwa die eine Ecke dieses Tetraeders bildet. Dieses Tetraeder sei der Teil des Körpers, auf den wir nach unserem gewöhnlichen Verfahren die Gleichgewichtssätze der Statik in Anwendung bringen wollen. Außerdem sollen die drei an den gegebenen Punkt angrenzenden Flächen in jenen Stellungen gezogen sein, für die wir die Spannungskomponenten bereits als gegeben be-

trachten, während die vierte Fläche ganz beliebige Stellung
haben kann. Diese vierte Fläche geht nun zwar nicht durch
den gegebenen Punkt, und bei einigem Abstande von ihm wird
auch die Spannung, die durch sie übertragen wird, etwas verschieden sein von der Spannung einer parallel zu ihr durch
den gegebenen Punkt gelegten Fläche, die wir eigentlich berechnen wollen. Wenn wir uns aber die Kanten des Tetraeders
immer mehr verkleinert denken und die vierte Fläche dadurch
dem Punkte immer näher rücken, wird der Unterschied immer
mehr abnehmen und in der Grenze ganz verschwinden. Dies
ist der Grund, weshalb wir uns das Tetraeder unendlich klein
denken müssen, denn im anderen Falle könnten wir offenbar
auch die Gleichgewichtsbedingungen für ein Tetraeder von
endlicher Kantenlänge mit demselben Erfolge untersuchen. In
der Tat muß hier schon allgemein gesagt werden, daß es
in der Festigkeitslehre sehr oft zulässig ist, sich jene Körper,
die man als unendlich klein bezeichnet, auch in endlichen Abmessungen, also etwa von einigen Millimetern Kantenlänge vorzustellen, ohne daß dadurch viel geändert würde. In der Regel
wird man sich leicht ein Urteil darüber bilden können, wie klein
man in einem bestimmten Falle die Kantenlängen des Tetraeders
mindestens wählen muß, um keinen merklichen Fehler aus dem
Grunde zu begehen, daß sich der betrachtete Spannungszustand
etwas ändert, wenn man von der gegebenen Stelle um ein end-
liches Stück abrückt.

An dem vorgelegten Tetraeder wirken nun fünf äußere
Kräfte, die im Gleichgewichte miteinander stehen müssen,
nämlich die Spannungen, die auf den vier Seitenflächen übertragen werden, und die Fernkraft, die von außen her auf die
Masse des Tetraeders einwirkt. Bei den gewöhnlichen Anwendungen der Festigkeitslehre wird diese nur durch das Gewicht
des Tetraeders gebildet. Will man Schwingungsbewegungen
oder überhaupt Bewegungen untersuchen, die der Körper ausführt, so kommt noch eine Kraft hinzu, die man, wie im
vierten Bande näher auseinandergesetzt werden wird, nach dem
d'Alembertschen Prinzipe anbringen muß, also z. B. eine Zen-

trifugalkraft — oder allgemein eine sogenannte Trägheitskraft — um den Fall der Bewegung auf den Gleichgewichtsfall zurückzuführen.

Wie dies aber auch sein möge, jedenfalls ist die an der Masse des Tetraeders unmittelbar angreifende Kraft dem Volumen des Tetraeders proportional, während die Spannungen an den Seitenflächen den Flächeninhalten proportional sind. Nun haben wir vorher schon gesehen, daß wir uns, um genauere Resultate zu erhalten, die Abmessungen des Tetraeders immer mehr verkleinert denken müssen, so daß sie in der Grenze zu Null werden. Bei dieser Verkleinerung nimmt aber das Volumen viel schneller ab, als die Inhalte der Seitenflächen, da jenes der dritten, diese aber nur der zweiten Potenz der Längen proportional sind. Durch hinreichende Verkleinerung werden wir es also immer dahin bringen können, daß die dem Volumen proportionale Kraft gegenüber den Spannungen an den Seitenflächen ganz unmerklich wird.

Wir haben es hier mit einer Überlegung zu tun, die überall anwendbar ist, wo der Einfluß von Kräften, die den Massen proportional sind, mit dem verglichen werden soll, der von Oberflächenkräften herrührt. So wird z. B. ein kleiner Stein im fließenden Wasser leicht fortgerissen, während ein ihm geometrisch ähnlicher von großen Abmessungen unter den gleichen Bedingungen liegen bleibt, weil der Wasserdruck nur mit der zweiten Potenz, das Gewicht des Steines aber mit der dritten Potenz der Längen abnimmt. Derselbe Grund bedingt auch, daß ein Elefant im allgemeinen schwerfälliger sein muß, als ein Tier von geringer Körpergröße, denn das Eigengewicht, mit dem der Elefant bei seinen Bewegungen zu tun hat, steht bei ihm in einem ungünstigeren Verhältnisse zu den Querschnitten der Muskeln, durch die die bewegende Kraft übertragen wird.

Übrigens ist bei den meisten Anwendungen der Festigkeitslehre das Eigengewicht des vorher betrachteten Tetraeders selbst dann schon ganz unmerklich, wenn die Kantenlängen noch nach Zentimetern zählen. Das Eigengewicht des Tetraeders berechnet sich dann auf Gramme, während die Spannungen an den Seitenflächen sich oft genug auf Tausende von Kilogrammen belaufen. Um die Spannungen an solchen kleinen Stücken unmittelbar miteinander zu vergleichen, braucht man daher in erster Annäherung auf das Eigengewicht keine Rücksicht zu nehmen. Erst dann, wenn man etwa auf sehr kleine Unterschiede achten will, die dadurch bedingt werden, daß man um ein kleines Stück in einer gewissen Richtung weiter geht, wird es nötig, auch auf die den Massen proportionalen Kräfte zu achten.

Mit Rücksicht auf diese Erwägungen bleibt daher nur noch das Gleichgewicht der Spannungen an den vier Seitenflächen des Tetraeders für sich genommen zu untersuchen. Das Gleichgewicht erfordert, daß die geometrische Summe dieser vier Spannungen gleich Null ist. Wenn drei Spannungen gegeben sind, folgt daher Größe und Richtung der vierten durch Zeichnen eines windschiefen Kräftevierecks oder nach dem Satze vom Parallelepiped der Kräfte oder überhaupt nach den Sätzen über das Gleichgewicht eines starren Körpers.

Die Bedingung, daß die geometrische Summe aller äußeren Kräfte zu Null wird, ist freilich nur eine notwendige und noch keine hinreichende Bedingung für das Gleichgewicht am Tetraeder. Dazu gehört außerdem noch, daß sich die vier Richtungen entweder in einem Punkte schneiden oder daß wenigstens auf andere Art auch ein Gleichgewicht gegen Drehung gesichert ist. Hieraus schließen wir, daß schon die Spannungen auf drei gegebenen Flächenelementen dF gewisse Bedingungen erfüllen müssen, wenn sie überhaupt miteinander verträglich sein sollen. Man kann diese Bedingungen für das Tetraeder ableiten, indem man Momentengleichungen anschreibt. Wir wollen aber dazu einen bequemeren Weg wählen, indem wir an Stelle des Tetraeders ein unendlich kleines Parallelepiped betrachten.

§ 4. Gleichgewichtsbedingungen zwischen den Spannungskomponenten.

Wir sahen vorher, daß der Spannungszustand, in dem sich der Körper an einer gewissen Stelle befindet, durch Angabe der Spannungskomponenten für drei beliebige Flächenelemente von verschiedener Stellung, die man durch den gegebenen Punkt legen kann, eindeutig beschrieben wird. Es steht uns frei, diese Flächenelemente so auszuwählen, wie es für die weitere Untersuchung am bequemsten ist. Dieser Umstand weist uns auf die Benutzung eines rechtwinkligen Koordinatensystems hin. In der Festigkeitslehre wird nicht viel damit gewonnen, wenn man an Stelle von Koordinaten oder Komponenten mit den gerichteten Größen selbst rechnet, was in den meisten übrigen Teilen der Mechanik von Vorteil ist.

In Abb. 3 a und b sei O der Punkt des Körpers, für den der Spannungszustand untersucht wird. Er möge die Ecke eines unendlich kleinen Parallelepipeds bilden, dessen aufeinander senkrecht stehende Kanten in die Richtungen der Koordinatenachsen OX, OY, OZ gelegt sind. Unendlich klein müssen wir uns das Parallelepiped wieder deshalb denken, weil sonst die Spannungen an verschiedenen Stellen der von O ausgehenden Seitenflächen merklich voneinander abweichen könnten. So aber können wir ohne in Betracht kommenden Fehler annehmen, daß die Spannungen über jede Seitenfläche gleichmäßig verteilt sind. Die Resultierende der Spannungen für jede Seitenfläche geht dann durch deren Schwerpunkt, also durch die Mitte, und die Größe ist nach Gleichung (3) gleich dem Produkte aus der bezogenen Spannung für die betreffende Flächenstellung und dem Inhalte des Rechtecks.

Die Normalspannungen gehen auf allen Seitenflächen schon von selbst in den Richtungen der Koordinatenachsen, und auch die Schubspannungen wollen wir uns an jeder Fläche in zwei Komponenten zerlegt denken, die in die Richtungen der Koordinatenachsen fallen. Wir haben dann an den sechs Seitenflächen des abgegrenzten Körperstücks zusammen 18 Spannungskomponenten. Zu ihnen kommen noch die drei Komponenten der im Schwerpunkt des Parallelepipeds angreifenden Massenkraft, die jedoch von höherer Ordnung klein sind als die Spannungskräfte, so daß sie bei der Gleichgewichtsbetrachtung in erster Annäherung fortgelassen werden können.

Wir müssen uns zunächst darüber klar werden, in welchen Beziehungen die Spannungen auf zwei gegenüberliegenden Seitenflächen des Parallelepipeds zueinander stehen. In jeder Trennungsfläche, die wir uns in einem Körper gezogen denken können, grenzen zwei Teile des Körpers aneinander, zwischen denen sich die Spannungen durch die Trennungsfläche übertragen. Nach dem Gesetze der Wechselwirkung ist die Kraft, die etwa A auf B überträgt, ebenso groß, aber entgegengesetzt gerichtet wie die Kraft, die von B auf A wirkt. Wir wollen uns, um beide Teile deutlich voneinander unterscheiden zu können, eine Normale zur Trennungsfläche nach einer der beiden möglichen Richtungen gezogen denken. Für den einen

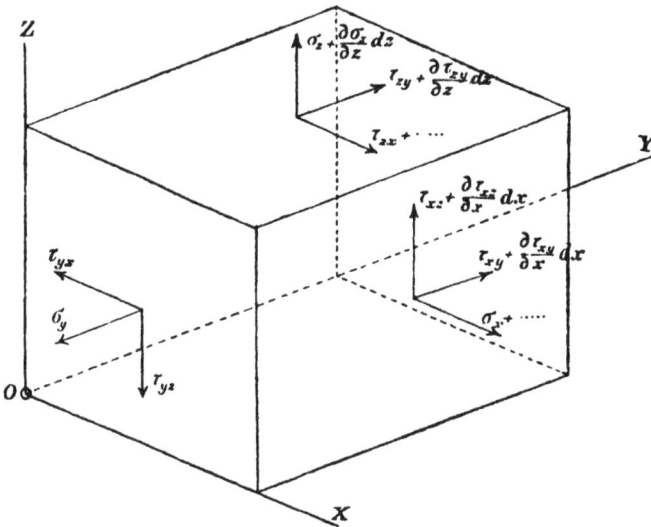

Abb. 3 a.

Teil geht diese Normale dann nach außen hin und für den anderen nach innen. Eine Zugspannung ist für jeden der beiden Teile eine Kraft, deren Pfeil mit der Richtung der äußeren Normale dieses Teiles übereinstimmt. Betrachten wir nämlich den anderen Teil, so kehrt sich nach dem Wechselwirkungsgesetze der Pfeil der übertragenen Spannung um, gleichzeitig ist aber nun die entgegengesetzte Richtung der Normalen als die äußere zu bezeichnen, und wir können daher in der Tat die für beide Teile zutreffende, eindeutige Aussage machen, daß eine Normalspannung als positiv zu rechnen ist, wenn sie in die Richtung der äußeren Normale fällt.

Nun fasse man in Abb. 3 etwa die beiden sich gegenüberliegenden Seitenflächen ins Auge, die senkrecht zur X-Achse stehen. Die äußere Normale der einen geht in der Richtung der positiven X-Achse, die der anderen in der entgegengesetzten Richtung. Denkt man sich beide Flächen immer näher aneinander gerückt, so wird zuletzt die in der einen Fläche übertragene Spannung nur einfach die nach dem Gesetze der Aktion und Reaktion auftretende Gegenwirkung der zur anderen gehörigen Spannung sein. In erster Annäherung können wir daher bei je zwei sich gegenüberliegenden Flächen des Parallelepipeds die Spannungen als gleich groß und entgegengesetzt gerichtet betrachten. Nur wenn man absichtlich auf die kleinen Unterschiede achten will, die dadurch zustande kommen, daß die eine Fläche etwas entfernt von der zu ihr parallelen ist, wird man die in Abb. 3 eingeschriebenen genaueren Ausdrücke zu benutzen haben.

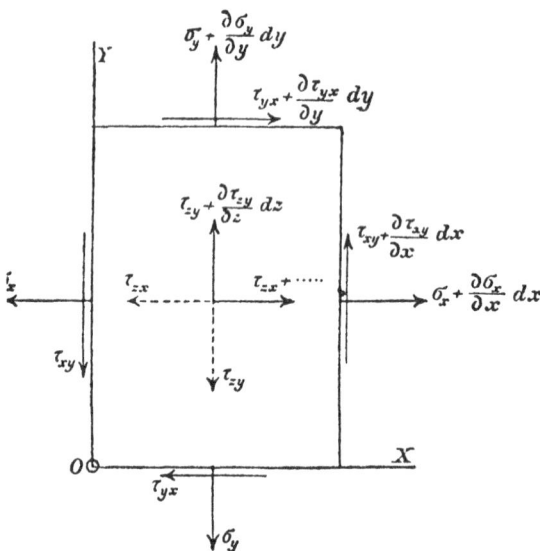

Abb. 3b.

In bezug auf die Richtungen, die als positiv anzusehen sind, ist noch folgendes zu beachten. Bei jenen Seitenflächen, deren äußere Normalen in den Richtungen der positiven Koordinatenachsen gehen, zählt die Normalspannung σ ebenfalls in dieser Richtung positiv, denn wir haben schon vorher festgesetzt, daß Zugspannungen positiv gerechnet werden sollen. Wir kommen daher zur einfachsten Übereinkunft über die Wahl der Vorzeichen, wenn wir bestimmen, daß nicht nur

σ, sondern auch die beiden Komponenten der Schubspannung τ auf jenen Flächen in den Richtungen der positiven Koordinatenachsen positiv gezählt werden sollen, deren äußere Normalen in die positiven Achsenrichtungen fallen. Bei den gegenüberliegenden Flächen sind dann natürlich alle Pfeile umzukehren, wenn die Spannungskomponenten positive Werte haben. Nach diesen Grundsätzen sind die Pfeile in Abb. 3, mit der man sich recht vertraut machen möge, eingetragen. In der axonometrischen Zeichnung sind die Spannungen auf den drei verdeckt liegenden Seitenflächen weggelassen. Von den drei sichtbaren Seitenflächen hat die in der XZ-Ebene liegende eine äußere Normale, die der positiven Y-Achse entgegengesetzt gerichtet ist. Daher sind hier auch die Pfeile von σ und den beiden Komponenten von τ den Koordinatenachsen entgegengesetzt gerichtet gezeichnet. Bei den beiden anderen sichtbaren Seitenflächen gehen dagegen die Pfeile in den positiven Achsenrichtungen, weil dies auch von den äußeren Normalen zutrifft.

Die den Spannungskomponenten σ und τ angehängten Ordnungszeiger reden eine leicht verständliche Sprache. Jedes σ trägt nur einen Zeiger, denn hier genügt es, die Stellung des Flächenelementes anzugeben, zu dem σ gehört, und dies geschieht, indem die Achsrichtung angemerkt wird, zu der das Flächenelement senkrecht steht und zu der σ daher parallel geht. Auch der erste der beiden Zeiger der Schubspannungskomponenten τ bezieht sich auf die Stellung des zugehörigen Flächenelementes und stimmt daher auf jeder Fläche mit dem Zeiger von σ überein. Der zweite Zeiger gibt dagegen an, welcher Achsrichtung die betreffende Komponente parallel geht.

Zur Erläuterung von Abb. 3 muß ich endlich noch auf einen Umstand aufmerksam machen, an den der Leser freilich schon längst gedacht haben wird. Von den drei sichtbaren Seitenflächen geht nur eine durch den Punkt O, in dem der Spannungszustand untersucht werden soll. Hier konnte man sich damit begnügen, die Spannungskomponenten einfach mit σ_y, τ_{yx} und τ_{ys} zu bezeichnen. Freilich sieht man dabei schon von unendlich kleinen Unterschieden ab, die sich daraus er-

2*

geben, daß der Spannungszustand nicht über die ganze Rechteckfläche genau mit dem in O übereinstimmt. Auf der gegenüberliegenden Seitenfläche kommen aber dieselben Unterschiede
ebenfalls vor und gerade weil von beiden Flächen in dieser
Hinsicht dasselbe gilt, ist es nicht nötig, auf diese unendlich
kleinen Unterschiede weiter zu achten. Dagegen kann es
nötig werden, den Unterschied hervorzuheben, der dadurch
entsteht, daß die gegenüberliegende Seitenfläche um das Stück
dy in der Richtung der Y-Achse gegen die vordere verschoben
ist. Wir müssen, um diese feinen Abstufungen zu berücksichtigen, der Normalspannung σ_y auf der gegenüberliegenden
Seitenfläche noch ein Differential zufügen, so daß wir dort

$$\sigma_y + \frac{\partial \sigma_y}{\partial y}\, dy$$

erhalten und ähnliches gilt für die anderen Komponenten.
Aus dem Grundrisse in Abb. 3b ist dies ersichtlich. Ebenso
sind in der axonometrischen Figur die Spannungskomponenten
auf den beiden sichtbaren Seitenflächen, die nicht durch den
Punkt O gehen, schon mit den Zuwächsen versehen, die den
Abständen von den gegenüberliegenden Flächen entsprechen.
Wo der Platz nicht ausreichte, sind diese Differentiale auch
nur durch Punkte angedeutet, wie in $\tau_{sx} + \cdots$ an Stelle von

$$\tau_{sx} + \frac{\partial \tau_{sx}}{\partial z} \cdot dz.$$

Nachdem man sich mit allen diesen Einzelheiten, die in
Abb. 3 zu berücksichtigen waren, hinreichend vertraut gemacht hat, ist schon der erste und wichtigste Schritt zum
Verständnisse der Grundgleichungen der Festigkeitslehre geschehen; diese ergeben sich nämlich aus den Bedingungen für
das Gleichgewicht der Kräfte am Parallelepiped. Zunächst
wollen wir das Gleichgewicht gegen Drehung ins Auge fassen,
da wir schon in § 3 erkannten, daß wir hierdurch zu den Bedingungen geführt werden, die zwischen den neun Spannungs-
komponenten $\sigma_x, \sigma_y, \sigma_s, \tau_{xy}, \tau_{xz}, \tau_{ys}, \tau_{yz}, \tau_{sx}, \tau_{sy}$ für die drei durch
den Punkt O gelegten Flächenelemente bestehen müssen, damit
sie miteinander verträglich sind. Um z. B. zu erkennen, welche

Bedingung erfüllt sein muß, damit keine Drehung um eine zur Z-Achse parallele Grade eintreten kann, projizieren wir den Körper mit allen daran angreifenden Kräften auf die XY-Ebene, wie dies in Abb. 3b bereits geschehen ist. Wir sehen dann, daß zwei Kräftepaare vorkommen, die eine solche Drehung in entgegengesetzter Richtung anstreben. Ein Kräftepaar wird durch die Spannungen τ_{yz} auf den beiden Rechteckseiten gebildet, deren Normalen zur Y-Achse parallel gehen. Die Größe jeder Kraft dieses Paares wird gefunden, wenn wir die bezogene Spannung τ_{yz} mit dem Inhalte des Flächenelementes, über das sie verteilt ist, multiplizieren; sie ist also gleich $\tau_{yz} \cdot dx\,dz$ zu setzen. Das statische Moment des Kräftepaares ist daher gleich

$$\tau_{yz} \cdot d.\ dy\,dz.$$

Ebenso finden wir für das Moment des Kräftepaares der Schubspannungen τ_{xy}, die über die beiden zur X-Achse senkrechten Seitenflächen verteilt sind,

$$\tau_{xy} \cdot dx\,dy\,dz.$$

Wir setzen hier voraus, daß auf das Parallelepiped keine Massenkräfte einwirken, die wie die magnetischen Kräfte im Innern eines Magneten eine Drehung herbeizuführen suchten. Dann erfordert die Gleichgewichtsbedingung gegen Drehen, daß

$$\tau_{xy} = \tau_{yx}$$

ist. Natürlich läßt sich dieselbe Betrachtung auch für eine Drehung um jede der beiden anderen Koordinatenachsen wiederholen, und wir erhalten daher im ganzen die drei Gleichgewichtsbedingungen

$$\tau_{xy} = \tau_{yx}; \quad \tau_{xz} = \tau_{zx}; \quad \tau_{yz} = \tau_{zy}. \tag{4}$$

Sie sprechen einen der wichtigsten Sätze der Festigkeitslehre aus, den man als den Satz von der Gleichheit der einander zugeordneten Schubspannungen bezeichnet.

Wir haben damit erkannt, daß zur vollständigen Beschreibung des Spannungszustandes des Körpers in einem gegebenen Punkte O die Angabe von sechs Zahlen erforderlich ist. Diese Anzahl kann auch durch weitere Betrachtungen nicht herabgedrückt werden. Man spricht diese Tatsache auch wohl mit den Worten aus, daß ∞^6 verschiedene Spannungszustände möglich sind, oder daß die Reihe aller Spannungszustände eine Mannigfaltigkeit von sechs Dimensionen bildet.

Wir wollen jetzt noch das Gleichgewicht des Parallelepipeds gegen Verschieben in den drei Achsenrichtungen betrachten. Dieses wird schon durch das Gesetz der Aktion und Reaktion verbürgt, wenn wir auf die sehr kleinen Unterschiede der Spannungen an gegenüberliegenden Seitenflächen keine Rücksicht nehmen, wie es bei der vorigen Betrachtung geschehen konnte. Wir wollen aber dabei nicht stehen bleiben, weil wir bei dieser Gelegenheit noch erfahren können, in welchen Beziehungen die Zuwächse der Spannungskomponenten bei verschiedenen Fortschreitungsrichtungen zueinander stehen müssen. Natürlich ist es jetzt, wo wir nur auf die kleinen Unterschiede der Spannungen auf gegenüberliegenden Flächen zu achten haben, nicht mehr zulässig, die dem Volumen des Parallelepipeds proportionale Fernkraft, also etwa das Gewicht des Körperchens, zu vernachlässigen. Dieses ist zwar unendlich klein gegen die Spannungen selbst, aber durchaus vergleichbar mit den kleinen Unterschieden zwischen den Spannungen auf gegenüberliegenden Seiten. Ich denke mir die auf die Raumeinheit bezogene Massenkraft in drei Komponenten nach den Koordinatenachsen zerlegt, die ich mit X, Y, Z bezeichne und positiv rechne, wenn sie mit den positiven Achsen gleichgerichtet sind.

In der Richtung der X-Achse kommen jetzt an dem Körperchen sieben Kräfte vor, deren Summe gleich Null sein muß, damit das Gleichgewicht gesichert sei. An jeder Seitenfläche des Parallelepipeds haben wir eine zur X-Achse parallele Spannungskomponente, und dazu kommt die Komponente der Massenkraft im Betrage $X\,dx\,dy\,dz$. Die Spannungskomponenten kann man paarweise zusammenfassen. Auf dem durch den Punkt O gehenden, zur X-Achse senkrechten Rechtecke haben wir die Komponente σ_x der bezogenen Spannung, also im ganzen den Betrag $\sigma_x \cdot dy\,dz$ einer Kraft, die der positiven

X-Achse entgegengesetzt gerichtet ist. Auf der gegenüberliegenden Seitenfläche kommt dazu die um ein Differential verschiedene und nach der positiven X-Achse hin gerichtete Normalspannung. Fassen wir beide zusammen, so behalten wir einen Überschuß von der Größe

$$\frac{\partial \sigma_x}{\partial x} \cdot dx\,dy\,dz$$

in der Richtung der positiven X-Achse. Ebenso tragen die beiden zur Y-Achse senkrechten Seitenflächen zusammen genommen das Glied

$$\frac{\partial \tau_{yx}}{\partial y} \cdot dx\,dy\,dz$$

zur Komponentensumme in der Richtung der X-Achse bei und ähnlich die beiden letzten Seitenflächen. Schreiben wir nun die Bedingung an, daß die algebraische Summe aller parallel zur X-Achse gehenden Komponenten verschwinden muß, so erhalten wir nach Wegheben des gemeinsamen Faktors $dx\,dy\,dz$ die erste der drei folgenden Gleichungen

$$\left.\begin{aligned}
\frac{\partial \sigma_x}{\partial x} + \frac{\partial \tau_{yx}}{\partial y} + \frac{\partial \tau_{zx}}{\partial z} + X &= 0\\
\frac{\partial \sigma_y}{\partial y} + \frac{\partial \tau_{xy}}{\partial x} + \frac{\partial \tau_{zy}}{\partial z} + Y &= 0\\
\frac{\partial \sigma_z}{\partial z} + \frac{\partial \tau_{xz}}{\partial x} + \frac{\partial \tau_{yz}}{\partial y} + Z &= 0
\end{aligned}\right\} \qquad (5)$$

Die beiden letzten sind ebenso gebildet wie die erste, die wir eben ableiteten; sie sprechen die Gleichgewichtsbedingungen gegen Verschieben in den Richtungen der Y- und der Z-Achse aus. Es ist zwar nützlich, sie zur Übung ebenfalls aus Abb. 3 abzulesen, aber nicht notwendig, da keine Koordinatenachse vor der anderen etwas voraus hat und was für die eine bewiesen ist, daher auch für die anderen gelten muß. Es genügt demnach vollständig, sich davon zu überzeugen, daß die beiden anderen Gleichungen aus der ersten hervorgehen, wenn man die Koordinaten x, y, z zyklisch miteinander vertauscht.

§ 5. Das Gleichgewicht am Tetraeder.

Wir wollen jetzt die am Schlusse von § 3 in allgemeinen Umrissen angestellte Betrachtung auch noch in einen Satz von Gleichungen umprägen. Dazu beziehe ich mich auf Abb. 4, in der das Tetraeder in Aufriß und Grundriß gezeichnet ist. Als gegeben werden die Spannungskomponenten betrachtet, die zu den Stellungen der drei Koordinatenebenen gehören; verlangt wird die Berechnung der Spannungskomponenten auf der in beliebiger Stellung gezogenen vierten Tetraederfläche, deren äußere Normale mit n bezeichnet ist. Es ist am bequemsten, die Spannung für diese Fläche, die mit p_n bezeichnet werden möge, zunächst in drei Komponenten zu zerlegen, die den Koordinatenachsen parallel laufen. In der Abbildung sind diese Komponenten mit p_{nx}, p_{ny}, p_{ns} bezeichnet; die Zeiger haben also dieselbe Bedeutung wie bei den früheren Betrachtungen. Nachdem diese Komponenten gefunden sind, kann man leicht auch die Normalspannung σ_n und die in gegebenen Richtungen verlaufenden Schubspannungskomponenten daraus ableiten, wenn sich dies als nötig herausstellt.

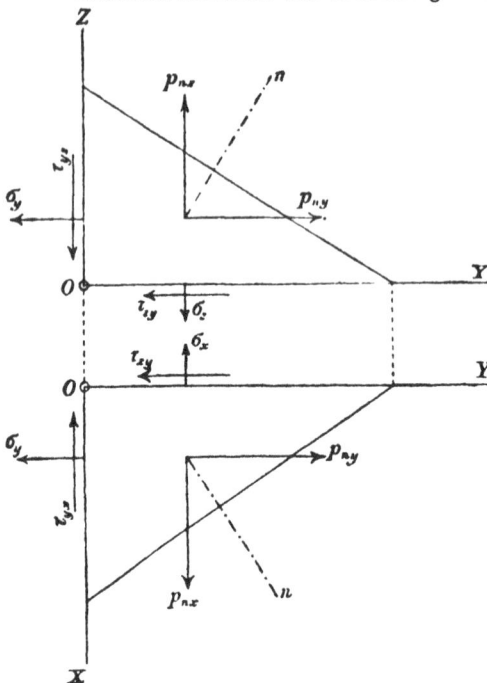

Die Fläche der vierten Tetraederseite sei gleich dF; die Flächen der drei anderen bilden die Projektionen von dF auf die Koordinatenebenen und werden daher aus dF durch Multiplikation mit den Kosinus der Neigungswinkel gefunden. Der Winkel zwischen dF und der YZ-Ebene ist aber nach einem bekannten Satze der Stereometrie auch gleich dem Winkel zwischen den Normalen auf beiden Ebenen, der kurz als Winkel (nx) bezeichnet werden soll.

An der in die YZ-Ebene fallenden Seitenfläche des Tetraeders kommt eine in der Richtung der negativen X-Achse verlaufende Spannungskomponente σ_x vor, die nach Multiplikation mit dem Flächeninhalte dieser Tetraederseite den Beitrag

$$\sigma_x dF \cos(nx)$$

zur Komponentengleichung liefert. Von der Seitenfläche in der XZ-Ebene stammt ebenso, wie man aus Abb. 4 unmittelbar ablesen kann, der Beitrag

$$\tau_{yx} dF \cos(ny)$$

und von der Seitenfläche in der XY-Ebene der Beitrag

$$\tau_{sx} dF \cos(ns),$$

wobei zu beachten ist, daß alle diese drei Komponenten, sofern die Spannungskomponenten σ und τ alle das positive Vorzeichen haben, nach der über die Richtungsbezeichnungen getroffenen Übereinkunft in der Richtung der negativen X-Achse gehen. Die Spannungskomponente p_{nx} auf der vierten Tetraederseite wollen wir, da hierüber bisher noch nichts festgesetzt ist, als positiv betrachten, wenn sie in die Richtung der positiven X-Achse fällt. Die Gleichgewichtsbedingung gegen Verschieben in der Richtung der X-Achse erfordert nun, daß die Komponente $p_{nx} dF$ der Summe der vorher aufgeführten Kräfte, die in entgegengesetzter Richtung gehen, gleich ist. Nach Wegheben des gemeinsamen Faktors dF erhalten wir daher die erste der drei folgenden Gleichungen

$$\left.\begin{aligned}
p_{nx} &= \sigma_x \cos(nx) + \tau_{yx} \cos(ny) + \tau_{sx} \cos(ns) \\
p_{ny} &= \sigma_y \cos(ny) + \tau_{sy} \cos(ns) + \tau_{xy} \cos(nx) \\
p_{ns} &= \sigma_s \cos(ns) + \tau_{xs} \cos(nx) + \tau_{ys} \cos(ny)
\end{aligned}\right\} \quad (6)$$

Die beiden folgenden ergeben sich aus der ersten durch zyklische Vertauschung von x, y, z und sprechen die Gleichgewichtsbedingungen gegen Verschieben in den Richtungen der Y- und Z-Achse aus.

Damit ist die Aufgabe gelöst. Man wendet die Gleichungen (6) namentlich dann an, wenn die vierte Tetraederseite in die Oberfläche des ganzen Körpers fällt. Unter den p sind dann die Druckkräfte zu verstehen, die von außen her auf den ganzen Körper übertragen werden. Diese sind gewöhnlich gegeben; sehr häufig sind sie gleich Null, und die vorigen Gleichungen geben dann in der Form

$$\left.\begin{aligned}
\sigma_x \cos(nx) + \tau_{yx} \cos(ny) + \tau_{sx} \cos(ns) &= 0 \\
\sigma_y \cos(ny) + \tau_{sy} \cos(ns) + \tau_{xy} \cos(nx) &= 0 \\
\sigma_s \cos(ns) + \tau_{xs} \cos(nx) + \tau_{ys} \cos(ny) &= 0
\end{aligned}\right\} \quad (7)$$

die Beziehungen an, die zwischen den Spannungskomponenten in der Nähe einer freien Oberfläche des ganzen Körpers bestehen müssen.

§ 6. Der ebene Spannungszustand.

Bisher haben wir den allgemeinsten Spannungszustand untersucht, der überhaupt in einem Körper auftreten kann. Die Fälle, mit denen man praktisch zu tun bekommt, sind aber gewöhnlich viel einfacher. Aus diesem Grunde wollen wir die weitere Untersuchung an dieser Stelle auf den einfachen Fall eines ebenen Spannungszustandes beschränken. Man versteht darunter einen Spannungszustand, bei dem nach einer bestimmten Richtung hin überhaupt keine Spannungskomponenten auftreten. Um diesen Fall weiter zu untersuchen, wollen wir uns das Koordinatensystem so gewählt denken, daß die Z-Achse in die soeben bezeichnete Richtung fällt. Der Fall des ebenen Spannungszustandes wird dann durch die Aussagen

$$\sigma_z = 0, \quad \tau_{xz} = 0, \quad \tau_{yz} = 0 \qquad (8)$$

gekennzeichnet. Von den sechs Spannungskomponenten, die im allgemeinen zur Beschreibung des Spannungszustandes erforderlich sind, unterscheiden sich demnach hier nur noch drei von Null, nämlich σ_x, σ_y und $\tau_{xy} = \tau_{yx}$, wofür wir jetzt, da keine Verwechslung mehr möglich ist, kurz τ schreiben können.

Wir wollen jetzt die Frage aufwerfen, wie man beim zweiachsigen Spannungszustande die Schnittrichtung wählen muß, damit die Spannungen ihre größten Werte annehmen. Dabei sollen nur solche Schnittrichtungen in Betracht gezogen werden, die parallel zur Z-Achse gehen. Wir denken uns ein dreiseitiges Prisma abgegrenzt, dessen Grundfläche in Abb. 4a

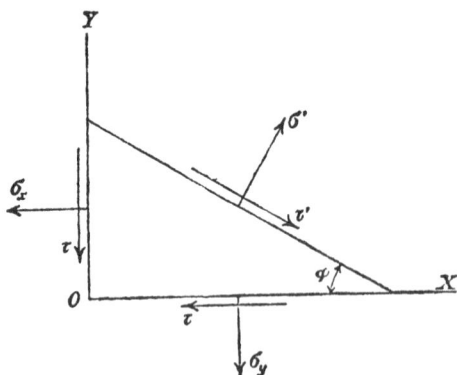

Abb. 4a.

angegeben ist, während die zur Z-Achse parallelen Kanten die Längen dz haben mögen. Auf die beiden Grundflächen wirken nach den Gleichungen (8) überhaupt keine Kräfte. Die Spannungskomponenten an den drei Seitenflächen sind in die Abbildung nach jenen Richtungen hin eingetragen, die als positiv gerechnet werden. Die Spannung auf der unter dem Winkel φ gegen die X-Achse geneigten Seitenfläche ist in die Normalkomponente σ' und die Schubspannung τ' zerlegt. Die letzte kann ebenfalls keine Komponente in der Richtung der Z-Achse haben, weil an den übrigen Seitenflächen keine Kraft in dieser Richtung, die mit ihr Gleichgewicht halten könnte, vorkommt; sie ist also ebenso wie σ' und alle übrigen Spannungen parallel zur XY-Ebene.

Das Gleichgewicht der Kräfte gegen Verschieben nach der X-Achse liefert, wenn wir den Inhalt der schief zu den Achsen stehenden Seitenfläche mit dF bezeichnen, die Bedingungsgleichung

$$\sigma' \, dF \sin\varphi + \tau' \, dF \cos\varphi - \sigma_z \, dF \sin\varphi - \tau \, dF \cos\varphi = 0,$$

aus der man den gemeinsamen Faktor dF wegheben kann. Ebenso liefert die Komponentengleichung für die Richtung der Y-Achse

$$\sigma' \cos\varphi - \tau' \sin\varphi - \sigma_y \cos\varphi - \tau \sin\varphi = 0.$$

Beide Gleichungen lösen wir nach den Unbekannten σ' und τ' auf. Durch Multiplikation der ersten Gleichung mit $\sin\varphi$, der zweiten mit $\cos\varphi$ und Addition erhält man zunächst

$$\sigma' = \sigma_x \sin^2\varphi + \sigma_y \cos^2\varphi + 2\tau \sin\varphi \cos\varphi.$$

Bequemer ist es für das Folgende, diesen Ausdruck dadurch noch etwas umzugestalten, daß man den doppelten Winkel einführt, also

$$\sin^2\varphi = \frac{1 - \cos 2\varphi}{2}; \quad \cos^2\varphi = \frac{1 + \cos 2\varphi}{2}; \quad 2\sin\varphi - \cos\varphi = \sin 2\varphi$$

setzt. Dadurch geht der vorige Wert über in

$$\left.\begin{aligned} \sigma' &= \frac{\sigma_x + \sigma_y}{2} + \frac{\sigma_y - \sigma_x}{2}\cos 2\varphi + \tau \sin 2\varphi \\ \tau' &= \frac{\sigma_x - \sigma_y}{2}\sin 2\varphi + \tau \cos 2\varphi. \end{aligned}\right\} \qquad (9)$$

In der zweiten Gleichung ist der Wert von τ' angegeben, der auf dieselbe Weise erhalten wird. Die Spannungskompo-

nenten σ' und τ' sind damit als Funktionen des Winkels φ gefunden, den wir uns veränderlich denken können. Um die Größt-
werte der Spannung σ' zu finden, differentiieren wir zunächst σ'
nach φ und setzen den Differentialquotienten gleich Null. Mit
φ_0 bezeichnen wir den Winkel, unter dem σ seinen größten Wert
hat. Aus der so entstandenen Gleichung

$$0 = -\frac{\sigma_y - \sigma_x}{2} \cdot 2 \sin 2\varphi_0 + 2\tau \cos 2\varphi_0 \qquad (10)$$

erhalten wir zunächst $\operatorname{tg} 2\varphi_0$ und daraus auch φ_0 selbst, nämlich

$$\varphi_0 = \frac{1}{2} \operatorname{arc\,tg} \frac{2\tau}{\sigma_y - \sigma_x} + n\frac{\pi}{2}, \qquad (11)$$

wenn n eine beliebige positive oder negative ganze Zahl bedeutet. Durch die Zufügung eines Vielfachen von π wird
nämlich der Wert von $\operatorname{tg} 2\varphi$ nicht geändert; man kann also $n\pi$
beliebig zu $2\varphi_0$ und daher $n\frac{\pi}{2}$ beliebig zu φ_0 addieren, ohne
die Bedingung für ein Maximum oder Minimum von σ' zu
ändern.

Die rechte Seite von Gl. (10) stimmt genau mit dem
doppelten Werte von τ' in Gl. (9) überein. Wir erkennen daraus,
daß σ' in jenen Schnittflächen seinen größten oder kleinsten
Wert annimmt, für die τ' verschwindet. Zugleich folgt aus
Gl. (11), daß dies immer mindestens in zwei Schnittflächen zutrifft, die aufeinander senkrecht stehen (für die sich φ_0 um
einen rechten Winkel unterscheidet). Daneben ist nur noch
ein Ausnahmefall möglich, der dann eintritt, wenn $\tau = 0$ und
$\sigma_x = \sigma_y$ war. Dann ist auch für alle anderen Schnittrichtungen
$\tau' = 0$ und σ' ist unabhängig von φ, d. h. für alle Schnittrichtungen gleich groß.

Von diesem Ausnahmefalle abgesehen, kommen aber beim
ebenen Probleme immer nur zwei, aufeinander senkrechte und
zur Z-Achse parallele Schnittrichtungen vor, für die τ verschwindet, auf denen also die gesamte Spannung senkrecht
steht und für die zugleich σ' seinen kleinsten und seinen größten
Wert annimmt. Man nennt jene Richtungen die Haupt-

richtungen und die zugehörigen Spannungen die Hauptspannungen des Körpers an der betreffenden Stelle.

Die Größe der Hauptspannungen findet man aus Gl. (9)
durch Eintragen des durch Gl. (10) oder (11) bestimmten Wertes
von φ_0. Am einfachsten ist es, zuerst Gl. (10) nach $\sin 2\varphi_0$ und
$\cos 2\varphi_0$ aufzulösen. Man erhält dann

$$\sin 2\varphi_0 = \pm \frac{2\tau}{\sqrt{4\tau^2 + (\sigma_x - \sigma_y)^2}}; \quad \cos 2\varphi_0 = \pm \frac{\sigma_y - \sigma_x}{\sqrt{4\tau^2 + (\sigma_x - \sigma_y)^2}}.$$

Aus Gl. (9) findet man dann weiter

$$\sigma'_{\substack{max \\ min}} = \frac{\sigma_x + \sigma_y}{2} \pm \frac{\frac{1}{2}(\sigma_x - \sigma_y)^2 + 2\tau^2}{\sqrt{4\tau^2 + (\sigma_x - \sigma_y)^2}}$$

und, wenn man beachtet, daß im letzten Bruche der Zähler
die Hälfte vom Quadrate des Nenners bildet, kürzer

$$\sigma'_{\substack{max \\ min}} = \frac{\sigma_x + \sigma_y}{2} \pm \frac{1}{2}\sqrt{4\tau^2 + (\sigma_x - \sigma_y)^2}. \tag{12}$$

Daß der eine Wert ein Maximum, der andere ein Minimum liefert, kann auf gewöhnlichem Wege durch Bilden des
zweiten Differentialquotienten von σ' nach φ nachgewiesen
werden; es folgt aber auch schon daraus, daß jede stetige
Funktion des Winkels φ, die nicht konstant ist, bei einmaligem
Umlaufe des ganzen Kreises mindestens ein Maximum und ein
Minimum haben muß.

Wenn $\tau = 0$ ist, fallen die Richtungen der Koordinatenachsen mit den Hauptrichtungen zusammen
und σ_x, σ_y sind selbst die Hauptspannungen. Einander
gleich können die Hauptspannungen nur dann werden, wenn
zugleich $\tau = 0$ und $\sigma_x = \sigma_y$ ist. Dann kann jede Richtung in
der XY-Ebene als Hauptrichtung angesehen werden.

Wir wenden uns jetzt zur Ermittelung der Maximalwerte
der Schubspannungskomponente τ'. Aus Gl. (9) erhalten wir

$$\frac{d\tau'}{d\varphi} = \frac{\sigma_x - \sigma_y}{2} \cdot 2\cos 2\varphi - 2\tau \sin 2\varphi.$$

Die Bedingung für ein Maximum oder Minimum wird daher ausgesprochen durch die Gleichung

$$\operatorname{tg} 2\varphi_{00} = \frac{\sigma_x - \sigma_y}{2\tau}. \tag{13}$$

Dieser Wert ist das Negative der Kotangente von $2\varphi_0$, die aus der Bedingungsgleichung (10) gefunden wird. Daraus folgt, daß der nach Gl. (13) bestimmte Winkel $2\varphi_{00}$ sich von dem aus Gl. (10) abgeleiteten φ_0 um einen Rechten oder um $\frac{\pi}{2}$ unterscheidet. Die Winkel φ selbst, für die einerseits σ' und andererseits τ' die Maximal- oder Minimalwerte annehmen, unterscheiden sich demnach um $\frac{\pi}{4}$. Die größten Schubspannungen erhält man also für solche Schnittrichtungen, die mit den Hauptrichtungen Winkel von 45° einschließen. Beachtenswert ist, daß die Normalspannungen auf diesen Ebenen im allgemeinen nicht verschwinden, wie man auf Grund des Vorausgegangenen hätte vermuten können. Setzt man $2\varphi_{00}$ aus Gl. (13) in die erste der Gl. (9), so findet man für die zugehörige Normalspannung $\frac{\sigma_x + \sigma_y}{2}$, und dieser Wert gilt für jede der beiden zueinander senkrechten Schnittebenen, auf denen τ' zum Maximum oder Minimum wird. Nur wenn $\sigma_x = -\sigma_y$ ist, wird diese Normalspannung zu Null.

Aus Gl. (13) folgt

$$\sin 2\varphi_{00} = \pm \frac{\sigma_x - \sigma_y}{\sqrt{4\tau^2 + (\sigma_x - \sigma_y)^2}}\,; \quad \cos 2\varphi_{00} = \pm \frac{2\tau}{\sqrt{4\tau^2 + (\sigma_x - \sigma_y)^2}}\,;$$

und wenn man diese Werte in die zweite der Gleichungen (9) einsetzt, erhält man

$$\tau'_{\substack{\max \\ \min}} = \pm \tfrac{1}{2}\sqrt{4\tau^2 + (\sigma_x - \sigma_y)^2}. \tag{14}$$

Die beiden Werte $\tau'_{\max}$ und $\tau'_{\min}$ unterscheiden sich also nur durch das Vorzeichen voneinander. Dieses Ergebnis ist, soweit es sich um die absoluten Größen handelt, selbstverständlich nach dem in den Gleichungen (4) ausgesprochenen Satze über die Gleichheit der in senkrechten Schnittflächen einander zugeordneten Schubspannungen. Die Vorzeichen dagegen sind in Gleichung (14) gleichgültig, da sie nur durch die willkürliche Festsetzung darüber bedingt sind, in welcher Richtung τ' als positiv gerechnet werden sollte.

§ 7. Der einachsige Spannungszustand.

Setzt man beim ebenen Spannungszustande eine der Hauptspannungen gleich Null, so gelangt man auf den einachsigen
oder linearen Spannungszustand, der z. B. bei der in § 3 besprochenen Zugstange unter den dort angegebenen Voraussetzungen auftritt. Man nehme etwa an, daß die Koordinatenachsen schon von vornherein in die Hauptrichtungen gelegt
gewesen seien, setze also $\tau = 0$ und, um auf den einachsigen
Spannungszustand zu kommen, außerdem noch $\sigma_y = 0$. Die
Gleichungen (9) gehen dann über in

$$\left. \begin{array}{l} \sigma' = \sigma_x \cdot \dfrac{1 - \cos 2\varphi}{2} = \sigma_x \sin^2 \varphi \\[2mm] \tau' = \dfrac{\sigma_x}{2} \sin 2\varphi. \end{array} \right\} \tag{15}$$

Wir merken uns für diesen Fall, daß nach der zweiten
der Gleichungen (15) bei ihm die größte Schubspannung halb
so groß ist als die Zug- oder Druckspannung in der Hauptrichtung.

Den ebenen Spannungszustand kann man sich durch das Zusammenwirken von zwei einachsigen Spannungszuständen hervorgebracht denken, deren Hauptrichtungen rechtwinklig zueinander stehen.
Ebenso kann auch, wie in Band V näher besprochen werden wird,
der allgemeinste Spannungszustand auf drei rechtwinklig zueinander
stehende einfache Zug- oder Druckbeanspruchungen, also auf drei
miteinander zusammenwirkende einachsige Spannungszustände zurückgeführt werden.

§ 8. Der Spannungskreis.

Zur Veranschaulichung der durch die Formeln in § 6 ausgesprochenen Eigenschaften des ebenen Spannungszustandes
bedient man sich mit Vorteil der von Mohr angegebenen
graphischen Darstellung durch den Spannungskreis. Denkt
man sich die Koordinatenachsen in die beiden Hauptrichtungen
gelegt, setzt also $\tau = 0$, so daß σ_x und σ_y die Hauptspannungen
bedeuten, so gehen die Gleichungen (9) über in

$$\left. \begin{array}{l} \sigma' = \dfrac{\sigma_x + \sigma_y}{2} + \dfrac{\sigma_y - \sigma_x}{2} \cos 2\varphi \\[2mm] \tau' = \dfrac{\sigma_x - \sigma_y}{2} \sin 2\varphi. \end{array} \right\} \tag{16}$$

Man trage auf einer Abszissenachse in Abb. 5 vom Ursprunge O aus die beiden Hauptspannungen $\sigma_x = OB$ und $\sigma_y = OA$ ab und schlage über AB als Durchmesser einen Kreis. Zieht man dann vom Mittelpunkt M aus den Halbmesser MC, der den Winkel 2φ mit der Abszissenachse einschließt, so gibt, wie ein Vergleich der Figur mit den Gleichungen (16) sofort erkennen läßt, die Abszisse des Punktes C die Normalspannung σ' und die Ordinate die Schubspannung τ' für eine Schnittrichtung an, die den Winkel φ mit der Richtung der Hauptspannung σ_x bildet. Der Mittelpunkt M des Spannungskreises hat nämlich die Abszisse $\frac{\sigma_x + \sigma_y}{2}$, und der Radius ist gleich $\frac{\sigma_x - \sigma_y}{2}$. Hieraus folgt auch, daß die in diesem Schnitt übertragene, aus σ' und τ' resultierende Gesamtspannung ϱ der Größe nach durch die Verbindungslinie OC dargestellt wird und daß sie mit der Normalen zur Schnittfläche einen Winkel einschließt, der dem Winkel COM in der Abbildung gleich ist.

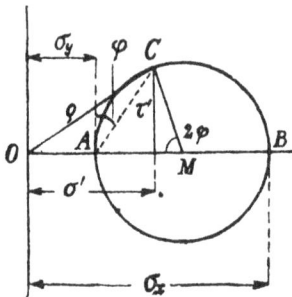

Abb 5.

In der Abbildung ist angenommen, daß beide Hauptspannungen Zugspannungen seien und unter σ_x die größere von beiden verstanden. Sollte dagegen σ_y eine Druckspannung sein, so ist OA von O aus nach links hin abzutragen; ebenso sind beide nach links abzutragen, wenn auch noch σ_x eine Druckspannung (und zwar in diesem Falle die dem Absolutbetrage nach kleinere von beiden) ist. Im übrigen ändert sich dadurch an der gewählten Darstellung nichts.

Sind für irgend zwei zueinander senkrecht stehenden Schnittrichtungen die Spannungskomponenten σ_x σ_y und τ beliebig gegeben, so läßt sich nach diesen Angaben der Spannungskreis konstruieren, womit man sowohl die Hauptrichtungen des Spannungszustandes als die dazu gehörigen Hauptspannungen findet. In Abb. 5a ist dies ausgeführt. Man trägt auf der σ-Achse die gegebenen Werte von $\sigma_x = OF$ und $\sigma_y = OD$ ab und senkrecht dazu den Wert von $\tau = DE = FG$. Man muß

nur beachten, daß FG und DE nach entgegengesetzten Richtungen aufzutragen sind. Die Verbindungslinie von E und G schneidet die σ-Achse im Mittelpunkte M des Spannungskreises, der hierauf gezogen werden kann. Die Strecken OH und OJ geben die Hauptspannungen an und die Winkel OME und OMG sind doppelt so groß wie

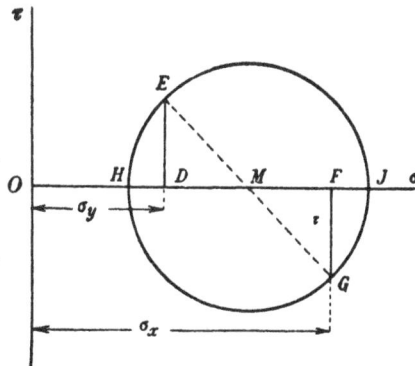

Abb. 5a

die Winkel zwischen den Schnittrichtungen, zu denen σ_x und σ_y gehören, und den Hauptrichtungen.

§ 9. Die reine Schubbeanspruchung.

Ein besonderer Spannungszustand, mit dem man häufig zu tun hat, wird dadurch gekennzeichnet, daß man einen kleinen Würfel abgrenzen kann, an dem auf vier Seitenflächen ausschließlich Schubspannungen senkrecht zur Z-Richtung vorkommen, während die beiden zur Z-Achse senkrechten Seitenflächen ohne Spannung sind (Abb. 6). Dieser als der Fall der reinen Schubbeanspruchung bezeichnete Spannungszustand ist zunächst ein ebener und daher in den allgemeinen Formeln von § 6 mit enthalten. Man

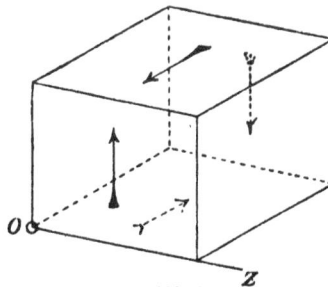

Abb. 6

kommt auf ihn, wenn man die beiden Hauptspannungen gleich groß und von entgegengesetztem Vorzeichen wählt. Die Hauptrichtungen des Spannungszustandes fallen mit den Diagonalebenen des Würfels, die durch die Z-Richtung gelegt werden können, zusammen, und die Schubspannung auf der Würfelseite ist ebenso groß als jede der beiden Hauptspannungen.

Diese Behauptungen folgen auch, ohne daß man auf die Formeln von § 6 zurückzugreifen braucht, sehr einfach aus dem Mohrschen Spannungskreise, dessen Mittelpunkt in diesem Falle mit dem Ursprunge O in Abb. 5 oder 5a zusammenfällt.

Aufgaben.

1. Aufgabe. Leite die den Gleichungen (5) entsprechenden Gleichgewichtsbedingungen für den ebenen Spannungszustand ab!

Lösung. Streicht man die nach den Gleichungen (8) beim ebenen Probleme wegfallenden Spannungen aus den Gleichungen (5), so gibt die letzte $Z = 0$, d. h. dieser Spannungszustand ist nur möglich, wenn die äußere Kraft senkrecht zu der als Z-Achse bezeichneten Richtung steht (oder wenn die äußere Kraft überhaupt verschwindet), und die beiden ersten Gleichungen liefern

$$\frac{\partial \sigma_x}{\partial x} + \frac{\partial \tau}{\partial y} + X = 0; \quad \frac{\partial \sigma_y}{\partial y} + \frac{\partial \tau}{\partial x} + Y = 0.$$

Grenzt man ein rechtwinkliges Parallelepiped ab, von dem eine Kantenrichtung mit der Z-Richtung zusammenfällt, und trägt die beim ebenen Spannungszustande daran angreifenden Spannungen ein, so kann man die vorstehenden Gleichungen auch unmittelbar aus der Figur ablesen; es wird empfohlen, dies auszuführen.

2. Aufgabe. Aus den Gleichungen (6) ist der Wert der Normalkomponenten σ_n der spezifischen Spannung p_n zu ermitteln!

Lösung. Anstatt die Spannung p_n selbst auf die Normale n zu projizieren, kann man, um σ_n zu erhalten, auch ihre drei Komponenten nach den Koordinatenachsen auf n projizieren und aus den Projektionen die algebraische Summe nehmen. Dies liefert

$$\sigma_n = p_{nx}\cos(nx) + p_{ny}\cos(ny) + p_{nz}\cos(nz),$$

oder nach Einsetzen der Werte aus den Gleichungen (6)

$$\sigma_n = \sigma_x\cos^2(nx) + \sigma_y\cos^2(ny) + \sigma_z\cos^2(nz) + 2\tau_{xy}\cos(nx)\cos(ny) \\ + 2\tau_{zx}\cos(nx)\cos(nz) + 2\tau_{yz}\cos(ny)\cos(nz).$$

3. Aufgabe. Eine Welle, die gleichzeitig auf Biegung und auf Verdrehen beansprucht wird, erfahre an der gefährlichsten Stelle eine

Biegungsspannung rechtwinklig zum Querschnitte von der Größe 300 atm und eine Schubspannung infolge der Verdrehung von 400 atm. Wie groß ist σ'_{max} und τ'_{max}?

Lösung. Der Spannungszustand ist ein ebener. Die Richtung der Stabachse wähle man zur Richtung der X-Achse, die Y-Achse lege man in die Richtung der Schubspannung im Querschnitte. Dann ist $\sigma_x = 300$, $\tau = 400$ und $\sigma_y = 0$ in die Gleichungen (12) und (14) einzusetzen. Man erhält $\sigma'_{max} = +577{,}2$ atm, $\sigma'_{min} = -277{,}2$ atm, $\tau'_{max} = 427{,}2$ atm.

Anstatt dessen kann man auch, wie in Abb. 5a auf S. 33, mit den gegebenen Werten von σ_x, σ_y und τ den Spannungskreis auftragen und daraus die Lösung entnehmen.

Zweiter Abschnitt.

Elastische Formänderung. Beanspruchung des Materials.

§ 10. Das Elastizitätsgesetz.

Die im vorigen Abschnitte aufgestellten Gleichgewichtsbedingungen zwischen den Spannungskomponenten und alle
daraus gezogenen Folgerungen gelten für jeden Körper, gleichgültig wie er sich im übrigen verhalten mag, also z. B. auch
für einen Sandhaufen, für einen Tonklumpen, für Metalle und
Steine, selbst für Flüssigkeiten und Gase. Die dort gefundenen
Beziehungen genügen aber nicht, um den Spannungszustand
zu berechnen, der unter gegebenen Umständen eintreten muß.
Wir fanden nämlich, daß für jede Stelle des Körpers zur vollständigen Beschreibung des Spannungszustandes sechs Spannungs-
komponenten σ_x, σ_y, σ_s, τ_{xy}, τ_{xs}, τ_{ys} angegeben werden müssen,
während zwischen diesen und den äußeren Kräften X, Y, Z nur
die drei Gleichungen (5) bestehen. Der Spannungszustand ist daher in allen Fällen statisch unbestimmt im Sinne von § 1. Man
muß, um ihn zu bestimmen, auf den Zusammenhang zwischen
den Spannungskomponenten und den Formänderungen eingehen.

Was man damit bezweckt, ist leicht einzusehen. Um die
Formänderung eines Körpers zu beschreiben, genügt es, für
jeden Punkt des Körpers drei Zahlenwerte anzugeben. Die
Gestaltänderung ist nämlich vollständig bestimmt, wenn man
für jeden Punkt angibt, um wieviel er sich in den Richtungen
von drei Koordinatenachsen verschoben hat. Kennt man also
den Zusammenhang zwischen Gestaltänderung und Spannungszustand, so lassen sich die sechs unbekannten Größen, durch
die der Spannungszustand gekennzeichnet ist, auf drei unbekannte Größen, die die Gestaltänderung beschreiben, zurückführen.

Man erkennt auch, wie wichtig es ist, die Zahl der unbekannten Größen gerade auf drei vermindern zu können, wenn man sich erinnert, daß zwischen den Spannungskomponenten an jeder Stelle die drei Gleichungen (5) erfüllt sind. Sobald man die Spannungskomponenten in den drei Verschiebungskomponenten, die die Gestaltänderung beschreiben, ausgedrückt und diese Werte in die Gleichungen (5) eingesetzt hat, stehen uns ebenso viele Gleichungen als Unbekannte zu Gebote. Mit der Lösung dieser Gleichungen wird auch der Spannungszustand bekannt. Freilich macht die wirkliche Auflösung gewöhnlich unüberwindliche Schwierigkeiten; auf jeden Fall ist aber der Nachweis von Wert, daß die Ausbildung des Spannungszustandes durch die in den Gleichungen (5) und in dem Elastizitätsgesetze ausgesprochenen Bedingungen schon vollständig geregelt ist, daß jede Unbestimmtheit aufhört und daß wir daher nicht nötig haben, nach neuen Naturgesetzen zu suchen, die uns bisher entgangen wären.

Der Zusammenhang zwischen Formänderung und Spannungszustand ist verschieden für verschiedene Körper; er kann nur durch die Erfahrung gefunden werden. Man gewinnt diese Erfahrung, indem man an Versuchskörpern die Formänderungen mißt, die durch abgewogene Belastungen hervorgebracht werden, dabei den Einfluß feststellt, den die Abmessungen des Probestücks auf den Zusammenhang zwischen Formänderung und Belastung haben und so zu ´einem Schlusse darüber gelangt, welche Formänderungen bei einem unendlich kleinen Parallelepiped, auf dessen Oberfläche gegebene Kräfte wirken, zu erwarten sind. Erst nachdem man die Messungsergebnisse bis zu diesem Schlusse hin verarbeitet hat, ist die Grundlage gewonnen, auf der sich alle weiteren Untersuchungen der Festigkeitslehre aufbauen müssen.

Einer der häufigst vorgenommenen Versuche dieser Art besteht darin, daß man einen Eisenstab von rundem Querschnitte mit etwa 20 bis 25 mm Durchmesser und gegen 300 mm Länge, der an beiden Enden mit Köpfen versehen ist, in eine Festigkeitsmaschine einspannt und ihn einer allmählich anwachsenden Zugbelastung unterwirft. Hierbei mißt man die Dehnung, die eine in der Mitte des Stabes ge-

legene Meßstrecke von 100 bis 150 mm Länge erfährt. Anfänglich
sind diese Dehnungen zu klein, um sie mit dem Zirkel abmessen zu
können. Man muß sich daher einer Feinmeßvorrichtung bedienen.
Bauschinger hat für diesen Zweck ein Spiegelgerät eingeführt,
mit dessen Hilfe man die Längenänderungen der Meßstrecke bis auf
etwa $^1/_{10000}$ mm genau beobachten kann. Der Apparat hat von Mar-
tens wesentliche konstruktive Verbesserungen erfahren. Abb. 7 zeigt
die Anordnung in der heute allgemein verwendeten Form in schema-
tischer Darstellung. S ist der Stab, an dem von zwei Seiten her bei
A zwei etwas federnde Stangen F festgeklemmt werden, während die
freien Enden von F mit geringem Drucke auf zwei Doppelschneiden
R anliegen. Die Schneiden werden durch die den Stab umgreifenden

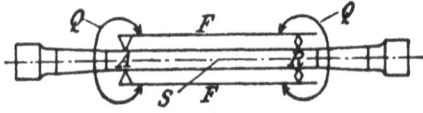
Abb. 7.

Federn Q auf den Probestab
aufgedrückt. Die Strecke
zwischen A und R heißt
die Meßstrecke des Stabes.
Wenn der Stab gezogen
wird, verlängert sich AR.

Da die Stangen F relativ zum Auflagepunkt A keine Längenänderungen
erfahren, werden die Doppelschneiden R durch die Verlängerung
der Meßstrecke um kleine Winkel verdreht. Mit R sind kleine
Spiegel fest verbunden, die die Drehung von R mitmachen. Auf
jeden Spiegel ist ein Fernrohr mit Fadenkreuz gerichtet, das
in etwa 1000 bis 2000 mm Entfernung von dem Spiegel aufgestellt ist. Am Gestelle der Fernrohre wird ein Maßstab befestigt,
dessen Bild man im Spiegel beobachtet. Sobald sich der Spiegel ein
wenig dreht, verschiebt sich das Bild des Maßstabes gegen das Fadenkreuz im Fernrohre, und man sieht leicht ein, wie man aus der Größe
der abgelesenen Verschiebung auf die Drehung des Spiegels und daher
auf die Verlängerung der Meßstrecke schließen kann. Wesentlich ist
bei dieser Einrichtung, daß zwei Spiegel verwendet werden. Beide
drehen sich nämlich, wie man aus der Abbildung erkennt, in entgegengesetzten Richtungen und im allgemeinen um gleiche Beträge. Es kann
aber leicht vorkommen, daß bei der Ausführung des Versuchs sich auch
der Stab im ganzen etwas dreht, indem sich etwa die Anlage des Stabes an den Köpfen etwas ändert oder auch infolge von Verschiebungen
oder Formänderungen der Teile der Festigkeitsmaschine selbst. Wenn
man nur einen Spiegel verwendete, würde diese Drehung des ganzen
Stabes zu unrichtigen Schlüssen über die Längenänderung der Meßstrecke verleiten. Bei zwei Spiegeln wird dagegen infolge einer solchen Drehung die Ablesung des einen Spiegels um ebensoviel vergrößert
als die andere verkleinert wird, und das Mittel aus beiden Ablesungen
gibt daher den wahren Betrag der Längenänderung der Meßstrecke an.

Auf dieselbe Art kann man auch die Verkürzung eines Probestückes beobachten, das einer Druckbelastung unterworfen wird.

Bei einem Flußeisenstabe, der einem solchen Versuche unterworfen wird, zeigt sich, daß die Längenänderungen in demselben Verhältnisse anwachsen wie die Belastungen, solange diese nicht zu groß sind. Außerdem findet man, daß die Meßstrecke nach Entfernung der Belastung genau wieder die ursprüngliche Länge annimmt. Ebenso verhalten sich Probekörper aus Stahl und auch solche aus Holz. Andere Stoffe dagegen zeigen ein abweichendes Verhalten.

Die Eigenschaft des Stoffes, die wir bei solchen Versuchen feststellen, wird als Elastizität bezeichnet. Da die Bezeichnung „elastisch", namentlich wenn ein Gradunterschied (mehr oder wenig elastisch) ausgedrückt werden soll, in verschiedener Bedeutung gebraucht wird, gebe ich zunächst den Sinn, den ich selbst mit dieser Bezeichnung verbinde, durch die folgenden Sätze an:

1. Elastizität ist allgemein die Fähigkeit eines Körpers, Formänderungsarbeit in umkehrbarer Weise aufzuspeichern.

2. Vollkommen elastisch verhält sich ein Körper bei einem gewissen Vorgange, wenn man die ihm durch äußere Kräfte zugeführte Formänderungsarbeit vollständig wieder in Form von mechanischer Energie aus ihm zurückgewinnen kann.

3. Der Grad der Elastizität eines nicht vollkommen elastischen Körpers wird durch das Verhältnis der in umkehrbarer Weise aufgespeicherten zu der gesamten ihm bei dem betrachteten Vorgange durch die äußeren Kräfte zugeführten Energie bestimmt.

4. Kein Körper ist gegenüber allen Vorgängen, denen man ihn unterwerfen kann, vollkommen elastisch; ist er es bis zu einer gewissen Grenze hin und darüber hinaus nicht mehr, so wird diese Grenze als Elastizitätsgrenze bezeichnet (Abkürzung für die ausführlichere Bezeichnung „Grenze der vollkommenen Elastizität").

5. Die Elastizitätsgrenze ist nicht zu verwechseln mit der Proportionalitätsgrenze, die nur bei solchen Körpern in Betracht kommt, für die innerhalb eines gewissen Bereichs das Hookesche Gesetz der Verhältnisgleichheit zwischen Spannung und Formänderung gültig ist.

Diese Festsetzungen über den Wortgebrauch gründen sich auf den Begriff der Formänderungsarbeit. Darunter ist die Arbeit zu verstehen, die von den äußeren Kräften an dem Probestücke geleistet werden muß, um es in den gespannten Zustand zu versetzen. Bei dem Zugversuche, von dem vorher die Rede war, ist die Formänderungsarbeit, die zu einem gegebenen Spannungszustande gehört, gleich dem Mittelwerte des von der Maschine während der Verlängerung ausgeübten Zuges, multipliziert mit der erreichten Dehnung, oder in Zeichen

$$A = \int_0^x P\,dx, \qquad (17)$$

wenn die Zugkraft mit P, die Dehnung mit x und die Formänderungsarbeit mit A bezeichnet wird.

„Umkehrbar" wird im ersten Satze, wie in allen Teilen der Physik, ein solcher Vorgang genannt, der auch in entgegengesetzter Richtung unter sonst gleichen Bedingungen durchlaufen werden kann. Die Umkehrung des Dehnungsvorganges bildet die Zusammenziehung des Probestabes beim Abnehmen der Belastung. Damit die Formänderungsarbeit umkehrbar aufgespeichert sei, muß der Stab bei allmählichem Abtragen der Belastung dieselbe Arbeit wieder nach außenhin abgeben, die ihm zuerst zugeführt wurde. Damit dies auch bei jedem Zwischenzustande zutreffe, muß $dA = P\,dx$ von derselben Größe bei der Belastung wie bei der Entlastung sein. Mit anderen Worten heißt dies auch, daß jedem gegebenen Formänderungszustande des Stabes eine bestimmte Kraft P zugeordnet sein muß, gleichgültig ob dieser Zustand dadurch erreicht wird, daß man vom spannungslosen Zustande durch allmähliche Steigerung der Belastung zu ihm gelangt, oder ob er durch die Verminderung einer vorher aufgebrachten größeren Belastung erreicht wird.

Solange die Belastung des vorher betrachteten Flußeisenstabes auf den qcm des Querschnitts nicht über etwa 1800 kg hinausgeht (die Grenze liegt bei einzelnen Eisensorten etwas verschieden), erweist er sich bei dem Zugversuche als so vollkommen elastisch, als dies die Genauigkeit der Messung überhaupt erkennen läßt. Bei gegossenen Metallen, namentlich bei Gußeisen, ferner bei Steinen, Zementkörpern und ähnlichen Stoffen trifft dies anfänglich nicht zu. Beim Abtragen der Belastung entspricht einer bestimmten Länge der Meßstrecke eine kleinere Kraft als bei dem vorausgegangenen Aufbringen der Last. Die zugeführte Formänderungsarbeit wird also nur zum Teile wieder nach außenhin abgegeben; der Rest dieser Energie hat zur Herstellung einer bleibenden Zustandsänderung gedient, wie man daraus erkennt, daß der Stab seine ursprüngliche Länge nicht wieder vollständig erreicht.

Sobald man aber die gleiche Belastung öfters aufgebracht und wieder entfernt hat, stellt sich auch bei diesen Stoffen nach und nach ein gleichbleibendes Verhalten ein, in dem sie sich ebenfalls in dem vorher erörterten Sinne als nahezu vollkommen elastisch erweisen. Bei den Untersuchungen der Festigkeitslehre ist es in der Regel nicht nötig, auf die anfänglichen Erscheinungen Rücksicht zu nehmen, da der Spannungszustand, auf dessen Ermittelung es ankommt, nur nach dem elastischen Teile der Formänderung, der bei Wegnahme der Belastung wieder verschwindet, zu beurteilen ist.

Auch die Zeit, während der die Belastung getragen wird, ist nicht ohne Einfluß auf die Formänderung des Körpers. Bei den zuletzt besprochenen Körpern, Steinen usf. vergrößert sich die Formänderung allmählich noch etwas, wenn man die Belastung längere Zeit einwirken läßt, namentlich dann, wenn diese Körper nicht vorher schon in den zuvor erwähnten konstanten Zustand durch mehrmaligen Belastungswechsel gebracht sind. Besonders deutlich spricht sich der Einfluß der Zeit bei solchen Körpern wie Seile, Riemen, Fäden und Gewebe aus. Auch dann, wenn die Belastung wieder entfernt wird, nimmt der Körper nicht augenblicklich seine endgültige Gestalt an, sondern die Formänderungen dauern manchmal noch längere Zeit fort. Zugleich ist das Verhalten des Körpers gegen eine neu vorgenommene Belastung abhängig von den Vorgängen, denen er vorher unterworfen war, und auch von der Zeit, die seitdem verstrichen ist. Man faßt alle diese Erscheinungen unter der Bezeichnung der elastischen Nachwirkung zusammen. Sorgfältig untersucht sind diese Nachwirkungen besonders für Seidenfäden, wie sie zum Aufhängen von Magneten usw. in physikalischen Instrumenten gebraucht werden Bei den Stoffen, aus denen die Konstruktionen der Bau- und Maschineningenieure hergestellt werden, sind sie noch wenig erforscht. Zugleich treten sie aber (abgesehen von den zuvor erwähnten Treibriemen, Hanfseilen usf.) hier auch nur wenig hervor.

Ein Zugversuch und ebenso ein Druckversuch mit Flußeisen zeigt, wie schon vorher erwähnt, daß die Längenänderungen unterhalb der Elastizitätsgrenze den Belastungen proportional sind. Zugleich findet man, daß die Änderung der Meßstrecke der ursprünglichen Länge proportional und bei gleicher Belastung dem Querschnitte des Versuchsstabes umgekehrt proportional ist. Als bezogene oder spezifische Dehnung (oder Verkürzung) wollen wir die Längenänderung Δl geteilt durch die ursprüngliche Länge l bezeichnen und dafür stets den Buchstaben ε gebrauchen. Diese bezogene Dehnung ist von der bezogenen Spannung σ und dem Baustoffe abhängig, und das Ergebnis des Versuches kann in der Gleichung

$$\varepsilon = \frac{\sigma}{E} \qquad (18)$$

ausgesprochen werden. Die Konstante E heißt der Elastizitätsmodul des Baustoffs. Die bezogene Dehnung ist als Verhältnis zweier Längen eine unbenannte Zahl, d. h. sie hat die Dimension Eins. Aus Gl. (18) folgt daher, daß E eine Größe von der gleichen Art wie σ sein, also eine bezogene Spannung bedeuten muß, die etwa in atm, d. h. in Kilogrammen auf 1 qcm ausgedrückt werden kann. Da ε innerhalb der Elastizitätsgrenze, d. h. solange die Gleichung gilt, immer nur ein kleiner Bruch ist, muß E ein sehr großer Wert sein. Für schmiedbares Eisen liegt E zwischen $2{,}0 \cdot 10^6$ und $2{,}2 \cdot 10^6$ kg/cm² sowohl für Zug als auch für Druckbeanspruchungen.

Will man nicht mit den bezogenen Dehnungen und Spannungen, sondern mit den ganzen Beträgen rechnen, so kann Gl. (18) auch in der Form

$$\frac{\Delta l}{l} = \frac{\sigma}{E} = \frac{P}{EF} \qquad (19)$$

ausgesprochen werden, in der P die ganze auf den Querschnitt F kommende Kraft bedeutet.

Nicht alle Stoffe zeigen freilich das durch die Gl. (18) oder (19) ausgesprochene elastische Verhalten; auf die Ab-

weichungen davon werde ich nachher noch zurückkommen.
Früher, als man von diesen Abweichungen noch nichts wußte,
sondern annahm, daß bei allen festen Körpern innerhalb ziemlich weiter Grenzen die Längenänderungen den Belastungen
proportional seien, bezeichnete man das durch jene Gleichungen
ausgesprochene Gesetz als das Elastizitätsgesetz. Jetzt
wird es das Hookesche Gesetz genannt, weil es zuerst von
dem Physiker Hooke im Jahre 1678 in der Form „ut tensio sic
vis" (auf deutsch „wie der Zwang so der Drang") aufgestellt
wurde.

Aber auch bei jenen Körpern, die dem Hookeschen Gesetze
gehorchen, reichen die Formeln (18) und (19) noch nicht aus,
um das elastische Verhalten vollständig zu beschreiben. Schon
beim einachsigen Spannungszustande muß noch eine Ergänzung
hinzutreten. Die Beobachtung lehrt nämlich, daß ein auf Zug
oder Druck beanspruchter Probestab nicht nur in der gleichen
Richtung eine Längenänderung erfährt, sondern auch eine von
entgegengesetztem Vorzeichen in jeder Querrichtung. Der Querschnitt eines auf Zug beanspruchten Stabes zieht sich zusammen.
Man bezeichnet diese Erscheinung als die Querkontraktion.
Bei Druckbelastung erfolgt eine Querdehnung.

Unmittelbare Messungen der Zusammenziehung in der
Querrichtung sind schwieriger auszuführen, daher seltener vorgenommen und weniger zuverlässig als die der Längsdehnung.
Nach allem, was darüber bisher bekannt wurde, läßt sich indessen kaum bezweifeln, daß bei allen Stoffen, die dem Hookeschen Gesetze für die Längsdehnung gehorchen, auch die Quer-
dehnungen proportional mit der Hauptspannung in der Längsrichtung wachsen. Das Verhältnis zwischen beiden bezogenen
Längenänderungen ist hiernach eine Konstante, die in der Folge
stets mit $\frac{1}{m}$ bezeichnet werden wird; oder auch mit $-\frac{1}{m}$, wenn
zugleich das entgegengesetzte Vorzeichen beider Längenände-
rungen zum Ausdrucke gebracht werden soll. Nach den meisten
Messungen liegt das Verhältnis zwischen $\frac{1}{3}$ und $\frac{1}{4}$; für Schmiedeeisen und Stahl setzt man gewöhnlich $m = 3\frac{1}{3}$, das Verhältnis
also gleich 0,3. Bei Gußeisen ist dagegen m nicht konstant

und meistens erheblich größer, von 5 bis etwa gegen 9 hinauf; Steine verhalten sich anscheinend ähnlich.

Auf Grund einer Hypothese, die den Spannungszustand aus Molekularkräften herzuleiten suchte, hatte Poisson das Verhältnis zu 1 : 4 berechnet. Diese Ziffer wurde aber durch die Beobachtung nicht bestätigt; immerhin wird die Verhältnisziffer *m* so wie sie der Wirklichkeit entspricht, heute noch als die Poissonsche Konstante bezeichnet.

Das Hookesche Gesetz reicht ferner auch mit der eben angegebenen Ergänzung allein nicht aus, den Zusammenhang zwischen Formänderung und Spannungszustand im allgemeinsten Falle oder selbst nur im Falle des ebenen Spannungszustandes darzustellen. Das Hookesche Gesetz bezieht sich zunächst nur auf den einachsigen Spannungszustand. Es muß daher noch eine Ergänzung hinzutreten. Zu diesem Zwecke nimmt man an, daß jede folgende Formänderung, solange die Elastizitätsgrenze nicht überschritten ist, nur von der neu hinzugekommenen Belastung abhängig ist, daß also einer Übereinanderlagerung verschiedener Spannungszustände auch eine einfache Zusammenfügung der zu jedem einzelnen Spannungszustande, für sich genommen, gehörigen Formänderungen entspricht.

Wir wollen jetzt noch die Körper etwas näher ins Auge fassen, bei denen das elastische Verhalten nicht mit dem Hookeschen Gesetze übereinstimmt. Die Abbildungen 8 und 8a geben Versuchsergebnisse wieder, die ich bei der Prüfung von großen Stäben aus Granit bzw. Sandstein auf Zug und auf Druck erhielt. Die Querschnitte der Stäbe waren Rechtecke von 20×30 cm Seitenlänge; vorausgehende Versuche hatten nämlich gezeigt, daß es nötig ist, Abmessungen von solcher Größe zu wählen, wahrscheinlich weil bei der Bearbeitung der Steine mit den gewöhnlichen Steinmetzwerkzeugen eine Lockerung der oberflächlichen Schichten eintritt, die die Ergebnisse bei Probekörpern von kleinerem Querschnitte zu stark beeinflußt. Bei großen Querschnitten machen diese Oberflächenschichten im Verhältnisse zur ganzen Querschnittsfläche weniger aus. Die Abszissen stellen die beobachteten Dehnungen nach rechts hin vom Nullpunkte, die Verkürzungen bei den Druck-

versuchen nach links hin dar und die Ordinaten geben die zugehörigen Spannungen an, wobei Zugspannungen nach oben-
hin, Druckspannungen nach untenhin abgetragen wurden. Ehe
eine Ablesung erfolgte, wurden die Steine durch wiederholte
Belastung zuvor in einen konstanten Zustand übergeführt, so
daß sie sich bei dem Versuche vollkommen elastisch verhielten.

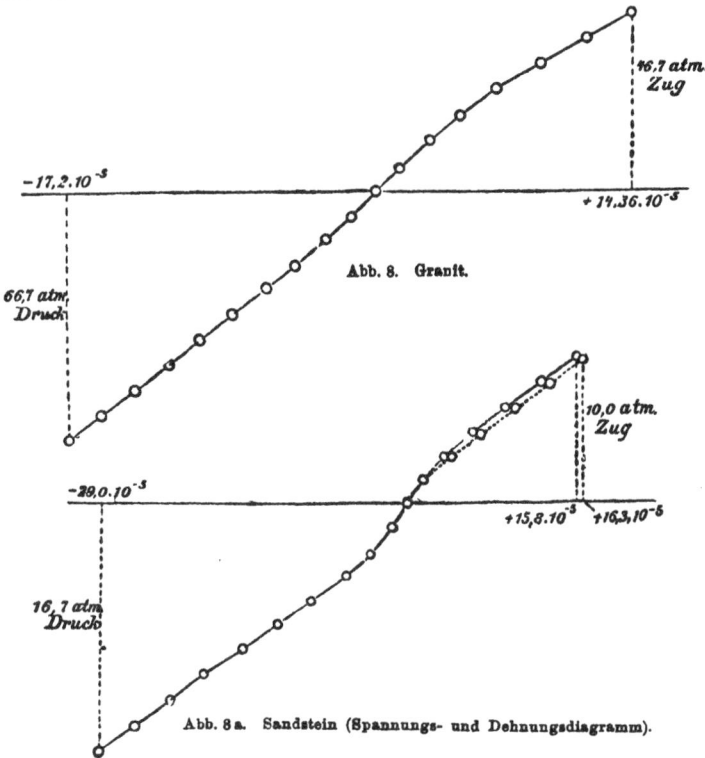

$16,7\ atm.$
Zug

$-17,2.10^{-5}$

$+14,36.10^{-5}$

Abb. 8. Granit.

$66,7\ atm.$
$Druck$

$10,0\ atm.$
Zug

$-29,0.10^{-5}$

$+15,8.10^{-5}$ $+16,3.10^{-5}$

$16,7\ atm.$
$Druck$

Abb. 8 a. Sandstein (Spannungs- und Dehnungsdiagramm).

Auf der Zugseite der Abb. 8 a, die für den Sandstein gilt,
ist neben der ausgezogenen Linie noch eine zweite punktiert
eingetragen. Diese wurde zuerst erhalten und die ausgezogene
dann, als der Stein nach den ersten Versuchen, durch die er
stark auf Zug beansprucht worden war, eine 15 stündige Ruhe-
pause durchgemacht hatte. Der Unterschied zwischen beiden
Linien gibt das Maß der elastischen Nachwirkung an. Dieser
Unterschied ist hier ziemlich erheblich, offenbar wegen der

Höhe der vorausgegangenen Zugbelastung, die nicht sehr weit von der Bruchbelastung entfernt war.

Für Körper, die dem Hookeschen Gesetze folgen, gibt eine Darstellung dieser Art eine gerade Linie. Bei den Steinen ist aber, wie man sieht, die Kurve S-förmig gekrümmt, anscheinend mit einem Wendepunkte im Ursprunge. Die elastischen Längenänderungen ε wachsen sowohl bei Zug- als bei Druckbelastung schneller als die zugehörigen Spannungen. Ganz ähnlich verhält sich auch das Gußeisen.

Um das Elastizitätsgesetz für solche Körper, wie sie hier in Frage kommen, durch eine Formel auszusprechen, muß man an Stelle von Gl. (18) allgemeiner

$$\varepsilon = f(\sigma) \text{ oder umgekehrt } \sigma = \varphi(\varepsilon) \qquad (20)$$

setzen, wo f irgendeine Funktion und φ deren Umkehrung ist, die beide hinreichend genau mit jenen Abbildungen übereinstimmen. Der Begriff des Elastizitätsmoduls verliert hier seine ursprüngliche Bedeutung. Da man aber daran gewöhnt ist, das Verhalten der dem Hookeschen Gesetze gehorchenden Körper als das normale zu betrachten, Gl. (20) oder die Abb. 10 und 11 daher stets mit Gl. (18) bzw. mit den geradlinigen Darstellungen zu vergleichen, spricht man indessen auch bei Steinen von einem Elastizitätsmodul, der nun freilich eine neue Definition erhalten muß. Unglücklicherweise gibt es zwei ganz voneinander verschiedene Größen, von denen bald die eine, bald die andere als Elastizitätsmodul bezeichnet wird, ohne daß man immer aus dem Zusammenhange sofort erkennen könnte, welche von beiden eigentlich gemeint ist.

Differentiiert man nämlich Gl. (20) nach ε, so erhält man, wenn der Differentialquotient der Funktion φ durch einen angehängten Akzent bezeichnet wird,

$$\frac{d\sigma}{d\varepsilon} = \varphi'(\varepsilon) \qquad (21)$$

und der Wert auf der rechten Seite geht für den Fall des Hookeschen Gesetzes in den Elastizitätsmodul über. Man überträgt daher häufig diese Bezeichnung auch allgemein auf den Differentialquotienten $\varphi'(\varepsilon)$. Diese Größe kann auch geometrisch erläutert werden mit Hilfe der Richtung einer Tangente, die an die Kurven der Abb. 10 oder 11 im Punkte ε, σ gelegt wird.

Andererseits findet man aus Gl. (20) auch

$$\frac{\sigma}{\varepsilon} = \frac{\sigma}{f(\sigma)} = \frac{\varphi(\varepsilon)}{\varepsilon}. \qquad (22)$$

Auch dieser Wert geht in den Elastizitätsmodul über, wenn das Hookesche Gesetz gilt. Mit demselben Rechte wie vorher kann daher die Bedeutung des Wortes „Elastizitätsmodul" dahin verallgemeinert werden, daß es den Wert des Verhältnisses $\frac{\sigma}{\varepsilon}$ angeben soll. Geometrisch wird dieser Wert durch die Richtung der Sehne erläutert, die man vom Anfangspunkte zum Punkte ε, σ ziehen kann. Natürlich stimmen beide Deutungen des Wortes keineswegs miteinander überein, da die Richtung der Sehne von der Richtung der Tangente abweicht. In jedem Falle ist übrigens der „Elastizitätsmodul" keine Konstante mehr, sondern eine Funktion von σ.

Für Gußeisen und Steine hat sich bisher am besten die zwar schon früher bekannte, aber erst durch die Arbeiten von C. Bach und Schüle gut bestätigte und dadurch in allgemeinere Aufnahme gebrachte sogenannte Potenzformel bewährt. In dieser Formel wird

$$\varepsilon = \alpha \sigma^n \tag{24}$$

gesetzt, worin α und n Konstanten bedeuten, die für jeden einzelnen Baustoff gesondert aus den Versuchsergebnissen berechnet werden müssen.

So wie die Potenzformel gewöhnlich angeschrieben wird, ist sie freilich nicht homogen in den Dimensionen. Man kann diesem Mangel aber leicht abhelfen, indem man an Stelle von Gl. (24)

$$\varepsilon = \alpha \left(\frac{\sigma}{\sigma_0} \right)^n \tag{25}$$

setzt, worin σ_0 eine neue Konstante bedeutet, die nur bei den bisherigen Anwendungen stillschweigend gleich 1 atm gesetzt wurde. Daraus geht hervor, daß auch σ in Gl. (24) in atm auszudrücken ist, und daß α und n unbenannte Zahlen sind.

Übrigens handelt es sich bei der Potenzformel nicht um ein streng gültiges Naturgesetz, sondern nur um eine brauchbare Interpolationsformel. Man darf daher auch nicht erwarten, daß alle Folgerungen, die sich aus ihr ziehen lassen, z. B. die, daß für unendlich kleine Spannungen der Elastizitätsmodul unendlich groß ausfiele, richtig wären.

Schließlich sei noch darauf hingewiesen, daß mit der Aufstellung des Potenzgesetzes, selbst wenn es genau zuträfe, noch keine vollständige Beschreibung des elastischen Verhaltens der betreffenden Körper gewonnen wäre. Es müßte vielmehr noch eine ergänzende Angabe über die Querkontraktion oder Querdehnung hinzutreten, da auch die Poissonsche Verhältniszahl $\frac{1}{m}$ bei solchen Baustoffen veränderlich ist. Und ferner müßte man noch feststellen, welches andere Gesetz an die Stelle des Superpositionsgesetzes zu treten hätte, für

den Fall, daß zwei oder drei lineare Spannungszustände mit senkrecht
zueinander stehenden Hauptrichtungen zusammenwirken, d. h. also
für den Fall des ebenen oder des allgemeinsten Spannungszustandes.
Daß nämlich das Superpositionsgesetz nur in Verbindung mit dem
Hookeschen Gesetze gültig sein kann, geht daraus hervor, daß das
Superpositionsgesetz das Hookesche schon als besonderen Fall in sich
schließt.

§ 11 Einfache Längsspannung und einfache Schubspannung.

Für einen Körper, der dem Hookeschen Gesetze gehorcht,
haben wir nach dem Vorhergehenden einen Zusammenhang

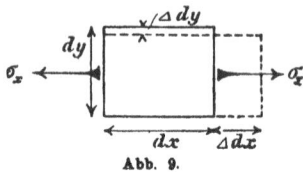

Abb. 9.

zwischen elastischer Formänderung
und Spannungszustand, der für die
beiden einfachsten Fälle hier noch
einmal übersichtlich angegeben werden soll. — Für den Fall der einfachen Längsspannung (einachsiger
Spannungszustand) geht ein in der Hauptrichtung herausgeschnit-
tenes unendlich kleines Parallelepiped in die durch punktierte
Linien in Abb. 9 angedeutete Gestalt über, und mit Rücksicht auf
die in diese Abbildung eingeschriebenen Bezeichnungen hat man

$$\varDelta dx = \alpha \, dx \sigma_x = \frac{1}{E} \, dx \sigma_x, \tag{26}$$

oder auch, unter Einführung der bezogenen Dehnung ε_x,

$$\varepsilon_x = \frac{\varDelta dx}{dx} = \frac{\sigma_x}{E}.$$

Zugleich tritt eine Querverkürzung ε_y auf, die nach jeder Quer-
schnittsrichtung gleich ist und

$$\varepsilon_y = \frac{\varDelta dy}{dy} = -\frac{1}{m} \frac{\sigma_x}{E} \tag{27}$$

gesetzt werden kann.

Wenn sich der Stoff wie seither schon stillschweigend überall
vorausgesetzt wurde, nach allen Richtungen gleich verhält, oder wenn,
er, wie man in diesem Falle sagt, isotrop ist, hat E für jede Längsrichtung und m für jede Querrichtung den gleichen Wert. Das elastische Verhalten des Stoffes wird daher durch diese beiden Konstanten vollständig beschrieben. Ein solches Verhalten zeigen nicht alle
Naturkörper. Ein Kristall verhält sich nach verschiedenen Richtungen

im allgemeinen verschieden. Der Wert von E oder von m hängt hier wesentlich von der Lage der Hauptrichtungen des Spannungszustandes gegen die kristallographischen Achsen ab. Wer also z. B. die elastischen Eigenschaften des Steinsalzes studieren will, darf sich mit dem vorausgehenden einfacheren Ansatze nicht begnügen, sondern muß ihn unter Berücksichtigung des genannten Umstandes entsprechend verallgemeinern. Im allgemeinsten Falle sind die beiden elastischen Konstanten E und m für die anisotropen Körper, die im übrigen dem Hookeschen Gesetze gehorchen, durch 21 voneinander verschiedene Konstanten zu ersetzen. Dadurch werden die Gleichungen der Elastizitätslehre für solche Körper sehr verwickelt. Wenn aber auch der Physiker, der sich mit solchen Fragen beschäftigt, die Erörterung dieser umständlicheren Gleichungen nicht umgehen kann, darf der Techniker davon absehen, da die wichtigsten Baustoffe gewöhnlich als nahezu isotrop angesehen werden können. Eine Ausnahme macht namentlich das Holz. Für Konstruktionsteile aus Holz sind aber in der Regel nur ganz einfache Aufgaben zu lösen, die ein tieferes Eingehen auf diese Unterschiede nicht nötig machen. Überdies ist auch das elastische Verhalten des Holzes durch mancherlei zufällige Umstände — durch eingewachsene Äste, den Einfluß des Standortes, die Lage des Stabes im Baume usf. — so erheblichen Schwankungen unterworfen, daß jede feinere Berechnung, die auf den Unterschied der elastischen Eigenschaften nach verschiedenen Richtungen eingehen wollte, gegenstandslos würde.

Außer den Änderungen der Kantenlängen kann man auch die Änderung untersuchen, die das Volumen des unendlich kleinen Parallelepipeds bei der einfachen Längsspannung erfährt. Die senkrecht zur Papierfläche der Abb. 9 stehende Kante sei mit dz bezeichnet. Dann entsteht aus dem Volumen $dx\,dy\,dz$ infolge der Formänderung das Volumen

$$dx(1 + \varepsilon_x)\,dy(1 + \varepsilon_y)\,dz(1 + \varepsilon_z).$$

Beim Ausmultiplizieren braucht man auf die Produkte der ε nicht zu achten, da die ε alle sehr kleine Brüche sind, deren Produkte neben ihnen selbst nicht in Betracht kommen; man erhält daher

$$dx\,dy\,dz(1 + \varepsilon_x + \varepsilon_y + \varepsilon_z).$$

Die Summe der drei ε gibt daher das Verhältnis der Volumenzunahme zum ursprünglichen Volumen an. Wir nennen

diese Verhältniszahl die kubische Ausdehnung und bezeichnen sie mit e, also

$$e = \varepsilon_x + \varepsilon_y + \varepsilon_z. \tag{28}$$

Diese Betrachtung gilt allgemein. Für den einachsigen
Spannungszustand erhält man mit Rücksicht auf Gl. (27), und
da $\varepsilon_z = \varepsilon_y$ ist,

$$e = \frac{m-2}{m}\,\varepsilon_z = \frac{m-2}{m\,E}\,\sigma_x. \tag{29}$$

Aus dieser Gleichung läßt sich auch ein Schluß auf die
Größe ziehen, die man für die Verhältniszahl m mindestens
anzunehmen hat. Es läßt sich nämlich nicht erwarten, daß
das Volumen des Parallelepipeds durch einen Zug vermindert
würde, also e negativ würde. Mindestens muß daher $m = 2$
angenommen werden. In diesem Falle nennen wir den elastischen Körper inkompressibel oder raumbeständig, denn bei
jedem beliebigen Spannungszustande bleibt sein Volumen konstant. In der Tat ist aber, wie schon vorher erwähnt wurde,
m in der Regel größer; gewöhnlich liegt es zwischen 3 und 4.

Durch Übereinanderlagerung von zwei oder im allgemeinsten Falle von drei einachsigen Spannungszuständen, deren
Hauptrichtungen senkrecht aufeinander stehen, kann man jeden
beliebigen anderen Spannungszustand ableiten, und die vorausgehenden Gleichungen genügen daher stets zur Berechnung der
elastischen Formänderungen isotroper Körper, die dem Superpositionsgesetze gehorchen.

Bezeichnet man beim zweiachsigen Spannungszustande
die beiden Hauptspannungen mit σ_1 und
σ_2 (Abb. 9a), so erhält man für die drei
Hauptdehnungen

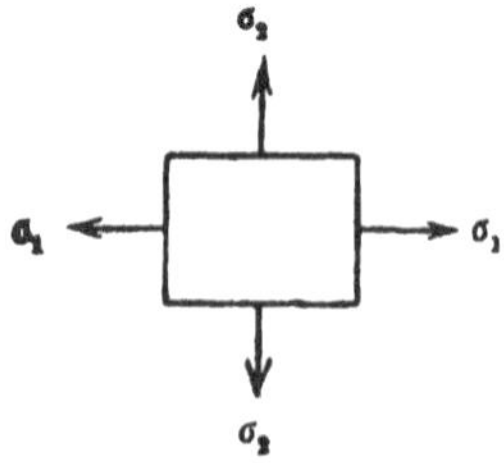

$$\left. \begin{aligned}
\varepsilon_1 &= \frac{1}{E}\left(\sigma_1 - \frac{1}{m}\sigma_2\right); \\
\varepsilon_2 &= \frac{1}{E}\left(\sigma_2 - \frac{1}{m}\sigma_1\right); \\
\varepsilon_3 &= -\frac{1}{E}\left(\frac{1}{m}\sigma_1 + \frac{1}{m}\sigma_2\right).
\end{aligned} \right\} \tag{30}$$

Abb. 9a.

Der häufig vorkommende Fall der reinen Schubbeanspruchung bedarf noch einer besonderen Besprechung. Auf

die Seitenflächen des in Abb. 10 gezeichneten Parallelepipeds
mögen nur die Schubspannungen τ einwirken. Die Kanten
erfahren dabei keine Längenänderungen, dagegen ändern
sich die Winkel. Die Änderung des ursprünglich rechten
Winkels sei mit γ bezeichnet. Wir denken uns γ, wie überhaupt alle Winkel, mit denen wir hier zu tun haben, wenn
nichts anderes gesagt wird, in Bogenmaß ausgemessen, also
so, daß γ eine Verhältniszahl ist, deren Multiplikation mit
dem Radius den zugehörigen Bogen liefert. Da die elastischen
Formänderungen als sehr klein angesehen werden können, ist
γ ein sehr kleiner echter Bruch. Der
Kosinus eines sehr kleinen Winkels
weicht nur um eine Größe höherer Ordnung von der Einheit ab; wir können
daher die Formänderung auch so beschreiben, daß sich die obere Seite des
Rechtecks der Abb. 10 längs ihrer Richtungslinie verschiebt. So ist die Figur

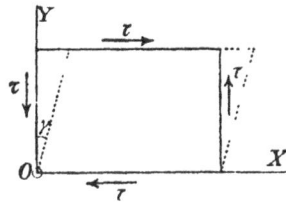

Abb. 10.

auch in der Tat gezeichnet, obschon in ihr der Winkel γ der
Deutlichkeit wegen größer angenommen werden mußte. Wenn
der Winkel γ diese Größe wirklich erreichte, müßte man auch
darauf achten, daß sich die obere Rechteckseite etwas senkte.
So aber kommt diese Senkung nicht in Betracht, und wir können
daher sagen, daß sich bis auf Größen höherer Ordnung genau das
Volumen des Parallelepipeds bei der reinen Schubbeanspruchung
nicht ändert.

Wenn das Superpositionsgesetz gilt, ist die Formänderung
der Spannung proportional, und wir können daher

$$\gamma = \beta\tau = \frac{\tau}{G} \tag{31}$$

setzen. Hier tritt eine neue elastische Konstante des Materials
G auf. Sie heißt der Schubelastizitätsmodul oder auch der
Starrheitsmodul, ihr reziproker Wert β der Schiebungs-
koeffizient. Aus Gl. (31), in der γ eine unbenannte Zahl ist, erkennt man, daß G eine Größe von derselben Art sein muß wie τ. Der
Schubelastizitätsmodul hat daher ebenso wie der Zugelastizitäts-

4*

modul die Dimensionen einer bezogenen Spannung und ist in atm oder in Kilogrammen auf 1 qcm anzugeben. Der numerische Wert von G muß ebenfalls, wie Gl. (31) lehrt, ein sehr beträchtlicher sein. Deshalb rechnet man besser mit ihm als mit seinem reziproken Werte β, dem Schiebungskoeffizienten, der immer ein sehr kleiner Bruch ist und daher unbequem anzuschreiben ist, wenn man in den üblichen Einheiten rechnet.

Aus den vorhergehenden Betrachtungen erkennt man, daß G durch die Werte von E und m schon mitbestimmt sein muß, da diese für sich bereits genügen, um das elastische Verhalten eines isotropen Materials vollständig zu beschreiben. Wir wollen jetzt die Gleichung ableiten, die diesen Zusammenhang ausspricht. Dazu erinnern wir uns, daß nach den Untersuchungen in § 9 der Fall der „reinen Schubspannung" einem ebenen Spannungszustande entspricht, dessen Hauptspannungen in Schnittrichtungen auftreten, die Winkel von 45⁰ mit der Schnittrichtung der Schubspannung bilden. Beide Hauptspannungen sind der

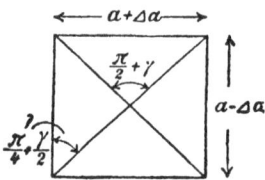

Abb. 11.

Schubspannung der Größe nach gleich; die eine ist eine Zug-, die andere eine Druckspannung.

Wir denken uns nun einen Würfel in den Richtungen der Hauptspannungen herausgeschnitten. Die zur Z-Achse senkrechte Ansichtsfläche des Würfels geht unter dem Einflusse dieser Hauptspannungen in ein Rechteck über, das in Abb. 11 gezeichnet ist. Mit $\varDelta a$ ist die elastische Änderung der Würfelkante a bezeichnet. Längs der Diagonalebenen des Würfels tritt die Schubspannung τ auf, und die Änderung des Winkels zwischen den Diagonalen kann entweder mit τ in Beziehung gebracht und nach Gl. (31) festgestellt oder aus den Änderungen der Seitenlängen berechnet werden. Die Gleichsetzung der beiden auf diesen Wegen gefundenen Ausdrücke liefert die gesuchte Beziehung zwischen den elastischen Konstanten.

Wenn nur die eine Hauptspannung vorhanden wäre, könnte man das von ihr bewirkte $\varDelta a$ nach Gl. (26) sofort berechnen; man erhielte

$$\frac{1}{E}\,a\sigma_z \quad \text{oder} \quad \frac{1}{E}\,a\tau,$$

da $\sigma_x = \tau$ zu setzen ist. Dazu kommt aber noch die Querdehnung, die von der anderen Hauptspannung herrührt, und die
$\frac{1}{m}$ des vorigen Betrages ausmacht. Im ganzen ist also

$$\varDelta a = \frac{m+1}{mE}\,a\tau.$$

Wenn die Winkel zwischen den Diagonalen um γ von einem
Rechten abweichen, unterscheidet sich der Winkel zwischen
einer Diagonale und einer Seite um $\frac{\gamma}{2}$ von einem halben Rechten.
Diese Größenbezeichnung ist auch in die Abbildung eingetragen.
Aus der Abbildung folgt

$$\mathrm{tg}\left(\frac{\pi}{4} + \frac{\gamma}{2}\right) = \frac{a+\varDelta a}{a-\varDelta a},$$

oder, wenn man die Tangente der Winkelsumme nach einer be-
kannten goniometrischen Formel entwickelt und dabei für $\mathrm{tg}\frac{\gamma}{2}$
den Winkel $\frac{\gamma}{2}$ selbst einsetzt, was zulässig ist, weil der Winkel
nur sehr wenig von Null abweicht, auch

$$\frac{1+\frac{\gamma}{2}}{1-\frac{\gamma}{2}} = \frac{a+\varDelta a}{a-\varDelta a},$$

woraus sofort

$$\gamma = 2\frac{\varDelta a}{a} = \frac{2(m+1)}{mE}\,\tau$$

folgt. Andererseits ist aber nach Gl. (31) auch

$$\gamma = \frac{\tau}{G},$$

und der Vergleich beider Werte liefert

$$G = \frac{m}{2(m+1)}E. \tag{32}$$

Für $m = 4$ wird $G = 0{,}4E$ und für $m = 3$ wird $G = \frac{3}{8}E$
was hier noch besonders angemerkt werden mag.

Die Messung des Schubelastizitätsmoduls durch einen unmittelbaren Versuch ist nicht wohl ausführbar. Man kann ihn aber, wie
wir später sehen werden, aus Torsionsversuchen berechnen. Der so
gefundene Wert stimmt nicht immer gut mit Gl. (32) überein.
Andererseits ist aber Gl. (32) aus einer Betrachtung gefunden, die
für ein isotropes Material, das dem Superpositionsgesetze allgemein
gehorcht, unbedingt gültig sein muß. Abweichende Ergebnisse von

Torsionsversuchen müssen daher notwendig — soweit sie nicht von Messungsfehlern herrühren — entweder dadurch· bedingt sein, daß das untersuchte Material jenem Elastizitätsgesetze nicht gehorcht oder daß die zur Berechnung aus dem Torsionsversuche angewendete Formel unrichtig ist. In den meisten Fällen wird man die Abweichung darauf zurückzufüren haben, daß die Voraussetzung der Isotropie nicht genügend erfüllt ist.

§ 11a.   Elastische Dehnungen in verschiedenen Richtungen.

Wir denken uns im ursprünglichen Zustande des Körpers eine unendlich kleine Kugel aus ihm abgegrenzt. Nehmen wir zunächst an, daß der Körper hierauf einem einachsigen Spannungszustande unterworfen wird, so muß diese Kugel in ein Rotationsellipsoid übergehen. Denn bezeichnen wir die Koordinaten eines Punktes der Kugel mit x, y, s und legen die X-Achse in die Hauptrichtung, so wird jedes x nach Gl. (26) in demselben Verhältnisse vergrößert und jedes y und s nimmt ab in einem Verhältnisse, das $\frac{1}{m}$ des vorigen beträgt, wenn wir uns σ_x positiv denken. Drücken wir hiernach die ursprünglichen Werte von x, y, s in den geänderten aus und setzen sie in die Kugelgleichung ein, so geht diese in die Gleichung eines Ellipsoides über. Wenn zwei oder drei zueinander rechtwinklige lineare Spannungszustände übereinander gelagert werden, wodurch wir zu den allgemeineren Fällen aufsteigen, ändert sich immer noch jedes x in demselben Verhältnisse, jedes y in einem anderen konstanten Verhältnisse und jedes s in einem dritten. Daraus schließen wir wie vorher, daß die Kugel in ein Ellipsoid, und zwar jetzt in ein dreiachsiges übergegangen ist. Ferner folgt daraus auch, daß die größten oder kleinsten Werte der bezogenen Längenänderungen in den Hauptrichtungen des Spannungszustandes auftreten. Man bezeichnet diese Dehnungen auch als die Hauptdehnungen.

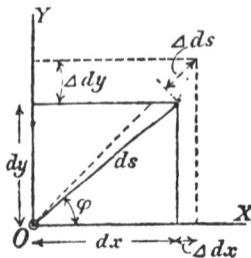

Abb 11 a

Für den Fall des ebenen Spannungszustandes soll die Dehnung in einer beliebigen Richtung, die in der XY-Ebene enthalten ist, noch näher berechnet werden. Die Koordinatenachsen sollen mit den Hauptrichtungen zusammenfallen. Ein in der Ebene des Spannungszustandes enthaltenes Rechteck geht in ein anderes über, das in Abb. 11 a durch gestrichelte Linien angegeben ist. Wir berechnen die kleine elastische Änderung Δds

der Diagonale ds, die den Winkel φ mit der X-Achse bildet. Zunächst ist

$$ds = \sqrt{dx^2 + dy^2},$$

und wir finden daraus $\varDelta ds$, indem wir durch partielle Differentiation von ds nach dx und dy den Zuwachs berechnen, der den Änderungen $\varDelta dx$ und $\varDelta dy$ entspricht. Wir erhalten

$$\varDelta ds = \frac{dx \varDelta dx + dy \varDelta dy}{\sqrt{dx^2 + dy^2}} = \frac{dx}{ds} \varDelta dx + \frac{dy}{ds} \varDelta dy,$$

woraus die spezifische Dehnung ε_φ in der Richtung φ durch Division mit ds gefunden wird, also

$$\varepsilon_\varphi = \frac{\varDelta ds}{ds} = \left(\frac{dx}{ds}\right)^2 \cdot \frac{\varDelta dx}{dx} + \left(\frac{dy}{ds}\right)^2 \cdot \frac{\varDelta dy}{dy} = \varepsilon_x \cos^2 \varphi + \varepsilon_y \sin^2 \varphi, \quad (33)$$

und dies wird in der Tat, wie schon vorher gezeigt war, zu einem Maximum oder Minimum für $\varphi = 0$ und für $\varphi = \frac{\pi}{2}$.

An Stelle dieser Ableitung kann man übrigens $\varDelta ds$ und hiermit ε_φ auch aus einer geometrischen Betrachtung an Hand der Abb. 11a leicht entnehmen.

§ 12. Die Festigkeitsversuche.

Die Eignung eines Baustoffes für die Anforderungen der Praxis wird durch Versuche festgestellt, die an Proben aus dem Baustoff vorgenommen werden. Hier interessieren nur die Versuche, die sich mit den Festigkeitseigenschaften befassen. An diese Versuche werden stets zwei Hauptanforderungen gestellt, nämlich:

1. der Versuch muß mit möglichst einfachen Mitteln in möglichst kurzer Zeit durchzuführen sein, und

2. die Versuchsergebnisse sollen die Bewährung des Baustoffes in der Praxis möglichst getreu angeben, d. h. die Beanspruchung des Baustoffes beim Versuch soll möglichst ähnlich der Beanspruchung sein, die der Baustoff beim praktischen Betrieb erleidet.

Die beiden Hauptforderungen stehen im Widerspruch zueinander: Je genauer die zweite Anforderung erfüllt werden soll, desto umständlicher, zeitraubender und kostspieliger ist in der Regel die Durchführung des Versuches. Es ist deshalb nötig, zwischen beiden Forderungen ein Kompromiß zu schließen, dessen Aussehen davon abhängen wird, ob der größere Nachdruck auf die erste Hauptforderung gelegt wird oder auf die zweite.

Wenn das Hauptgewicht auf die erste Forderung gelegt
wird, dann ist die Brinèllsche Kugeldruckprobe am
Platze, die tatsächlich in der Praxis dort in weitgehendstem
Maße verwendet wird, wo ganz rohe Hinweise auf die Festigkeitseigenschaften eines Baustoffes mit den einfachsten Mitteln
erhalten werden sollen. Bei der Brinellschen Druckprobe wird
eine glasharte Stahlkugel (gehärteter Chromstahl) von 10 mm
Durchmesser in den zu untersuchenden Baustoff mit einem
bestimmten Druck P (bei Stahl 3000 kg, bei weicheren Stoffen
entsprechend weniger) gepreßt. Es wird der Durchmesser des
bleibenden Eindrucks gemessen und daraus die Kugelfläche F
bestimmt, die im Baustoff infolge der plastischen Verformung
zurückgeblieben ist. Die Kugeldruckhärte $\frac{P}{F}$ gibt ein Maß
für die Festigkeitseigenschaften des Baustoffs. Man kann auf
diese Weise in kürzester Zeit einen Anhalt bekommen, wenn
z. B. aus einer Reihe von Stangen, die aus dem gleichen Baustoff bestehen sollen, eine Stange abweichende Festigkeitseigenschaften hat. Das kann dann der Fall sein, wenn etwa
diese Stange im Herstellungsverfahren durch widrige Umstände
Schaden erlitten hat und zu weich oder zu hart ausgefallen ist.
Den Baustoff mit der Kugeldruckprobe zu qualifizieren, d. h.
aus der Kugeldruckhärte allein auf die Güte des Baustoffs und
seine Verwendbarkeit für bestimmte Zwecke schließen zu wollen,
ist nicht möglich, da Baustoffe mit gleicher Kugeldruckhärte
in den übrigen Festigkeitseigenschaften und vor allem bezüglich ihrer praktischen Bewährung vollständig verschieden sein
können. Es wäre deshalb verkehrt, wenn man die Kugeldruckprobe als alleinige Abnahmebedingung bei der Vergebung eines
Auftrages vorschreiben wollte.

Viel umständlicher in der Durchführung ist der Zerreißversuch, der schon im § 10 eingehend besprochen worden
ist. Der Zerreißversuch gibt aber viel weitgehendere Aufschlüsse
über die Festigkeitseigenschaften eines Baustoffes, und er wird
deshalb der zu zweit genannten Bedingung besser gerecht als
die Brinellsche Kugeldruckprobe. Bei den Abnahmevorschriften

für weniger wichtige Fälle werden die Angaben, die der Zerreißversuch liefert (d. h. Bruchfestigkeit, Bruchdehnung, dazu unter Umständen noch Fließgrenze und Kontraktion), als genügend für die Kennzeichnung des Baustoffes angesehen. Man weiß aber doch, daß der Zerreißversuch nur sehr unsichere Schlüsse auf die praktische Bewährung zuläßt, und man versucht deshalb den Zerreißversuch zu ergänzen oder zu ersetzen dort, wo die Kennzeichnung des Baustoffes besonders wichtig ist.

Als Ergänzung des Zerreißversuches ist vor allem der Kerbschlagversuch zu nennen, bei dem ein in der Mitte eingekerbter Probestab durch einen einmaligen Schlag zerbrochen und die dabei aufgewendete Impulsarbeit bestimmt wird. Beim Kerbschlagversuch wird neben der Festigkeit auch die Dehnung gewertet — Arbeit ist ja Kraft mal Weg oder Spannung mal Dehnung — und insofern wird er den Bedürfnissen der Praxis gerecht. Der Zerreißversuch macht den Kerbschlagversuch nicht überflüssig, denn es ist nicht möglich, aus den Angaben des Zerreißversuches (also aus Bruchfestigkeit und Bruchdehnung) den Wert der auf die Querschnittsfläche bezogenen Schlagarbeit zu ermitteln oder auch nur einigermaßen genau abzuschätzen. Das stellt sich sofort heraus, wenn man den Kerbschlagversuch an zwei Probekörpern ausführt, von denen der eine aus einem guten Stahlguß mit $\sigma_{Br} = 6000$ kg/cm² und $\varepsilon_{Br} = 14\%$ und der andere aus einem geschmiedeten Stahlstück mit den gleichen Zerreißergebnissen hergestellt ist: Der Schlagversuch liefert in der Regel beim Stahlguß nur ein Drittel oder ein Fünftel oder noch weniger der Schlagarbeit, die beim geschmiedeten Stahlstück festgestellt wird. Das Ergebnis steht in Übereinstimmung mit Erfahrungen aus dem praktischen Betrieb. Stahlguß darf trotz gleicher Zerreißfestigkeit in der Regel weniger hoch beansprucht werden als geschmiedeter Stahl. Der Kerbschlagversuch liefert demnach eine zusätzliche Eigenschaft, die die Angabe des Zerreißversuches in wertvoller Weise ergänzen kann.

Einer allgemeinen Einführung des Kerbschlagversuchs für Abnahmen stehen trotz der wertvollen Aufschlüsse, die er liefern kann erhebliche Bedenken gegenüber. Vor allem ist die Schlagarbeit, wiewohl sie auf die Flächeneinheit bezogen wird,

sehr wesentlich von den Abmessungen des Probestückes abhängig. Durch Änderung der Breite kann z. B. unter Umständen ein dreifach so hoher Wert für die auf die Flächeneinheit
bezogene Schlagarbeit $\frac{A}{F}$ erhalten werden als vorher. Ähnlich
ist es mit der Schlaggeschwindigkeit, die großen Einfluß auf
das Ergebnis hat. Vergleichbare Ergebnisse können deshalb
nur mit Proben gleicher Abmessungen erhalten werden, die an
gleichgebauten Schlagwerken untersucht werden. Ferner stört
sehr, daß das Ergebnis der Prüfung von der Temperatur der
Probe so stark abhängt, daß die üblichen Temperaturunter-
schiede in den Prüfräumen zu den verschiedenen Jahreszeiten
(vielleicht 20° Unterschied) im Sommer unter Umständen um
50—100% höhere Ergebnisse liefern können als im Winter. —

Aus dem Kerbschlagversuch hervorgegangen ist der Dauer-
kerbschlagversuch, der mit dem Kruppschen Dauerschlag-
werk angestellt wird und der vor allem in der Automobil-
industrie vielfache Verwendung zur Gütebestimmung von hoch-
wertigen Baustoffen findet. Ein Schlagbär von bestimmtem
Gewicht G fällt möglichst ohne Reibung aus einer stets gleichen
Höhe h so oft auf einen eingekerbten Probestab herab, bis der
Probestab an der Kerbstelle durchbricht. Die Anzahl der
Schläge wird gezählt und dient als Gütemaßstab für den Baustoff. Man sieht sofort ein, daß man auf diese Weise nur eine
Vergleichszahl erhält, die nur dort Bedeutung hat, wo Versuche an verschiedenen Baustoffen mit genau gleichen Probe-
stäben unter gleichen Versuchsbedingungen angestellt werden.

Neben diesen allgemeinen Erprobungen zur Feststellung
der Festigkeitseigenschaften werden Baustoffe für die besonderen
Verwendungszwecke mittels besonders angepaßter Untersuchungsmethoden ausgesucht, auf die hier nicht eingegangen werden
soll. Wir haben uns hier nur noch mit einer Gruppe von
Untersuchungsmethoden zu befassen, die zwar wegen der Um-
ständlichkeit in der Durchführung vorläufig noch wenig Verwendung zur Gütebestimmung gefunden hat, die aber ganz besonders wertvolle Ergebnisse liefert, weil sie am getreulichsten die
Betriebsverhältnisse der Praxis nachahmt.

§ 12 a. Der Dauerversuch.

Wenn ein Maschinenteil im praktischen Betrieb zu Bruch kommt, ist das in der Regel nicht die Folge einer einmaligen besonders großen Belastung, sondern eine Folge von oft wiederholten Beanspruchungen, die beim Betrieb der Maschine in stetem Wechsel auftreten. Man weiß, daß sich die Baustoffe gegen oft wiederholte Beanspruchungen ganz anders verhalten als gegen einmalige Überanstrengungen. Zwei Baustoffe, die gleiche Bruchfestigkeit und Bruchdehnung aufweisen, können sich im Dauerbetrieb vollständig verschieden bewähren. Da aber die Bewährung im Dauerbetrieb praktisch von ausschlaggebender Wichtigkeit ist, ist die Gütebestimmung der Baustoffe durch den statischen Versuch als Notbehelf anzusehen, der nur durch die schwierige Durchführung des Dauerversuches seine Berechtigung erhält.

Beim Dauerversuch ist es wesentlich, innerhalb welcher Grenzen die Spannung verändert wird. Man bezeichnet als „Ursprungsfestigkeit" jene Spannung, die im Wechsel mit dem spannungslosen Zustande gerade noch beliebig oft ertragen wird. Eine Spannung, die über der Ursprungsfestigkeit liegt, führt bei öfterem Wechsel schließlich den Bruch herbei, und zwar um so eher, je näher sie der Bruchfestigkeit kommt. Die Zahl der Wechsel, die erforderlich sind, wenn die Spannung nicht sehr viel über der Ursprungsfestigkeit liegt, beläuft sich gewöhnlich auf Millionen. Unter der „Schwingungsfestigkeit" endlich ist jener größte Wert der bezogenen Spannung zu verstehen, der bei Wechsel zwischen Zug und Druck (beide

Nr.	Eisensorte	Bruchfestigkeit (auf Zug)	Ursprungsfestigkeit (für Zug)	Schwingungsfestigkeit
1	Flußeisen	4360	2400	1980
2	Thomasstahl	6120	3000	3000
3	Edelbaustahl ($s_{Br} = 15\,\%$)	8500	—	4200
4	Hochwertige Bronze ($s_{Br} = 30\,\%$)	5100	—	1250

von der gleichen Größe) gerade noch beliebig oft ertragen wird. Die Schwingungsfestigkeit ist gewöhnlich etwas niedriger als die Ursprungsfestigkeit, nach den zuverlässigsten Versuchen, die von Bauschinger herrühren, ist der Unterschied aber viel geringer, als man früher auf Grund der wenigen Ergebnisse Wöhlers angenommen hatte.

Besondere Wichtigkeit haben jene Dauerversuche erlangt, die sich mit der Feststellung der Schwingungsfestigkeit befassen. Heute werden allgemein zwei Wege eingeschlagen, um einen

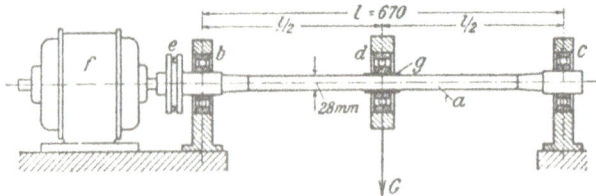

Abb. 12.

Bauteil einer Schwingungsbeanspruchung in obigem Sinne zwecks Durchführung von Versuchen auszusetzen: Man kann den Bauteil als Welle ausbilden, die mit einem Gewicht belastet ist und die umläuft, oder man kann den Bauteil Schwingungen ausführen lassen. Wir befassen uns zunächst mit der zuerst genannten Versuchsart.

Eine Faser der umlaufenden Welle ist auf Zug beansprucht, wenn sie unten liegt, und auf Druck nach 180° Umdrehung. Die wechselnden Zug- und Druckbeanspruchungen sind von gleicher absoluter Größe und das ist für die Schwingungsbeanspruchung wesentlich. Eine Anordnung zur Durchführung derartiger Versuche ist in Abb. 12 dargestellt. Ein Stab a ist an seinen beiden Enden in Kugellager b und c drehbar gehalten. In seiner Mitte trägt er das Kugellager d, an dem das Gewicht G hängt. Durch G wird der Stab durchgebogen. Das größte Moment tritt in der Stabmitte auf; es ist, wenn für einspannungsfreie Lagerung der Enden gesorgt ist, $M = \dfrac{G}{2} \cdot \dfrac{l}{2}$.*)

---

*) Hier und im nachfolgenden werden fertige Formeln aus den folgenden Kapiteln übernommen, die dem Anfänger nicht viel bedeuten

Um zu verhüten, daß das Kugellager d zu hart auf dem Probestab aufliegt (auf diese Weise würde eine Stelle der Oberfläche
ausgezeichnet und für den Bruchbeginn vorbereitet), ist eine
Beilage g aus Hartpapier von 1 mm Stärke zwischen a und d
eingeschaltet worden, die den Ausgleich des Auflagedruckes zu
bewirken hat. Vom linken Ende aus wird der Stab unter
Zwischenschaltung einer elastischen Kupplung e durch einen
Motor f angetrieben. Jede
an der Oberfläche liegende
Faser des Stabes bei d ist
deshalb, wenn sie bei der
Umdrehung unten liegt,
auf Zug und, wenn sie
oben liegt, auf Druck
beansprucht. Die Zahl
der Schwingungsbeanspru-
chungen ist gleich der
Zahl der Umdrehungen des
Probestabes.

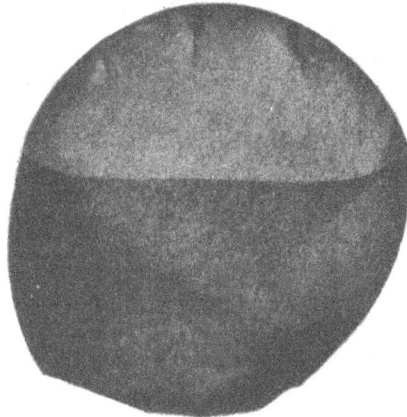

Der Stab wurde bei
den Versuchen mit steigen-

Abb 13 a.

der Last G so lange beansprucht, bis er einriß. Sobald der ge-
ringste Einriß festgestellt werden konnte, wurde der Stab, um die
Einrißstelle möglichst unversehrt zu erhalten, ausgebaut und in
der Zerreißmaschine vollständig abgerissen. Die Bruchfläche zeigt
das in Abb. 13a und b gegebene Bild, in dem deutlich die
Grenze zwischen Schwingungsbruch (oben) und Zerreißbruch
(unten) zu sehen ist.

Mit der beschriebenen Anordnung hat der Herausgeber
eingehende Versuche durchgeführt. Es sind dabei Ergebnisse
gefunden oder bestätigt worden, die wegen ihrer grundsätzlichen
Bedeutung für die Einführung in die Kenntnis der Baustoff-

---

werden. Mit den hier entwickelten physikalischen Grundlagen der
Festigkeitslehre wird sich aber rückblickend der Fortgeschrittene nochmals befassen müssen. Für ihn wird die Vorstellung durch die Wiedergabe der Formel erleichtert werden.

eigenschaften kurz erwähnt werden sollen. Vor allem kann die Schwingungsfestigkeit nicht aus den Angaben des Zerreißversuches ermittelt werden. Wir haben eine Stabserie aus Stahl und aus Bronze untersucht, wobei Stahl und Bronze mit Absicht so ausgewählt worden waren, daß beide etwa gleiche Festigkeit von 51 kg/mm² und rund 30% Bruchdehnung aufwiesen.

Die Stäbe aus Stahl zeigten eine Schwingungsfestigkeit $\sigma_{Schw} = 2000$ kg/cm², während die aus Bronze nur auf einen Wert $\sigma_{Schw} = 1250$ kg/cm² kamen. Das Aussehen des Bruches gab eine Erklärung für die auffällig geringe Schwingungsfestigkeit der Bronze: Im Schwingungsbruch der Bronze waren grobe Kristallflächen zu sehen, die beim Abreißen unter einmaliger Kraftaufwendung

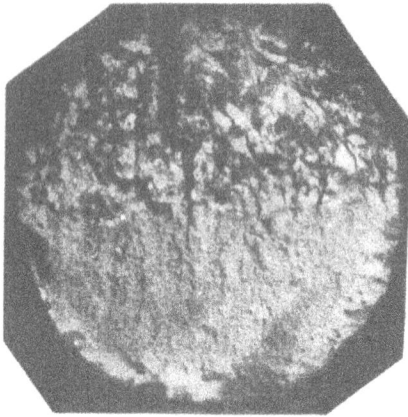

Abb. 13 b.

nicht in die Erscheinung traten (Abb. 13 b, obere Hälfte Schwingungsbruch). Ähnlich ungünstig ist das Verhältnis der Schwingungsfestigkeit zur Bruchfestigkeit bei den meisten Leichtmetallen: es werden hohe Werte namentlich für die Bruchfestigkeit erzielt, die bei besonders edlen Sorten von Leichtmetallen bis über 4000 kg/cm²·hinausgehen. Im Vergleich dazu ist die Schwingungsfestigkeit für Leichtmetalle recht niedrig. Man sieht daraus, daß die Angabe der zulässigen Beanspruchung eines Baustoffes allein auf Grund der statischen Festigkeitswerte zu recht groben Fehlern führen würde.

Der Schwingungsbruch geht schließlich von der schwächsten bzw. höchst beanspruchten Stelle des Probestabes aus. Wenn der Bruch einmal eingeleitet ist, schreitet er rasch vorwärts. In jedem Baustoff sind Fehlstellen enthalten, deren durchschnittliche Abmessungen von der Güte des Baustoffes abhängen. Wir haben einen Probestab aus besonders hochwertigem Edelstahl untersucht, bei dem eine Fehlstelle von etwa 0,1 mm Durchmesser — also mit dem bloßen Auge kaum sichtbar! — die Veranlassung zum Bruch gegeben hat, wiewohl sie rings von gesundem Stahl umgeben und immerhin 0,5 mm vom Rande des 28 mm starken Stabes entfernt war. An dieser Stelle war die Beanspruchung um $\frac{0,5}{14} \cdot 100 = \sim 4\,\%$ geringer als am Stabumfang. Die Fehlstelle hätte die Zerreißfestigkeit nicht um den Bruchteil eines Promilles erniedrigt; den Schwingungsbruch hat sie aber trotz ihrer geringen Abmessung ganz wesentlich beschleunigt bzw. schon bei geringeren Beanspruchungen herbeigeführt, als ohne Fehlstelle erforderlich gewesen wären. Fehlstellen von entsprechend geringen Abmessungen finden sich im besten Baustoff vor. Ihr Einfluß auf die Schwingungsfestigkeit, der stark von der zufälligen Lage und Größe der Fehlstellen abhängt, ist ein Hauptgrund für die großen Streuungen, die die Ergebnisse der Schwingungsversuche aufweisen.

In besonders starkem Maße wird die Schwingungsfestigkeit durch Fehlstellen beeinflußt, die an der Oberfläche eines Baustückes liegen. Diese Fehlstellen brauchen auch gar nicht vom Baustoff selbst herzurühren, sondern sie können eine Folge des Bearbeitungsvorgangs sein, der seine Spuren in der Oberfläche des Baustoffes zurückläßt. In welch starkem Maße die Schwingungsfestigkeit eines Baustückes durch Oberflächenbeschädigungen erniedrigt werden kann, soll an einigen Beispielen erläutert werden.

1. Ein Probestab aus hartem Stahl ($\sigma_{Br} = 100$ kg/mm² und $\varepsilon_{Br} = 8\,\%$) von der in Abb. 12 dargestellten Form hatte eine fein geschliffene Oberfläche. Nach dem Fertigschleifen hatte der Dreher den ruhenden Stab mit dem umlaufenden Schleifstein an einer Stelle berührt, die 9 cm außerhalb der Mitte (Anordnung Abb. 12) gelegen war. Es war dadurch eine mit dem bloßen Auge schwer feststellbare Oberflächenbeschädigung von 2 mm² Fläche und 0,02 mm Tiefe entstanden. Die Schrammen verliefen in Richtung des Querschnitts. Wiewohl das Biegungs-

moment an der Beschädigungsstelle nur den $\frac{34-9}{34} = 0,74$ fachen
Betrag vom Größtwert in der Mitte hatte, ist der Stab schon
mit einer 0,75 so großen Belastung in der Mitte oder 0,55 fach
so großen Beanspruchung an der Bruchstelle zu Bruch gekommen
wie ein Stab aus gleichem Baustoff mit unbeschädigter Oberfläche. Die kleine Oberflächenbeschädigung, die nicht die ge-
ringste Erniedrigung der Zerreißfestigkeit bewirkt hätte, hat
deshalb, weil die Schrammen scharf waren und in Richtung
des später eintretenden Bruches lagen und weil der Baustoff
verhältnismäßig spröde war, eine Verminderung der zulässigen
Beanspruchung an der gefährdeten Stelle auf e wa die Hälfte
bewirkt.

2. Ein anderer Stab war tadellos poliert. Er ist nach
langem Betrieb (55 Mill. Belastungswechsel mit gleichbleibender
Last) zu Bruch gegangen. Der Bruch setzte, wie unter dem
Mikroskop deutlich sichtbar war, in einer Polierschramme ein,
die weniger als $\frac{1}{100}$ mm in die Tiefe ging. Die beiden Bruch-
enden wurden in die Zerreißmaschine gespannt und bis nahe an
die Bruchfestigkeit belastet, so daß ein Fließen der Oberflächen
eintrat. Es wurden dabei noch mehrere Schwingungsbruch-
ansätze von einigen mm² Fläche sichtbar, die sich ebenfalls in den
unvermeidlichen Polierschrammen festgesetzt hatten. Ein Stab
mit unendlich glatter Oberfläche hätte mit der vorgesehenen
Belastung sicher ewig gehalten und vielleicht auch noch weit
größere Belastungen ertragen. Der Versuch zeigt also, daß
selbst die winzigen Polierschrammen einer tadellosen Politur
auf die Lebensdauer eines Baustückes erheblichen Einfluß haben.
In wieviel größerem Maße muß das dann für gröbere Oberflächenbeschädigungen, scharfe Übergänge usw. zutreffen!

3. Ein dritter aus Stahlguß hergestellter Probestab nach
Abb. 12 zeigte an der Oberfläche eine Gußblase von 2,9 mm
größter Tiefe und etwa 150 mm² Ausdehnung. Durch diese
Fehlstelle war der Querschnitt des Stabes um 3,2 %, das Träg-
heitsmoment gar um 10,5 % geschwächt. Trotz der großen
Abmessungen hat die Fehlstelle nur eine Schwächung der be-

troffenen Stelle des Stabes bei wechselnden Beanspruchungen um etwa 25% bewirkt. Sie war deshalb viel harmloser als die erheblich kleinere Beschädigung unter 1., weil der Baustoff zäher war als der zur Herstellung des Stabes (1) verwendete Stahl und weil die Gußblase im Inneren des Werkstoffs lag und deshalb allseits von gesundem Werkstoff umgeben war.

4. Scheuerstellen durch aufgesetzten Ring. Im Wöhler-Institut, Braunschweig (Föppl, Becker, v. Heydekampf „Die Dauerprüfung der Werkstoffe", Berlin 1929), sind Versuche an umlaufenden, auf Biegung beanspruchten Probestäben a durchgeführt worden, auf die ein Ring b aus Federstahl (Abb. 14) aufgesetzt war. Der Ring b

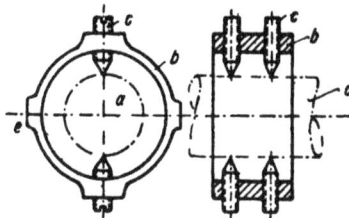

Abb. 14.

selbst hatte keine Kräfte zu übertragen. Er sollte nur dazu dienen, an der Oberfläche des auf wechselnde Biegung beanspruchten Probestabes a zusätzlich einen Spannungszustand zu erzeugen. Der Abstand der beiden Flächen e, der mit einer Mikrometerschraube genau ausgemessen werden konnte, war ein Maß für den Druck, der von den gehärteten Schraubenspitzen auf den Probestab ausgeübt wurde. Die Schrauben wurden so stark angespannt, daß jede einzelne Schraubenspitze eine Druckspannung von 100 kg auf den Probestab übertrug.

Der gleiche Versuch wurde an einem ähnlich aussehenden Ring (Abb. 14a) ausgeführt, wobei die Anordnung nur insofern von der vorausgehenden verschieden war, als die Schrauben nicht unmittelbar ihren Druck auf den Probestab übertrugen. Zwischen Schrauben c und Probestab a war eine mit zwei Schneiden versehene Stange d angeordnet, wobei der Schraubendruck von 2 mal 100 kg durch die beiden Schneiden auf den Probestab übertragen wurde.

Beim Versuch zeigte sich, daß die Dauerhaltbarkeit der Anordnung nach Abb. 14a mit dem Zwischenstück d viel geringer war als die Dauerhaltbarkeit der Anordnung 14, was folgenden Grund hatte: Die Fasern des auf Biegung beanspruchten umlaufenden Probestabs. a waren auf Zug beansprucht, wenn sie unten lagen, und auf Druck wenn sie oben lagen. Bei jeder Umdrehung des Probestabs um 360⁰ verlängerte und verkürzte sich also eine Faser um einen ganz bestimmten winzig kleinen Betrag. Da die Schneiden nicht nachgaben, scheuerte die

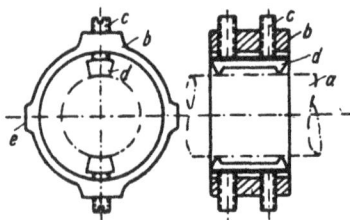

Abb. 14 a.

Oberfläche des Probestabs an den Schneiden, was durch austretende kleine Rostteilchen auch äußerlich sichtbar wurde (Bluten des Stabs). Durch dieses Bluten wurde die Haltbarkeit ganz wesentlich erniedrigt. Im Gegensatz dazu konnten die Druckschrauben c bei der Anordnung 14a im Gewinde um den notwendigen Betrag der Fasernlängenveränderung nachgeben. Es trat kein Scheuern der Schraubenspitze an der Oberfläche des Probestabs ein. Es zeigte sich kein Rostansatz, und die Dauerhaltbarkeit wurde nur wenig durch das Aufsetzen des Rings beeinflußt.

5. Korrosion. 1917 hat B. P. Haigh (J. Inst. Met. 1917) Drahtseile, wie sie beim Minensuchen erforderlich sind, im Seewasser im gespannten Zustand geschleppt. Durch die sich ablösenden Wirbel kam das Stahldrahtseil in Schwingungen, was einen Dauerbruch nach 1 ÷ 2 stündigem Betrieb zur Folge hatte. Man konnte die Schwingungsausschläge des Seiles beobachten und daraus die Spannungen berechnen, die im Seil infolge der Schwingung auftraten. Diese Spannungen waren vielleicht $^1/_5$ der Werte, die man bei Schwingungsversuchen in Luft als Schwingungsfestigkeit des Seiles feststellte. Haigh schloß daraus mit Recht, daß durch die Gegenwart von Seewasser die Dauerhaltbarkeit wesentlich (z. B. auf $^1/_5$) erniedrigt wird.

Wenn der gleiche Versuch in der Weise durchgeführt wird, daß die Drähte zuerst eine Zeitlang (z. B. 8 Tage) im Seewasser liegen und dann nach dem Abtrocknen Wechselbeanspruchungen in der Luft ausgesetzt werden, so hat die vorausgegangene Korrosion wenig Einfluß auf die Schwingungsfestigkeit. Die starke Erniedrigung der Dauerhaltbarkeit durch Korrosion tritt also nur dann auf, wenn das korrodierende Medium gleichzeitig während des Dauerversuchs wirkt.

Die Amerikaner Mc Adam und R. R. Moore haben 1926 den gleichen Versuch mit Probestäben aus Stahl wiederholt und dabei fest-

gestellt, daß nicht nur Seewasser, sondern auch gewöhnliches Leitungs-
wasser durch seine Gegenwart beim Dauerversuch ganz erheblichen
Einfluß auf die Dauerhaltbarkeit haben kann. Es gibt Stähle, bei denen
die Erniedrigung der Dauerhaltbarkeit durch die Anwesenheit von Was-
ser verhältnismäßig gering ist (z. B. Erniedrigung auf 80%), und es gibt
Stähle, bei denen die Erniedrigung außerordentlich groß ist (z. B. $^1/_7$).
Man muß also in jedem Fall bestimmen, wie groß die Erniedrigung der
Dauerhaltbarkeit ist. Das ist vor allem wichtig für Stähle, die, wie es
z. B. im Kesselbetrieb der Fall ist, dauernd unter der Einwirkung von
Wasser stehen.

6. Sogwirkung. Bei den Schaufeln von Wassertur-
binen oder von Schiffspropellern und in anderen Fällen hat
man festgestellt, daß die Sogwirkung (Kavitation) für die
Dauerhaltbarkeit außerordentlich gefährlich ist. Durch die
Sogwirkung wird das umgebende Wasser bald von der Oberfläche des Werkstückes abgezogen, bald schlägt das Wasser
wieder dagegen. Diese Wechselwirkung hat eine rasche Zer-
störung des Werkstoffs zur Folge. M. Vater, Heidenheim,
berichtet in der ZdVDI 1937 Seite 1305 über Versuche, die er
an Probestücken ausgeführt hat, die im raschen Wechsel von
einem intermittierenden Wasserstrahl getroffen wurden (siehe
auch H. Müller Z. d. V. 1938 Seite 566). Wenn die Häufig-
keit des Strahlwechsels und die Wassergeschwindigkeit im
Strahl entsprechend groß sind, werden verschiedene Stähle
schon in kurzer Zeit (z. B. 1 Std.) an ihrer Oberfläche stark
korrodiert, so daß sich tiefe Anfressungen bilden. Man hat
festgestellt, daß diese Anfressungen auf die Loslösung von
an der Oberfläche liegenden Werkstoffteilen zurückzuführen
sind, wobei der Wasserstrahl in die feinen oberflächlichen
Risse eindringt. Durch den immer wieder von neuem ein-
dringenden Wasserstrahl werden kleine Werkstoffteilchen ab-
gelöst und infolgedessen die Risse erweitert.

7. Hydraulisches Drücken von Probestäben. Das Vor-
handensein von kleinen Rissen an der Oberfläche eines Probestabs ist
von A. Löhr „Mitteilungen des Wöhler-Instituts" Heft 29 und von
Wachendorf (siehe O. Föppl, „Mitteilungen des Wöhler-Instituts"
Heft 32) nachgewiesen worden. Die Probestäbe, die später Dauer-
beanspruchungen ausgesetzt werden sollten, sind zuerst in einem mit

gefärbten Glyzerin gefüllten Zylinder einem allseitigen Druck von
12 000 Atm. ausgesetzt worden. Durch diesen Druck sind kleine Flüssig-
keitsmengen in den Probestab eingedrungen, die wegen der Feinheit der
Risse nach dem Ausbau des Probestabs nicht sofort wieder austreten
konnten. Wenn man also nach dem Ausbau aus dem Druckzylinder die
Probestäbe sauber abgewischt hat, waren sie oberflächlich tadellos
blank. Nach einiger Zeit des Liegens (z. B. ½ Std.) traten aber an der
Oberfläche winzig kleine Mengen der gefärbten Flüssigkeit wieder aus
und zeigten auf diese Weise an, daß an den betreffenden Stellen feinste
Haarrisse in der oberflächlichen Schicht des Probestabs vorhanden
waren. An einem Probestab aus Zink von 200 mm Länge und 15 mm
Durchmesser konnten einwandfrei 32 solcher Flüssigkeitsaustrittsstellen
beobachtet werden. Anschließend an diesen Versuch wurde der Probestab Wechselbeanspruchungen ausgesetzt, bis er zerbrach. Man sah,
daß der Dauerbruch von einer solchen, durch einen gefärbten Flüssig-
keitsrest gezeichneten Austrittsstelle ausgegangen war.

8. Nachgiebige Keilverbindung. Durch einen Federkeil wird
eine Welle fest mit der Nabe verbunden. Wenn die Welle verdreht wird,
erreicht man durch diese Verbindung, daß der Querschnitt der Welle
plötzlich auf den Querschnitt der Nabe vergrößert wird. Die freie Welle
verdreht sich infolge des Verdrehungsmoments um einen bestimmten
Verdrehungswinkel pro Längeneinheit, während die Welle mit Nabe
wegen des vielfach so großen Trägheitsmoments als vollkommen starr
angesehen werden kann. Bei einer gewöhnlichen Keilverbindung erfolgt
der Übergang des Trägheitsmoments und deshalb die Änderung im
Verdrehungswinkel pro Längeneinheit plötzlich. Durch diesen plötzlichen Übergang werden außergewöhnlich große Spannungen an der
Stelle der Welle ausgelöst, an der der Keil zu wirken beginnt.

Man kann die Dauerhaltbarkeit der Keilverbindung wesentlich
verbessern, wenn man den Keil an dem der Kraftübertragung zu liegen-
dem Ende in irgendeiner Weise nachgiebig ausbildet. Zu diesem Zwecke
kann man z. B. zwei Teile hintereinander anordnen, von denen der zuerst kommende aus einem Werkstoff von geringerem Elastizitätsmodul,
z. B. Kupfer, hergestellt ist. Dieser Keil wird infolge des Momentes
elastisch etwas nachgeben und infolgedessen die Übertragung des Verdrehungsmomentes von der Welle auf die Nabe allmählicher gestalten.
Der zweite Keil kann aus Stahl hergestellt sein. Er bewirkt, daß die
Welle starr mit der Nabe verbunden ist.

Besonders vorteilhaft hat sich ein Keil nach Abb. 15 erwiesen, der
im Wöhler-Institut, Braunschweig, ausgebildet und bei wechselnden
Beanspruchungen erprobt worden ist. In der Mitte (a) ist der Keil fest
mit der Welle verbunden. Das der Kraftübertragung zuliegende Keil-
ende (oder die beiden Enden) sind aber nachgiebig ausgebildet, so daß

sie das Moment durch die vorstehenden Zungen *b* nur allmählich von der Welle auf die Nabe übertragen. Im Betrieb federn also die Zungen um einen geringen Betrag (vielleicht um 0,1 mm) und bewirken auf diese

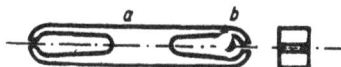

Abb. 15.

Weise, daß das Trägheitsmoment der Welle nicht so plötzlich auf das viel größere Trägheitsmoment der Nabe geändert wird. Die Übertragungsstelle ist deshalb wesentlich entlastet.

9. **Ausgeschliffener Meißelhieb.** K. Günther (Mitt. d. Wöhler-Inst. Heft 2) hat drei Meißelhiebe auf einer auf Biegung beanspruchten Welle angebracht, von denen der mittlere nur etwa $^1/_{10}$ so tief eingeschlagen war wie die beiden äußeren. Der mittlere Meißelhieb ist aber nachträglich noch mit einem Seidenfaden im Kerbgrund poliert worden. Auf den Seidenfaden war feinstes Polierrot aufgetragen. Der Seidenfaden ist von Hand mit geringem Anpreßdruck etwa 100 oder 200 mal über den Kerbgrund des Meißelhiebs hin und hergezogen worden. Die Tiefe des Meißelhiebs ist durch dieses Verfahren um etwa 0,02 mm vergrößert worden. Der Kerbgrund selbst, der ursprünglich scharfkantig war, ist abgerundet worden.

Durch das Polieren des mittleren Meißelhiebs ist erreicht worden, daß der Dauerbruch bei wechselnden Beanspruchungen nicht in den tiefen äußeren Meißelhieben aufgetreten ist, sondern sich in dem polierten, wesentlich weniger tiefen, mittleren Meißelhieb angesetzt hat. Ein Meißelhieb ist an sich nicht gefährlich, weil gleichzeitig mit dem Meißelhieb eine Verdichtung der an der Oberfläche liegenden Werkstoffteile verbunden ist. Durch das Auspolieren wird die verdichtete Oberfläche wieder von neuem mit feinsten Schrammen durchzogen, an denen sich die Dauerbrüche ansetzen können.

§ 12b. Die Wichtigkeit der Oberflächenbeschaffenheit für die Haltbarkeit eines Werkstückes im Dauerbetrieb.

Die im vorausgehenden beschriebenen Dauerversuchsergebnisse zeigen, daß die Haltbarkeit eines Werkstückes nicht nur von den Beanspruchungen, sondern auch von der Beschaffenheit der Oberfläche und den Versuchsbedingungen abhängt, die an der Oberfläche vorliegen. Ganz besonders

gefährlich ist die Korrosion, die während der Wechselbeanspruchungen auftritt (Versuch 5 in § 12a), und Scheue-
rungen an der Stelle, die die höchsten Beanspruchungen auszu-
halten hat (Versuch 4). Eine besonders gefährliche Art der
Korrosion ist die Sogwirkung (Versuch 6). Wer Dauerbrüche
vermeiden will, darf sich deshalb nicht nur mit den im Betrieb
auftretenden Spannungen befassen, sondern er muß der Oberflächenbeschaffenheit seine ganz besondere Aufmerksamkeit
zuwenden. Es wäre z. B. verkehrt, die Beanspruchungen
möglichst genau zu berechnen, die von einer Schraube zwischen Schaft und Mutter übertragen werden, oder mit denen
eine Maschinenwelle durch ein umlaufendes Schwungrad an der
Keilverbindungsstelle beansprucht wird, wenn man nicht
gleichzeitig beachtet, daß die Mutter im Schraubengewinde
scheuert und dabei erhebliche zusätzliche Oberflächenbeschädigungen hervorruft, bzw. daß der Keil durch Scheuern
die Welle beschädigt. Diese zusätzlichen Beschädigungen,
die auf die Dauerhaltbarkeit außerordentlich großen Einfluß
haben können, können durch konstruktive Maßnahmen
wesentlich beeinflußt werden. Die Konstrukteure von heute
müssen die alte Auffassung, als ob man sich gegen Brüche
durch richtiges Berechnen des Maschinenteils allein schützen
könne, fallen lassen und mehr die Ergebnisse von Versuchen
berücksichtigen, die in den verschiedenen Laboratorien über
das Verhalten der Werkstoffe im Dauerbetrieb angestellt
werden.

Insbesondere kann man die Frage behandeln, ob ein
Maschinenteil bei der heute üblichen Fertigbearbeitung die
richtige Oberflächen-Beschaffenheit erhält, oder ob man nicht
durch künstliche Maßnahmen die Dauerhaltbarkeit eines
Werkstückes wesentlich erhöhen kann. Mit dieser Frage befassen wir uns im nachfolgenden.

Wir sahen aus den Dauerversuchsergebnissen in § 12a,
daß die Oberflächenbeschaffenheit eines Werkstückes außerordentlich großen Einfluß auf die Dauerhaltbarkeit hat,
weil Dauerbrüche in der Regel von der Oberfläche ihren Aus-

gang nehmen. In den letzten ,10 Jahren sind 3 Arten der
Oberflächenbehandlung bekannt geworden, durch die man
die Dauerhaltbarkeit wesentlich erhöhen kann:

1. durch Nitrieren,
2. durch elektrolytischen Schutz,
3. durch Oberflächendrücken.

Das Nitrierverfahren ist von der Firma Friedr. Krupp,
Essen entwickelt, und in den Kruppschen Monatsheften mehr-
fach beschrieben worden. Beim Nitrieren dringt Stickstoff
in die Oberfläche des Stahles ein, macht ihn hart und widerstandsfähig sowohl gegen Abnützung als auch gegen das Ansetzen von Dauerbrüchen. Das Nitrieren der Oberfläche ist
insbesondere ein guter Schutz gegen Korrosion. Es erfordert
große Erfahrungen, damit die oberflächliche Schicht (etwa
½ bis 1 mm tief) gleichmäßig nitriert wird und sich nicht
abblättert. Es lassen sich natürlich nicht alle Stähle nitrieren.
Durch Nitrieren kann man aber in vielen Fällen die Dauerhaltbarkeit ganz wesentlich erhöhen und insbesondere die
Erniedrigung der Dauerhaltbarkeit beim Scheuern von
2 Werkstücken gegeneinander und bei Korrosion fast ganz
aufheben.

Der elektrolytische Schutz zur Steigerung der Dauerhaltbarkeit ist von E. Hottenrott (Mitteilungen des Wöhler-
Instituts Heft 10) in bezug auf seinen Einfluß auf die Dauerhaltbarkeit eingehend untersucht worden. A. Jünger (Mitteilungen des Gute-Hoffnungs-Konzerns 1937) hat ebenfalls
durch ausführliche Versuche bestätigt, daß man durch elektrolytischen Schutz die Einwirkungen der Korrosion auf die
Dauerhaltbarkeit ganz wesentlich verringern kann.

Das dritte Verfahren zur Steigerung der Dauerhaltbarkeit, nämlich das Oberflächendrücken, wollen wir in einem besonderen Abschnitt behandeln, da es sicherlich in Zukunft in
der Fertigbearbeitung von hochbeanspruchten Maschinenteilen noch einmal eine ausschlaggebende Rolle einnehmen
wird.

§ 13. Das Oberflächendrücken zum Zwecke der Steigerung der Dauerhaltbarkeit.

Durch Drücken der.Oberfläche kann man die Dauerhaltbarkeit eines Werkstücks aus Stahl, Bronze, Kupfer, Leichtmetall usw. ganz wesentlich steigern. Die Steigerung ist besonders groß, wenn die Haltbarkeit des betreffenden Werkstücks im ungedrückten Zustand durch Scheuern oder durch Korrosion wesentlich erniedrigt ist. Durch Drücken kann man in vielen Fällen die Dauerhaltbarkeit des Werkstücks wieder erhalten, die ohne Scheuern bzw. ohne Korrosion auftritt (d. h. die Steigerung der Dauerhaltbarkeit durch Drücken ist in vielen Fällen etwa ebenso groß wie die Erniedrigung durch Scheuern).

Das Oberflächendrückverfahren kann in verschiedener Weise durchgeführt werden. Man kann die Oberfläche des Werkstücks z. B. durch Bearbeiten mit dem Kugelhammer möglichst lückenlos mit kleinen Eindrücken versehen und auf diese Weise die an der Oberfläche

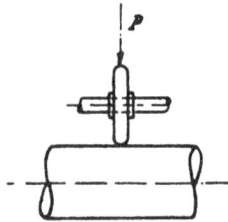

Abb. 15 a.

liegenden Werkstoffteile näher zusammenbringen. Man kann die Oberfläche auch einem Regen von Stahlkugeln aussetzen, wobei jede an der Oberfläche abprallende Stahlkugel einen kleinen Eindruck hinterläßt. Zylindrische Probestäbe oder Gewinde werden am besten mit einer Rolle gedrückt (Abb. 15 a), die mit einem als vorteilhaft festgestellten Anpreßdruck P gegen die zu bearbeitende zylindrische Stabfläche gedrückt wird.

Als der Herausgeber 1929 zum ersten Male in Veröffentlichungen behauptete, die Haltbarkeit im Dauerbetrieb durch Oberflächendrücken bei Probestäben wesentlich erhöht zu haben, da wurden seine Mitteilungen von allen Seiten stark angezweifelt. Man bezweifelte die Steigerung, weil man ja ein verwandtes Drückverfahren (das Prägepolieren) schon seit etwa 20 Jahren vor allem im Eisenbahnbetrieb zu dem Zwecke angewandt hatte, eine Oberfläche auf möglichst billige Weise glatt zu bekommen, ohne daß man dabei irgendwann einmal eine Steigerung der Dauerhaltbarkeit festgestellt hätte.

Inzwischen sind viele Versuche an den verschiedenen Stellen des In- und Auslandes durchgeführt worden, die ganz einwandfrei die großen Erfolge bestätigt haben, die im Wöhler-Institut, Braunschweig, in bezug auf Steigerung der Dauerhaltbarkeit durch das Oberflächendrücken erzielt worden sind. Über die Tatsache der Steigerng der Dauerhaltbarkeit durch das Oberflächendrücken besteht deshalb heute in der Literatur kein Zweifel mehr.

Die Größe der Steigerung der Dauerhaltbarkeit, die man durch Oberflächendrücken erzielen kann, hängt ganz von der Durchführung des Verfahrens, dem zu wählenden Rollendruck, der restlosen Erfassung der Oberfläche, sowie von dem betreffenden Werkstoff ab, der oberflächengedrückt werden soll. Nach Versuchen, die E. Wedemeyer (Mitt. d. Wöhler-Instituts Heft 33) an geschnittenen Schrauben durchgeführt hat, und die von der Firma Herbert Lindner, Berlin-Wittenau, für geschliffene Gewinde bestätigt worden sind, kann man ein im Kerbgrund gedrücktes Gewinde um 30 bis 40% höher belasten als ein ungedrücktes Gewinde. Die Steigerung ist für geschliffenes Gewinde besonders auffällig, weil gerade das Schleifen eine außergewöhnliche Präzision in der Herstellung der Gewindeflanke bedeutet.

Nach Versuchen von Horger (Journ. of Appl. Mech. 1936) kann man durch Drücken des Nabensitzes eines auf eine Welle aufgesetzten Kugellagers die Belastbarkeit der Welle sogar auf über das Doppelte steigern.

Die Bedeutung dieser Zahlen ersieht man aus folgender Überlegung: Nehmen wir z. B. an, ein ungedrücktes Werkstück wäre im Betriebe nach einer Million Wechselbeanspruchungen zu Bruch gegangen. Dann kann man sicher damit rechnen, daß ein oberflächengedrücktes Werkstück unter den gleichen Versuchsbedingungen nach 100 Millionen Wechselbeanspruchungen noch nicht zu Bruch geht, wenn die Steigerung der Belastbarkeit durch das Oberflächendrücken 30% beträgt.

Die Versuchsergebnisse zeigen, daß die heutige Fertigbearbeitung eines Werkstückes durch Drehen, Schleifen oder Polieren vom Standpunkt der Dauerfestigkeit äußerst rohe Verfahren sind, die man nur dort anwenden darf, wo die Dauerhaltbarkeit keine Rolle spielt. Auch das Polieren der Oberfläche ist, wie aus den Versuchen 1 und 9 in § 12a hervorgeht, nichts weiter, als ein Nebeneinandersetzen von feinsten Oberflächenrissen, an denen sich Dauerbrüche mit Vorliebe ansetzen. Das unbewaffnete Auge sieht diese feinsten Oberflächenrisse nicht. Der Beobachter erhält deshalb den Eindruck einer tadellosen glatten Oberfläche. Für das Ansetzen von Dauerbrüchen sind aber gerade die mikroskopisch kleinen Oberflächenrisse sehr wichtig.

Es ist auffallend, daß sich die im Vorstehenden entwickelten Erkenntnisse, die sich auf den von den verschiedensten Seiten durchgeführten Versuchen mit dem Oberflächendrückverfahren aufbauen, so wenig in Ingenieurkreisen haben Eingang finden können, daß heute, vierzehn Jahre nach Erscheinen der ersten Veröffentlichungen das Verfahren, das seit 1928 durch DRP. 521405 geschützt ist, nur in beschränktem Maße zur Anwendung gebracht wird.

Die Zurückhaltung der Praxis gegenüber den für die Bearbeitung von Werkstücken äußerst wichtigen Versuchsergebnissen ist nur dadurch zu erklären, daß sich die überwiegende Menge der Ingenieure ein falsches Bild vom Verhalten der Werkstoffe macht. Bei Festigkeitsberechnungen muß man die wirklichen Werkstoffe durch ideale Werkstoffe ersetzen, die in ihren kleinsten Elementen gleichmäßig, d. h. homogen aufgebaut sind. Für diese Werkstoffe kann man Differentialgleichungen aufstellen, durch die die Abhängigkeit zwischen Spannungen und Formänderungen ausgedrückt wird. Für diese idealen Werkstoffe kann man in einfacher Weise Festigkeitsberechnungen durchführen, die dem Ingenieur ein ungefähres Bild von den Höchstspannungen und der damit in Verbindung stehenden Bruchgefahr geben sollen.

Man darf sich durch diese der Berechnung zugrunde gelegten Idealwerkstoffe aber nicht darüber tauschen, daß das praktische Verhalten der wirklichen Werkstoffe nur in mancher Hinsicht an dem Idealwerkstoff studiert werden kann, daß aber nach anderer Hinsicht grundlegende Abweichungen zwischen dem Idealwerkstoff der Rechnung, und dem wirklichen Werkstoff der Praxis bestehen. Eine für Festigkeitsberechnungen besonders wichtige Abweichung besteht darin, daß die wirklichen Werkstoffe winzig kleine Fehler in ihrem Aufbau haben, und daß diese Fehler von ausschlaggebender Bedeutung für die Haltbarkeit im Dauerbetrieb sind, wenn sie in der oberflächlichen Schicht liegen. Diese Fehler werden durch alle spanabnehmenden Bearbeitungen einschließlich Polieren in bezug auf ihre Gefährlichkeit für die Dauerhaltbarkeit noch vergrößert. Sie können aber durch Dichtdrücken der oberflächlichen Schicht ganz wesentlich gemildert werden.

Der junge Ingenieur, der sich mit Festigkeitsberechnungen vertraut macht, muß einen grundlegenden Unterschied machen zwischen den Annahmen, die der Berechnung zugrundeliegen und den Ursachen, die in der Praxis den Bruch herbeiführen können: Die Festigkeitsberechnungen beziehen sich auf den Querschnitt an der gefährlichen Stelle. Es wird die den äußeren Lasten zugeordnete Spannungsverteilung berechnet, die sich nach bestimmten Gesetzen über den Querschnitt verteilt. Bei diesen Berechnungen kommt in der Regel heraus, daß die größten Beanspruchungen an einer Stelle des Umfangs auftreten. Die dort ermittelten Beanspruchungen sind aber nur um wenig verschieden von denjenigen, die einem ein wenig weiter innen liegenden Querschnittsteil zugeordnet sind.

Im Gegensatz dazu ist die unmittelbar an der Begrenzung liegende Werkstoffschicht sehr viel stärker gefährdet als die ein wenig (z. B. 1 mm) weiter innen liegenden Werkstoffelemente. Die Haltbarkeit des ganzen Werkstücks hängt ganz wesentlich von der Beschaffenheit dieser Oberflächenschicht ab. Verhältnismäßig unbedeutende (d. h. nur wenig in die Tiefe dringende) Einflüsse, die auf die äußere Schicht einwirken, können die Haltbarkeit im Dauerbetrieb ganz wesentlich beeinflussen.

Der Widerstand, der der Einführung eines neuen Verfahrens (des Oberflächendrückens) entgegengesetzt wird, ist natürlich: Man steht den Laboratoriumsergebnissen kritisch gegenüber und wendet sie nur dann an, wenn man unbedingt dazu gezwungen wird. In der Regel ist man aber nicht dazu gezwungen oberflächenzudrücken, weil man das Ansetzen von Dauerbrüchen auch bei dem bisher üblichen Fertigungsverfahren vermeiden kann, wenn man die Abmessungen entsprechend groß wählt und vor allem für allmähliche Übergänge sorgt. Wenn sich also irgendwo ein Dauerbruch zeigt, ist die Praxis geneigt, dem betreffenden Teil zur künftigen Vermeidung des Dauerbruchs größere Abmessungen zu geben und auf diese Weise die Anwendung des Oberflächendrückens zu umgehen.

Es gibt aber zwei Fälle, in denen man sich mit Ausweichmöglichkeiten dieser Art nicht helfen kann und in denen ein Konstrukteur, der nicht das Oberflächendrücken vorschreibt, mangelhaft konstruiert:

Der eine Fall ist der Leichtbau (z. B. der Flugzeugbau), bei dem es darauf ankommt, mit möglichst geringen Gewichten auszukommen. Ein Flugzeugkonstrukteur, der das Oberflächendrücken nicht überall dort anwendet, wo sich Dauerbrüche ansetzen können, handelt unsachgemäß, weil er das tote Gewicht des Flugzeugs durch ein verhältnismäßig einfaches Verfahren bei gleicher Betriebssicherheit würde erniedrigen können.

Der zweite Fall, in dem man unbedingt oberflächendrücken muß, ist die Feder. Die Feder, sie mag als Biegefeder, Verdrehungsfeder, federnde Welle, Drehstab usw. zur Anwendung gebracht werden, dient immer dazu, Formänderungsarbeit aufzuspeichern. Je mehr Formänderungsarbeit man in einem bestimmten Gewicht der Feder aufspeichern kann, desto besser wird der Werkstoff ausgenützt, desto besser ist die Feder konstruiert. Wenn man eine Feder dicker macht, als unbedingt erforderlich ist, um das Ansetzen von Dauerbrüchen zu vermeiden, dann setzt man durch diese Maßnahme gleichzeitig die federnden Eigenschaften der Feder herunter. Die dickere Feder ist härter, d. h. ihre Federungseigenschaften sind mangelhafter. Die Anwendung des Oberflächendrückverfahrens ist deshalb bei Federn unbedingt erforderlich. Tatsächlich hat sich das Oberflächendrücken in den letzten Jahren zunächst vor allem bei Federn eingeführt, deren Dauerhaltbarkeit durch die Verdichtung der Oberflächenschicht erhöht wird.

Nach Ansicht des Herausgebers ist die Steigerung der Dauerhaltbarkeit auf die Verdichtung der Oberflächenschicht zurückzuführen. Die Verdichtung kann entweder durch die plastische Verformung hervorgerufen werden, die mit dem Wegfall von Fehlstellen, Zwischenräumen zwischen den Kristallen usw. verbunden ist, oder sie kann eine Folge der durch das Drücken hervorgerufenen Druckspannungen in den beiden tangentialen Richtungen der Oberflächenschicht sein. Die Verdichtung, die eine verhältnismäßige Vergrößerung des bezogenen Gewichts in der Oberflächenschicht um 0,01 bis 1% (der Größenordnung nach) hervorruft, hat allem Anschein nach großen Einfluß auf die Dauerhaltbarkeit. Der elastischen Verdichtung der äußeren Schicht ist eine Entdichtung der weiter innen liegenden Schichten zugeordnet. Wenn durch die Verdichtung die Dauerhaltbarkeit erhöht wird, dann wird sie durch die Entdichtung in gleichem Maße erniedrigt werden. Die Entdichtung hat aber keinen nachteiligen Einfluß auf die Dauerhaltbarkeit, weil sich die Dauerbrüche erfahrungsgemäß nicht im Innern ansetzen.

Wenn man zwei miteinander in Berührung stehende Oberflächen zum Zwecke der Steigerung ihrer Dauerhaltbarkeit oberflächendrücken will, dann hängt die Wirkung oft ganz wesentlich von der Genauigkeit ab, mit der die Teile hergestellt werden. Wenn man ein Schraubengewinde oberflächendrückt, genügt es, die Schichten im Kerbgrund des Gewindes zu verdichten, da nur an diesen Stellen Dauerbrüche ansetzen. Um aber den Kerbgrund restlos verdichten zu können, muß das Gewinde von vornherein ganz besonders sauber geschnitten und dann von einer genau im Kerbgrund anliegenden Rolle gedrückt werden, weil sich sonst der Dauerbruch an der ungünstigsten nicht richtig erfaßten Stelle ansetzt. Die Genauigkeit der Herstellung ist deshalb für die Wirkung des Oberflächendrückens bei aneinander anliegenden Flächen von ausschlaggebender Wichtigkeit.

§ 14. Die Dämpfungsfähigkeit der Werkstoffe.

Bei den Festigkeitsberechnungen wird stets angenommen, daß die Formänderung verhältnisgleich den Spannungen sei, d. h. es wird vorausgesetzt, daß an keiner Stelle die Elastizitätsgrenze des Werkstoffs überschritten ist. Als Begründung für diese bei allen Festigkeitsberechnungen gemachten Voraussetzungen kann man nur angeben, daß man mit dieser Voraussetzung rechnungsmäßig die einfachsten Gleichungen erhält und daß tatsächlich die plastischen (d. h. bleibenden) Formänderungen, die bei Beanspruchungen unterhalb der Dauerfestigkeitsgrenze auftreten, klein sind gegenüber den elastischen Formänderungen. Es wäre aber ganz verfehlt, wenn man, wie es noch 1925 allgemein geschehen ist, etwa annehmen würde, daß die Werkstoffe, z. B. die Stähle im Dauerbetrieb, nur elastische Formänderungen würden überstehen können und daß plastische Verformungsanteile gleichbedeutend mit einer Überschreitung der Dauerfestigkeitsgrenze sein würden.

Man hat in den letzten 10—15 Jahren festgestellt, daß die Metalle im Wechselbetrieb ganz erhebliche plastische Verformungsanteile aushalten können, ohne daß mit der Zeit ein Dauerbruch zu erwarten wäre. Es gibt z. B. Stähle, die an der Grenze der Schwingungsfestigkeit plastische Verformungsanteile aufweisen, die größer sind als 20% der elastischen.

Da die plastischen Verformungsanteile bei Wechselbeanspruchungen die Ursache für die Umsetzung von Formänderungsenergie in Wärme sind, nennt man die Eigenschaft der Werkstoffe plastische Verformungsanteile bei wechselnden Beanspruchungen auszuführen, die Dämpfungsfähigkeit oder auch kurz die Dämpfung der Werkstoffe.

In Abb. 16 ist ein Spannungsdehnungsdiagramm $\sigma = f(\varepsilon)$ für einen wechselnden Spannungszustand dargestellt. Beim

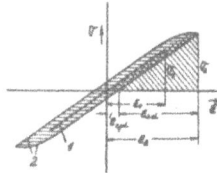

Abb. 16.

Durchlaufen der geraden Linie 1 werden rein elastische Formänderungen ausgeführt. Wenn dagegen Linie 2 durchlaufen wird, treten neben den elastischen Formänderungen
auch plastische Verformungsanteile auf. Die verhältnismäßige Längenänderung in der äußersten Lage ε_2 setzt sich
aus zwei verhältnismäßigen Dehnungsanteilen ε_{2el} und ε_{2pl}
zusammen. Das Durchlaufen der Hysteresisschleife 2 be-
wirkt, daß der schraffierte Inhalt der Hysteresisschleife als
Wärme im Werkstoff auftritt. Die in Wärme umgesetzte
Energiemenge muß bei einer Schwingung zur Aufrechterhal-
tung des Spannungswechsels von außen stets nachgeliefert
werden.

Die in der äußersten Spannungslage σ_2 aufgespeicherte
Formänderungsarbeit F_1 ist in der Abbildung schräg schraffiert. Das Verhältnis der durch die Hysteresisschleife eingeschlossenen Dämpfungsarbeit (in Abb. eben schraffiert)
zu F_1 ist die verhältnismäßige Dämpfung ψ des Werkstoffs,
die zur Spannung σ_2 gehört.

Da die Dämpfungsfähigkeit ψ des Werkstoffs für seine
Verwendung in der Praxis sehr wichtig ist, ist es nötig, sich
mit dieser Eigenschaft eingehender zu beschäftigen. Man hat
vor allem festgestellt, daß die verhältnismäßige Dämpfung
unabhängig von der Geschwindigkeit ist, mit der der Span-
nungswechsel durchgeführt, d. h. die Hysteresisschleife 2
durchlaufen wird. Nur bei sehr langsamen Spannungswech-
seln (z. B. bei der statischen Eichung) werden bei einigen
Werkstoffen etwas andere Dämpfungswerte erhalten als bei
der dynamischen Versuchsdurchführung.

Die Dämpfung eines Werkstoffs ist eine Funktion der Spannung σ bzw. τ, innerhalb deren die Schwingung durchgeführt wird, oder eine Funktion der zugehörigen Formänderung ε bzw. γ. Wenn man einen Werkstoff bezüglich seines Verhaltens bei wechselnden Beanspruchungen genau kennenlernen will, muß man den Verlauf dieser Funktion — also $\psi = f_1(\varepsilon)$ oder $\psi = f_2(\gamma)$ — angeben können.

Die Dämpfung ist im Gegensatz zur Bruchfestigkeit eine reine Werkstoffeigenschaft, d. h. ihr Wert ist unabhängig davon, welche Größe oder welche Form der Versuchskörper hat, wenn man nur dafür sorgt, daß jedes Teilchen des Probekörpers in gleicher Weise wechselnden Beanspruchungen ausgesetzt ist. Die Versuche zur Bestimmung der Dämpfungsfähigkeit eines Werkstoffs werden in der Regel an zylindrischen Probestäben durchgeführt, die auf Verdrehen beansprucht sind. In diesem Falle trifft die Voraussetzung nicht zu, daß jedes Werkstoffelement in gleicher Weise beansprucht sein soll. Man erhält deshalb nicht die einer bestimmten Spannung zugeordnete Dämpfung des Werkstoffs, sondern nur die mittlere Dämpfung, die von der durchschnittlichen Beanspruchung des Probestabs herrührt. Diese mittlere Dämpfung wird in der Regel in Abhängigkeit vom Randwert γ_0 (d. h. Größtwert) der Formänderung $\gamma = \dfrac{\tau}{G}$ aufgetragen.

Da die Dämpfung von plastischen Verformungsanteilen herrührt, kann sie auch durch diesen Anteil ausgedrückt werden. Wenn man die Betrachtung auf ein kleines Element beschränkt, das durch eine bestimmte Wechselspannung belastet ist, kann man den verhältnismäßigen plastischen Formänderungsanteil λ nach Abb. 16 ausdrücken durch

$$\lambda = \varepsilon_{pl} : \varepsilon_{el}. \tag{33a}$$

Durch Versuche ist festgestellt worden, daß λ etwa $= 0,2\,\psi$ ist, wenn man mit ψ wieder die auf dieses Element und auf den betreffenden Spannungszustand bezogene verhältnismäßige Dämpfung bezeichnet.

Die Dämpfungsfähigkeit eines Werkstoffes ist besonders wichtig bei Maschinenteilen (z. B. Kurbelwellen), die einer wechselnden Beanspruchung im Tempo ihrer Eigenschwingungszahl ausgesetzt sind. Die Schwingungsausschläge bei Resonanzerregung schaukeln sich so lange auf, bis die zugeführte Schwingungsenergie gleich der in Wärme umgesetzten Energie ist. Ein Werkstoff, der bei größeren Beanspruchungen entsprechend große Dämpfungsbeträge auslöst, verhindert, daß sich bei Resonanzerregung die Schwingungsausschläge zu stark aufschaukeln und schützt auf diese Weise den Werkstoff in vielen Fällen vor Dauerbrüchen.

Da die Dämpfung zugleich ein Maß für den plastischen Formänderungsanteil ist, gibt sie an, in welchem Maße Spannungspitzen an ausgezeichneten winzig kleinen Fehlstellen durch plastische Verformungsanteile abgebaut werden. Bei rein elastischem Verhalten des Werkstoffs würden die Spannungen an kleinen Fehlstellen auf besonders große Werte ansteigen, die vielleicht das Dreifache oder Fünffache des Betrages sind, der ohne die Fehlstellen rechnungsmäßig zu erwarten wäre. Ein Werkstoff, der plastische Verformungsanteile ausführen kann, verhindert, daß die Spannungsspitzen zu große Werte annehmen. Der Werkstoff in der Nähe der Spannungsspitze führt bei einem dämpfungsfähigen Werkstoff zusätzliche plastische Verformungsanteile aus und überträgt auf diese Weise einen Teil der Spannungsspitze auf die weitere Umgebung. Große Dämpfungsfähigkeit eines Werkstoffes ist deshalb auch gleichzeitig ein Zeichen für geringe Kerbempfindlichkeit.

Die Dämpfungsfähigkeit eines Werkstoffes ändert sich infolge von Wechselbeanspruchungen viel stärker, als die übrigen Werkstoffeigenschaften (z. B. Bruchfestigkeit oder Bruchdehnung). Es gibt Werkstoffe, die infolge der Wechselbeanspruchungen dämpfungsfähiger werden und solche, bei denen die Dämpfungsfähigkeit infolge der Wechselbeanspruchungen zurückgeht. Um einwandfreie Dämpfungswerte angeben zu können, müßte man einen Werkstoff eigentlich zuerst einige Millionen Wechselbeanspruchungen bei einer Last, die vielleicht 80% der Schwingungsfestigkeit betragen mag, ausführen lassen und dann die Dämpfung des Werkstoffs in Abhängigkeit von der Formänderung messen.

§ 15. Die reduzierten Spannungen.

Im allgemeinen geht der Bruch von einer Stelle des Körpers aus, die nach allen drei Koordinatenrichtungen beansprucht ist. Um die Bruchgefahr zu beurteilen, muß man die Größe der drei Hauptspannungen an der gefährdeten Stelle angeben können. Auf die Bruchgefahr wird die Größe der drei verschiedenen Hauptspannungen Einfluß haben. Es ist zweckmäßig, einen reduzierten einachsigen Spannungszustand von gleicher Bruchgefahr anzugeben. Um diese Aufgabe zu lösen, muß man auf Grund von Versuchsergebnissen eine Annahme darüber machen, von was die Bruchgefahr abhängig ist. Die ersten plastischen Verformungsanteile bei einer allmählichen Steigerung der Belastung rühren ganz sicher von den größten Gleitungen her, die von den Schubspannungen abhängig sind (Guestsche Theorie). Die größte Schubspannung tritt unter 45⁰ zu den Hauptspannungsrichtungen auf; sie ist gleich der halben Differenz zwischen der größten und kleinsten Hauptspannung. Nach Lode (Forschungsheft 303 des VDI-Verlags) ist der Fließbeginn von der im Element aufgespeicherten Schubspannungs-Formänderungsenergie abhängig. Nach dieser Theorie, die wohl am besten durch die Versuche bestätigt wird, hat auch die mittlere Hauptspannung Einfluß auf den Fließbeginn.

Nach einer in Deutschland viel verbreiteten Theorie soll die Bruchgefahr abhängig sein von der größten verhältnismäßigen Längenänderung ε, die nach irgendeiner der drei Hauptspannungsrichtungen auftritt. Mit dieser Theorie wollen wir uns im nachfolgenden näher befassen. Wir suchen eine reduzierte eindimensionale Spannung σ_{red}, deren verhältnismäßige Längenänderung ebenso groß ist wie das größte im dreidimensionalen Fall auftretende ε_{max}.

Beim zweiachsigen Spannungszustand seien σ_I und σ_{II} die beiden Hauptspannungen (Zug wie immer positiv, Druck negativ gerechnet). Für die Hauptdehnungen erhält man nach dem Hookeschen Elastitätsgesetze, das hier als gültig vorausgesetzt wird,

$$\varepsilon_I = \frac{1}{E}\left(\sigma_I - \frac{1}{m}\sigma_{II}\right); \quad \varepsilon_{II} = \frac{1}{E}\left(\sigma_{II} - \frac{1}{m}\sigma_I\right).$$

Die reduzierte Spannung muß nun so gewählt werden, daß die von ihr hervorgebrachte Dehnung mit ε_I oder mit ε_{II} übereinstimmt, je nachdem der eine oder der andere Wert größer oder (bei verschiedenen Vorzeichen) gefährlicher für den Bestand des Materials ist. Daraus folgt, daß

$$\sigma_{red} = \sigma_I - \frac{1}{m}\sigma_{II} \quad \text{oder} \quad \sigma_{red} = \sigma_{II} - \frac{1}{m}\sigma_I \qquad (34)$$

zu setzen ist, mit dem Vorbehalte, daß von beiden Werten der ungünstigere zu nehmen ist.

Beim allgemeinsten Spannungszustande mit den Hauptspannungen σ_I, σ_{II}, σ_{III} erhält man ebenso

$$\varepsilon_I = \frac{1}{E}\left(\sigma_I - \frac{1}{m}\sigma_{II} - \frac{1}{m}\sigma_{III}\right)$$

und daraus

$$\sigma_{red} = \sigma_I - \frac{1}{m}(\sigma_{II} + \sigma_{III}). \qquad (35)$$

Eigentlich wären wieder drei Werte anzugeben, aus denen man wie vorher den ungünstigsten auszuwählen hätte. Anstatt dessen kann man aber auch die eine Formel (35) beibehalten, wenn man nur hinzufügt, daß die Bezeichnungen σ_I, σ_{II}, σ_{III} so auf die drei Hauptspannungen zu verteilen sind, daß in Gl. (35) der gefährlichste Wert für die reduzierte Spannung herauskommt. In praktisch vorkommenden Fällen sieht man gewöhnlich auf den ersten Blick, welche der drei Hauptspannungen man zu diesem Zwecke als σ_I in Gl. (35) einsetzen muß.

Eine ihrer bekanntesten Anwendungen findet diese Betrachtung auf die Berechnung des zulässigen Betrages von τ

bei der einfachen Schubbeanspruchung. Wenn man mit σ_{zul} den zulässigen Betrag der einfachen Zug- oder Druckbeanspruchung (wenn beide voneinander verschieden sind, den kleineren von beiden) bezeichnet, kann man die zulässige Schubbeanspruchung τ_{zul} daraus in folgender Weise berechnen. Die Hauptspannungen bei der reinen Schubbeanspruchung sind bekanntlich von gleicher Größe mit τ selbst und im Vorzeichen einander entgegengesetzt. Nun soll τ so gewählt werden, daß die Anstrengung des Materials gerade mit der zulässigen, d. h. daß σ_{red} in Gl. (34) mit σ_{zul} übereinstimmt. Dies gibt, wenn man $\sigma_{I} = + \tau_{zul}$ und $\sigma_{II} = - \tau_{zul}$ einsetzt, die Gleichung

$$\sigma_{zul} = \tau_{zul} + \frac{1}{m}\,\tau_{zul},$$

woraus

$$\tau_{zul} = \frac{m}{m+1}\,\sigma_{zul} \tag{36}$$

gefunden wird.

Mit $m = 4$ wird dies $\tau_{zul} = 0,8\,\sigma_{zul}$ und mit $m = 3\frac{1}{3}$ wird $\tau_{zul} = 0,77\,\sigma_{zul}$. Dagegen wird nach der „Schubspannungstheorie" für Schmiedeeisen und Stahl

$$\tau_{zul} = 0,5\,\sigma_{zul},$$

ein mit den Versuchsergebnissen besser übereinstimmender Wert. Gerade in diesem Falle führt die Schubspannungstheorie zu einer besonders großen Abweichung gegenüber der üblichen Abschätzung der Bruchgefahr mit Hilfe der reduzierten Spannungen, weil nämlich im Falle der einfachen Schubbeanspruchung die beiden Hauptspannungen von entgegengesetztem Vorzeichen sind und daher weit auseinander liegen.

Gl. (34) kann ferner dadurch umgestaltet werden, daß man σ_{I} und σ_{II} in den auf ein beliebig gerichtetes Koordinatensystem der XY bezogenen Spannungskomponenten σ_{x}, σ_{y}, τ ausdrückt und diesen Wert in die Formel einführt. Dies soll hier nur noch für den besonderen Fall weiter ausgeführt werden, daß $\sigma_{y} = 0$ ist. Dieser Fall kommt nämlich bei den praktischen Anwendungen öfters vor, z. B. bei einer Welle, die gleichzeitig gebogen und verdreht wird. Die Biegung erzeugt Spannungen senkrecht zum Querschnitte, also etwa σ_{x}, und die

Verdrehung bringt Schubspannungen τ hervor, während Normalspannungen σ_y oder σ_z zwischen den einzelnen Fasern des
Stabes nicht vorkommen. Man führt die Berechnung in solchen
Fällen derart durch, daß man zuerst σ_x und τ berechnet —
und zwar nach den später dafür erst noch aufzustellenden
Lehren, worauf es aber an dieser Stelle nicht ankommt — und
dann daraus die reduzierte Spannung σ_{red} ermittelt. Es ist,
da solche Fälle öfters vorliegen, nützlich, diese Umrechnung
hier ein für alle Male vorzunehmen. Dabei sind also σ_x und
τ als bereits bekannt vorauszusetzen.

Aus Gl. (12) S. 29 erhält man für $\sigma_y = 0$ die Hauptspannungen

$$\sigma_{\mathrm{I}} = \tfrac{1}{2}\left(\sigma_x + \sqrt{4\tau^2 + \sigma_x^2}\right); \quad \sigma_{\mathrm{II}} = \tfrac{1}{2}\left(\sigma_x - \sqrt{4\tau^2 + \sigma_x^2}\right).$$

Durch Einsetzen in Gl. (34) folgt daraus

$$\sigma_{red} = \frac{m-1}{2m}\,\sigma_x \pm \frac{m+1}{2m}\sqrt{4\tau^2 + \sigma_x^2}. \tag{37}$$

Man erhält das obere oder das untere Wurzelvorzeichen, je
nachdem man den einen oder den anderen der beiden in Gl. (34)
für σ_{red} angegebenen Werte nimmt. Nach den vorhergehenden Bemerkungen muß man immer jenes Vorzeichen wählen,
das den ungünstigsten Wert für σ_{red} liefert.

Mit $m = \dfrac{10}{3}$ geht Gl. (37) über in

$$\sigma_{red} = 0{,}35\,\sigma_x + 0{,}65\,\sqrt{4\tau^2 + \sigma_x^2}.$$

Im Gegensatz dazu liefert die Schubspannungstheorie,
die heute in der Regel den Festigkeitsbetrachtungen zugrunde gelegt wird, folgendes Ergebnis:

$$\tau_{max} = \frac{\sigma_{max} - \sigma_{min}}{2} \quad \text{oder}$$

$$\sigma_{red} = \sigma_{\mathrm{I}} - \sigma_{\mathrm{II}} = \sqrt{4\tau^2 + \sigma_x^2}.$$

§ 15a. Die bezogene Formänderungsarbeit.

Man denke sich wieder ein unendlich kleines Parallelepiped in den Hauptrichtungen herausgeschnitten. Die Spannungen am Umfange sind für diesen Teil des Körpers als äußere Kräfte anzusehen, die bei der Formänderung eine Arbeit leisten, da sie längs eines gewissen Weges wirken. Dadurch wird dem Körperelemente eine Energiemenge zugeführt, die darin aufgespeichert wird und bei der Umkehrung des Vorgangs wieder daraus gewonnen werden kann. Man bezeichnet diese Energie auch als die potentielle Energie des gespannten Körpers oder auch als das Potential der elastischen Kräfte. Wir wollen anstatt dessen an der in der Technik üblicheren Bezeichnung „Formänderungsarbeit" festhalten. Wird die Formänderungsarbeit auf die Volumeneinheit des Körpers an der betreffenden Stelle bezogen, so soll dies durch die nähere Bezeichnung „bezogene" oder auch „spezifische" Formänderungsarbeit ausgedrückt werden.

Für den einachsigen Spannungszustand ist die gesamte Formänderungsarbeit des Körpers schon in Gl. (17) S. 40 angegeben. Wenn der Körper dem Hookeschen Gesetze gehorcht, ist die Kraft P in jedem Augenblicke der zugehörigen Längenänderung proportional. In Gl. (17)

$$A = \int_0^{\varDelta l} P\,dx$$

können wir daher, wenn der der gesamten Längenänderung $\varDelta l$ entsprechende Wert von P mit P' bezeichnet wird,

$$P = P'\frac{x}{\varDelta l}$$

setzen, und die vorige Gleichung geht damit über in

$$A = \frac{P'}{\varDelta l}\int_0^{\varDelta l} x\,dx = \tfrac{1}{2}P'\varDelta l. \tag{38}$$

Die bezogene Formänderungsarbeit wird hieraus gefunden, wenn wir diese Gleichung auf einen Würfel anwenden, dessen

Seite gleich der Längeneinheit ist Dann geht P' über in σ und Δl in ε, also erhält man, wenn die bezogene Formänderungsarbeit mit A bezeichnet wird,

$$A = \tfrac{1}{2}\sigma\varepsilon = \tfrac{1}{2}E\varepsilon^2 = \frac{\sigma^2}{2E}. \qquad (39)$$

Für den Fall des zweiachsigen Spannungszustandes mit den Hauptspannungen σ_x und σ_y finden wir A auf demselben Wege. Die Dehnungen in den Hauptrichtungen werden

$$\varepsilon_x = \frac{1}{E}\Big(\sigma_x - \frac{1}{m}\sigma_y\Big); \qquad \varepsilon_y = \frac{1}{E}\Big(\sigma_y - \frac{1}{m}\sigma_x\Big).$$

Auf die Dehnung in der dritten Hauptrichtung kommt es nicht an, da die ihr entsprechende Hauptspannung Null ist. Auf die Rechtecke von den Kantenlängen $dy\,dz$ wirken die Kräfte $\sigma_x\,dy\,dz$ in entgegengesetzter Richtung. Wenn sich der Abstand dx zwischen beiden Rechtecken um $\varepsilon_x dx$ vergrößert, leisten die beiden Kräfte zusammengenommen eine Arbeit, die gleich diesem Wege multipliziert mit dem Mittelwerte der Kräfte während des allmählichen Anwachsens des Spannungszustandes ist. Dieser Mittelwert ist, wie im vorausgehenden Falle, gleich der Hälfte der zuletzt erreichten Größe, die Arbeit daher

$$\tfrac{1}{2}\sigma_x\,dy\,dz \cdot \varepsilon_x dx \quad \text{oder} \quad \frac{1}{2E}\Big(\sigma_x{}^2 - \frac{1}{m}\sigma_x\sigma_y\Big)dx\,dy\,dz.$$

Dazu kommt der ebenso zu bildende Ausdruck für die Arbeit der Hauptspannung in der Y-Richtung. Addiert man beide Beträge und streicht man den Faktor $dx\,dy\,dz$, womit die Arbeit auf die Volumeneinheit bezogen wird, so erhält man

$$A = \frac{1}{E}\Big(\frac{\sigma_x{}^2 + \sigma_y{}^2}{2} - \frac{1}{m}\sigma_x\sigma_y\Big). \qquad (40)$$

Für den allgemeinsten Fall mit drei von Null verschiedenen Hauptspannungen würde man ebenso erhalten

$$A = \frac{1}{E}\Big(\frac{\sigma_x{}^2 + \sigma_y{}^2 + \sigma_z{}^2}{2} - \frac{1}{m}(\sigma_x\sigma_y + \sigma_x\sigma_z + \sigma_y\sigma_z)\Big). \qquad (41)$$

Auch bei diesen Betrachtungen ist es wieder nützlich, den Fall der reinen Schubbeanspruchung gesondert zu untersuchen.

Am Umfange des in Abb. 11 S. 51 herausgezeichneten Körperelementes wirken nur die Schubspannungen τ. Wenn wir uns
die Formänderung so vorgenommen denken, wie es durch
punktierte Linien in Abb. 11 angedeutet ist, kommt nur die
Arbeit der Schubspannungen an der oberen Seite in Betracht,
da sich die untere Seite überhaupt nicht verschiebt, während
die Verschiebungen der anderen Seiten senkrecht zur Kraftrichtung stehen. Der Mittelwert der Kraft während der Formänderung ist aus denselben Gründen wie vorher gleich der
Hälfte des zuletzt erreichten Wertes zu setzen, also gleich

$$\tfrac{1}{2}\tau\,dx\,ds,$$

und der Weg, der in der Richtung der Kraft zurückgelegt
wird, gleich $\gamma\,dy$. Die Formänderungsarbeit ist daher

$$\tfrac{1}{2}\tau\,\gamma\,dx\,dy\,ds.$$

Die bezogene Formänderungsarbeit wird daraus durch Streichen
des Faktors $dx\,dy\,ds$, der das Volumen des betrachteten
Parallelepipeds angibt, gefunden, also mit Berücksichtigung
von Gl. (31)

$$A = \tfrac{1}{2}\tau\gamma = \tfrac{1}{2}G\gamma^2 = \frac{\tau^2}{2\,G}. \qquad (42)$$

Der Ausdruck (42) muß mit dem in Gl. (40) angegebenen
Werte übereinstimmen, wenn man in diesem die Haupt-
spannungen σ_x und σ_y gleich $+\tau$ und $-\tau$ setzt. Die so erhaltene Gleichung

$$\frac{1}{E}\left(\frac{\tau^2 + \tau^2}{2} + \frac{1}{m}\,\tau \cdot \tau\right) = \frac{\tau^2}{2\,G}$$

liefert nach ihrer Auflösung nach G wieder die in § 11 auf
ganz anderem Wege abgeleitete Beziehung

$$G = \frac{m}{2\,(m+1)}\,E$$

zwischen den drei Elastizitätskoeffizienten.

Aufgaben.

4. Aufg. *Ein Zugstab aus Flußeisen werde mit 1000 atm ge-spannt; wie groß ist die größte in ihm auftretende Winkeländerung γ in Sekunden ausgedrückt, wenn $E = 2\,200\,000$ atm und $m = 3\frac{1}{3}$ gesetzt wird?*

Lösung. In § 7 folgte aus den Gleichungen (15), daß die größte Schubspannung beim linearen Spannungszustande gleich der Hälfte der Hauptspannung, hier also gleich 500 atm ist. Der Schub-elastizitätsmodul berechnet sich nach Gl. (32) hier zu

$$G = \frac{3\frac{1}{3}}{2 \cdot 4\frac{1}{3}} \cdot 2\,200\,000 = 846\,000 \text{ atm}$$

und damit die Winkeländerung γ nach Gl. (31)

$$\gamma = \frac{500 \text{ atm}}{846\,000 \text{ atm}} = 591 \cdot 10^{-6},$$

und da $1'' = 4{,}85 \cdot 10^{-6}$ in Bogenmaß ist,

$$\gamma = 122'' = 2'\,2'',$$

5. Aufg. *Ein Granitwürfel von 6 cm Seite wird in der Prü-fungsmaschine mit 24 t belastet. Wie groß ist die Beanspruchung auf Schub und wie groß ist die Winkeländerung γ, wenn $E = 300\,000$ atm und $m = 4$ gesetzt wird?*

Lösung. Man findet wie in voriger Aufgabe $\tau = 333$ atm. $G = 120\,000$ atm und $\gamma = \frac{1}{360} = 0^0\,9'\,30''$

Bemerkung.

Ich habe früher einmal Druckversuche an Steinwürfeln mit ge-schmierten Druckflächen vorgenommen. In diesem Fall spaltet sich der Stein nicht in schiefer Richtung, sondern in gerader, so daß er in eine Reihe von Prismen zerfällt. Die Bruchlast ist in diesem Falle weit geringer ($\frac{1}{2}$ oder selbst $\frac{1}{3}$ bis $\frac{1}{4}$) von der bei nicht geschmierten Druckflächen beobachteten. — Eine ausführlichere Behandlung der Theorie des Druckversuchs kann man in „Drang und Zwang", Band I, § 16 finden. Sie setzt jedoch Leser voraus, die mit den im vorliegenden Bande behandelten Lehren bereits vollständig vertraut sind.

6. Aufg. *Ein Zylinder von nachgiebigerem Material (kleinem E) ist in den zylindrischen Hohlraum einer ihm auf dem Mantel dicht umschließenden (nahezu) starren Masse eingepaßt und wird der Längs-*

richtung nach mit 200 atm zusammengedrückt. Wie groß ist der Druck, den er am Mantel auf die ihn umschließende Masse ausübt a) wenn m = 4, b) wenn m = 2 gesetzt wird?

Lösung. Man hat hier $\sigma_I = 200$ und $\sigma_{II} = \sigma_{III} = x$. Die Unbekannte x muß so gewählt werden, daß $\varepsilon_{II} = \varepsilon_{III} = 0$ wird, also

$$\varepsilon_{II} = \frac{1}{E}\Big(\sigma_{II} - \frac{1}{m}(\sigma_I + \sigma_{III})\Big) = 0; \qquad x - \frac{1}{m}(x + 200) = 0.$$

Für $m = 4$ folgt daraus $x = 66\frac{2}{3}$ atm und für $m = 2$ wird $x = 200$ atm. Im letzten Falle ist der Seitendruck genau so groß, als wenn der zylindrische Hohlraum von einer Flüssigkeit ausgefüllt wäre.

7. Aufg. Wie groß ist die reduzierte Spannung für den in Aufg. 3, S. 33 angegebenen Fall, wenn m = 4 gesetzt wird?

Lösung. Für $m = 4$ ist nach § 14

$$\sigma_{red} = \tfrac{3}{8}\sigma_x + \tfrac{5}{8}\sqrt{4\tau^2 + \sigma_x{}^2},$$

und hier ist $\sigma_x = 300$, $\tau = 400$ atm zu setzen. Setzt man dies ein, so wird $\sigma_{red} = 646$ atm.

8. Aufg. Eine an beiden Enden durch starke Böden geschlossene zylindrische Röhre stehe unter einem inneren Überdrucke. Die Zugspannung der Rohrwand in tangentialer Richtung betrage 800 atm, die in der Längsrichtung 400 atm. Wie groß ist die reduzierte Spannung für m = 3⅓?

Lösung. Nach Gl. (34) hat man

$$\sigma_{red} = 800 - \frac{1}{3\frac{1}{3}} \cdot 400 = 680 \text{ atm.}$$

Anmerkung. Gewöhnlich berechnet man zwar die Anstrengung der Rohrwand in dieser Weise. Nach der Schubspannungstheorie macht aber, da die drei Hauptspannungen hier $+ 800, + 400, 0$ sind, die mittlere Hauptspannung $+ 400$ gar nichts aus, und die Anstrengung ist so zu beurteilen, als wenn die Hauptspannung von 800 atm allein vorkäme.

9. Aufg. Eine sich von einem Ende zum anderen gleichmäßig verjüngende Zugstange von den Endquerschnitten F_1 und F_2 und der Länge l wird mit der Kraft P zentrisch gezogen. Wie groß ist die Formänderungsarbeit?

Lösung. Der Querschnitt F im Abstande x von jenem Ende, an dem der Querschnitt = F_1 ist, berechnet sich zu

$$F = \Big(\sqrt{F_1} + \frac{x}{l}(\sqrt{F_2} - \sqrt{F_1})\Big)^2.$$

Für die Formänderungsarbeit dA in einem Abschnitte der Stange von der Länge dx, also von dem Volumen Fdx, erhält man nach Gl. (39)

$$dA = Fdx\frac{\sigma^2}{2E} = \frac{P^2}{2E} \cdot \frac{dx}{F},$$

und die Formänderungsarbeit A der ganzen Stange wird daraus durch Integration nach x gefunden, also

$$A = \frac{P^2}{2E} \int\limits_0^l \frac{dx}{\left[\sqrt{F_1} + \frac{x}{l}(\sqrt{F_2} - \sqrt{F_1})\right]^2}$$

Mit Benutzung der Integralformel

$$\int \frac{dx}{(ax+b)^2} = -\frac{1}{a(ax+b)}$$

geht dies über in

$$A = -\frac{P^2}{2E} \cdot \frac{l}{\sqrt{F_2} - \sqrt{F_1}} \cdot \left[\frac{1}{\sqrt{F_1} + \frac{x}{l}(\sqrt{F_2} - \sqrt{F_1})}\right]_0^l$$

$$= \frac{P^2}{2E} \cdot \frac{l}{\sqrt{F_1 F_2}} \cdot$$

Setzt man $F_2 = F_1$, so erhält man

$$A = \frac{P^2 l}{2EF_1},$$

und dies ist der Ausdruck für die Formänderungsarbeit einer Stange vom konstanten Querschnitte F_1. Unterscheiden sich F_1 und F_2 nur wenig voneinander, so kann man genau genug das geometrische Mittel $\sqrt{F_1 F_2}$ durch das arithmetische $\frac{F_1 + F_2}{2}$ ersetzen.

10. Aufg. Eine an beiden Enden festgehaltene Zugstange war ursprünglich mit 600 atm gespannt. Dann wird sie um 50° C. abgekühlt. Um wieviel erhöht sich die bezogene Formänderungsarbeit, wenn $E = 2 \cdot 10^6$ atm und der Ausdehnungskoeffizient des Eisens $= \frac{1}{80\,000}$ für 1° C. gesetzt wird?

Lösung. Wenn die Enden der Stange frei wären, hätte die Abkühlung eine bezogene Verkürzung ε zur Folge, die

$$\varepsilon = \frac{50}{80\,000} = \frac{1}{1600}$$

wäre. Um diese Verkürzung zu verhindern, muß eine Zugspannung in der Stange auftreten, die für sich genommen eine elastische Dehnung von demselben Betrage zustande bringt. Diese Spannung σ ist nach Gl. (18)

$$\sigma = E\varepsilon = 2 \cdot 10^6 \cdot \frac{1}{1600} = 1250 \text{ atm.}$$

Durch die Abkühlung wird also die Zugspannung von ursprünglich 600 atm auf 1850 atm erhöht. Bei vielen Eisensorten liegt dies schon über der Proportionalitätsgrenze, wir wollen indessen annehmen, daß dies hier nicht zutrifft, da wir die Formänderungsarbeit nicht mehr genau berechnen können, sobald jene Grenze überschritten ist.

Nach Gl. (39) ist im ursprünglichen Zustande

$$A = \frac{\sigma^2}{2E} = \frac{600^2}{4 \cdot 10^6} \frac{\text{kg}}{\text{cm}^2} = 0,09 \frac{\text{cm kg}}{\text{cm}^3}.$$

Die im letzten Ausdrucke gegebene Bezeichnung der Dimensionen weist darauf hin, daß A eine Arbeitsleistung (cm kg) bezogen auf ein Einheitsvolumen (cm³) darstellt. — Setzt man an Stelle von 600 atm jetzt 1850 atm in den vorstehenden Ausdruck ein, so wird

$$A = \frac{1850^2}{4 \cdot 10^6} = 0,856 \frac{\text{cm kg}}{\text{cm}^3}.$$

Die Formänderungsarbeit hat sich daher um 0,766 erhöht. Diese potentielle Energie ist nicht durch Aufwand von Arbeit äußerer Kräfte hervorgebracht worden, kann sich aber gleichwohl jederzeit in solche verwandeln. Sie hat ihren Ursprung in einem Teile der dem Stabe bei der Temperaturerhöhung zugeführten Wärme, der in mechanische Energie umgewandelt wird. Man erkennt daraus, daß die spezifische Wärme des Stabes im gespannten und im ungespannten Zustande etwas verschieden sein muß, und daß überhaupt ein Zusammenhang zwischen dem elastischen Formänderungszustande und dem Wärmezustande bestehen muß. Die weitere Erörterung dieses Zusammenhanges ist eine Aufgabe der mechanischen Wärmetheorie; in der Festigkeitslehre sind diese Erscheinungen ohne Bedeutung, und man kann sie daher hier gewöhnlich vollständig vernachlässigen. Es möge nur noch bemerkt werden, daß ein Stab, der ohne Zufuhr oder Ableitung von Wärme gedehnt wird, sich dabei ein wenig abkühlt. In der Festigkeitsmaschine bemerkt man diese Abkühlung nicht, da sie sich nur auf Tausendstel Grade beläuft. Der Stab kühlt sich indessen nur so lange ab, als die Elastizitätsgrenze nicht überschritten wird. Von da an wird die äußere Arbeit nicht mehr ausschließlich in Form von potentieller Energie aufgespeichert, sondern zum Teile in Wärme umgewandelt, die bis zum vollständigen Abreißen eines Stabes eine recht beträchtliche Temperaturerhöhung bewirkt.

Dritter Abschnitt.

Biegung des geraden Stabes.

§ 16. Begriff der Biegung.

An einem stabförmigen Körper, der auch an einigen Stellen mit rechtwinklig dazu aufgesteckten Handhaben oder Kurbeln versehen sein kann, mögen sich beliebig gegebene äußere Kräfte im Gleichgewichte halten. Man denke sich den Stab durch irgendeinen Querschnitt in zwei Teile zerlegt. Jeder dieser Teile muß dann immer noch im Gleichgewicht bleiben, wenn man den anderen Teil entfernt, dafür aber in der Schnittfläche äußere Kräfte anbringt, die mit den vorher im Querschnitte übertragenen Spannungen an jeder Stelle genau übereinstimmen.

Die an einem der beiden Stabteile angreifenden Lasten kann man nach den Vorschriften der Statik zu einer Resultierenden zusammensetzen, die durch den Schwerpunkt des Querschnitts geht und zu einem resultierenden Kräftepaare. Je nach dem Ergebnisse dieser Zusammensetzung unterscheidet man verschiedene Beanspruchungsarten des Stabes. Lassen sich die Lasten durch eine einzige Resultierende ersetzen, die durch den Schwerpunkt des Querschnitts geht und mit der Stabachse zusammenfällt, so ist der Stab an dieser Stelle auf Zug und Druck beansprucht, ein Fall, mit dem wir uns schon früher beschäftigt haben. Ergeben die Lasten eine Resultierende, die in der Ebene des Querschnitts liegt und durch den Schwerpunkt geht, so ist der Stab in diesem Querschnitte auf Schub oder Abscheren beansprucht; dieser Fall kann aber immer nur in einzelnen Querschnitten eintreten. Der Fall der reinen Biegung liegt vor, wenn sich die äußeren Kräfte zu einem Kräftepaare zusammenfassen lassen, dessen Ebene durch die Stabachse geht. Endlich wird der Stab auf Torsion, Verwindung oder Verdrehung beansprucht, wenn die äußeren Kräfte ein Kräftepaar liefern, dessen Ebene zur Querschnittsebene parallel ist. Im allgemeinen Falle wirken alle diese vier Beanspruchungsarten oder wenigstens einige von ihnen zusammen und man sagt dann, daß der Stab auf zusammengesetzte Festigkeit beansprucht sei.

Für die Durchführung des Verfahrens denke man sich jede Last parallel mit sich selbst nach dem Schwerpunkte des Querschnitts verlegt. Bei der Parallelverlegung tritt jedesmal ein Kräftepaar auf. Dann kann man alle nach dem Schwerpunkte verlegten Kräfte zu einer Resultierenden und alle Kräftepaare zu einem resultierenden Kräftepaare vereinigen, wie dies in Band II näher besprochen ist. Die im Schwerpunkte angreifende Resultierende läßt sich hierauf in zwei Komponenten zerlegen, von denen eine in die Richtung der Stabachse und die andere in die Querschnittsebene fällt. Auch das resultierende Kräftepaar zerlegt man in zwei Kräftepaare, von denen die Ebene des einen durch die Stabachse geht, während die Ebene des anderen entweder mit der Querschnittsebene zusammenfällt oder, was auf dasselbe hinauskommt, parallel mit ihr ist. Im allgemeinsten Falle ist daher der Stab gleichzeitig auf Zug oder Druck, auf Schub, auf Biegung und auf Verwindung beansprucht.

In allen Fällen der zusammengesetzten Festigkeit berechnet man die zu jeder der einfachen Beanspruchungsarten für sich gehörigen Spannungen und nimmt an, daß sich alle ohne Störung übereinander lagern. Das setzt natürlich voraus, daß der Stab in seinem elastischen Verhalten dem Superpositionsgesetz gehorche. Trifft dies nicht zu, so verfährt man trotzdem gewöhnlich ebenso, muß aber dabei in Erinnerung behalten, daß die Lösung nur ungefähr richtig sein kann.

Ein Fall der zusammengesetzten Festigkeit liegt auch dann vor, wenn sich die äußeren Kräfte zu einem biegenden Kräftepaare und einer Scherkraft zusammensetzen lassen. Dieser Fall kommt aber so häufig vor, daß er bei Biegungsaufgaben die Regel bildet, und er wird daher als der allge-

meine Fall der Biegung im Gegensatze zu dem vorher besprochenen Falle der reinen Biegung bezeichnet.

Ein Kräftepaar wird durch sein statisches Moment gemessen. Beansprucht das Kräftepaar den Stab auf Biegung,
geht also seine Ebene durch die Stabachse, so wird sein statisches Moment als das Biegungsmoment bezeichnet. Wir
gebrauchen dafür den Buchstaben M und rechnen es positiv,
wenn es an dem linken Teile des in horizontaler Lage gezeichneten Stabes im Sinne des Uhrzeigers dreht. Die Scherkraft bezeichnen wir mit V und rechnen sie positiv, wenn sie
am linken Teile des Stabes nach oben gerichtet ist.

§ 17. Willkürliche Annahmen von Bernoulli und Navier.

Die nächste Aufgabe, die uns gestellt ist, besteht darin,
die Spannungen zu berechnen, die in den einzelnen Teilen des
Querschnitts auftreten, wenn M und V gegeben sind. Wir
wollen sie zuerst noch dadurch vereinfachen, daß wir den Fall
der reinen Biegung voraussetzen,
also $V = 0$ annehmen. Auf den
allgemeineren Fall werden wir
dann leicht dadurch gelangen, daß
wir die durch V für sich bewirkten
Spannungen hinzufügen. Der Fall
der reinen Biegung (ohne Scher-
beanspruchung) liegt z. B. im mitt-

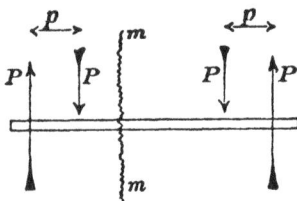

Abb. 18.

leren Teile einer Eisenbahnwagenachse vor oder auch bei der
in Abb. 18 schematisch gezeichneten Belastung des Stabes.
Für den Querschnitt mm, der irgendwo im mittleren Abschnitte des Stabes gelegt sein kann, bilden die äußeren
Kräfte am linken Teile des Stabes ein Kräftepaar, dessen
Moment $= Pp$ und das nach den vorausgehenden Vorzeichen-
bestimmungen positiv zu rechnen ist.

Die Aufgabe, die Spannungen zu berechnen, ist statisch
unbestimmt. Wenn wir auf die elastischen Formänderungen
keine Rücksicht zu nehmen hätten, könnten wir jede beliebige
Verteilung der Spannungen über den Stabquerschnitt als gleich

gut möglich ansehen, wenn sie nur zu einem Kräftepaare vom
Momente M führte.

Über die elastische Formänderung, die der Stab unter
dem Einflusse der in Abb. 18 angegebenen Kräfte erfährt, läßt
sich zunächst nur aussagen, daß sich die Angriffspunkte der
Kräfte im Sinne dieser Kräfte relativ gegeneinander etwas verschieben müssen. Denkt man sich diese Angriffspunkte alle
auf der Stabachse gelegen, so werden die Verbindungslinien
der aufeinanderfolgenden Angriffspunkte nach der Formänderung
einen Linienzug bilden, der nach obenhin hohl ist. Wegen
der Stetigkeit des Zusammenhanges kann aber die Stabachse
selbst an keiner Stelle einen Knick erfahren; die ursprünglich
gerade Stabachse wird daher in eine flache Kurve übergehen.
Diese Kurve heißt die elastische Linie des gebogenen Stabes.

Diese allgemeinen Bemerkungen sind noch zu unbestimmt,
um ein Urteil über die Verteilung der Spannungen über den
Querschnitt darauf gründen zu können. Um diese Unbestimmtheit zu heben, nimmt man an, daß jeder Querschnitt, der senkrecht zur Stabachse gezogen wurde,
bei der Formänderung eben bleibt. Diese Annahme
wird zunächst rein willkürlich eingeführt; sie ist zuerst von
Bernoulli aufgestellt worden und dient seit den Arbeiten von
Navier allgemein als Ausgangspunkt der Biegungslehre in der
technischen Mechanik. Die beste Rechtfertigung für die Annahme besteht darin, daß die aus ihr gezogenen Folgerungen
in guter Übereinstimmung mit der Erfahrung stehen.

Im letzten Abschnitte dieses Bandes werden wir sehen, daß
man die Zulässigkeit der Bernoullischen Annahme auch noch
einer anderen Prüfung unterwerfen kann. Für Körper, die dem
Hookeschen Gesetze gehorchen, werden wir sie bei jener Gelegenheit wenigstens für den Fall der reinen Biegung bestätigt finden.

Für den Fall der reinen Biegung (Scherkraft $V = 0$) haben
wir keine Veranlassung, ein Auftreten von Schubspannungen
im Querschnitte zu vermuten. Zum mindesten müßten alle
Schubspannungen unter sich im Gleichgewichte miteinander

stehen. Wenn der Querschnitt in der Tat genau eben bleiben
soll, können aber überhaupt keine Schubspannungen übertragen
werden, denn diese hätten Winkeländerungen γ zur Folge, die
an verschiedenen Stellen nicht nur von verschiedener Größe,
sondern auch von entgegengesetztem Vorzeichen sein müßten.
Es handelt sich dabei um die ursprünglich rechten Winkel
zwischen der Querschnittsebene und den zur Stabachse parallel
gezogenen Linien. Wenn sich diese an verschiedenen Stellen
um verschiedene Beträge änderten, könnte der Querschnitt
offenbar nicht eben bleiben.

Wir werden also festhalten, daß für den Fall $V = 0$ auch
die Schubspannungen τ überall im Querschnitte gleich Null
zu setzen sind. Daraus folgt dann sofort weiter, daß der
Querschnitt nach der Formänderung senkrecht zur elastischen
Linie steht.

Man betrachte jetzt ein Längenelement des Stabes, das
zwischen zwei aufeinanderfolgenden Querschnitten liegt. Nach
der Formänderung schneiden sich die beiden Querschnittsebenen
in einer Geraden, die durch den Krümmungsmittelpunkt der
elastischen Linie geht. Jedem Flächenelemente dF des Querschnitts entspricht ein Teil des Stabes, den wir als eine Faser
bezeichnen wollen. Die zwischen den aufeinanderfolgenden
Querschnitten liegenden Fasern waren ursprünglich gleich lang;
nach der Formänderung sind aber die auf der Hohlseite der
elastischen Linie liegenden kürzer als die auf der konvexen
Seite — und zwar verhalten sich die Längen unmittelbar wie
die Abstände der Fasern vom Krümmungsmittelpunkte der
elastischen Linie. Den Längenänderungen, die diese Fasern er-
fuhren, entsprechen nach dem Elastizitätsgesetze die Normalspannungen σ, die in den Querschnittselementen übertragen werden.

Wir wissen schon, daß sich die Normalspannungen σ zu
einem Kräftepaare vom Momente M zusammensetzen müssen.
Daraus folgt, daß im Querschnitte sowohl Zug- als Druckspannungen übertragen werden. Die Fasern auf der konvexen
Seite sind also jedenfalls länger geworden, als sie ursprünglich
waren, und die auf der Hohlseite haben sich verkürzt. Da-

zwischen liegt eine Faserschicht, die sich weder verkürzt noch verlängert hat. Die ihr im Querschnitte entsprechende Linie wird die neutrale Achse oder auch die Nullinie des Querschnitts genannt.

Proportional mit dem Abstande von der neutralen Achse wachsen die elastischen Längenänderungen der Fasern. Wenn außer der Bernoullischen Annahme auch noch das Hookesche Gesetz gilt, müssen wir daher schließen, daß auch die Normalspannungen σ, die im Querschnitte übertragen werden, ihrem Abstande von der neutralen Achse proportional zu setzen sind. Diesen wichtigen Schluß hat zuerst Navier aus der Bernoullischen Annahme gezogen.

Diese ganze Betrachtung läßt sich auch noch durch eine andere ersetzen. Ohne uns auf die an sich willkürliche Bernoullische Annahme zu stützen, können wir davon ausgehen, daß im Querschnitte jedenfalls sowohl Zug- als Druckspannungen übertragen werden müssen. Die Normalspannung σ in irgendeinem Punkte des Querschnitts kann dann als eine zunächst unbekannte Funktion der Koordinaten dieses Punktes in bezug auf zwei im Querschnitte rechtwinklig zueinander gezogene Koordinatenachsen der y und z betrachtet werden. Wir setzen also $\qquad \sigma = f(y z)$.

Immer wenn man keinen bestimmten Anhaltspunkt für die Form einer solchen unbekannten Funktion hat, versucht man zunächst mit den einfachsten Annahmen dafür auszukommen. Daß σ nicht konstant sein kann, folgt schon daraus, daß sich alle σ zu einem Kräftepaar zusammensetzen lassen müssen. Die hiernach noch mögliche einfachste Annahme besteht darin, daß σ eine Funktion ersten Grades der Querschnittskoordinaten y, z ist. Das ist aber gerade die von Navier vorausgesetzte oder aus der Bernoullischen Voraussetzung gefolgerte Spannungsverteilung.

Eine Funktion ersten Grades wird auch als eine lineare Funktion bezeichnet, weil sie durch das Bild einer geraden Linie — oder bei zwei unabhängigen Veränderlichen durch eine Ebene — zur Darstellung gebracht werden kann. Denken wir uns also in jedem Punkte des Querschnitts die dort auftretende Normalspannung σ durch eine in deren Richtung gezogene Strecke in einem beliebigen Maßstabe dargestellt, so liegen die Endpunkte aller dieser Strecken nach Navier auf einer Ebene, die die Querschnittsebene in der Nullinie schneidet. (Geradliniengesetz.)

§ 18. Folgerungen aus dem Geradliniengesetze.

Wir denken uns die Koordinatenachsen der y und z im Querschnitte so gelegt, daß die Z-Achse mit der Nullinie zusammenfällt. Dann ist σ überall unabhängig von z, und da es zu Null wird für $y = 0$, verschwindet auch das konstante Glied, das in der linearen Funktion im allgemeinen auftritt. Bezeichnen wir die Spannung in irgendeinem bestimmten Punkte, der den Abstand y_0 von der Nullinie hat, mit σ_0, so hat man für jeden anderen Punkt nach dem Geradliniengesetze

$$\frac{\sigma}{\sigma_0} = \frac{y}{y_0} \quad \text{oder} \quad \sigma = y \cdot \frac{\sigma_0}{y_0}. \tag{43}$$

Im Falle der reinen Biegung müssen die Normalspannungen ein Kräftepaar liefern; die Summe der Zugspannungen muß daher gleich der Summe der Druckspannungen sein. Dabei ist zu beachten, daß Gl. (43) die Spannung σ auch schon dem Vorzeichen nach richtig angibt, indem die nach verschiedenen Seiten der Nullinie gerichteten Abstände y mit entgegengesetzten Vorzeichen zu rechnen sind. Wir können daher auch einfacher sagen, daß die algebraische Summe aller Normalspannungen für den ganzen Querschnitt gleich Null sein muß. In Form einer Gleichung heißt dies

$$\int \sigma \, dF = 0,$$

wenn die Summierung über den ganzen Querschnitt ausgeführt wird. Nach Einsetzen von σ aus Gl. (43) wird daraus

$$\int \frac{\sigma_0}{y_0} y \, dF = \frac{\sigma_0}{y_0} \int y \, dF = 0 \quad \text{oder} \quad \int y \, dF = 0. \tag{44}$$

Die Summe $\int y \, dF$ stellt aber das statische Moment der Querschnittsfläche in bezug auf die Z-Achse dar, und die Bedingung, daß dieses Moment Null sein muß, lehrt uns, daß die mit der Z-Achse zusammenfallende Nullinie durch den Schwerpunkt des Querschnittes geht.

Ferner muß das statische Moment des aus den Spannungen gebildeten Kräftepaares gleich dem Biegungsmomente M sein. Dabei genügt es indessen nicht, daß beide nur der Größe nach

einander gleich sind; beide Kräftepaare müssen vielmehr auch
in derselben Ebene liegen — und wir werden nachher sehen,
daß diese letzte Bedingung ebenso wichtig ist als die andere.
Wenn der Querschnitt des Stabes, wie es sehr häufig bei den
Anwendungen der Fall ist, symmetrisch gestaltet ist und alle
äußeren Kräfte in der Symmetrieebene liegen, ist diese Bedingung freilich von selbst erfüllt, sobald man die Nullinie,
wie es wegen der Symmetrieeigenschaften nicht anders sein
kann, senkrecht zur Symmetrieebene annimmt. Wir wollen
hier zunächst den einfachsten Fall behandeln, nämlich den Fall,
daß die Nullinie in der Tat senkrecht zur Ebene des Kräftepaares M steht. Dagegen wollen wir nicht gerade von vornherein annehmen, daß der Querschnitt symmetrisch gestaltet
sei; vielmehr wollen wir ganz allgemein untersuchen, unter
welchen Bedingungen jener einfachste Fall eintritt.

Die Momentengleichung für die Nullinie (oder die Z-
Achse) liefert

$$\int \sigma \, dF y = M$$

oder, wenn man σ aus Gl. (43) einsetzt,

$$\frac{\sigma_0}{y_0} \int y^2 \, dF = M. \tag{45}$$

Die über den ganzen Querschnitt ausgedehnte Summengröße $\int y^2 dF$ ist nur noch von der Gestalt des Querschnitts
abhängig und kann durch Ausführung der Integration berechnet
werden. Sie wird das Trägheitsmoment des Querschnitts für
die Z-Achse genannt, das in den früheren Auflagen mit Θ bezeichnet wurde. In Übereinstimmung mit den „Deutschen
Industrie-Normen" wollen wir dafür den Buchstaben J weiter
verwenden. Nach Gl. (45) ist

$$\sigma_0 = \frac{M}{J} y_0. \tag{46}$$

Damit ist die Aufgabe gelöst, für irgendeinen vorher ins
Auge gefaßten Punkt des Querschnitts mit dem Abstande y_0
von der Z-Achse die Spannung σ_0 zu berechnen. Mit Rücksicht auf Gl. (43) kann man auch die Zeiger 0 in Gl. (46)
nachträglich noch streichen

Gewöhnlich will man die größte Spannung σ berechnen die überhaupt im Querschnitte auftritt. Man hat dann unter y_0 in Gl. (46) den größten Abstand von der Nullinie zu verstehen, der im Querschnitte vorkommt. In diesem Falle kann man die beiden nur von der Querschnittsgestalt abhängigen Größen in Gl. (46) zu einer einzigen zusammenfassen, indem man setzt

$$\frac{J}{y_0} = W. \tag{47}$$

Die Größe W wird das **Widerstandsmoment** des Querschnitts genannt. Hiermit geht Gl. (46) über in

$$\sigma = \frac{M}{W}, \tag{48}$$

wobei der Zeiger an σ der Einfachheit wegen weggelassen ist, obschon man sich wohl zu erinnern hat, daß diese Spannung σ nur an der äußersten Kante auftritt. Aus der Bedeutung von J folgt, daß es eine Größe von der Dimension cm^4 ist, d. h. daß es die vierte Potenz einer Länge darstellt. Die Dimension von W ist cm^3. In den von den Hüttenwerken herausgegebenen Verzeichnissen der von ihnen gewalzten Eisenträger ist zur Bequemlichkeit des Benutzers für jedes Profil sowohl J als W angegeben. Gewöhnlich beziehen sich diese Angaben auf 1 mm als Längeneinheit; will man in cm rechnen, wie es hier immer geschieht, so muß man demnach bei J vier und bei W drei Stellen abschneiden.

Um uns zu überzeugen, daß Gl. (46) den Dimensionen nach richtig ist, setzen wir die Benennungen der auf der rechten Seite vorkommenden Größen ein, indem wir die zugehörigen Zahlenwerte unbeachtet lassen. Wir erhalten dann, da M in cm kg anzugeben ist,

$$\frac{\mathrm{cm\,kg}}{\mathrm{cm}^4} \cdot \mathrm{cm} = \frac{\mathrm{kg}}{\mathrm{cm}^3},$$

und dies ist in der Tat die Dimension einer bezogenen Spannung.

Die vorausgehenden Gleichungen gelten aber nur unter der Voraussetzung, von der aus sie abgeleitet sind, daß nämlich die Nullinie senkrecht zur Ebene des Biegungsmoments M steht. Ob und unter welchen Umständen diese Voraussetzung zutrifft, lehrt uns eine zweite Momentengleichung, die wir für die Y-Achse bilden können, also für eine Achse, die mit der Schnittgeraden der Querschnittsebene und der Lastebene zusammenfällt. Für diese Achse als Momentenachse wird das statische Moment jeder äußeren Kraft zu Null. Die Gleichgewichtsbedingung gegen Drehen um diese Achse fordert daher, daß auch die Summe der statischen Momente der Spannungen verschwinden muß. Wir erhalten demnach die Bedingungsgleichung

$$\int \sigma \, dF z = 0 \quad \text{oder} \quad \int z y \, dF = 0, \tag{49}$$

wobei die letzte Form der Gleichung aus der vorhergehenden wieder durch Einsetzen von σ aus Gl. (43) gefunden wird.

Auch die Summengröße $\int y z \, dF$ hängt nur von der Gestalt des Querschnitts und von der Richtung der Schwerpunktsachse ab, die mit der Nullinie zusammenfällt. Alle Summengrößen, die über den Querschnitt zu erstrecken sind und die Produkte aus den Flächenelementen und den Querschnittskoordinaten enthalten, bezeichnet man als Momente und bemißt deren Grad nach der Zahl der Querschnittskoordinaten, die als Faktoren in jenen Produkten auftreten. Wie das Trägheitsmoment ist daher auch $\int y z \, dF$ als ein Moment zweiten Grades des Querschnitts zu bezeichnen. Man hat ihm noch die besonderen Namen „Zentrifugalmoment" oder auch „Deviationsmoment" gegeben. Es soll mit J_{yz} bezeichnet werden, wobei die besonderen Achsenrichtungen durch angehängte Zeiger kenntlich gemacht sind. Gl. (49) kann hiernach auch in der Form

$$J_{yz} = 0 \tag{50}$$

ausgesprochen werden. Damit ist die gesuchte Bedingung gefunden; nur dann, wenn das Zentrifugalmoment des Querschnitts für ein durch den Schwerpunkt gelegtes rechtwinkliges Achsenkreuz, von dem eine Achse in die Ebene des Momentes der äußeren Kräfte fällt.

gleich Null ist, können die Spannungen nach den einfachen Formeln (46) oder (48) berechnet werden.

Ein Trägheitsmoment kann nie zu Null werden, da es
sich aus lauter positiven Gliedern zusammensetzt. Dagegen
tragen alle Flächenteile des Querschnitts, die im ersten und
dritten Quadranten des Achsenkreuzes liegen, positive, alle im
zweiten und vierten Quadranten negative Glieder zum Zentrifugalmomente bei. Das Zentrifugalmoment kann daher ebensowohl negativ als positiv oder gleich Null werden. Der letzte
Fall wird, wie man ohne weiteres einsieht, immer bei sym-
metrischen Querschnitten eintreten, wenn eine Achse des
Achsenkreuzes mit der Symmetrieachse zusammenfällt, denn
die Beiträge von je zwei spiegelbildlich zueinander liegenden
Flächenteilen heben sich gegeneinander gerade auf.

Ehe wir die Berechnung der Spannungen auf den Fall
ausdehnen, daß J_{y_1} nicht gleich Null ist, müssen wir einige
geometrische Betrachtungen über die Momente zweiten Grades
einschalten.

§ 19. Trägheits- und Zentrifugalmomente von Quer-schnittsflächen.

Wir wollen uns zunächst die Aufgabe stellen, die Trägheitsmomente eines Querschnitts für alle Achsen, die man in
der Querschnittsebene ziehen kann, untereinander zu vergleichen.

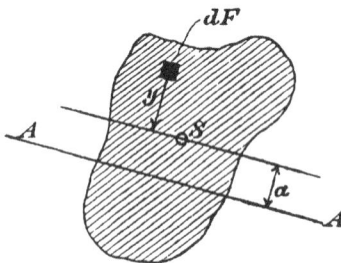

Abb. 19.

In Abb. 19 gebe die schraffierte Fläche eine Querschnittsfläche von beliebiger Gestalt
an; AA sei die Achse, für die
man das Trägheitsmoment berechnen soll, und S sei der
Schwerpunkt der Fläche. Man
ziehe durch S eine zweite
Achse, die zu AA parallel ist.
Das Trägheitsmoment für diese
Schwerpunktsachse sei jetzt mit J_0, das für die Achse AA,
die den Abstand a von S hat, mit J_a bezeichnet. Der Ab-

stand eines Flächenelementes dF von der Schwerpunktsachse sei mit y bezeichnet und positiv oder negativ gerechnet, je nachdem y in entgegengesetzter oder in gleicher Richtung mit a liegt. Dann hat man:

$$J_a = \int (y+a)^2 dF = \int y^2 dF + 2a \int y dF + a^2 \int dF.$$

Das erste Glied gibt das Trägheitsmoment J_0 für die Schwerpunktsachse an. Das zweite Glied ist gleich Null, denn $\int y dF$ ist das statische Moment der Querschnittsfläche für eine durch den Schwerpunkt gehende Achse, und dieses verschwindet für alle Schwerlinien. Im dritten Gliede kann man $\int dF$ zur ganzen Querschnittsfläche F zusammenfassen. Die vorige Gleichung vereinfacht sich daher zu

$$J_a = J_0 + a^2 \cdot F. \tag{51}$$

Man kann hiernach auf sehr einfache Weise für alle übrigen Achsen die Trägheitsmomente angeben, sobald man sie für alle Schwerpunktsachsen kennt. Dieser Satz wird häufig gebraucht, um das Trägheitsmoment eines Querschnitts zu berechnen, der sich aus verschiedenen Flächen von einfacher Gestalt, z. B. aus lauter Rechtecken, wie der I-förmige Querschnitt zusammensetzt, wovon bei den Aufgaben noch weiter die Rede sein wird.

Es handelt sich jetzt nur noch darum, die Trägheitsmomente für die in ver-
schiedenen Richtungen durch den Schwerpunkt gezogenen Achsen miteinander zu vergleichen. Wir legen in Abb. 20 durch den Schwerpunkt in beliebiger Richtung ein rechtwinkliges Achsenkreuz der YZ und ziehen noch eine dritte Schwerlinie AA, die mit der Y-Richtung

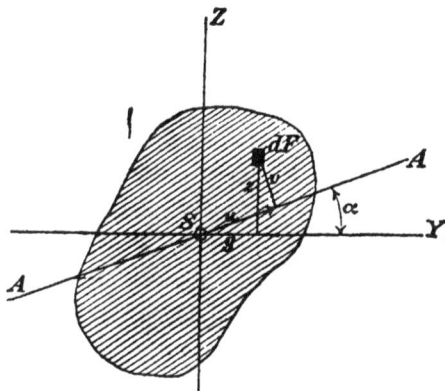

Abb. 20

den beliebigen Winkel α bildet. Die Koordinaten eines Flächenelementes dF seien y, z, der Abstand zwischen dF und AA
mit v und der Abschnitt, den v auf AA von S an gerechnet
bildet, mit u bezeichnet. Dann ist nach den Formeln für die
Koordinatentransformation

$$u = y \cos \alpha + z \sin \alpha, \qquad v = -y \sin \alpha + z \cos \alpha.$$

Für das Trägheitsmoment J_a in bezug auf die Achse AA
erhalten wir

$$J_a = \int v^2 dF = \int (z \cos \alpha - y \sin \alpha)^2 dF.$$

Beim Ausquadrieren geht dies über in

$$J_a = \cos^2 \alpha \int z^2 dF + \sin^2 \alpha \int y^2 dF - 2 \sin \alpha \cos \alpha \int yz\, dF.$$

Die hier noch vorkommenden Summengrößen bilden aber
die Momente zweiten Grades für die Koordinatenachsen der y
und z. Versteht man unter J_y das Trägheitsmoment in bezug
auf die Y-Achse, also

$$J_y = \int z^2 dF$$

und entsprechend bei den anderen Momenten, so hat man auch

$$J_a = \cos^2 \alpha\, J_y + \sin^2 \alpha\, J_z - \sin 2\alpha\, J_{yz}. \qquad (52)$$

Wir bilden sofort auch das Zentrifugalmoment J_{aa} für
die Achse AA und eine zu ihr senkrecht gezogene. Nach der
Definition des Zentrifugalmoments ist

$$J_{aa} = \int uv\, dF = \int (y \cos \alpha + z \sin \alpha)(-y \sin \alpha + z \cos \alpha)\, dF.$$

Nach Ausmultiplizieren und Einsetzen der Werte für die dabei
auftretenden Summengrößen geht dies über in

$$J_{aa} = \frac{J_y - J_z}{2} \sin 2\alpha + J_{yz} \cos 2\alpha. \qquad (53)$$

Mit Hilfe der Gleichungen (52) und (53) vermögen wir
die Momente zweiten Grades für alle anderen Schwerpunktsachsen anzugeben, wenn sie für irgend zwei zueinander senkrechte Achsen bereits bekannt sind. Wir wollen jetzt untersuchen, für welche Richtungen der Schwerpunktsachse das
Trägheitsmoment zu einem Maximum oder Minimum wird,
Dazu differentiieren wir J_a nach α und erhalten

$$\frac{d J_a}{d \alpha} = - 2 \cos \alpha \sin \alpha \, J_y + 2 \sin \alpha \cos \alpha \, J_s - 2 \cos 2 \alpha \, J_{ys}$$
$$= (J_s - J_y) \sin 2 \alpha - 2 \cos 2 \alpha \, J_{ys},$$
$$= - 2 J_{aa}.$$

Für ein Maximum oder Minimum von J_a muß der Differentialquotient verschwinden, und wir sehen, daß dies bei jenen Achsen zutrifft, für die das Zentrifugalmoment verschwindet. Durch Auflösen der Gleichung $J_{aa} = 0$ erhalten wir für diese ausgezeichneten Richtungen

$$\operatorname{tg} 2 \alpha = \frac{2 J_{ys}}{J_s - J_y}. \tag{54}$$

Welchen Wert auch der Bruch auf der rechten Seite haben möge, man kann immer zwei zwischen 0 und 2π liegende Winkel angeben, die sich um zwei Rechte voneinander unterscheiden und deren Tangente gleich diesem Werte ist. Es gibt also auch immer zwei zwischen 0 und π liegende Winkel α, von denen der eine um einen Rechten größer ist als der andere, für die das Zentrifugalmoment zu Null wird und J einen größten oder kleinsten Wert annimmt. Ob der eine oder der andere Fall vorliegt, vermag man leicht mit Hilfe des zweiten Differentialquotienten zu entscheiden. Es genügt aber auch, darauf aufmerksam zu machen, daß sich J stetig ändert, wenn man die Achse AA eine Umdrehung ausführen läßt, und daß daher von den beiden ausgezeichneten Werten notwendig der eine ein Maximum, der andere ein Minimum sein muß. Die beiden zueinander senkrechten Richtungen, die durch Gl. (54) bestimmt sind, werden die Hauptachsen des Querschnitts genannt.

Jeder beliebig gestaltete Querschnitt hat also immer mindestens zwei durch den Schwerpunkt gehende Hauptachsen. War zufällig $J_{ys} = 0$, so sind die Koordinatenachsen nach Gl. (54) selbst die Hauptachsen. Es kann aber auch vorkommen, daß jede Schwerpunktsachse des Querschnitts zugleich eine Hauptachse ist, nämlich dann, wenn $J_{ys} = 0$ und zugleich $J_s = J_y$ ist. Der Bruch auf der rechten Seite von Gl. (54) nimmt dann die unbestimmte Form $\frac{0}{0}$ an; wir erkennen aber aus Gl. (53), daß in diesem Falle J_{aa} für jede Achse AA zu Null wird, und aus Gl. (52) folgt, daß dann alle Trägheitsmomente J_a untereinander gleich sind. Dieser Fall liegt z. B. bei einem Quadrate oder überhaupt bei jedem regelmäßigen Vielecke vor.

Um die Zentrifugalmomente brauchen wir uns in der Folge nicht weiter zu kümmern. Dagegen wollen wir noch eine geometrische Darstellung ableiten, mit deren Hilfe man die in den vorausgehenden Formeln ausgesprochenen Gesetzmäßigkeiten leicht zu überblicken vermag. Zu diesem Zwecke können wir uns die Koordinatenachsen der y und s von vornherein in die Richtungen der Hauptachsen gelegt denken. Gl (52) vereinfacht sich unter dieser Voraussetzung zu

$$J_a = \cos^2 \alpha J_y + \sin^2 \alpha J_s. \tag{55}$$

An Stelle der Trägheitsmomente selbst wollen wir in diese Gleichung die Trägheitsradien einführen. Dividiert man nämlich jedes Trägheitsmoment durch die Fläche des Querschnitts, so erhält man eine Größe, die das Quadrat einer Länge darstellt. Setzt man also

$$i_a^2 = \frac{J_a}{F}, \tag{56}$$

so bedeutet i_a den quadratischen Mittelwert der Abstände aller Flächenelemente des Querschnitts von der Achse. Dieser Mittelwert wird als Trägheitshalbmesser bezeichnet; man rechnet, da er eine Strecke bildet, mit ihm oft viel bequemer als mit dem Trägheitsmomente selbst. Durch Division mit F geht Gl. (55) über in

$$i_a^2 = \cos^2 \alpha\, i_y^2 + \sin^2 \alpha\, i_s^2. \tag{57}$$

Um i_a als Funktion des Richtungswinkels α geometrisch darzustellen, würde es am nächsten liegen, die Größe von i_a auf jeder Schwerpunktsachse abzutragen und alle Endpunkte durch eine Kurve zu verbinden. Wenn auch gegen diese Darstellung nichts einzuwenden ist, so wäre sie doch nicht bequem, da die erhaltene Kurve vom vierten Grade wäre und über ihre Eigenschaften nichts als bekannt vorausgesetzt werden könnte. Man muß bei solchen Darstellungen immer suchen, mit wohlbekannten Kurven, also namentlich mit Kurven zweiten Grades, auszukommen. Dies ist hier auch leicht möglich, wenn man auf jeder Schwerpunktsachse nicht i_α selbst, sondern eine Strecke abträgt, die ihr umgekehrt proportional ist. Zu diesem Zwecke wähle man eine beliebige Strecke m und bilde zu jedem Trägheitshalbmesser i den Wert

$$\tau = \frac{m^2}{i}. \tag{58}$$

Setzt man den Wert von i aus dieser Gleichung in Gl. (57) ein, so geht sie nach einer einfachen Umformung über in

$$1 = \left(\frac{\tau_\alpha \cos\alpha}{\tau_y}\right)^2 + \left(\frac{\tau_\alpha \sin\alpha}{\tau_s}\right)^2 \tag{59}$$

und dies ist, wenn τ_α als Radiusvektor auf jedem Strahle α abgetragen wird, die Mittelpunktsgleichung einer Ellipse, auf der die Endpunkte der Radienvektoren enthalten sind. Der Maßstab, in dem die Ellipse gezeichnet ist, hängt von der Wahl des beliebigen Faktors m in Gl. (58) ab.

Die Gleichung der Ellipse wird gewöhnlich in der Form geschrieben

$$1 = \frac{y^2}{a^2} + \frac{z^2}{b^2};$$

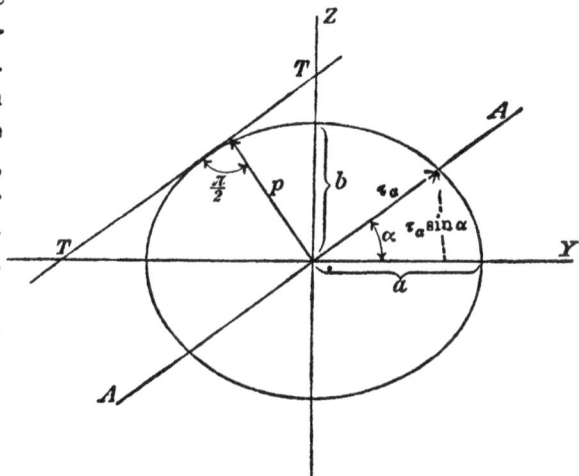

Abb. 21

sie stimmt mit Gl. (59) überein, wenn wir für $a = \tau_y$ und für $b = \tau_s$ setzen. $\tau_\alpha \cos\alpha$ und $\tau_\alpha \sin\alpha$ sind die Koordinaten der Ellipse und τ_α ist nach Abb. 21 der Radiusvektor. Wir sehen also, daß der Radiusvektor der Trägheitsellipse an jeder Stelle den reziproken Wert τ_α des Trägheitshalbmessers unter Berücksichtigung der Gl. (58) angibt.

Es ist zweckmäßig, den Wert von m in Gl. (58) so zu wählen, daß

$$m^2 = i_y i_z. \tag{60}$$

Dann ist $\tau_y = \dfrac{i_y i_z}{i_y} = i_z$ und $\tau_z = i_y$. Die Hauptträgheitshalbmesser τ_y und τ_z stellen die zur senkrechten Achse gehörenden Trägheitshalbmesser unmittelbar dar.

In Abb. 21 haben wir die Achse AA unter den Winkel α gezogen und eine parallele Tangente TT an die Ellipse gelegt. Wenn wir den Abstand zwischen AA und TT mit p und den Radiusvektor mit r bezeichnen, dann ist nach einem Satze der Geometrie $pr = ab = \tau_y \tau_z = i_z i_y$. Aus der Trägheitsellipse erhalten wir den zum Schnitt AA gehörigen Trägheitsradius entweder als reziproken Wert des Radiusvektors $r = \tau_\alpha = \dfrac{1}{i_\alpha}$ oder als Abstand p der parallelen Tangente.

Man kann die ganze vorausgehende Betrachtung mit geringer Änderung auch für alle Strahlen durchführen, die nicht durch den Schwerpunkt, sondern durch einen anderen beliebig gewählten Punkt des Querschnitts gezogen sind; ich habe hier davon abgesehen, da ich nicht unnötigerweise umständlicher in der Darstellung werden wollte, als es durch den Zweck geboten ist. Für die durch den Schwerpunkt gehenden Achsen führt die Trägheitsellipse den besonderen Namen Zentralellipse.

Ich habe bisher immer nur von den Trägheitsmomenten für solche Achsen gesprochen, die in der Querschnittsebene selbst enthalten sind. Man kann die Untersuchung leicht auch auf solche Fälle ausdehnen, bei denen die Achse einen beliebigen Winkel mit der Querschnittsebene bildet (oder ihr parallel ist). In ·der Festigkeitslehre kommt indessen nur noch einer von diesen Fällen in Frage, nämlich das Trägheitsmoment für eine zur Querschnittsebene senkrechte Achse. Dieses wird als das polare Trägheitsmoment bezeichnet. Gebraucht man dafür den Buchstaben J_p, so ist es definiert durch den Ansatz

$$J_p = \int r^2 \, dF,$$

wenn r der senkrechte Abstand zwischen dF und der Achse ist. Zieht man durch den Schnittpunkt der Achse mit der Querschnittsebene wieder zwei Koordinatenachsen, so hat man

$$r^2 = y^2 + z^2$$

und daher

$$J_p = J_y + J_z. \tag{61}$$

Anmerkung. Denkt man sich die Fläche, von der hier die Rede war, gleichmäßig mit Masse belegt, so werden die Trägheits- und Zenrifugalmomente dieser Massenverteilung aus denen der Fläche durch Multiplikation mit der auf die Flächeneinheit bezogenen Massendichte gefunden. Wir werden die hier nachgewiesenen Gesetzmäßigkeiten später in der Dynamik ebenfalls benutzen, ohne sie von neuem abzuleiten.

§ 20. Berechnung der Spannungsverteilung bei schiefer Lastrichtung.

Schief nennt man die Belastung eines auf Biegung beanspruchten Stabes, wenn die Ebene der Lasten nicht durch eine Hauptachse des Querschnitts geht. In diesem Falle zerlegt man jede Kraft in zwei Komponenten parallel zu den beiden Querschnittshauptachsen, worauf man die in der gleichen Richtung gehenden Komponenten der verschiedenen Kräfte zu einem Biegungsmoment zusammensetzt, dessen Ebene dann ebenfalls durch eine Hauptachse geht. Man kann auch, wenn die gegebenen Kräfte schon vorher zu einem Biegungsmomente vereinigt waren, dessen Ebene nicht durch eine Hauptachse ging, dieses nachträglich in zwei durch die Hauptachsen gehende Kräftepaare zerlegen. Wird der Winkel, den in diesem Falle die Ebene des Biegungsmomentes M mit einer der Hauptachsen bildet, mit α bezeichnet, so sind die Momente der beiden Komponenten gleich $M \cos \alpha$ und gleich $M \sin \alpha$. Dann berechnet man die Spannungen, die durch jede Komponente für sich genommen im Querschnitte

hervorgerufen werden, nach Gl. (46) oder Gl. (48), die hier anwendbar sind. Die durch das Zusammenwirken beider Komponenten entstehenden Spannungen findet man daraus durch
algebraische Summierung der beiden Werte. Im ganzen hat
man daher

$$\sigma = \frac{M\cos\alpha}{J_z} \cdot y + \frac{M\sin\alpha}{J_y} \cdot z. \qquad (62)$$

Eine einfache Betrachtung läßt im einzelnen Falle erkennen, an welcher Stelle des Querschnitts σ seinen größten
Wert annimmt.

Zur Begründung dieses Verfahrens kann man sich entweder auf das Gesetz der Superposition verschiedener Spannungszustände berufen oder man kann auch darauf hinweisen,
daß die durch Gl. (62) angegebene Spannungsverteilung linear
ist und dabei das Gleichgewicht zwischen den äußeren und
inneren Kräften herstellt. Bei linearer Spannungsverteilung
ist ein solches Gleichgewicht nur auf eine einzige Art möglich,
denn die Richtung der Nullinie bestimmt eindeutig die Ebene
des aus den Spannungen resultierenden Kräftepaares, und die
Größe der Spannung in einem gegebenen Abstande von der
Nullinie bestimmt ebenfalls eindeutig die Größe des statischen
Moments dieses Kräftepaares. — Wenn das Gesetz der Superposition für den betreffenden Stoff nicht gültig ist, verliert
die zuerst gegebene Begründung ihre Bedeutung. In diesem
Falle ist aber auch kaum anzunehmen, daß die Spannungsverteilung linear ist, und die andere Begründung versagt daher
ebenfalls. In der Tat darf man in diesem Falle nicht darauf
rechnen, daß Gl. (62) ziemlich genau richtig ist; ihre Anwendung kann vielmehr zu erheblichen Abweichungen von der
Wirklichkeit führen. Indessen gilt dies, wie schon öfters bemerkt, bei allen Festigkeitsberechnungen, die sich auf solche
Stoffe beziehen.

Ein einfaches Beispiel möge noch die Anwendung von
Gl. (62) zeigen. Ein Holzbalken sei als Dachpfette verwendet,
so daß eine Querschnittsseite in die Neigung der Dachfläche
fällt. Der Querschnitt des Balkens ist in Abb. 23 gezeichnet.

Nimmt man an, daß die Belastung Q des ganzen Balkens (samt Eigengewicht) gleichmäßig über die ganze Spannweite l verteilt ist, so hat man zunächst für das Biegungsmoment in der Mitte, wie man leicht findet,

$$M = \frac{Ql}{8}.$$

Die Ebene von M steht lotrecht und bildet daher Winkel von α und $\frac{\pi}{2} - \alpha$ mit den Hauptachsen. Die Komponenten von M in den durch die Hauptachsen gelegten Ebenen sind in die Abbildung eingeschrieben.

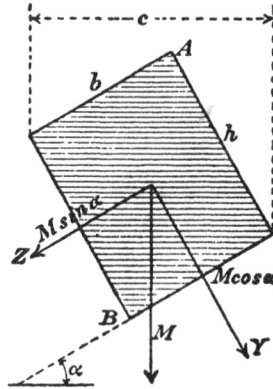

Abb. 23.

Das Trägheitsmoment J_s eines Rechtecks folgt aus

$$J_s = \int y^2 dF = b \int_{-\frac{h}{2}}^{+\frac{h}{2}} y^2 dy = \frac{bh^3}{12}$$

und das Widerstandsmoment W_s daher

$$W_s = \frac{bh^2}{6}.$$

Die Momente für die andere Hauptachse findet man daraus durch Vertauschung von b mit h. — Durch das Achsenkreuz der Y und Z wird das Rechteck in vier Quadranten zerlegt, von denen zwei durch die Komponenten $M \sin \alpha$ und $M \cos \alpha$ Spannungen entgegengesetzten Vorzeichens erfahren, während sich bei den beiden anderen die Spannungen addieren. Man erkennt daraus, daß an der Ecke A die größte Druck- und bei B die größte Zugspannung auftritt und daß beide von der gleichen Größe sind. Diese größte Spannung folgt aus

$$\sigma = \frac{M \cos \alpha}{W_s} + \frac{M \sin \alpha}{W_y} = \frac{6 M \cos \alpha}{bh^2} + \frac{6 M \sin \alpha}{b^2 h}.$$

Die in Abb. 23 mit c bezeichnete Breite der Horizontalprojektion des Balkens ist

$$c = b \cos \alpha + h \sin \alpha,$$

und man kann daher für den vorausgehenden Ausdruck auch
einfacher

$$\sigma = \frac{6\,Mc}{b^2 h^2} \tag{63}$$

schreiben, was für die Ausführung der Berechnung am bequemsten ist. Für M hat man entweder den vorher angegebenen Wert einzusetzen, oder wenn die Belastung nicht
gleichförmig verteilt sein sollte, das anderweitig in der Kraftebene berechnete Biegungsmoment. Mit $c = b$ geht der Fall
in den einfacheren über, daß die zu h parallele Symmetrieachse in die lotrechte Kraftebene fällt. Seinen größten Wert
nimmt c an, wenn eine Diagonale des Rechtecks in horizontaler
Richtung geht. Für gegebene Lasten erfährt der Balken bei
dieser Lage nach Gl. (63) die größte Spannung.

§ 21. Exzentrische Zug- oder Druckbelastung eines Stabes.

Wir nehmen jetzt an, daß die äußeren Kräfte am einen
Teile des Stabes sich auf eine einzige Kraft zurückführen
lassen, die senkrecht zum Querschnitte steht, aber nicht durch
den Schwerpunkt· geht. Dieser Belastungsfall führt die in
der Überschrift angegebene Bezeichnung. Offenbar handelt
es sich hierbei um einen Fall der zusammengesetzten Festigkeit, nämlich um das Zusammenwirken einer achsialen Belastung mit einer reinen Biegungsbelastung. Denn nach den
früher gegebenen Vorschriften ist die äußere Kraft zu ersetzen durch eine ihr gleiche und parallele, die im Schwerpunkte angreift, und durch das bei dieser Parallelverlegung
auftretende Kräftepaar, dessen Ebene durch die Stabmittellinie
geht. Dieses Kräftepaar zerlegen wir noch, wie im vorigen
Paragraphen, in zwei Komponenten nach den Richtungen der
Hauptachsen.

In Abb. 24 ist von dem Querschnitte nur die Zentralellipse gezeichnet; man kann sich den Querschnittsumriß be-
liebig· hinzudenken. A sei der Angriffspunkt der äußeren
Kraft P mit den Koordinaten u und v in bezug auf die Hauptachsen. Dann ist noch irgendein Flächenelement dF des Quer-

schnitts mit den Koordinaten y und z angegeben. Die Spannung σ am Orte yz setzt sich aus drei Gliedern zusammen, nämlich

$$\sigma = \frac{P}{F} + \frac{Pv}{J_y} z + \frac{Pu}{J_z} \cdot y.$$

Das erste Glied rührt von der achsialen Belastung her; im zweiten Gliede ist Pv das Moment des Kräftepaares, dessen Ebene parallel zur Hauptachse Z ist, und ähnlich im dritten Gliede. Durch Einführung der Trägheitshalbmesser, die gleich den Halbachsen a und b der Zentralellipse sind, an Stelle der Trägheitsmomente geht die vorige Gleichung über in

$$\sigma = \frac{P}{F}\left(1 + \frac{vz}{b^2} + \frac{uy}{a^2}\right). \tag{64}$$

Abb. 24.

In der neutralen Achse des Querschnitts muß dieser Ausdruck verschwinden, wir erhalten daher als Gleichung der Nullinie

$$\frac{uy}{a^2} + \frac{vz}{b^2} = -1. \tag{65}$$

Darin sind y und z die Koordinaten von Punkten der Nullinie, die selbstverständlich — nämlich weil dies schon bei der Aufstellung der Ausdrücke für die Spannungen vorausgesetzt wurde — eine gerade Linie ist. Die Koeffizienten von y und z in Gl. (65) hängen von den Koordinaten u und v, also von der Lage des Angriffspunktes der exzentrischen Belastung ab. Jedem Punkte A ist durch Gl. (65) eine bestimmte Nullinie zugeordnet. Wir wollen uns jetzt die Aufgabe stellen, diesen Zusammenhang näher zu ergründen.

Zu diesem Zwecke sei zunächst angenommen, der Angriffspunkt A liege auf der Zentralellipse. Die Koordinaten irgendeines Punktes dieser Ellipse seien mit η, ζ bezeichnet. Dann hat man die Ellipsengleichung

$$\frac{\eta^2}{a^2} + \frac{\zeta^2}{b^2} = 1. \tag{66}$$

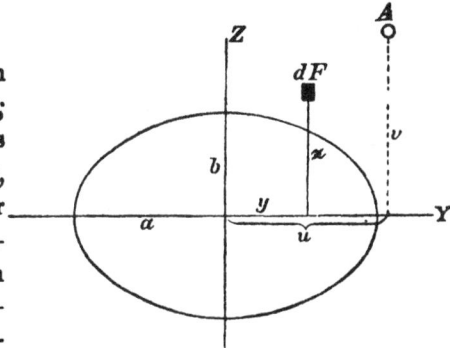

Setzt man nun $u = \eta$ und $v = \zeta$, so wird Gl. (65) befriedigt, wenn wir $y = -\eta$ und $z = -\zeta$ annehmen, denn diese Gleichung geht dann in Gl. (66) über. Wir erkennen daraus zunächst, daß die Nullinie durch den dem Angriffspunkte diametral gegenüberliegenden Punkt der Zentralellipse geht, falls der Angriffspunkt selbst auf der Zentralellipse liegt. Weiter gilt aber noch, daß die Nullinie in diesem Falle die Zentralellipse berührt. Um dies zu beweisen, differentiieren wir die Gleichungen beider Linien. Wir finden

$$\frac{u}{a^2} + \frac{v}{b^2} \frac{dz}{dy} = 0,$$

$$\frac{\eta}{a^2} + \frac{\zeta}{b^2} \frac{d\zeta}{d\eta} = 0,$$

und wenn wir in die erste Gleichung die vorher angenommenen Werte von u und v einsetzen und die zweite Gleichung auf den auf der Zentralellipse liegenden Punkt der Nullinie anwenden, finden wir in der Tat, daß an dieser Stelle

$$\frac{dz}{dy} = \frac{d\zeta}{d\eta}$$

ist, daß also die Nullinie und die Zentralellipse an dieser Stelle gleich gerichtet sind. Damit ist die Lage der Nullinie vollständig bestimmt, für den Fall, daß der Angriffspunkt der Belastung auf der Zentralellipse enthalten ist.

Wir denken uns jetzt den Angriffspunkt aus seiner ersten Lage längs des durch den Schwerpunkt gezogenen Strahles verschoben. Dann ändern sich u und v beide in demselben Verhältnisse. Auf den Wert des Differentialquotienten $\frac{dz}{dy}$, also auf die Richtung der Nullinie, ist dies ohne Einfluß. Die Nullinie verschiebt sich also dabei parallel zu sich selbst. Wenn etwa u und v doppelt so groß geworden sind als vorher, müssen wir y und z überall halb so groß als vorher annehmen, um Gl. (65) wieder zu befriedigen. Daraus folgt, daß die Nullinie um so näher an den Schwerpunkt heranrückt, je weiter sich der zugehörige Angriffspunkt entfernt, und zwar so, daß das Produkt der Abstände beider vom Schwerpunkte konstant

bleibt. Die Nullinie schneidet die Zentralellipse, wenn der
Angriffspunkt außerhalb der Ellipse liegt, und sie geht außen
vorbei im umgekehrten Falle. Wenn der Angriffspunkt ins
Unendliche rückt, geht die Nullinie zuletzt durch den Schwerpunkt selbst. Das dies so sein müsse, war von vornherein
zu erwarten, denn in diesem Falle kommt die achsiale Belastung gegenüber dem biegenden Kräftepaare nicht mehr in
Betracht, und wir können geradezu den Fall der reinen Biegung
als jenen Sonderfall der exzentrischen Belastung betrachten, bei
dem diese Belastung durch eine unendlich ferne und dabei unendlich kleine Kraft von endlichem Momente hervorgebracht
wird. Dies führt uns nur wieder auf eine aus der allgemeinen
Statik bekannte Deutung eines Kräftepaares. — Wenn umgekehrt der Angriffspunkt mit dem Schwerpunkte zusammenfällt, rückt die Nullinie ins Unendliche, d. h. wir haben eine
gleichförmige Spannungsverteilung über den ganzen Querschnitt.

Wir sind jetzt imstande, mit Hilfe der Zentralellipse für
jede beliebige Lage des Angriffspunktes die zugehörige Nulllinie sofort anzugeben. Wir brauchen dazu nur einen Strahl
vom Schwerpunkte nach dem Angriffspunkte zu ziehen, uns
zuerst den Angriffspunkt auf dem Schnittpunkte dieses Strahles
mit der Zentralellipse zu denken, die dazu gehörige diametral
gegenüberliegende Tangente zu ziehen und diese schließlich
parallel zu verschieben, bis sich ihr Abstand vom Mittelpunkte
im umgekehrten Verhältnisse geändert hat wie der Abstand
des Angriffspunktes.

Wir wollen aber die Untersuchung noch um einen Schritt
weiter führen. Der Angriffspunkt soll nämlich jetzt eine beliebige gerade Linie beschreiben. Zu jeder Lage gehört eine
bestimmte Nullinie, und es fragt sich, wie sich die Lage der
Nullinie ändert, während der Angriffspunkt längs seiner Bahn
fortrückt. Die Gleichung dieser Bahn sei

$$v = \alpha u + \beta,$$

wobei α und β beliebig gegebene konstante Größen sind. Wir
fassen zunächst irgend zwei Lagen u_1, v_1 und u_2, v_2 auf dieser

Bahn ins Auge, suchen die zugehörigen Nullinien auf und ermitteln, in welchem Punkte beide sich schneiden. Die Gleichungen beider Nullinien sind nach Gl. (65), wenn man $v_1 = \alpha u_1 + \beta$ setzt und ebenso für v_2

$$\frac{u_1 y}{a^2} + \frac{z}{b^2}(\alpha u_1 + \beta) = -1,$$

$$\frac{u_2 y}{a^2} + \frac{z}{b^2}(\alpha u_2 + \beta) = -1.$$

Um die Koordinaten des Schnittpunktes beider Nullinien zu erhalten, müssen wir diese Gleichungen nach y und z auflösen. Wir finden

$$y = a^2 \frac{\alpha}{\beta}; \quad z = -\frac{b^2}{\beta}, \tag{67}$$

wie man sich auch nachträglich leicht durch Einsetzen dieser Werte in die Gleichungen überzeugt. Die Abszissen u_1 und u_2 der auf der Bahn des Angriffspunktes beliebig herausgegriffenen beiden Punkte sind aus den gefundenen Werten vollständig herausgefallen. Daraus folgt, daß es gleichgültig ist, welche besonderen Punkte man auf der Bahn ausgewählt hat; alle Nullinien, die zu den Angriffspunkten auf dieser Bahn gehören, schneiden sich gegenseitig in demselben Punkte, dessen Koordinaten durch die Gl. (67) angegeben sind. Mit anderen Worten heißt dies: Wenn sich der Angriffspunkt längs einer beliebigen Geraden verschiebt, dreht sich die Nullinie um einen dieser Geraden zugeordneten Punkt.

Die Art dieser Zuordnung stimmt mit jener überein, die wir schon vorher kennen lernten. Denn denkt man sich jetzt umgekehrt den durch die Gl. (67) angegebenen Punkt als Angriffspunkt, setzt also

$$u = a^2 \frac{\alpha}{\beta}, \quad v = -\frac{b^2}{\beta}$$

und führt diese Werte in die Gleichung der Nullinie Gl. (65) ein, so geht diese über in

$$z = \alpha y + \beta.$$

Wenn man also den Punkt, um den sich vorher die Nulllinie drehte, nachher als Angriffspunkt wählt, so fällt die ihm

zugehörige Nullinie mit jener Linie zusammen, die vorher als
Bahn des Angriffspunktes gedient hatte.

Wir sehen, daß hierdurch jedem Punkte der Ebene eine
Gerade und umgekehrt eindeutig zugeordnet ist. Dies erinnert
an die Lehre von den Polaren in der Geometrie der Kegelschnitte. Nur insofern besteht hier ein Unterschied, als nicht
wie bei den Polaren einer den Kegelschnitt (die „Ordnungs-
kurve") berührenden Geraden der Berührungspunkt, sondern
der diametral gegenüberliegende Punkt zugeordnet ist und
ähnlich in jedem anderen Falle. In Anlehnung an den Sprach-
gebrauch in der Geometrie der Kegelschnitte bezeichnet man
daher die einander entsprechenden Punkte und Geraden als die
Antipole und die Antipolaren..

Mit diesen Bezeichnungen können wir die vorausgehenden
Ergebnisse in den Sätzen zusammenfassen:

1. Jedem Punkte der Querschnittsebene, der als
Angriffspunkt der Belastung gedacht wird, ist die
Antipolare dieses Punktes in bezug auf die Zentralellipse als Nullinie zugeordnet, und umgekehrt entspricht jeder als Nullinie beliebig gewählten Geraden
der Querschnittsebene der Antipol dieser Geraden als
Angriffspunkt der Belastung.

2. Wenn sich der Angriffspunkt auf einer beliebigen Geraden verschiebt, dreht sich die zugehörige
Nullinie um den Antipol dieser Geraden.

3. Wenn sich die Nullinie um einen beliebigen
Punkt dreht, schreitet der zugehörige Angriffspunkt
auf der Antipolaren dieses Punktes weiter.

Man kann noch hinzufügen:

4. Wenn der Angriffspunkt auf einer Kurve zweiter
Ordnung fortschreitet, hüllt die Nullinie einen anderen Kegelschnitt ein und umgekehrt.

§ 22. Der Querschnittskern.

Im Anschlusse an die vorhergehenden Betrachtungen stellen
wir uns jetzt die Aufgabe, alle Lagen des Angriffspunktes

anzugeben, bei denen nur Spannungen von einerlei Vorzeichen im Querschnitte auftreten. Alle diese Angriffspunkte liegen innerhalb einer Fläche, die als der Kern des Querschnitts bezeichnet wird. Um den Kern des Querschnitts zu erhalten, denke man sich alle möglichen Linien gezogen, die den Querschnittsumfang entweder berühren oder überhaupt mindestens einen Punkt mit ihm gemeinsam haben, ohne ins Innere der Fläche einzutreten. Wir wollen den Inbegriff aller dieser Linien den den Querschnitt umhüllenden Tangentenbüschel nennen. Jedem Strahle dieses Büschels entspricht ein Punkt des Kernumrisses, nämlich der Antipol des Strahles. Während der Strahl alle möglichen Lagen des Tangentenbüschels durchläuft, beschreibt der Antipol den Umfang des Kerns. Denkt man sich, nachdem der Kernumfang konstruiert ist, den Angriffspunkt in die Fläche des Kerns gerückt, so rückt die zugehörige Nullinie weiter nach außen und man erkennt daraus, daß in der Tat nur Spannungen gleichen Vorzeichens bei dieser Lage des Angriffspunktes auftreten können. Dies gilt auch noch, wenn der Angriffspunkt auf dem Umfange des Kernes liegt; dabei sinkt nur an einer oder auch an einigen Stellen des Querschnittsumfanges die Spannung bis auf Null herab. Sobald aber der Angriffspunkt über den Kern hinaus gerückt wird, kommen Spannungen von entgegengesetztem Vorzeichen im Querschnitte vor.

Diese Betrachtungen werden namentlich bei der Berechnung von Mauerpfeilern angewendet. Da Mauerwerk in gewöhnlicher Ausführung wenig widerstandsfähig gegen Zugbeanspruchung ist, muß man diese zu vermeiden suchen, und man stellt daher als Regel auf, daß der Angriffspunkt der Belastung, die in einem Querschnitte des Mauerpfeilers übertragen wird, nicht außerhalb des Querschnittskernes liegen soll. Diese Forderung beruht auf der allen diesen Untersuchungen zugrunde liegenden Voraussetzung, daß die Spannungsverteilung linear ist. Man kann freilich Bedenken tragen, ob diese Voraussetzung gerade bei Mauerwerk, das dem Hookeschen Gesetze sicher nicht gehorcht, hinreichend genau

zutrifft. Indessen hat ,sich die Regel ganz wohl bewährt, und
man braucht daher kein Bedenken gegen ihre Anwendung zu
tragen.

Schließlich soll die Aufsuchung des Kerns noch an einigen
einfachen Beispielen, zunächst für den rechteckigen Querschnitt erläutert werden. Die
Querschnittsseiten seien, wie
in Abb. 25 angegeben, mit a
und b bezeichnet. Wie schon
vorher gefunden (§ 20), ist
das Trägheitsmoment des
Rechtecks für die zur Seite a
parallele Hauptachse gleich
$\frac{ab^3}{12}$, der Trägheitsradius also
gleich $\frac{b}{\sqrt{12}} = 0{,}2887\,b$. Für
die andere Hauptachse hat
man nur a an die Stelle von b
zu setzen. Wir haben damit
die Halbachsen der Zentralellipse gefunden, tragen diese
auf den Symmetrieachsen des
Querschnitts auf und kon-

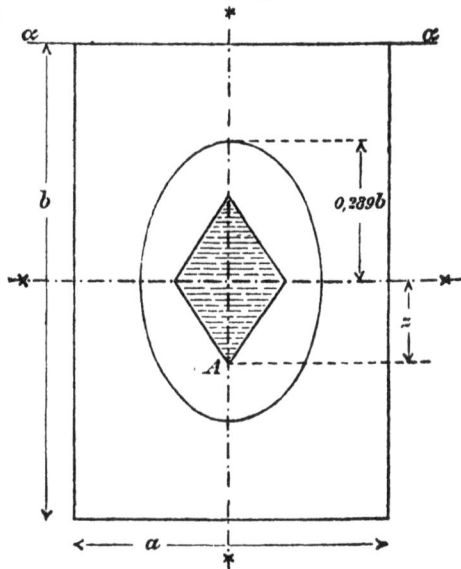

Abb. 25.

struieren die Ellipse. Von dem Tangentenbüschel, der den
Querschnitt einhüllt, kommen vier ausgezeichnete Lagen in
Betracht, nämlich jene, die mit je einer Querschnittsseite zusammenfallen. Bei den übrigen Lagen geht der Strahl durch
eine der Ecken des Rechtecks. Aus einer Hauptlage geht der
Strahl daher in die nächste über, indem er sich um die dazwischen liegende Ecke dreht. Dabei beschreibt der Antipol,
wie wir früher fanden, eine gerade Linie. Wir erkennen daraus, daß der Kernumriß ein Viereck, und zwar, der Symmetrie
wegen, ein Rhombus ist. Es genügt daher, die auf den Hauptachsen liegenden Eckpunkte aufzusuchen. Dem Strahle $\alpha\alpha$ des
Tangentenbüschels entspricht der Antipol A. Der mit s bezeichnete Abstand dieses Punktes vom Schwerpunkte multipliziert

mit dem Abstande der Linie $\alpha\alpha$, also mit $\frac{b}{2}$, ist gleich dem Quadrate des Trägheitsradius, also

$$z \cdot \frac{b}{2} = \frac{b^2}{12} \quad \text{oder} \quad z = \frac{b}{6}.$$

Jede Diagonale des Kerns ist daher gleich dem dritten Teile der zu ihr parallelen Rechteckseite. Dies entspricht der Regel, daß bei Mauerpfeilern der Angriffspunkt der Belastung, falls er in einer Symmetrieebene enthalten ist, im mittleren Drittel der Fuge bleiben soll. — Der Kern ist in Abb. 25 durch Schraffierung hervorgehoben.

Für eine kreisförmige Querschnittsfläche ist der Kern natürlich selbst wieder ein Kreis. Um das Trägheitsmoment einer Kreisfläche zu berechnen, geht man am einfachsten von dem polaren Trägheitsmomente aus. Ein Ring vom Radius r und der Breite dr trägt, da alle seine Flächenelemente gleichen Abstand vom Mittelpunkte haben, $2\pi r^3 dr$ zu J_p bei. Wird der Radius des Kreises mit a bezeichnet, so hat man daher

$$J_p = 2\pi \int_0^a r^3 dr = \frac{\pi a^4}{2}.$$

Für alle in der Querschnittsebene enthaltenen Schwerlinien ist J gleich groß und nach dem in Gl. (61) ausgesprochenen Satze daher halb so groß als J_p. Wir haben daher für J und den Trägheitsradius i

$$J = \frac{\pi a^4}{4} \quad \text{und} \quad i = \frac{a}{2}.$$

Das Produkt aus dem Kernradius z und dem Abstande einer den Querschnittsumfang berührenden Tangente ist gleich dem Quadrate des Trägheitsradius, daher $z = \frac{a}{4}$, womit die Aufgabe gelöst ist.

Ein elliptisch begrenzter Querschnitt wird am einfachsten als Projektion eines Kreises aufgefaßt. Ist a die große, b die kleine Halbachse und setzt man $b = a\cos\alpha$, versteht also unter α den Neigungswinkel jener Kreisfläche gegen die Projektionsebene, so hat man für das Trägheitsmoment J_a in bezug auf die große Hauptachse

$$J_a = \int s^2 dF = \cos^3\alpha \int s_1^2 dF_1 = \cos^3\alpha \cdot \frac{\pi a^4}{4} = \frac{\pi a b^3}{4}.$$

Dabei sind unter s_1 und dF_1 jene Größen zu verstehen, deren Projektionen s und dF bilden. Ebenso hat man

$$J_b = \int y^2 dF = \cos\alpha \int y_1^2 dF_1 = \cos\alpha \frac{\pi a^4}{4} = \frac{\pi a^3 b}{4},$$

denn hier sind die Abstände y_1 und y einander gleich, da y_1 parallel zur Projektionsebene geht. Für die Trägheitsradien findet man hieraus durch Division mit dem Flächeninhalte der Ellipse

$$i_a = \frac{b}{2} \quad \text{und} \quad i_b = \frac{a}{2}.$$

Die Zentralellipse ist daher dem Querschnittsumrisse ähnlich. Auch der Kern ist eine hierzu ähnliche und ähnlich liegende Ellipse, deren Halbachsen, die sich ganz wie beim Kreise berechnen lassen, den vierten Teil jener vom Querschnittsumrisse ausmachen.

§ 23. Berechnung der Biegungsspannungen mit Hilfe des Kerns.

Schon früher wurde darauf hingewiesen, daß der Fall der reinen Biegungsbeanspruchung als ein Sonderfall der exzentrischen Belastung aufgefaßt werden kann. Wir können daher die Entwicklungen in § 21 benutzen, um noch eine andere Lösung der schon in § 20 behandelten Aufgabe daraus abzuleiten.

In Abb. 26 ist der Querschnitt als Rechteck gewählt; er könnte aber ebensogut auch irgendeine andere Gestalt haben. Zentralellipse und Querschnittskern sind ebenso wie in Abb. 25 eingetragen. Mit BB ist die Spur der Ebene bezeichnet, in der das Kräftepaar vom Biegungsmomente M liegen möge. Wir fassen dieses Kräftepaar als eine unendlich kleine und unendlich ferne Kraft auf, deren Angriffspunkt daher der unendlich ferne Punkt der Geraden BB ist. Die zugehörige

Nullinie NN ist die Antipolare dieses Punktes, und sie geht daher in der Richtung des zu BB konjugierten Durchmessers der Zentralellipse. Wir finden diese Richtung, indem wir im Durchschnittspunkte von BB mit der Zentralellipse eine Tangente konstruieren. Zu dieser geht NN parallel. Die größte Spannung tritt an den Kanten auf, die den größten Abstand, nämlich den Abstand e von der Nulllinie haben. Um diese Spannung, die mit σ_0 bezeichnet werden soll, zu berechnen, schreiben wir noch die Bedingung an, daß das Moment aller Spannungen gleich dem Momente des biegenden Kräftepaares für die Momentenachse NN sein muß. Daß die Spannungen ein Kräftepaar liefern, das in der Ebene der äußeren Kräfte liegt, ist schon durch die Festsetzung der richtigen Lage der Nulllinie verbürgt; wir brauchen uns also nur noch um die Größe der Momente zu kümmern.

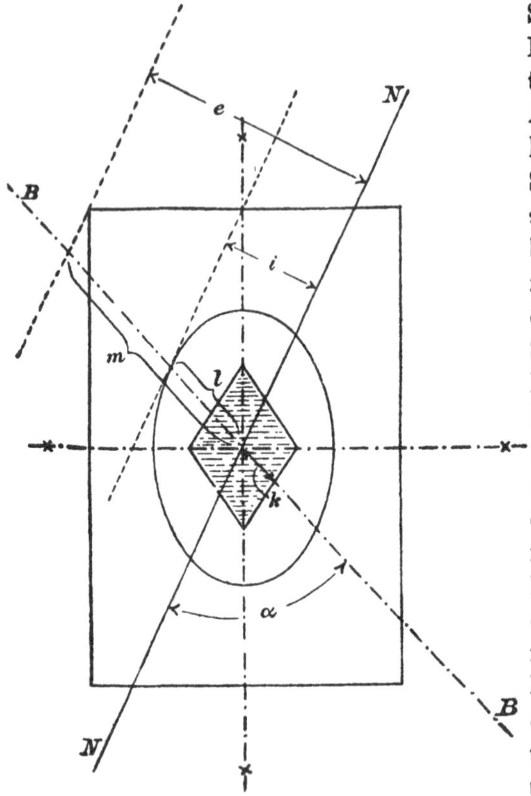

Abb. 26.

Hierbei ist zu beachten, daß die Nullinie NN nicht senkrecht zur Ebene des Biegungsmomentes M steht, sondern einen Winkel α mit ihr bildet. Das Moment des biegenden Kräftepaares in bezug auf die Achse NN ist daher nicht gleich M, sondern gleich $M \sin \alpha$ zu setzen. Für die Spannung in irgendeinem Flächenelemente dF, das den Abstand y von NN haben möge, können wir nach dem

Navierschen Spannungsverteilungsgesetze $\frac{\sigma_0}{e} y$ setzen, und die Momentengleichung lautet daher

$$M \sin \alpha = \frac{\sigma_0}{e} \int y^2 dF = \frac{\sigma_0}{e} J_N,$$

wenn mit J_N das Trägheitsmoment für die Achse NN bezeichnet wird.

Andererseits ist aber nach der Definition des Kerns

$$km = l^2,$$

oder, wenn wir an Stelle der drei auf BB liegenden Strecken ihre Projektionen auf eine zu NN senkrechte Linie einführen,

$$k \sin \alpha \cdot e = i^2 = \frac{J_N}{F},$$

denn i ist nach der Definition der Zentralellipse der zu NN gehörige Trägheitshalbmesser. Setzt man den hieraus folgenden Wert von J_N in die erste Gleichung ein und löst sie nach σ_0 auf, so erhält man die einfache Formel

$$\sigma_0 = \frac{M}{F \cdot k}. \tag{68}$$

Man kann ihr noch eine etwas andere Fassung geben, wenn man dem durch Gl. (47) zuerst eingeführten Begriffe des Widerstandsmoments W eine erweiterte Bedeutung verleiht, nämlich darunter das Produkt aus der Querschnittsfläche F und der „Kernweite" k versteht. Diese neue Definition steht nämlich nicht im Widerspruche mit der durch Gl. (47) gegebenen, die nur für den Fall gültig war, daß die Biegungsebene durch eine Querschnittshauptachse geht. In der Tat ist in diesem Falle $k y_0 = i^2$ und daher $\frac{J}{y_0} = F \cdot k$. Im Sinne dieser erweiterten Definition läßt sich Gl. (68) auch in der Form

$$\sigma_0 = \frac{M}{W} \tag{69}$$

schreiben, und sie stimmt dann genau mit der für die gerade Belastung abgeleiteten Gl. (48) überein.

Die Berechnung nach diesen Formeln ist an sich viel einfacher als die in § 20 gegebene. Indessen wird dabei vorausgesetzt, daß der Querschnittskern bereits bekannt sei. Wenn in den Profiltabellen der Hüttenwerke der Kern in jedes Walzeisenprofil eingezeichnet wäre, was schon öfters vorgeschlagen wurde und nächstens vielleicht auch einmal ausgeführt wird, würde sich die Anwendung der Gl. (68) und (69) schnell einbürgern. Solange der Kern aber nicht von vornherein gegeben ist, wird man mit der Rechnung schneller auf dem früher angegebenen Wege fertig.

Mit Hilfe dieser Betrachtung kann man auch leicht beurteilen, welche Richtung der Biegungsebene BB die größte Gefahr für die Festigkeit des Stabes bedingt, d. h: bei welcher Richtung die Kantenspannung σ_0 den größten Wert annimmt, wenn das Biegungsmoment M der Größe nach gegeben ist. Es ist jene Richtung, zu der die kleinste Kernweite k gehört, beim rechteckigen Querschnitte also die zu einer Diagonale senkrechte Richtung.

Dieses letzte Ergebnis stimmt übrigens mit einer schon am Schlusse von § 20 gemachten Bemerkung überein.

§ 24. Berechnung der Schubspannungen im gebogenen Stabe.

Bisher stand immer der Fall der reinen Biegungsbeanspruchung im Vordergrunde, und für diesen hatten wir Grund genug zu der Annahme, daß überhaupt keine Schubspannungen im Querschnitte übertragen werden. Wir betrachten jetzt den allgemeineren Fall, daß die äußeren Kräfte am einen Stabteile neben einem Biegungsmomente auch noch eine Scherkraft V liefern. Nach dem Grundsatze der Superposition verschiedener Spannungszustände wird dadurch an der Verteilung der Normalspannungen σ über den Querschnitt nichts geändert. Wir können daher die früher durchgeführte Berechnung von σ auch im allgemeinen Falle ohne weiteres anwenden. Dagegen bleibt hier noch die Frage zu entscheiden, wie sich die Schubspannungen, die zusammen die Resultierende V geben, über den Querschnitt verteilen. Wir sind dabei in etwas günstigerer Lage als bei der Frage der Verteilung der Normalspannungen,

die wir ungefähr in der gleichen Weise lösen mußten wie
Alexander, als er den Gordischen Knoten durchhieb. In der
Tat ist die Verteilung der Schubspannungen durch die Verteilung der Normalspannungen schon bis zu einem gewissen
Grade mit bedingt. Man erkennt dies schon aus den allgemeinen Betrachtungen des ersten Abschnitts. Die erste der
Gleichungen (5), die das Gleichgewicht der Spannungen an
einem unendlich kleinen Parallelepiped aussprechen, lautet, wenn
wir die Komponente X der Massenkraft gleich Null setzen,

$$\frac{\partial \sigma_x}{\partial x} + \frac{\partial \tau_{yx}}{\partial y} + \frac{\partial \tau_{zx}}{\partial z} = 0.$$

Denken wir uns die X-Achse in die Stabmittellinie und
die Y-Achse in die Ebene der äußeren Kräfte, also in die Richtung von V gelegt, so spricht diese Gleichung den notwendigen
Zusammenhang zwischen der Verteilung der Normalspan-
nungen σ und der Schubspannungskomponenten τ_{xy} und τ_{xz}
über den Querschnitt aus, denn nach den Gleichungen (4) ist
$\tau_{xy} = \tau_{yx}$ und $\tau_{xz} = \tau_{zx}$. Freilich reicht diese Gleichung allein
noch nicht vollständig aus, die Schubspannungskomponenten
zu berechnen. Es muß immer noch eine mehr oder minder
willkürliche Annahme hinzutreten.

Wir wollen zunächst den Fall behandeln, daß der Querschnitt des Stabes ein Rechteck ist und die Kraftebene durch
eine Hauptachse geht. Dann liegt es nahe, $\tau_{xz} = 0$ zu setzen,
denn es ist kein Grund zu der Vermutung gegeben, daß Schubspannungen im Querschnitte rechtwinklig zur Ebene der äußeren
Kräfte auftreten sollten. Wir wissen vielmehr sicher, daß an
den zur Kraftebene parallelen Querschnittskanten $\tau_{xz} = 0$ sein
muß, weil an den dazugehörigen Seitenflächen des Balkens
von außenher keine Kräfte τ_{zx} einwirken. — Mit dieser Annahme, die schließlich darauf hinauskommt, daß alle Schichten,
in die man sich den Balken parallel zur Kraftebene zerlegt
denken kann, gleiche Formänderungen ausführen, oder daß
überhaupt alle Formänderungs- und Spannungsgrößen von der
Querschnittskoordinate z unabhängig sind, geht die vorige
Gleichung über in

$$\frac{\partial \tau_{xy}}{\partial y} = -\frac{\partial \sigma_x}{\partial x},$$

und da σ_x schon überall als bekannt vorauszusetzen ist, läßt sich aus ihr die Verteilung der Schubspannungen über den Balkenquerschnitt leicht ableiten.

Es kommt zwar auf dasselbe hinaus, ist aber anschaulicher, wenn man diese Betrachtung durch eine andere ersetzt. Die · Gl. (5) bezogen sich auf das Gleichgewicht eines unendlich kleinen Parallelepipeds. Wir wollen dieselbe Schlußfolge-

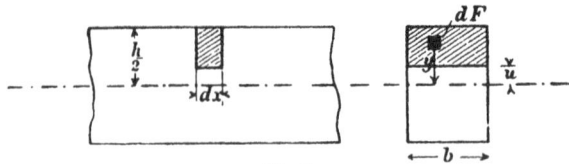

Abb. 27.

rung, die zu ihnen führte, jetzt auf das Gleichgewicht eines etwas größer abgegrenzten Körperteiles anwenden. In Abb. 27 ist links ein Stück der Ansichtszeichnung des Balkens, rechts der Querschnitt dargestellt, und der scheibenförmige Teil des Balkens, dessen Gleichgewicht wir untersuchen wollen, ist in beiden Projektionen durch Schraffierung hervorgehoben. Außerdem gibt Abb. 28 noch eine Gesamtübersicht des Balkens und der an ihm angreifenden Lasten. Wir stellen zunächst eine Beziehung auf, die zwischen dem Biegungsmomente M und der Scherkraft V für irgendeinen Querschnitt mm besteht. Nach der Bedeutung dieser Größen hat man

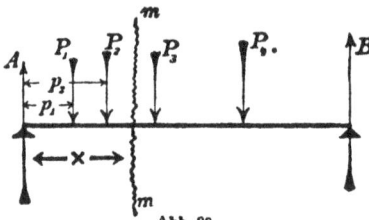

Abb. 28.

$$V = A - \sum_0^x P \quad \text{und} \quad M = Ax - \sum_0^x P(x-p).$$

Differentiiert man M nach x, so erhält man

$$\frac{dM}{dx} = A - \sum_0^x P.$$

Dabei wird vorausgesetzt, daß man beim Weiterrücken des Querschnitts um die Strecke dx nicht über den Angriffspunkt einer Einzellast hinausrückt, denn an einer solchen Stelle ist zwar M selbst stetig, $\frac{dM}{dx}$ erleidet aber einen plötzlichen Sprung. Tritt indessen eine stetig verteilte Belastung an die Stelle des Systems der Einzellasten, so bleibt die Gleichung immer noch gültig, da der Zuwachs, den M dann außerdem noch erfährt, weil ein Belastungsdifferential, das vorher zur rechten Seite zählte, auf die linke Seite übertritt, nur von der zweiten Ordnung unendlich klein ist und daher nicht in Betracht kommt.

Man hat daher, wie aus dem Vergleiche der vorstehenden Formeln hervorgeht, allgemein

$$V = \frac{dM}{dx}, \tag{70}$$

denn auch V teilt mit dem Differentialquotienten von M die Eigenschaft, seinen Wert sprungweise zu ändern, wenn der Querschnitt über den Angriffspunkt einer Einzellast hinausgerückt wird.

Man kann sich diese einfache, aber sehr wichtige Beziehung auch noch in anderer Weise klarmachen. Für den Schnitt mm waren die äußeren Kräfte links vom Schnitte auf die Scherkraft V im Querschnittsschwerpunkte und das Kräftepaar vom Momente M zurückgeführt. Gehen wir um dx weiter, so muß V parallel um dx verlegt werden. Dabei tritt aber noch ein Kräftepaar $V dx$ auf, das die Änderung von M darstellt; aus $dM = V dx$ folgt aber Gl. (70) sofort.

An dem in Abb. 27 angegebenen scheibenförmigen Körperteile greifen die Spannungen an den drei Schnittflächen an. Wir wollen dabei nur auf das Gleichgewicht gegen Verschieben in horizontaler Richtung achten. Von den Spannungen an den quer zur Stabachse gehenden Schnittflächen kommen dann nur die Normalspannungen σ in Betracht. Nach Gl. (46) ist in dem Schnitte mit der Abszisse x

$$\sigma = \frac{M}{J} y,$$

und an dem Schnitte mit der Abszisse $x + dx$ kommt noch ein Differential hinzu, das sich durch Differentiieren, also aus

$$\frac{\partial \sigma}{\partial x} = \frac{\partial M}{\partial x} \cdot \frac{y}{J} = \frac{Vy}{J}$$

leicht feststellen läßt. Die Normalspannungen an beiden Schnittflächen wirken in entgegengesetzter Richtung; für das Gleichgewicht gegen Verschieben kommt also nur ihr Unterschied in Frage. Im ganzen erhalten wir dafür

$$\int_u^{\frac{h}{2}} d\sigma dF = dx \frac{V}{J} \int_u^{\frac{h}{2}} y dF,$$

wenn die Integration über den schraffierten Teil des Querschnitts ausgedehnt wird.

In der dritten Schnittfläche wirkt nur die Schubspannung τ_{yx} in horizontaler Richtung, und zwar über die Fläche $b dx$. Die Gleichgewichtsbedingung liefert

$$\tau_{yx} b dx = dx \frac{V}{J} \int_u^{\frac{h}{2}} y dF,$$

woraus τ_{yx} und damit auch die gesuchte Schubspannung τ_{xy} im Querschnitte, und zwar in der Entfernung u von der Nullinie

$$\tau_{xy} = \frac{V}{bJ} \int_u^{\frac{h}{2}} y dF \qquad (71)$$

folgt. Das Integral stellt das statische Moment des über u hinaus liegenden Querschnittsteiles in bezug auf die Nullinie dar. Für den rechteckigen Querschnitt ist

$$\int_u^{\frac{h}{2}} y dF = b\left(\frac{h^2}{8} - \frac{u^2}{2}\right) \quad \text{und daher} \quad \tau = \frac{V}{J}\left(\frac{h^2}{8} - \frac{u^2}{2}\right).$$

Wir wollen aber für dieses statische Moment außerdem noch den Buchstaben S setzen, also Gl. (71) in der Form

$$\tau_{xy} = \frac{VS}{bJ} \qquad (72)$$

schreiben, denn offenbar kann die vorausgehende Betrachtung auch
dann angewendet werden, wenn der Querschnitt zwar nicht ein einfaches Rechteck bildet, aber doch dort, wo wir τ berechnen wollen,
durch zwei parallele Seiten begrenzt wird, wie z. B. der Steg eines
I-Trägers. Unter der Voraussetzung einer der Breite nach gleichförmigen Spannungsverteilung ist die Aufgabe durch Gl. (72) auch
für solche Fälle gelöst, denn das statische Moment S, das zu
einem gegebenen u gehört, kann immer leicht gefunden werden.

Durch Gl. (72) ist τ als Funktion von u bestimmt und
damit die Spannungsverteilung gegeben. Wir erkennen aus
dieser Gleichung, daß τ am Rande des Querschnitts verschwindet,
also gerade dort, wo die Normalspannung ihren größten Wert
annimmt, und daß umgekehrt τ am größten wird in der Nulllinie, also da, wo die Normalspannung verschwindet. Für den
rechteckigen Querschnitt ist τ eine Funktion zweiten Grades
von u. Wenn wir diese Funktion durch eine Kurve darstellen,
wie wir es früher taten, um die Verteilung der Normalspannungen vor Augen zu führen, erhalten wir jetzt eine Parabel.
Das lineare Spannungsverteilungsgesetz gilt also nur für die
Normalspannungen und nicht für die Schubspannungen.

Es bleibt jetzt noch die Verteilung der Schubspannungen
über einen anders gestalteten Querschnitt zu besprechen. Wir
wählen zur Erläuterung des Verfahrens einen kreisförmigen
Querschnitt. Bei diesem dürfen wir nicht, wie vorher beim
rechteckigen Querschnitte, die Schubspannungskomponenten τ_{z},
die quer zur Kraftebene gehen, gleich Null setzen. Vielmehr
muß am Umfange die resultierende Schubspannung in die
Richtung der Querschnittstangente fallen, wenigstens dann, wenn
am Umfange des Stabes keine äußeren Kräfte in der Richtung
der Stabachse auftreten. Dies folgt aus dem Gleichgewichte
eines unendlich kleinen Parallelepipeds, von dem eine Kante
mit einem Elemente des Querschnittsumrisses zusammenfällt.
Wenn die Schubspannung am Umfange eine Komponente in
der Richtung der Normalen zum Querschnittsumrisse haben
sollte, müßte, um das Gleichgewicht gegen Drehen zu sichern,
notwendig auch eine Kraft auf der Mantelfläche des Stabes in

Richtung der Stabachse übertragen werden, aus demselben Grunde, aus dem wir früher $\tau_{xy} = \tau_{yx}$ fanden.

Es sei jetzt ausdrücklich vorausgesetzt, daß am Umfange des Stabes, wenigstens in der Umgebung des Querschnitts, für den wir die Schubspannungen berechnen wollen, keine derartige äußere Kraft auftritt. Dann müssen notwendig die Schubspannungen am Rande des Querschnitts in die Richtung der Tangente fallen. Für einen Punkt auf der Y-Achse müssen

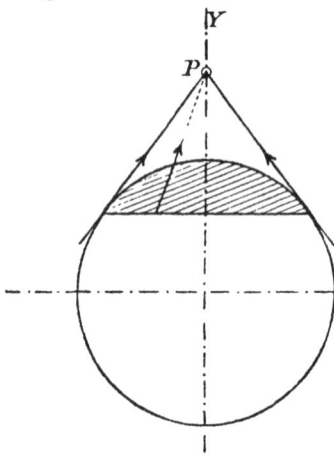

Abb. 29.

sie der Symmetrie wegen in die Richtung dieser Achse fallen, und dazwischen werden sie irgendeine mittlere Richtung einnehmen. Man wird nicht viel von der Wahrheit abweichen, wenn man annimmt, daß die Schubspannungen in jedem Punkte einer zur Y-Achse senkrecht gezogenen Sehne alle durch jenen Punkt P in Abb. 29 gehen, in dem die Tangente die Y-Achse trifft. Bedenklicher ist freilich die andere Annahme, die man hiermit verbindet, nämlich daß die in der Richtung der Y-Achse gehende Komponente τ_{xy} auch hier noch unabhängig von der Querschnittskoordinate z sei. Sie ist indessen die einfachste, die man machen kann, und sie wird daher, um zu einem Näherungsresultate zu gelangen, zugrunde gelegt.

Auf Grund dieser Annahmen läßt sich die Aufgabe jetzt leicht lösen. Man berechnet zuerst τ_{xy} nach Gl. (72), wobei S wieder das statische Moment des in Abb. 29 schraffierten Querschnittsteiles bedeutet, der oberhalb der Stelle liegt, für die τ_{xy} aufgesucht wird, und fügt die Komponenten τ_{xz} entsprechend der Bedingung hinzu, daß die Resultierende durch den Punkt P gehen soll.

Anmerkung 1. Für die Berechnung der Nietbolzen, die auf Abscheren beansprucht werden, ist die vorhergehende Betrachtung nicht
anwendbar, weil am Umfange dieser Bolzen von den sie umschließenden
Blechen her Kräfte, nämlich Reibungen, übertragen werden können, die
in der Richtung der Stabachse gehen, während hier ausdrücklich vorausgesetzt war, daß solche Kräfte fehlen sollten. — Für die Berechnung der
Nieten stützt man sich besser auf die Ergebnisse von Festigkeitsversuchen, die mit Nietverbindungen angestellt wurden Nach diesen Versuchen stellt sich die Festigkeit der Nieten ungefähr so hoch, als wenn
sich die Schubspannungen gleichförmig über den Querschnitt verteilten

Anmerkung 2. Eine ausführlichere Untersuchung über die
Schubspannungen im gebogenen Balken findet man in der Dissert.
C. Weber, Braunschweig 1922, die auch in der Ztschr. f. angew.
Math. u. Mech. 1924, S. 334 abgedruckt ist.

§ 25. Die Spannungstrajektorien.

Da bei dem allgemeinen Falle der Biegungsbeanspruchung
eines Stabes in jedem Querschnitte außer den Normalspannungen auch noch Schubspannungen übertragen werden, ist die
Normalspannung keine Hauptspannung. Die Hauptrichtungen
des Spannungszustandes sind vielmehr im allgemeinen gegen
die Längsachse des Stabes unter irgendeinem Winkel geneigt.

Es ist daher wünschenswert, noch eine Übersicht darüber
zu erlangen, in welchen Richtungen die Hauptspannungen an
den verschiedenen Teilen des Stabes auftreten. Man konstruiert
zu diesem Zwecke Linien, die überall in die Richtungen der
Hauptspannungen fallen. Diese Linien werden als Spannungstrajektorien bezeichnet. Um sie zu erhalten, legt man eine
Anzahl Querschnitte durch den Stab, berechnet für verschiedene
Stellen dieser Querschnitte die Normalspannung und die Schubspannung, wie es in den vorausgehenden Paragraphen gelehrt
wurde, und bestimmt dann nach Gl. (11) die Winkel φ, die
die Hauptrichtungen des Spannungszustandes mit der Stabachse
bilden. Nachdem man so eine genügende Zahl von Tangenten
der Spannungstrajektorien konstruiert hat, kann man diese
leicht freihändig in die Zeichnung des Stabes eintragen. Anstatt dessen kann man auch die Gleichungen dieser Kurven mit
Hilfe einer Integration erhalten, da die Tangente ihres Neigungs-
winkels, also der Differentialquotient $\frac{dy}{dx}$ für sie bekannt ist.

Eine ungefähre Vorstellung über den Verlauf der Spannungstrajektorien gewinnt man bereits aus der Überlegung, daß durch jeden Punkt der Ansichtszeichnung des Balkens zwei gehen müssen, die rechtwinklig zueinander stehen, daß ferner beide Scharen die Stabachse unter Winkeln von 45° schneiden, weil an diesen Stellen der Fall der reinen Schubbeanspruchung vorliegt, und daß an der oberen und unteren Begrenzungslinie die eine Schar rechtwinklig zur Kante steht, während die Kante selbst auch eine zur andern Schar gehörige Spannungstrajektorie ist.

Aus Abb. 31 ist der Verlauf beider Scharen für einen am linken Ende eingemauerten Balken ersichtlich, der am rechten Ende eine Einzellast trägt. Von dieser Last hat man sich vorzustellen, daß sie sich über den Endquerschnitt nach demselben Gesetze verteilt wie die Schubspannungen in jedem anderen Querschnitte. Eine solche Annahme ist nötig, um die Aufgabe eindeutig zu bestimmen. Die Länge des Balkens ist mit a, die Höhe mit $2b$ bezeichnet und $a = 6b$ angenommen. Für diesen Fall hat O. Blumenthal in Aachen eine Anzahl von Spannungstrajektorien durch Ausführung der Integration nach einem Näherungsverfahren mit großer Genauigkeit ermittelt. Die obige Abbildung ist eine Wiedergabe auf Grund der Blumenthalschen Berechnungen.

Bei einer anderen Angriffsweise der Last im Endquerschnitt würde sich der Verlauf der Trajektorien in der Nähe des Balkenendes entsprechend ändern; in einiger Entfernung davon bleibt er aber ungefähr so, wie er war, da die Spannungen in den etwas weiter von der Lastangriffsstelle entfernten Querschnitten unabhängig davon sind, wie sich die Last an der Angriffsstelle verteilt.

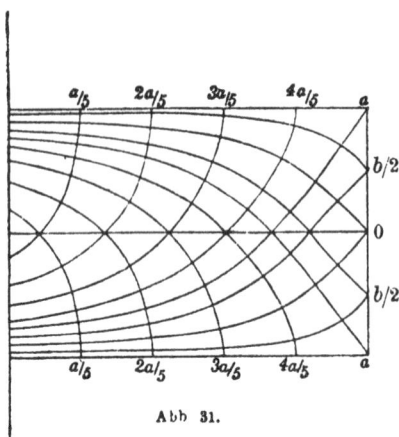

Abb 31.

In der Abbildung war vorausgesetzt, daß die Länge des Balkens das Dreifache der Höhe ausmachen sollte; aber sie gibt auch Aufschluß darüber, welcher Verlauf der Spannungstrajektorien bei einer größeren Länge des Balkens zu erwarten ist. In diesem Falle zeigt die Abbildung den Verlauf im Endstücke des Balkens, an dem sich nichts ändert, während die Fortsetzung nach links hin in entsprechender Weise hinzuzudenken ist. Insbesondere gilt die Zeichnung auch für das Endstück eines Balkens, der an beiden Enden unterstützt ist, ohne eingespannt zu sein. Denn ob die am Balkenende angreifende äußere Kraft eine Last ist und nach abwärts geht oder ein Auflagerdruck und nach oben hin geht, macht für den Verlauf der Spannungstrajektorien nichts aus, indem sich nur die Vorzeichen aller Spannungen umkehren, wodurch in ihren Beziehungen zueinander im übrigen nichts geändert wird.

Für den Anatomen ist die Lehre von den Spannungstrajektorien von Wichtigkeit, weil sich gezeigt hat, daß bei den Knochen der Menschen und Tiere, die dauernd in der gleichen Art belastet sind, die Anordnung der Zellen, aus denen sich die Knochen aufbauen, dem Laufe der Spannungstrajektorien folgt. Praktische Anwendungen dieser Lehre in der Technik sind zwar selten; indessen ist in neuerer Zeit eine aufgekommen, die hier Erwähnung verdient. Man verlangt nämlich von den Eisenbetonbalken öfters, daß die Eisenarmierung so angeordnet werde, daß sie ungefähr wenigstens dem Laufe einer Spannungstrajektorie folge. Das bedeutet, daß die Eiseneinlagen über die Hauptlänge des Balkens parallel zur Stabachse verlaufen, daß sie aber in der Nähe des Balkenendes, wo sich der Einfluß der Schubspannungen den Biegungsspannungen gegenüber erst stärker bemerklich machen kann, ungefähr so abzubiegen sind wie die den Zugspannungen entsprechenden Spannungstrajektorien in der vorstehenden Abbildung.

§ 26. Einfluß der Schubspannungen auf die Bruchgefahr.

Unter gewöhnlichen Umständen hängt die Beanspruchung des Stabes nur von dem größten Werte ab, den die Normalspannung σ an den äußersten Fasern annimmt. Da dort die Schubspannung verschwindet, braucht man auf sie bei der Festigkeitsberechnung in der Regel gar nicht zu achten. Das ändert sich aber, wenn der Stab sehr kurz und dick ist. Wegen

der geringen Länge sind die Hebelarme und daher die Biegungs-
momente und mit diesen auch die Normalspannungen σ klein,
während die Schubspannungen davon nicht berührt werden.
Bei kurzen, dicken Stäben kann daher die Beanspruchung auf
Schub in der Querschnittsmitte gefährlicher werden, als die
Beanspruchung auf Zug oder Druck in der äußersten Faser.

Hierzu bemerke ich noch, daß die Beachtung der Schubspannungen namentlich dann von Wichtigkeit werden kann,
wenn das Material eine besonders geringe Schubfestigkeit hat,
wie es beim Holze in Schnittrichtungen, die parallel zu den
Fasern laufen, zutrifft. Es kommt nicht selten vor, daß ein
Holzbalken, dessen Spannweite selbst zehnmal so groß sein kann
als die Querschnittshöhe, durch die Überwindung der Schubfestigkeit in der neutralen Schicht bricht, wenn er in der Mitte
belastet wird.

Es möge daher noch berechnet werden, von welchem
Werte dieses Verhältnisses ab die Bruchgefahr nur noch durch
die Normalspannungen bedingt ist. Ich setze dabei einen Holzbalken von der Länge l und der Querschnittshöhe h voraus,
der in der Mitte die Last P trägt. Dann ist $V = P/2$ und
$M = Pl/4$ zu setzen. Für die größte Normalspannung σ erhält man

$$\sigma = \frac{6\,Pl}{4\,bh^2}$$

und für die Schubspannung τ in der neutralen Schicht nach
Gl. (72)

$$\tau = \frac{\frac{P}{2} \cdot \frac{bh^2}{8}}{b\,J} = \frac{3}{4} \cdot \frac{P}{bh}.$$

Wenn das Verhältnis zwischen der Druckfestigkeit (die
beim Holze gewöhnlich etwas kleiner ist als die Zugfestigkeit,
beide für Schnittrichtungen senkrecht zur Faser gerechnet) und
der Schubfestigkeit zwischen den Fasern mit n bezeichnet wird,
bestimmt sich das Verhältnis zwischen l und h aus der Gleichung

$$\frac{6\,Pl}{4\,bh^2} = n\,\frac{3}{4} \cdot \frac{P}{bh}, \quad \text{also} \quad \frac{l}{h} = \frac{n}{2}.$$

Nun wird n nicht leicht größer als etwa 10, die Spannweite darf also nur etwa fünfmal so groß sein als die Quer-

schnittshöhe, wenn eine Bruchgefahr durch die Schubspannungen gegeben sein soll; ausnahmsweise (wie es scheint,
besonders bei Weißtannenholz) kann n aber auch noch größer
werden. So ungewöhnlich große Werte von n kommen indessen
bei anderen Stoffen als Holz überhaupt nicht vor, auch nicht bei
gewalztem Schweißeisen, das sich dem Holze noch am meisten
nähert, und es ist daher bei den meisten Biegungsberechnungen
zulässig, auf die Schubspannungen überhaupt nicht zu achten.

Anders ist es jedoch mit den Schraubenbolzen oder
Nietbolzen, durch die man zwei Teile miteinander verbindet,
um zu verhindern, daß die Teile an der Anschlußstelle übereinander weggleiten können. Ein solcher Bolzen ist als ein
Balken aufzufassen, dessen Länge gewöhnlich kaum zweimal
oder vielleicht auch dreimal größer ist als der Durchmesser des
Querschnittskreises und der durch die von ihm aufzunehmenden
Lasten zugleich auf Biegen und auf Abscheren beansprucht ist.
Wegen der kleinen Hebelarme fallen die Biegungsspannungen
verhältnismäßig gering aus, und es genügt daher bei geringer Länge,
umgekehrt die Biegungsspannungen außer Ansatz zu lassen und
solche Bolzen nur auf Abscheren zu berechnen. Das geschieht gewöhnlich nach der in Anmerkung 1 auf S. 131 angegebenen Art.

Ferner ist noch zu erwähnen, daß es bei einem Balken
von I-förmigem Querschnitte nötig werden kann, auf die
Schubspannungen zu achten, die unmittelbar unterhalb des
Flantsches übertragen werden, falls die Länge des Balkens nur
wenigemal größer ist als die Höhe. In Aufgabe 16 auf S. 161
ist an einem Beispiele gezeigt, wie dies zu geschehen hat.

§ 27. Genietete Träger.

Ein Stab, der eine Biegungsbelastung aufnehmen soll,
wird oft aus mehreren Teilen zusammengesetzt, derart, daß
der Querschnitt aus der Summe der Querschnitte der einzelnen
Teile besteht. Wenn die Teile des Stabes fest miteinander
zusammenhingen, würden in den Flächen, in denen diese Teile
aneinander grenzen, Schubspannungen übertragen werden. Diese
Spannungen fallen hier fort, — soweit sie nicht etwa durch

Reibungen in den Grenzflächen ersetzt werden. Damit sich aber der zusammengesetzte Stab doch ähnlich verhalten kann, als wenn er aus einem Stücke wäre, müssen die sonst durch die Schubspannungen übertragenen Kräfte durch die Verbindungsteile aufgenommen werden, die das Ganze zusammenhalten.

Sehr häufig verwendet man genietete Blechbalken, denen man einen den gewalzten I-Trägern ähnlichen Querschnitt gibt, um wie bei diesen mit möglichst wenig Materialaufwand ein möglichst großes Trägheits- oder Widerstandsmoment zu erzielen. Der Steg und die rechtwinklig dazu verlaufenden Gurtplatten werden durch Winkeleisen aneinander geschlossen, und alle Teile werden durch Vernietung miteinander verbunden. Hier sind es die Nieten, durch die alle Schubspannungen übertragen werden müssen. Wir wollen berechnen, wie groß die Kraft ist, die auf einen solchen Nietbolzen trifft, der den Anschluß der Winkeleisen an den Steg bewirkt. In Abb. 32 ist ein kleines Stück von der Ansichtszeichnung eines genieteten Blechträgers gegeben. Die Entfernung zwischen zwei aufeinander folgenden Nieten sei gleich e. Der durch einen schwarzen Kreis angegebene Niet N muß für den Unterschied der Normalspannungen σ in den durch ihn angeschlossenen Winkeln und Gurtplatten für zwei um e voneinander entfernte Querschnittsflächen aufkommen. In der Tat gleicht der Fall ganz dem in § 24 behandelten; es ist nur an die Stelle des Abstandes dx in Abb. 27 hier der endliche Abstand e getreten. Man hat wie dort

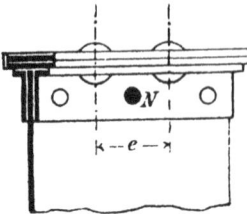
Abb 32

$$\sigma = \frac{M}{J}y \quad \text{und} \quad \varDelta\sigma = \frac{\varDelta M}{J}y = \frac{Ve}{J}y,$$

wobei nur die endliche Differenz $\varDelta\sigma$ für das Differential $d\sigma$ eingetreten ist. Die von dem Bolzen zu übertragende Kraft P folgt daraus

$$P = \int \varDelta\sigma\, dF = \frac{Ve}{J}\int y\, dF = \frac{Ve}{J}\cdot S, \qquad (73)$$

wenn mit S das statische Moment des durch den Niet angeschlossenen Querschnittsteiles in bezug auf die Nullinie bezeichnet wird.

Früher hat man auch öfters aus Holz sogenannte verzahnte oder verdübelte Träger zusammengesetzt Jetzt macht man seltener davon Gebrauch, und ich will daher nicht näher darauf eingehen, bemerke vielmehr nur noch, daß deren Berechnung ebenfalls nach Gl. (73) erfolgen kann.

§ 28. Die elastische Linie des gebogenen Stabes.

Bisher war unser Augenmerk nur auf die Berechnung der Spannungen gerichtet. Um die Formänderungen kümmerten wir uns nur so weit, als es nötig war, um daraus Anhaltspunkte für wahrscheinliche Annahmen über die Spannungsverteilung zu erlangen. Jetzt wollen wir uns die Frage nach der Gestalt der elastischen Linie vorlegen, also jener Linie, in die die Stabmittellinie durch die Biegung übergeht. Dabei soll aber von vornherein vorausgesetzt werden, daß der Biegungspfeil gering bleibt, da andere Fälle fast ganz ohne Bedeutung für die Anwendungen sind.

Zu diesem Zwecke berechnen wir zunächst, wie groß der Winkel $d\varphi$ ist, um den sich zwei im Abstande dx aufeinander folgende Querschnitte bei der Biegung gegeneinander drehen. Dieser Winkel $d\varphi$ soll als der Biegungswinkel bezeichnet werden. Eine Faser, die den Abstand y von der Nullinie hat, erfährt eine Längenänderung $y\,d\varphi$, die nach dem Elastizitätsgesetze mit der spezifischen Spannung σ an dieser Stelle in einem Zusammenhange steht, der durch die Proportion

$$\frac{y\,d\varphi}{dx} = \frac{\sigma}{E}$$

ausgesprochen wird. Für σ führen wir den durch Gl. (46) angegebenen Wert ein und erhalten

$$d\varphi = dx\frac{M}{EJ}. \tag{74}$$

Das Produkt aus dem Elastizitätsmodul E und dem Trägheitsmoment J, das in dieser Gleichung auftritt, bildet ein Maß für den Widerstand, den der Stab einer Biegung $d\varphi$ entgegensetzt; es soll daher als die **Biegungssteifigkeit** des Stabes bezeichnet werden.

Gleichung (74) kann noch auf zwei andere Formen gebracht werden, die für die Anwendung meistens bequemer sind. Zunächst führen wir den Krümmungsradius ϱ der elastischen Linie mit Hilfe der Beziehung $\varrho\,d\varphi = dx$ ein und erhalten

$$\frac{1}{\varrho} = \frac{M}{EJ} \quad \text{oder} \quad \varrho = \frac{EJ}{M}. \tag{75}$$

Andererseits hat man aber für ϱ nach den Lehren der analytischen Geometrie den Ausdruck

$$\varrho = \frac{\left[1 + \left(\frac{dy}{dx}\right)^2\right]^{\frac{3}{2}}}{\frac{d^2y}{dx^2}},$$

wenn jetzt y nicht mehr die Koordinate eines Punktes des Querschnitts, sondern die Ordinate der elastischen Linie bedeutet. In unserem Falle weicht die Kurve, deren Krümmungshalbmesser wir betrachten, nur sehr wenig von einer Geraden ab. Wenn wir die Ordinaten y von der ursprünglichen Lage der Stabachse aus rechnen, ist daher $\frac{dy}{dx}$ die Tangente eines sehr kleinen Winkels, und das Quadrat dieses sehr kleinen Bruches kann daher ohne merklichen Fehler in dem vorausgehenden Ausdrucke gegen die Einheit vernachlässigt werden. Dadurch geht ϱ in den reziproken Wert von $\frac{d^2y}{dx^2}$ über, und Gl. (75) liefert, wenn man dies einsetzt,

$$EJ\frac{d^2y}{dx^2} = -M. \tag{76}$$

Das Vorzeichen von ϱ ist nämlich zunächst unbestimmt, da im Zähler des Ausdrucks für ϱ eine Quadratwurzel steht. Es muß daher nachträglich so gewählt werden, daß es mit den übrigen Festsetzungen in Übereinstimmung steht. Nun wird M dann positiv gerechnet, wenn es den in horizontaler Lage gezeichneten Stab so krümmt, daß sich die Hohlseite nach obenhin kehrt. Zugleich wollen wir die Einsenkungen y positiv rechnen, wenn sie, wie gewöhnlich, nach abwärts gehen.

In diesem Falle ist aber bei dem auf zwei Stützen ruhenden Balken $\frac{dy}{dx}$ am größten am linken Auflager des Balkens; es wird dann, wenn wir weiter nach der Mitte hin gehen, allmählich kleiner, wird dann zu Null, nimmt hierauf negative Werte an und erlangt den größten negativen Wert am rechten Auflager. Über die ganze Spannweite hin ist daher $\frac{d^2y}{dx^2}$ negativ, während M überall positiv ist, und in Gl. (76) mußte daher ein Minuszeichen beigegeben werden.

Gl. (76) wird die Differentialgleichung der elastischen Linie genannt. Um die Gleichung der Kurve daraus in endlicher Form zu finden, drückt man zunächst mit Hilfe der gegebenen Lasten M als Funktion von x aus und integriert Gl. (76) zweimal nach x. Dabei treten zwei Integrationskonstanten auf, deren Werte mit Hilfe der Grenzbedingungen an den Enden des Balkens ermittelt werden.

Dieses Verfahren soll an einigen einfachen Fällen erläutert werden. Erstens sei ein Balken von überall gleichem Querschnitte gegeben, der an beiden Enden frei aufliegt und eine gleichmäßig über die ganze Länge verteilte Belastung von q kg auf die Längeneinheit trägt. Für irgendeinen Querschnitt im Abstande x vom linken Auflager hat man für das Biegungsmoment, also für das Moment der links vom Querschnitte liegenden äußeren Kräfte,

$$M = \frac{ql}{2}x - \frac{qx^2}{2}. \tag{77}$$

Mit l ist dabei die Spannweite bezeichnet. Der Auflagerdruck auf beiden Seiten ist gleich $\frac{ql}{2}$, das erste Glied stellt daher das Moment des linken Auflagerdrucks dar. Die Belastung des linken Balkenteils ist qx und der Hebelarm davon gleich $\frac{x}{2}$. Das Biegungsmoment ist über die ganze Spannweite positiv und wird an den beiden Auflagern zu Null. Denkt man sich M in jedem Punkte der Stabachse rechtwinklig dazu in irgendeinem Maßstabe aufgetragen, so erhält man eine Parabel. Allgemein heißt die in dieser Weise gefundene Kurve die zu der gegebenen Belastung gehörige Momentenkurve und die zwischen ihr und der Stabachse eingeschlossene Fläche die Momentenfläche.

Mit dem hier festgestellten Werte von M geht Gl. (76) über in

$$EJ\frac{d^2y}{dx^2} = \frac{qx^2}{2} - \frac{qlx}{2}.$$

Nach zweimaliger Integration erhält man daraus

$$EJy = \frac{qx^4}{24} - \frac{qlx^3}{12} + Cx + C_1,$$

wenn mit C und C_1 die beiden Integrationskonstanten bezeichnet werden. Nun muß nach den Bedingungen der Aufgabe y zu Null werden für $x = 0$ und für $x = l$, da beide Enden des Balkens durch die Auflagerung gegen vertikale Bewegungen geschützt sind. Die erste Bedingung lehrt, daß die Konstante C_1 gleich Null zu setzen ist. Zur Ermittelung von C haben wir die Gleichung

$$0 = \frac{ql^4}{24} - \frac{ql^4}{12} + Cl, \quad \text{also} \quad C = \frac{ql^3}{24},$$

und für die Gleichung der elastischen Linie in endlicher Form folgt daher

$$EJy = \frac{qx^4}{24} - \frac{qlx^3}{12} + \frac{ql^3x}{24}. \tag{78}$$

Die Linie ist also vom vierten Grade. Es mag noch erwähnt werden, daß sich die hier analytisch vorgenommene Integration allgemein auch mit Hilfe einer geometrischen Konstruktion, nämlich mit Hilfe eines Seilpolygons, ausführen läßt. Diese Betrachtungen gehören indessen zur graphischen Statik, und haben in Band II eine ausführliche Darstellung erhalten.

Besonders zu beachten ist der Wert der Einsenkung y in der Balkenmitte, also zugleich der größte Wert, den y annimmt. Man nennt diese Strecke den Biegungspfeil, der hier stets mit dem Buchstaben f bezeichnet werden soll. Mit $x = \frac{l}{2}$ erhält man aus Gl. (78)

$$f = \frac{5}{384}\frac{ql^4}{EJ} = \frac{5}{384}\frac{Ql^3}{EJ}. \tag{79}$$

In der letzten Form dieser Gleichung ist unter Q die Gesamt-
belastung des Balkens, also ql zu verstehen.

Zweitens sei ein Balken betrachtet, der in der Mitte
der Spannweite eine Einzellast P trägt. Man hat hier

$$M = \frac{P}{2}x$$

und daher

$$EJ \cdot \frac{d^2y}{dx^2} = - \frac{Px}{2}$$

oder nach zweimaliger Integration

$$EJy = - \frac{Px^3}{12} + Cx + C_1.$$

Zur Bestimmung der Integrationskonstanten muß aber
hier ein anderes Verfahren eingeschlagen werden. Der Ausdruck für M gilt nämlich nur für solche Querschnitte, die links
von der Mitte liegen; rechts davon wäre

$$M = \frac{P}{2}x - P\left(x - \frac{l}{2}\right) = \frac{P(l-x)}{2}$$

zu setzen. Infolgedessen gilt auch die vorausgehende endliche Gleichung nur für die linke Hälfte der elastischen Linie.
Die ganze Linie setzt sich aus zwei Ästen zusammen, die
sich in der Mitte stetig und ohne Knick aneinander schließen.
Hier wird die Lösung dadurch vereinfacht, daß die Last in
der Mitte angenommen wurde. Dadurch sind beide Äste der
elastischen Linie symmetrisch zueinander gestaltet und symmetrisch gelegen, und es genügt, den einen Ast zu betrachten.
Dieser muß der Symmetrie wegen in der Mitte eine horizontale Tangente haben   In

$$EJ \frac{dy}{dx} = - \frac{Px^2}{4} + C$$

muß daher die rechte Seite für $x = \frac{l}{2}$ verschwinden, also
$C = \frac{Pl^2}{16}$ gesetzt werden.

Für die andere Integrationskonstante C_1 erhält man wie
vorher $C_1 = 0$, weil y für $x = 0$ verschwinden muß. Für den
linken Ast der elastischen Linie hat man daher schließlich die
Gleichung

$$EJy = \frac{Pl^2x}{16} - \frac{Px^3}{12}. \tag{80}$$

Mit $x = \frac{l}{2}$ erhält man für den Biegungspfeil f

$$f = \frac{Pl^3}{48\,E\,J},\qquad\qquad (81)$$

eine bei den Anwendungen sehr häufig gebrauchte Formel.

Drittens möge der Balken zwei Einzellasten P_1 und P_2 in den Abständen p_1 und p_2 vom linken Auflager tragen. Die elastische Linie zerfällt dann in drei sich stetig und ohne Knick aneinander schließende Äste. Man berechnet zunächst die Auflagerkräfte. Wird der Auflagerdruck am linken Ende mit B bezeichnet, so hat man (vgl. Abb. 44 auf S. 178)

$$M_\mathrm{I} = Bx; \quad M_\mathrm{II} = Bx - P_1(x - p_1);$$
$$M_\mathrm{III} = Bx - P_1(x - p_1) - P_2(x - p_2).$$

Von diesen Ausdrücken gilt M_I zwischen $x = 0$ und $x = p_1$, der zweite zwischen $x = p_1$ und $x = p_2$ und der dritte zwischen $x = p_2$ und $x = l$. Man hat der Reihe nach jeden dieser Ausdrücke in die Gleichung der elastischen Linie einzusetzen und diese jedesmal zu integrieren. Dadurch erhält man die endlichen Gleichungen der drei Äste, in denen zusammen sechs unbekannte Integrationskonstanten auftreten. Zu deren Bestimmung hat man zunächst die beiden Bedingungen, daß y an den beiden Auflagerstellen zu Null werden muß. Außerdem muß an jeder Übergangsstelle y und $\frac{dy}{dx}$ für beide Äste gleich werden. Dadurch erhält man nochmals vier Bedingungsgleichungen, die mit den vorigen zusammen zur Ermittelung der Konstanten genügen.

Dasselbe Verfahren bleibt auch noch anwendbar, wenn der Balken drei oder beliebig viele Einzellasten trägt. Um die Integrationskonstanten für die verschiedenen Äste der elastischen Linie zu bestimmen, sind dann freilich ziemlich umständliche, wenn auch an sich ganz einfache Rechnungen erforderlich. Sie lassen sich jedoch durch eine geschickte Zusammenfassung der Gleichungen für die einzelnen Äste der elastischen Linie erheblich abkürzen. Wie dies zu geschehen hat, möge an dem vorher schon besprochenen einfachsten Falle gezeigt werden, daß der

Balken nur zwei Einzellasten P_1 und P_2 trägt. Die drei für diesen Fall aufgestellten Ausdrücke für die Biegungsmomente M_I, M_{II}, M_{III} lassen sich dann in der gemeinsamen Form

$$M = Bx, \underset{I}{} - P_1(x-p_1), \underset{II}{} - P_2(x-p_2) \underset{III}{} \qquad (82)$$

zur Darstellung bringen. Durch die Bezeichnung I, II, III, die unten beigefügt ist, wird vorgeschrieben, wie weit der Ausdruck zu entwickeln ist, wenn man sich im ersten, zweiten oder dritten Abschnitte der Balkenlänge befindet. Auf die Notwendigkeit, den Ausdruck an der geeigneten Stelle abzubrechen, wird überdies durch das hinter jedes Glied und vor das Vorzeichen des nächsten gesetzte Komma hingewiesen.

Setzen wir diesen Ausdruck in die Differentialgleichung der elastischen Linie ein, so erhalten wir diese ebenfalls sofort für alle drei Äste in der gleichen Art der Zusammenfassung, nämlich

$$EJ\frac{d^2y}{dx^2} = -Bx, \underset{I}{} + P_1(x-p_1), \underset{II}{} + P_2(x-p_2). \underset{III}{}$$

Integrieren wir diese Gleichung einmal, so finden wir

$$EJ\frac{dy}{dx} = C - B\frac{x^2}{2}, \underset{I}{} + P_1\frac{(x-p_1)^2}{2}, \underset{II}{} + P_2\frac{(x-p_2)^2}{2}. \underset{III}{}$$

Hierbei bedeutet C eine Integrationskonstante. Eigentlich wäre für jeden Ast eine besondere willkürliche Integrationskonstante anzunehmen gewesen. Wenn wir aber, wie es bereits durch die Art der Anschreibung ausgedrückt wird, C als den gleichen Wert für alle drei Äste betrachten, so sind damit zwei willkürliche Integrationskonstanten bereits so bestimmt, daß die drei Äste der elastischen Linie sich ohne Knick aneinanderschließen. In der Tat erkennen wir nämlich, daß mit dieser Verfügung über die Integrationskonstanten an den Grenzen der Gebiete I und II und II und III keine sprungweise Änderung von $\frac{dy}{dx}$ vorkommt. Sobald wir das Gebiet I verlassen und in das Gebiet II eintreten, haben wir zwar noch ein neues Glied in der Gleichung zu berücksichtigen. An der Stelle $x = p_1$, also an der Grenze selbst, wird dies Glied aber

zu Null, und es ist daher gleichgültig, ob wir die Grenzstelle
noch zum Gebiete I oder schon zum Gebiete II rechnen; an
dem Werte von $\frac{dy}{dx}$ wird dadurch nichts geändert, und die vorgeschriebene Grenzbedingung ist erfüllt. Auf diesem Umstande,
daß sich die Integrationskonstanten ohne weiteres von selbst
den Grenzbedingungen anpassen, beruht der Vorteil des Verfahrens.

Eine zweite Integration liefert

$$EJy = Cx + C_1 - B\frac{x^3}{6}, \underset{\text{I}}{} + P_1\frac{(x-p_1)^3}{6}, \underset{\text{II}}{} + P_2\frac{(x-p_2)^3}{6} \underset{\text{III}}{}$$

und auch hier tritt nur eine, für alle Äste gemeinsame, neue
Integrationskonstante C_1 hinzu, während zugleich an den Grenzen
die Bedingungen erfüllt sind, daß sich y nicht sprungweise
ändern kann. Die weitere Behandlung der Gleichung und die
Ermittelung der beiden Integrationskonstanten C und C_1 aus
den Bedingungen an den Enden des ganzen Balkens kann nun
genau so erfolgen, als wenn es sich um eine elastische Linie
mit nur einem einzigen Aste handelte.

Besser freilich als die Rechnung eignet sich bei einer größeren Zahl von Lasten das graphische Verfahren zur Ermittelung
der Gestalt der elastischen Linie, worüber man im II. Bande
Näheres finden kann.

Ähnlich liegt der Fall, wenn der Balken zwar nur eine
stetig verteilte Belastung oder eine einzige Last in der Mitte
trägt, der Querschnitt aber nicht konstant ist, sondern in verschiedenen Absätzen wechselt, wie es z. B. bei Blechbalken
vorkommt, deren Querschnitt nach der Mitte zu durch Aufnieten von Gurtungsplatten verstärkt wird. Auch dann setzt
sich die elastische Linie aus einer Anzahl verschiedener Äste
zusammen. Verändert sich der Querschnitt stetig, so ist J
als Funktion von x in die Differentialgleichung einzusetzen.
Insofern die Ausführung der Integration dadurch nicht erschwert oder unmöglich gemacht wird, erleidet das Verfahren
hierdurch keine Änderung.

Die vorausgehenden Rechnungen beruhen auf der still-schweigenden Voraussetzung, daß die Kraftebene durch eine Hauptachse des Querschnitts geht. Trifft dies nicht zu, so hat man die Lasten, wie in § 20, in Komponenten nach den Rich-tungen der Hauptachsen zu zerlegen und die Biegungslinie für die Komponenten in beiden Ebenen zu ermitteln. Die gesamte Formänderung ergibt sich durch geometrische Summierung der zu diesen beiden Komponentensystemen gehörigen elastischen Verschiebungen.

§ 29. Einfluß der Schubspannungen auf die Biegungslinie.

Bei den vorausgehenden Betrachtungen ist noch keine Rücksicht auf die Formänderungen genommen, die durch die Schubspannungen bewirkt werden. Diese haben zur Folge, daß der Biegungspfeil noch etwas vergrößert wird und daß überhaupt die elastische Linie von der vorher berechneten Gestalt ein wenig abweicht.

In Abb. 33 ist ein Längenelement des Balkens gezeichnet. Wenn sich die Scher-kraft V gleichmäßig über den Querschnitt verteilte, hätte sie zur Folge, daß sich der ursprünglich rechte Winkel zwischen dem Querschnitte und der Stabachse um einen kleinen Betrag γ' änderte, der nach dem Elastizitätsgesetze leicht berechnet werden kann. Man hat näm-lich für den durchschnittlichen Betrag τ_m der Schubspannung

$$\tau_m = \frac{V}{F}$$

und nach Gl. (31)

$$\gamma' = \frac{\tau_m}{G} = \frac{V}{GF}.$$

Abb. 33

Die Winkeländerung γ' bewirkt eine Parallelverschiebung der beiden Querschnitte gegeneinander, die mit du' bezeichnet werden mag; man findet dafür

$$du' = \gamma' dx = \frac{V\,dx}{GF}.$$

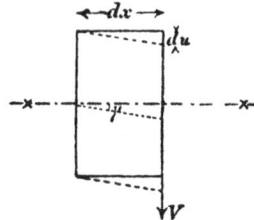

So einfach liegt die Sache in Wirklichkeit aber nicht
Die Schubspannungen verteilen sich nach einem anderen Gesetze über den Balkenquerschnitt, das in § 24 festgestellt
wurde. In der Mitte wurden die Schubspannungen größer als
der vorher berechnete Durchschnittsbetrag τ_m gefunden, während
sie nach der oberen und der unteren Kante hin bis auf Null
abnehmen. Infolge davon wird auch die Winkeländerung γ
zwischen der Stabachse und dem Balkenquerschnitte in der
Mitte größer, während der Winkel an den Kanten ungeändert
bleibt. Man erkennt daraus nebenbei, daß die Bernoullische
Annahme, die Querschnitte blieben bei der Formänderung eben,
nicht streng erfüllt sein kann. Angenähert trifft sie zwar zu;
genau genommen aber nimmt der Querschnitt im Aufriß eine
S-förmige Gestalt an, mit einem Wendepunkte in der Mitte.

Wir gehen aber darauf jetzt nicht weiter ein und fragen nur
nach dem Höhenunterschiede aufeinanderfolgender Punkte der
Stabachse, der auf Rechnung der Schubspannungen zu setzen ist.
Wir bezeichnen diesen mit du und setzen

$$du = \varkappa \, du' = \varkappa \, \frac{V \, dx}{G \, F}. \qquad (83)$$

Unter $\varkappa$ ist dann eine Verhältniszahl zu verstehen, die nach
den vorausgehenden Bemerkungen jedenfalls größer als 1 ist.
Der genaue Wert von $\varkappa$ hängt von der Gestalt des Querschnitts ab, da durch diese die Verteilung der Schubspannungen
und hiermit das Verhältnis zwischen dem Werte von τ in der
Mitte und dem Durchschnittswerte τ_m bedingt ist. Es wäre
indessen nicht zulässig, $\varkappa$ unmittelbar gleich dem zuletzt genannten Verhältnisse zu setzen, denn die Verschiebungen du
verschiedener Fasern, die in verschiedenen Abständen von der
Nullinie liegen, können nicht unabhängig voneinander erfolgen,
weil sonst eine Zerrung in der Richtung der Höhe des Querschnitts zustande käme. In der Tat ist der Vorgang durch
die Querschnittskrümmung, die notwendig auftreten muß, ziemlich verwickelt. Man hilft sich daher damit, den Wert von $\varkappa$
auf Grund einer Betrachtung zu ermitteln, die sich auf den
Begriff der Formänderungsarbeit stützt. Es kommt dies darauf

hinaus, daß man einen Durchschnittswert du für alle Fasern berechnet.

Für den Fall der reinen Schubspannung ist die bezogene Formänderungsarbeit nach Gl. (42) gleich $\frac{\tau^2}{2G}$. Für das Balkenelement von der Länge dx ist daher die Formänderungsarbeit gleich

$$dx \int \frac{\tau^2}{2G} dF$$

zu setzen, wobei die Integration über den ganzen Querschnitt zu erstrecken ist.

In diesem Ausdrucke kann für τ der in Gl. (72) aufgestellte Wert eingesetzt werden. Andererseits leistet die Scherkraft V, die für das Balkenelement eine äußere Kraft bildet, bei der Schiebung du eine Arbeit $\frac{1}{2} V du$, die der aufgespeicherten Arbeit gleich zu setzen ist. Man erhält dadurch

$$dx \int \frac{\tau^2}{2G} dF = \tfrac{1}{2} V du = \tfrac{1}{2} V \varkappa du' = \varkappa \frac{V^2}{2GF} dx$$

und hiermit

$$\varkappa = \frac{F \int \tau^2 dF}{V^2} . \tag{84}$$

Für den rechteckigen Querschnitt soll die Rechnung zu Ende geführt werden. In § 24 war dafür

$$\tau = \frac{V}{J} \left(\frac{h^2}{8} - \frac{z^2}{2} \right)$$

gefunden, wobei zur Vermeidung von Mißverständnissen hier z an Stelle des dort mit u bezeichneten Abstandes der betreffenden Faser von der Nullinie gesetzt ist. Mit $J = \frac{bh^3}{12}$ wird dies

$$\tau = \frac{V}{bh^3} \left(\tfrac{3}{2} h^2 - 6z^2 \right)$$

und daher

$$\int \tau^2 dF = \frac{V^2}{b^2 h^6} \int_{-\frac{h}{2}}^{+\frac{h}{2}} \left(\tfrac{3}{2} h^2 - 6z^2 \right)^2 b\, dz.$$

Nach Ausführung der Integration erhält man

$$\int \tau^2 dF = \frac{6}{5}\frac{V^2}{bh}.$$

Setzt man dies in Gl. (84) ein und beachtet, daß $F = bh$ ist, so erhält man für den rechteckigen Querschnitt

$$\varkappa = \tfrac{6}{5} = 1{,}2.$$

Es möge noch bemerkt werden, daß die Berechnung von $\varkappa$ nach Gl. (84) leicht durchgeführt werden kann, auch wenn sich die Integration nach den gewöhnlichen Methoden nicht vornehmen läßt, indem man den Querschnitt in schmale Streifen zerlegt und an die Stelle der Integration eine Summierung treten läßt. Das Resultat dieser mechanischen Quadratur wird für praktische Zwecke genau genug, auch wenn man eine Einteilung in nur wenige Streifen vornimmt.

Für die Normalprofile der als Träger viel verwendeten I-Eisen hat man $\varkappa$ ein für alle Male berechnet. Für den I-Träger Nr. 8 (d. h. von 8 cm Höhe) wurde $\varkappa = 2{,}4$, für den höchsten Träger, der noch verwendet zu werden pflegt, Nr. 50, $\varkappa = 2{,}0$ gefunden. Für die dazwischen liegenden Trägerhöhen ändert sich $\varkappa$ allmählich von dem einen zu dem anderen dieser Werte. Größer als bei den I-Trägern wird $\varkappa$ nicht leicht bei einer anderen Querschnittsgestalt.

Bei den jetzt durchgeführten Rechnungen ist nur auf den Einfluß von V auf die Biegungslinie geachtet worden, d. h. M wurde bei dem betrachteten Balkenelemente als Null vorausgesetzt. Wirken M und V gleichzeitig ein, so summieren sich die Wirkungen von beiden. An irgendeiner Stelle im Abstande x vom linken Auflager hat man daher die gesamte Durchsenkung y'

$$y' = y + \int\limits_0^x du, \tag{85}$$

wenn unter y die im vorigen Paragraphen berechnete Einsenkung verstanden wird. Das letzte Glied in diesem Ausdrucke ist indessen gewöhnlich klein gegen das erste, und es genügt daher meistens, $y' = y$ zu setzen, den Einfluß der Schubspannungen also zu vernachlässigen Nur bei kurzen Stäben von großem Querschnitte, bei denen, wie wir schon früher fanden, die Schubspannungen überhaupt mehr hervortreten, oder für Stellen, die den Balkenenden benachbart sind, wird es nötig, das zweite Glied in Gl. (85) zu berücksichtigen. Um uns davon zu überzeugen, betrachten wir noch als Beispiel einen beiderseits frei aufliegenden Balken von konstantem rechteckigen Querschnitte, der eine Einzellast in der Mitte trägt. Der Biegungspfeil f war dafür im vorigen Paragraphen in Gl. (82) zu

$$f = \frac{Pl^3}{48\,EJ} = \frac{Pl^3}{4\,Ebh^3}$$

berechnet. Für du hat man hier nach Gl. (83) mit $\varkappa = 1{,}2$ $V = \frac{P}{2}$ und $F = bh$

$$du = 0{,}6\,\frac{Pdx}{Gbh}$$

und daher

$$\int_0^{\frac{l}{2}} du = 0{,}3\,\frac{Pl}{Gbh}\,.$$

Für den mit Rücksicht auf den Einfluß der Schubspannungen verbesserten Wert f' des Biegungspfeiles findet man also nach Gl. (85)

$$f' = \frac{Pl^3}{4\,Ebh^3} + 0{,}3\,\frac{Pl}{Gbh} = \frac{Pl}{4\,Ebh}\left(\frac{l^2}{h^2} + 3\right). \tag{86}$$

Bei der letzten Umformung ist $G = 0{,}4\,E$ gesetzt, also vorausgesetzt, daß für den Stoff, aus dem der Balken besteht, die Verhältniszahl $m = 4$ sei. Nimmt man an, daß die Spannweite l etwa zehnmal so groß sei als die Balkenhöhe h, so macht das zweite Glied in der Klammer, das vom Einflusse der Schubspannungen herrührt, nur 3% von dem ersten aus. Gewöhnlich ist das Verhältnis $\frac{l}{h}$ noch größer als 10, und das von den Schubspannungen herrührende Glied macht dann einen noch kleineren Bruchteil des anderen aus. Mit dem Verhältnis $\frac{l}{h} = 5$ steigt indessen der Bruchteil auf 12% und in solchen Fällen wird es nötig, die genauere Formel (86) an Stelle von Gl. (82) zur Berechnung des Biegungspfeiles zu verwenden.

§ 30. Durchlaufende Träger.

Für einen Balken, der über mehrere Öffnungen hinwegreicht und beliebig belastet ist, sind die Auflagerkräfte statisch
unbestimmt. Sie hängen ab von der elastischen Formänderung, die
der Träger unter der Last erfährt. Wenn die Auflagerkräfte bereits
bekannt wären, würde sich die Berechnung der Spannungen
genau so wie bei dem Träger über einer einzigen Spannweite
ausführen lassen. Man könnte ohne weiteres für jeden Querschnitt das Biegungsmoment und die Scherkraft angeben und
die Spannungen daraus nach den bereits dafür aufgestellten
Formeln finden. Es handelt sich also in der Tat nur noch
darum, zu zeigen, wie man die Auflagerkräfte berechnen kann.

Man nehme zunächst an, daß der Träger über zwei Öffnungen von gleicher Größe l hinwegreicht und eine gleichmäßig verteilte Last q auf die Längeneinheit trägt. Wenn
die Mittelstütze entfernt wäre, würde sich die Trägermitte um
den in Gl. (79) angegebenen Betrag durchbiegen, wobei nur $2\,l$
an Stelle von l zu setzen ist. Auf den Einfluß der Schubspannungen braucht man in der Regel keine Rücksicht zu
nehmen; wenn es gewünscht werden sollte, kann dies aber
nach dem im vorigen Paragraphen angegebenen Verfahren
leicht geschehen.

Hierauf denke man sich an dem Balken in der Mitte eine
nach aufwärts gerichtete Kraft angebracht. Dadurch wird die
Balkenmitte wieder gehoben, und zwar um den in Gl. (81) festgestellten Betrag, wenn an Stelle von l wieder $2\,l$ gesetzt und
unter P die Größe der aufwärts gerichteten Kraft verstanden
wird. Wenn wir P so bestimmen, daß die vorher erlittene
Durchbiegung in der Mitte gerade wieder rückgängig gemacht
wird, erhalten wir damit die Größe des Auflagerdrucks an der
Mittelstütze, denn nur bei diesem Werte des Auflagerdrucks
kann die elastische Linie des ganzen Stabes durch den vorgeschriebenen Punkt gehen. Die Gleichsetzung der Werte von
f in Gl. (79) und Gl. (81) liefert

$$P = \tfrac{5}{8} \cdot 2\,q\,l = \tfrac{5}{3}\,Q,$$

wenn jetzt Q die über beide Öffnungen verteilte Last bedeutet. Man sieht daraus, daß der durchlaufende Träger einen größeren Teil der ganzen Last auf die Mittelstütze überträgt als zwei getrennte Träger, von denen jeder eine der beiden Öffnungen überdecken würde, denn in diesem Falle käme auf die Mittelstütze $\frac{Q}{2}$ und auf jede Endstütze $\frac{Q}{4}$. Der Auflagerdruck des durchlaufenden Trägers an jedem Ende stellt sich auf $\frac{1}{2}(Q - \frac{5}{8}Q) = \frac{3}{16}Q$.

Diese Betrachtung setzt voraus, daß alle drei Stützen genau in gleicher Höhe liegen und daß sie auch unter dem Einflusse der Belastung nicht nachgeben, ferner auch, daß der Träger vorher genau geradlinig war. Senkt sich etwa die Mittelstütze um den Betrag δ oder mußte sich der Träger schon vorher in der Mitte um δ durchbiegen, ehe er die Mittelstütze erreichte, so findet man den Auflagerdruck P aus der Gleichung

also
$$\frac{5}{384} \cdot \frac{Q(2l)^3}{EJ} = \delta + \frac{P(2l)^3}{48EJ},$$

$$P = \frac{5}{8}Q - \delta\,\frac{6EJ}{l^3}.$$

Wenn die Mittelstütze zu hoch lag, ist hierin δ negativ zu setzen.

Man sieht leicht ein, daß dasselbe Verfahren auch noch anwendbar bleibt, wenn die Öffnungen von verschiedener Größe sind. Man braucht dann nur an die Stelle von f die für irgendeine andere Abszisse x gültigen Werte von y aus § 28 einzusetzen. Auch für Träger, die über mehr als zwei Öffnungen hinwegreichen, läßt sich die Berechnung der Auflagerkräfte in derselben Weise durchführen; bei drei Öffnungen hat man zwei nach aufwärts gerichtete unbekannte Kräfte an den Mittelstützen anzunehmen, die sich aus den beiden Bedingungen berechnen, daß die elastischen Verschiebungen der zugehörigen Angriffspunkte im ganzen verschwinden müssen.

§ 31. Der auf beiden Seiten eingespannte Träger.

Ein Träger sei an den Auflagern so gestützt, daß jede Drehung des Stabendes unmöglich gemacht ist. Die elastische Linie hat dann horizontale Tangenten an den Stabenden und man erkennt daraus schon, daß sie zwei Wendepunkte haben muß, zwischen denen sie, wie beim frei aufliegenden Träger, hohl nach oben hin gekrümmt ist, während sie zwischen einem Wendepunkte und dem benachbarten Auflager ihre Hohlseite nach unten kehrt. In den Wendepunkten ist die Krümmung Null, daher muß dort auch das Biegungsmoment M verschwinden.

Eine Einzelkraft würde nicht ausreichen, das Ende des Trägers gegen eine Drehung schützen zu können. Außer einem Auflagerdrucke muß daher an jedem Trägerende noch ein Kräftepaar von der Stütze her übertragen werden. Das Moment dieses Kräftepaares am linken Auflager sei mit M_0 bezeichnet, denn es stellt zugleich das Biegungsmoment für einen Querschnitt dar, der unmittelbar in der Nähe des Auflagers gezogen ist. Wenn wir der Einfachheit halber voraussetzen, daß der Balken eine gleichmäßig verteilte Last trägt, ist M für irgendeinen anderen Querschnitt mit der Abszisse x

$$M = M_0 + B x - \frac{q x^2}{2}.$$

Die Differentialgleichung der elastischen Linie geht damit über in

$$E J \frac{d^2 y}{d x^2} = \frac{q x^2}{2} - B x - M_0.$$

Für den Auflagerdruck B kann in unserem Falle auch noch $\frac{q l}{2}$ gesetzt werden. Eine einmalige Integration liefert

$$E J \frac{d y}{d x} = \frac{q x^3}{6} - B \frac{x^2}{2} - M_0 x + C.$$

Die Integrationskonstante C muß aber hier verschwinden, weil $\frac{d y}{d x} = 0$ für $x = 0$ bleibt. Auch für $x = l$ muß der Ausdruck verschwinden, da der Balken auch am rechten Ende eingemauert sein sollte. Dies liefert die Bedingungsgleichung

$$0 = \frac{q l^3}{6} - \frac{q l}{2} \cdot \frac{l^2}{2} - M_0 l,$$

woraus

$$M_0 = - \frac{q l^2}{12}$$

folgt. Das größte positive Biegungsmoment in der Mitte wird gleich $\frac{q l^2}{24}$; die größte Bruchgefahr ist also an den Auflagerstellen vorhanden. — Ähnliche Betrachtungen lassen sich auch für den durchlaufenden Träger anstellen.

Natürlich kann man auch hier auf den Einfluß der Schubspannungen Rücksicht nehmen; es lohnt sich aber nicht, näher darauf einzugehen, da alle diese Rechnungen bei der Anwendung mit einer großen Unsicherheit behaftet sind. Man kann sich niemals sicher darauf verlassen, daß der Träger wirklich so gut eingespannt sei, daß jede Drehung des Stabendes ausgeschlossen wäre. Das wirkliche Verhalten der Stabenden kann vielmehr von dem bei der Rechnung vorausgesetzten weit abweichen, und es würde nur ein irrtümliches Gefühl der Sicherheit erwecken, wenn man sich unter solchen Umständen mit der Berechnung kleiner Korrektionsgrößen befassen wollte, die gegenüber den zu erwartenden Fehlern des Hauptwertes kaum in Betracht kommen.

§ 32. Vergleich der Biegungslehre mit der Erfahrung.

Zur Prüfung der in diesem Abschnitte entwickelten Formeln hat man schon gar viele Belastungsversuche vorgenommen. Solange dabei die Elastizitätsgrenze nicht überschritten wird, stimmen die Versuchsergebnisse hinsichtlich der Formänderung der dem Versuche unterworfenen Probekörper meist recht gut mit den theoretischen Folgerungen überein. Zum mindesten gilt dies für den gewöhnlich vorliegenden Fall, daß der Stabquerschnitt eine Symmetrieachse hat, die mit der Lastrichtung zusammenfällt. Auf die Formänderungen, die nach Überschreiten der Proportionalitätsgrenze eintreten, bezieht sich dagegen die Theorie nicht, und man kann daher auch nicht erwarten, daß darüber hinaus eine Übereinstimmung der Formeln mit der Erfahrung bestehe.

Aus demselben Grunde kann auch keine unmittelbare Bestätigung der für die Spannungen aufgestellten Formeln durch einen Belastungsversuch, der bis zum Bruche hin fortgesetzt wird, erwartet werden. Vor dem Bruche treten bei den meisten Körpern größere bleibende Formänderungen ein, die mit den Spannungen in einem ganz anderen Zusammenhange stehen als die elastischen Formänderungen bei kleineren Lasten. Hierdurch wird die Spannungsverteilung über den Querschnitt erheblich geändert, und zwar derart, daß die Spannungen von der äußeren Kante aus nicht mehr proportional mit den Abständen von der Nullinie abnehmen, sondern — namentlich in der Nähe der Kante, wo die Überschreitung der Elastizitätsgrenze zuerst stattfindet — erheblich langsamer. Dies hat zur Folge, daß bei einem gegebenen Werte der Kantenspannung das Moment des aus den Zug- und Druck-

spannungen gebildeten Kräftepaares einen größeren Wert annimmt,
als wenn sich die Spannungen nach dem Geradliniengesetze verteilten. Der Stab vermag daher etwas größeren Lasten zu widerstehen, als nach den unter Voraussetzung des Geradliniengesetzes
abgeleiteten Formeln zu schließen wäre. Das bestätigt auch die
Erfahrung.

Für die Festigkeitsberechnungen, die man einer Bau- oder
Maschinenkonstruktion zugrunde legt, kommt aber der hier besprochene Umstand nicht in Betracht, weil es sich dabei nicht
nur um die Vermeidung eines Bruches, sondern auch um die Ver-
hütung einer merklichen bleibenden Verbiegung handelt.

Für Stäbe aus schmiedbarem Eisen oder aus Holz stimmen
die bei einem Belastungsversuch beobachteten Formänderungen
unter nicht zu großen Lasten, wie vorher schon bemerkt wurde,
im allgemeinen gut mit den dafür aufgestellten Formeln überein.
Eine Ausnahme kann aber eintreten, wenn der Querschnitt des
Stabes aus dünnen Streifen, Stegen oder Flantschen zusammengesetzt ist oder wenn der Stab ein dünnwandiges Rohr bildet,
derart daß durch die Belastung des Stabs zugleich eine merkliche
Formänderung des Querschnittsumrisses hervorgebracht werden
kann. Das gilt zunächst von den Walzeisenträgern. Bei den symmetrisch gestalteten I-Trägern scheinen zwar durch diesen Umstand größere Unregelmäßigkeiten in der Formänderung nicht
hervorgerufen zu werden; dagegen sind bei der Biegung von [-
Eisen solche Unregelmäßigkeiten, die zu einer erheblichen Verminderung der Tragfähigkeit führten, durch Bach beobachtet
worden. Die theoretische Erklärung zu diesem Fall ist von C. Weber
(Ztschr. f. angew. Math. u. Mech. 1924, S. 346) gefunden worden. Weber hat den Begriff des „Querkraftmittelpunktes" eingeführt, durch den der Lastangriff bei reiner Biegung hindurch-
gehen muß. Wenn die Last außerhalb des Querkraftmittelpunktes angreift, wird der [-Träger außer auf Biegung auch
auf Verdrehen beansprucht. Bei einem Träger, der symmetrisch
ist zum Lastangriff, fällt der Querkraftmittelpunkt mit dem
Schwerpunkt zusammen.

Besonders zu achten ist auf die Möglichkeit einer Quer-
schnittsverbiegung bei dünnwandigen Rohren, deren Achse gebogen wird. Unter Umständen gilt dies schon bei geraden
Stäben von diesem Querschnitt, weit mehr aber noch, wenn die
Stabmittellinie selbst gekrümmt ist. Für sogenannte Ausgleich-

rohre von Rohrleitungen wurde dies von Bantlin durch Beobachtung festgestellt und darauf von v. Karman theoretisch erklärt. (Z. d. V. 1911, S. 1889.)

Beim Gußeisen sind die dem Bruche vorausgehenden bleibenden Formänderungen nur gering; immerhin tragen sie zu einer
Abänderung der Spannungsvertei-
lung vor dem Bruche und damit zu
einer Erhöhung der Bruchlast nicht
unwesentlich bei. Zugleich kommt
noch der andere Umstand zur Gel-
tung, daß das Gußeisen auch schon
innerhalb der Elastizitätsgrenze dem
Proportionalitätsgesetze nicht ge-
horcht. Die Spannungsverteilung weicht daher schon von Anfang
an von der geradlinigen ab und fällt ungefähr so aus, wie es
Abb. 34 zeigt. Unter der wenigstens näherungsweise zutreffenden
Annahme, daß die Querschnitte bei der Biegung eben bleiben, tritt
nämlich an die Stelle der geradlinigen Begrenzung des Spannungs-
diagramms die Dehnungskurve, die für Gußeisen ganz ähnlich
aussieht, wie sie in Abb. 8 und 8a, S. 45 für Granit und Sandstein gezeichnet ist.

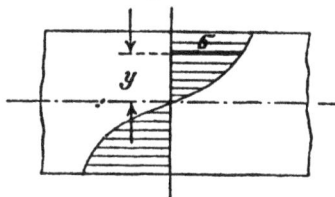

Abb. 34.

Da die Dehnungskurve auf der Zugseite etwas anders verläuft
als auf der Druckseite, kann man auch nicht mehr erwarten, daß
die Nullinie mit einer Schwerlinie des Querschnitts zusammen-
falle. Sie wird sich vielmehr ein wenig nach der Zugseite hin verschieben, wodurch ebenfalls eine Verminderung der Kantenspannung auf der Zugseite, von der die Bruchgefahr abhängt, herbeigeführt wird. Unmittelbare Messungen, die ich an gebogenen Guß-
eisenstäben angestellt habe, ließen in der Tat eine, freilich nur recht
geringe Verschiebung der Nullinie nach der Zugseite hin erkennen.

Berechnet man aus der beobachteten Bruchlast eines auf
Biegung beanspruchten Gußeisenbalkens die Kantenspannung auf
der Zugseite nach der einfachen Formel, Gl. (46), so findet man
sie gewöhnlich ungefähr doppelt so groß wie die durch einen
Zugversuch mit derselben Gußeisensorte ermittelte Zugfestigkeit.
Zum Teile erklärt sich der Widerspruch zwischen diesen Werten
durch die zuvor erörterten Umstände. Es kommt dabei aber auch
noch ein anderer Umstand in Betracht. Gußeisen ist nämlich ein
ziemlich unzuverlässiges Material, in dem öfters kleine Fehler,
Schlackeneinschlüsse u. dgl. vorkommen, die die Festigkeit her-

absetzen. Ein Zugstab, der auf die ganze Länge hin der gleichen Beanspruchung unterworfen ist, bricht, wenn ein solcher Fehler vorkommt, an der schwächsten Stelle, während der Materialfehler bei einem auf Biegung beanspruchten Balken nur dann von Einfluß ist, wenn er sich zufällig in der Nähè der stärkst beanspruchten Stelle findet. Auch dieser Umstand trägt dazu bei, daß der Zugversuch im Mittel einen kleineren Festigkeitswert liefert als der Biegungsversuch.

Die Steine sind noch weit spröder als Gußeisen. Bei ihnen kann sich daher eine Verzerrung des Spannungsverteilungsdiagramms durch die dem Bruche vorausgehenden bleibenden Längenänderungen weniger bemerklich machen als beim Gußeisen. Dafür ist es aber bei Steinen noch weit schwieriger, den wahren Wert der Zugfestigkeit durch einen Zugversuch zu ermitteln, als für Gußeisen, weil es kaum gelingt, bei einem Zugstabe aus Stein eine gleichförmige Verteilung der Spannungen über den Querschnitt herbeizuführen. Angaben über die Zugfestigkeit von Steinen sind daher, wenn sie aus Zugversuchen abgeleitet wurden, immer mit Mißtrauen aufzufassen. Zuverlässiger ist hier der aus einem Biegungsversuche auf Grund der gewöhnlichen Formel hergeleitete Wert der Kantenspannung, obschon er aus den zuvor besprochenen Gründen etwas größer ausfällt als der wahre Wert der Zugfestigkeit.

Aufgaben.

11. Aufgabe. Man soll die Zentralellipse für ein gleichschenkliges Winkeleisenprofil von 70 mm Schenkellänge und 10 mm Schenkelstärke konstruieren (Abb. 35).

Lösung. Eine Hauptachse des Querschnitts ist die Symmetrieachse YY. Das zugehörige Trägheitsmoment J_y ist

$$J_y = \frac{7^4}{12} - \frac{6^4}{12} = 92,1 \text{ cm}^4,$$

da sich der Querschnitt als Differenz zweier Quadrate ansehen läßt, für die beide YY eine Schwerpunktsachse ist. Den Abstand a des Schwerpunkts S von der Diagonale des umschriebenen Quadrats findet man aus der Momentengleichung

$$a \cdot 13 = 0{,}707 \cdot 36,$$

also $a = 1{,}96$ cm.

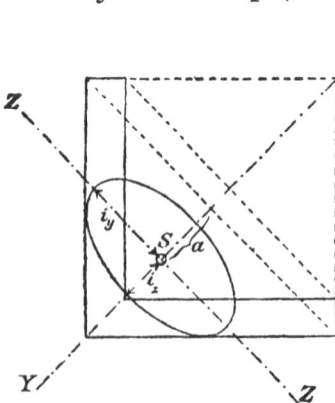
Abb. 35

Auch das Trägheitsmoment J_z setzt man aus den Trägheitsmomenten der beiden Quadrate zusammen, wobei aber darauf zu achten ist, daß die Achse ZZ nicht durch die Schwerpunkte dieser beiden Quadrate geht. Man hat

$$J_z = \frac{7^4}{12} + 7^2 \cdot 1{,}96^2 - \left(\frac{6^4}{12} + 6^2 \cdot 2{,}67^2\right) = 23{,}7 \text{ cm}^4.$$

Für die Trägheitsradien folgt hieraus

$$i_y = \sqrt{\frac{92{,}1}{13}} = 2{,}66 \text{ cm}; \quad i_z = \sqrt{\frac{23{,}7}{13}} = 1{,}35 \text{ cm}.$$

Man trägt die Trägheitsradien auf den Hauptachsen ab und konstruiert die hierdurch bestimmte Ellipse.

12. Aufgabe. Für das Z-Eisen N. P. 16 findet man im deutschen Normalprofilbuche für die Hauptachsen YY und ZZ angegeben

$$\operatorname{tg} \alpha = 0{,}39; \quad J = 1193 \text{ cm}^4; \quad J_y = 58{,}8 \text{ cm}^4.$$

Die Maße sind aus der Abb. 36 zu entnehmen. Ein Balken von diesem Querschnitte ist am einen Ende eingemauert (so, daß der Steg aufrecht steht, in derselben Lage wie in der Abbildung) und trägt an dem um 1,20 m vorkragenden Ende eine Last von 500 kg. Wie groß wird die größte Spannung σ, wenn das freie Ende des Balkens an kleinen horizontalen Ausbiegungen nicht verhindert wird?

Lösung. Aus $\operatorname{tg} \alpha = 0{,}39$ folgt $\alpha = 21^0 20'$; $\sin \alpha = 0{,}36$; $\cos \alpha = 0{,}93$. Das Biegungsmoment an der Einmauerung hat die Größe $500 \times 120 = 60\,000$ cm kg; wir zerlegen es in die Komponenten $60\,000 \times 0{,}93 = 55\,800$ und $60\,000 \times 0{,}36 = 21\,600$ in den Richtungen der Hauptachsen. Zur ersten Komponente gehört die neutrale Achse ZZ, und die zugehörigen Spannungen σ_I sind

$$\sigma_I = \frac{55\,800}{1193} \cdot y = 46{,}8y, \quad \text{ebenso} \quad \sigma_{II} = \frac{21\,600}{58{,}8} \cdot z = 367\,z.$$

Die in irgendeinem Flächenelemente des Querschnitts mit den Koordinaten y und z im ganzen auftretende Spannung σ ist daher

$$\sigma = \sigma_I + \sigma_{II} = 46{,}8y + 367\,z.$$

Dabei ist die positive Y-Achse nach oben, die positive Richtung der Z-Achse nach rechts hin zu nehmen; y und z sind, wie alle übrigen Maße, in cm auszudrücken, man erhält dann σ in atm. An der Kante A ist $y = 7{,}32$ und $z = 3{,}29$ cm, man hat daher

$$\sigma = 46{,}8 \times 7{,}32 + 367 \times 3{,}29 = 1550 \text{ atm}.$$

An der Kante B sind σ_I und σ_{II} von verschiedenem Vorzeichen und

$$\sigma = 46{,}8 \times 9{,}85 - 367 \times 3{,}48 = -818 \text{ atm}.$$

Die größte Spannung tritt daher an der Kante A auf und ist gleich 1550 atm, das Material ist also an dieser gefährlichsten Stelle bis etwa zur Elastizitätsgrenze beansprucht.

Die elastische Verschiebung des freien Balkenendes unter der senkrecht gerichteten Belastung erfolgt in schräger Richtung. Wird

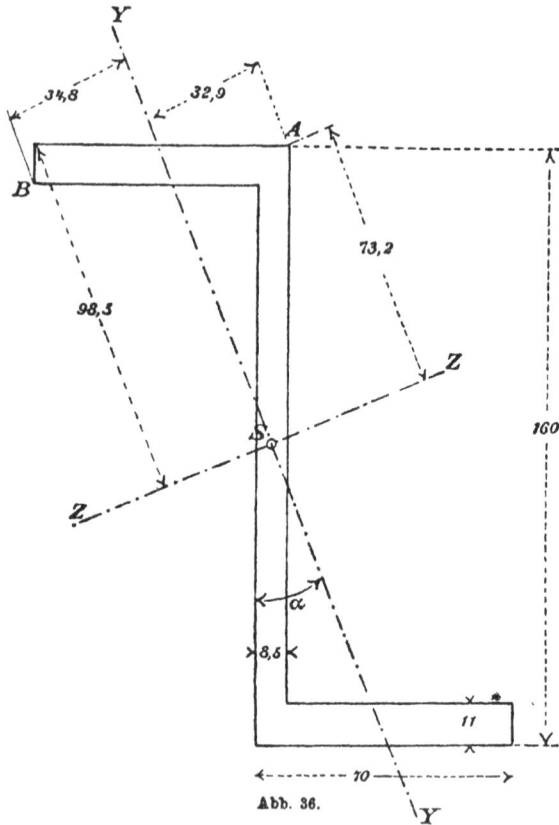

Abb. 36.

das Balkenende dagegen so gestützt, daß es sich nur in lotrechter Richtung bewegen kann, so tritt noch eine horizontale Kraft auf, die von der Stütze auf das Balkenende übertragen wird. In diesem Falle ist die Nullinie horizontal gerichtet, und man erhält die Spannung σ aus der gewöhnlichen Biegungsformel, wenn darin das Trägheitsmoment auf die horizontale Achse bezogen wird.

Anmerkung. Die Folgerungen der Theorie für die horizontalen und vertikalen Verschiebungskomponenten eines in der angegebenen Weise eingespannten und belasteten Z-Trägers ist schon oft durch Versuche nachgeprüft worden. Die Übereinstimmung zwischen Rechnung und Beobachtung ist ganz befriedigend.

13. Aufgabe. *Den Querschnittskern für die in den beiden vorigen Aufgaben vorkommenden beiden Profile zu konstruieren.*

Lösung. Bei dem Winkeleisenprofile kann man fünf Linien zeichnen, die mit dem Umfange mindestens zwei Punkte gemeinsam haben und die Fläche nicht durchkreuzen. Von diesen fallen vier mit den nach außen gekehrten Umfangsseiten zusammen, und die fünfte ist die parallel zur ZZ-Achse gezogene Verbindungslinie der beiden nach rechts oben gekehrten Ecken. Alle übrigen Strahlen des den Querschnitt einhüllen-den Tangentenbüschels gehen aus diesen Hauptlagen durch Drehung um eine der Ecken des Querschnitts hervor. Daraus folgt, daß der Kern ein Fünfeck bildet, dessen Ecken die Antipole jener fünf Geraden und dessen Seiten die Antipolaren der genannten Querschnittsecken sind. In Abb. 37 ist der Querschnitt mit der Zentralellipse und dem durch Schraffierung hervorgehobenen Kerne gezeichnet. Ganz ähnlich findet man auch den in Abb. 38 angegebenen

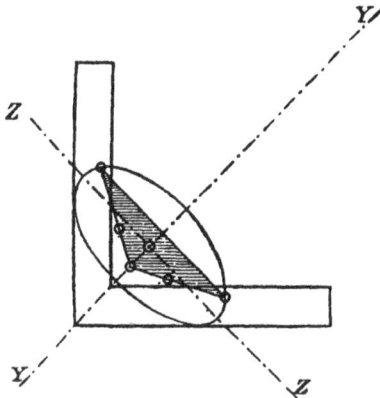

Abb. 37.

Kern des Z-Profils, für das man die Zentralellipse nach den Angaben über die Trägheitsmomente ohne weiteres auftragen kann.

14. Aufgabe. *Zentralellipse und Querschnittskern für eine hohle gußeiserne Säule von 20 cm äußerem Durchmesser und 2 cm Wandstärke zu bestimmen.* (Abb. 38.)

Lösung. Das Trägheitsmoment des ringförmigen Querschnitts für eine Schwerpunktsachse ist

$$J = \frac{\pi}{4}(10^4 - 8^4) = 4635 \text{ cm}^4$$

und die Querschnittsfläche $F = 113 \text{ cm}^2$, woraus

$$i = \sqrt{\frac{4635}{113}} = 6{,}40 \text{ cm}$$

folgt. Die Zentralellipse ist ein Kreis von diesem Radius. Auch der Querschnittskern wird hier durch einen Kreis begrenzt, dessen Radius k aus der Proportion

$$\frac{k}{6,4} = \frac{6,4}{10},$$

also

$$k = 4,1 \text{ cm}$$

folgt.

15. Aufgabe. Ein Balken (oder eine Tragachse, wie man solche Stäbe im Maschinenbaue zu nennen pflegt), der an beiden Enden gestützt ist und eine Einzellast aufzunehmen hat, soll als Rotationskörper ausgeführt werden, so daß in jedem Querschnitte die zulässige Spannung des Materials erreicht wird. Nach welchem Gesetze muß der Meridianschnitt gekrümmt werden?

Lösung. Der Auflagerdruck am linken Ende betrage A; dann ist das Biegungsmoment im Abstande x davon $M = A x$ und die Spannung

$$\sigma = \frac{M}{W} = 4 \frac{A x}{\pi r^3},$$

wenn r der Radius des Querschnittskreises ist. Die Spannung σ soll in allen Querschnitten gleich groß werden, daher muß auch der Ausdruck auf der rechten Seite unabhängig von x sein und r wird dadurch als Funktion von x bestimmt. Man erhält

$$r = \sqrt[3]{\frac{4 A x}{\pi \sigma}}$$

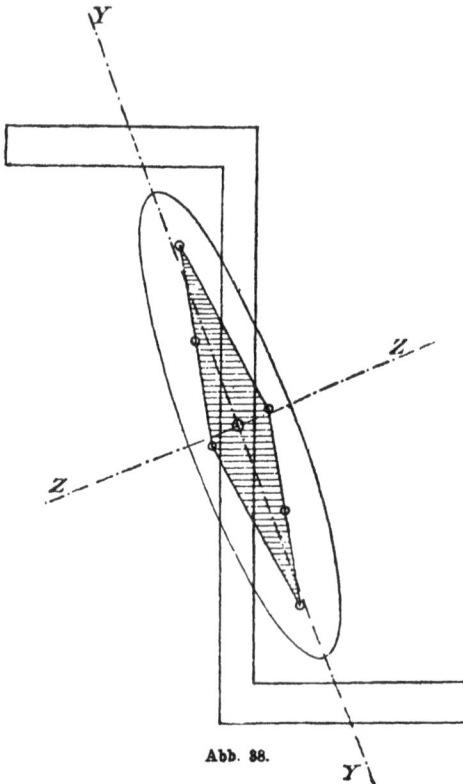

Abb. 38.

als Gleichung der Meridiankurve. Man sieht daraus, daß das Längsprofil der Tragachse durch eine kubische Parabel gebildet werden muß, wenn die Tragachse ein Körper von überall gleicher Festigkeit sein soll.

Hierbei ist noch keine Rücksicht auf die Schubspannungen genommen, die in der Nähe der Stützen das Übergewicht über die Normalspannungen erlangen. So würde für $x = 0$ nach der Formel $\tau = 0$ sein, der Querschnitt an der Stütze also bis auf Null abnehmen können. Das ist natürlich ein Trugschluß, denn der Querschnitt muß überall mindestens noch so groß bleiben, daß die Schubspannungen für sich genommen die zulässige Beanspruchung des Materials nicht überschreiten.

16. *Aufgabe. Ein I-Balken von beistehendem Querschnitte* (Abb. 39) *ist am einen Ende eingemauert und trägt an dem um 0,8 m vorkragenden Ende eine Belastung von 5000 kg. Man soll die größte Spannung und die Anstrengung des Materials unmittelbar unter dem Flantsche des Einspannungsquerschnitts berechnen.*

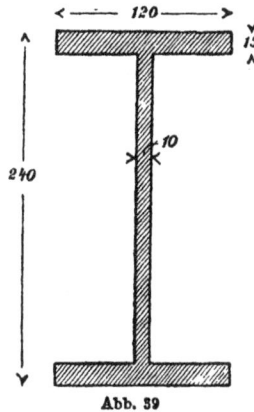
Abb. 39

Lösung. Das Trägheitsmoment für die horizontale Achse berechnen wir, indem wir uns den Querschnitt durch Wegnahme von zwei Rechtecken aus dem umschriebenen Rechtecke entstanden denken, also

$$J = \frac{12 \cdot 24^3}{12} - 2 \cdot \frac{5,5 \cdot 21^3}{12} = 5335 \text{ cm}^4.$$

Das statische Moment S des Flantschenquerschnitts für die horizontale Schwerpunktsachse ist

$$S = \int_u^{\frac{h}{2}} y \, dF = 1,5 \cdot 12 \cdot 11,25 = 202,5 \text{ cm}^3.$$

Für die Normalspannungen σ im Einspannquerschnitte hat man

$$\sigma = \frac{M}{J} y = \frac{5000 \cdot 80}{5335} y = 75 y.$$

Am oberen Rande ist $y = 12$ cm und daher $\sigma = 900$ atm. Dagegen ist unmittelbar unter dem Flantsche $y = 10,5$ und $\sigma = 787$ atm. Für diese Stelle berechnen wir auch die Schubspannung τ. Nach Gl. (72) findet man

$$\tau = \frac{V S}{b J} = \frac{5000 \cdot 202,5}{1 \cdot 5335} = 190 \text{ atm.}$$

Aus σ und τ ergibt sich die Hauptspannung an dieser Stelle nach Gl. (12)

$$\sigma_{max} = \frac{\sigma_x}{2} + \frac{1}{2} \sqrt{4 \tau^2 + \sigma_x^2} = \frac{787}{2} + \frac{1}{2} \sqrt{380^2 + 787^2} = 830 \text{ atm}$$

Die Hauptspannung ist also an dieser Stelle trotz des Hinzutretens von τ noch kleiner als σ an der oberen Kante. Daran wird auch nicht viel geändert, wenn man die reduzierte Spannung, von der die Beanspruchung des Materials abhängt, berechnet. Nach Gl. (37) ist für $m = 3\frac{1}{3}$ die reduzierte Spannung

$$\sigma_{\text{red}} = 0,35\,\sigma_x \pm 0,65\,\sqrt{4\,\tau^2 + \sigma_x^2} = 844 \text{ atm.}$$

Diese Rechnung lehrt, daß man in der Tat auch bei I-Profilen in der Regel nicht nötig hat, die Spannungen an anderen Stellen als an der oberen Kante zu berechnen, also überhaupt nicht nötig hat, auf die Schubspannungen zu achten. Anders wird die Sache indessen, wenn der Hebelarm der Kraft noch kleiner wird, als hier angenommen war. Denn τ behält dann — bei gleicher Belastung — seinen Wert, während σ abnimmt, und man kommt dann bald zu einem Hebelarme, bei dem die Beanspruchung des Materials unmittelbar unter dem Flantsche größer wird als an der äußeren Kante.

Schließlich sei nochmals ausdrücklich darauf hingewiesen, daß diese ganze Betrachtung nur einen Anspruch auf ungefähre Gültigkeit machen kann, denn Gl. (72) ist aus einer recht unsicheren Voraussetzung über die Verteilung der Spannungen τ abgeleitet, die gerade an der Stelle unmittelbar unter dem Flantsche des I-Profiles keineswegs genau zutreffen kann. Man sieht aber auch, daß diese Formel in der Tat nur zu einer mehr schätzungsweisen Bestimmung des Ortes der größten Beanspruchung gebraucht wird. Gegen einen solchen Gebrauch läßt sich nichts einwenden.

17. Aufgabe. Die Verteilung der Schubspannungen τ über einen kreisförmigen Querschnitt zu berechnen.

Lösung. Man hat zunächst das statische Moment S des in Abb. 40 schraffierten Kreisabschnitts zu berechnen. Wegen $\varepsilon = \sqrt{r^2 - y^2}$ hat man

$$\int y\,dF = 2\int_u^r y\,\sqrt{r^2 - y^2}\,dy.$$

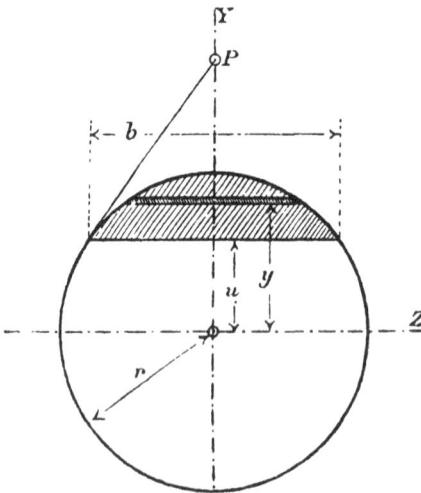

Abb. 40.

Allgemein ist aber

$$\int y\sqrt{r^2 - y^2}\,dy = -\tfrac{1}{3}\sqrt{(r^2 - y^2)^3},$$

wovon man sich durch Differentiation leicht überzeugt. Nach Einsetzen der Grenzen wird daher

$$\int y\,dF = \tfrac{2}{3}\sqrt{(r^2 - u^2)^3} = \frac{b^3}{12},$$

wenn mit b die Länge der Sehne im Abstande u vom Mittelpunkte bezeichnet wird, für den man die Schubspannung berechnen will.

Nach Gl. (72) wird jetzt

$$\tau_{xy} = \frac{V b^2}{12 J} = \frac{V b^2}{3 \pi r^4}.$$

Die Komponente τ_{xz} bestimmt sich am Umfange aus der Bedingung, daß die resultierende Spannung in die Richtung der Tangente fällt. Daraus folgt

$$\frac{\tau_{xz}}{\tau_{xy}} = \frac{u}{\tfrac{1}{2}b}; \quad \tau_{xz} = \tau_{xy} \cdot \frac{2u}{b} = \frac{2 V u b}{3 \pi r^4},$$

und für die resultierende Spannung τ selbst erhält man nach dem Pythagoräischen Satze

$$\tau = \frac{V b}{3 \pi r^4} \cdot \sqrt{b^2 + 4 u^2} = \frac{2 V b}{3 \pi r^3}.$$

Die Schubspannungen nehmen, wie man hieraus erkennt, ihren größten Wert in der Mitte an. Dort wird $b = 2r$ und daher

$$\tau_{max} = \frac{4 V}{3 \pi r^2},$$

d. h. die größte Schubspannung verhält sich zu der durchschnittlichen Schubspannung, die bei gleichförmiger Verteilung über den ganzen Querschnitt überall zustande käme, wie 4 zu 3.

18. Aufgabe. Wieviel Schubkraft hat ein Niet N am Ende des in Abb. 41 gezeichneten Blechbalkens aufzunehmen, wenn der Auflagerdruck 6000 kg beträgt?

Lösung. Nach Gl. (73) ist

$$P = \frac{V e}{J} S.$$

Für J findet man mit hinreichender Annäherung

$$J = 2 \cdot 46 \cdot 23{,}5^2 + \frac{1 \cdot 48^3}{12} = 60\,022 \text{ cm}^4.$$

Hierbei ist der mittlere Abstand der Gurtfläche von der horizontalen Schwerlinie gleich 23,5 einfach geschätzt, wobei freilich die Dezimalstelle ganz unsicher ist. Für Rechnungen dieser Art genügt aber die dadurch gegebene Genauigkeit gewöhnlich vollauf; andernfalls muß J in der früher besprochenen Weise berechnet werden. Für S hat man ebenso

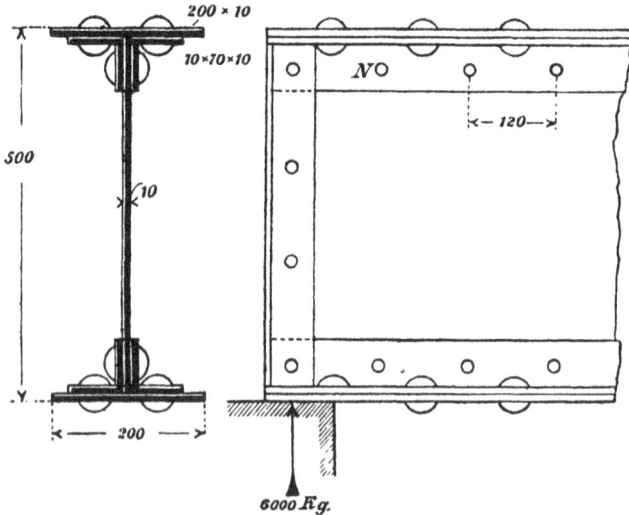

200 × 10

10×70×10

500

10

200

6000 Kg.
Abb. 41.

$$S = 46 \cdot 23{,}5 = 1081 \text{ cm}^3.$$

Hiermit folgt, da $V = 6000$ kg und $e = 12$ cm ist,

$$P = \frac{6000 \cdot 12}{60\,000} \cdot 1081 = 1300 \text{ kg},$$

eine Kraft, die sich auf zwei Scherflächen des Niets verteilt.

19. Aufgabe. Wie ändert sich der Wert des Biegungspfeiles f in Gl. (81), wenn J nicht konstant, sondern überall proportional dem Biegungsmomente M ist?

Lösung. Setzt man

$$\frac{M}{EJ} = c,$$

so geht die Differentialgleichung der elastischen Linie Gl. (76) über in

$$\frac{d^2 y}{d x^2} = -c$$

und durch zweimalige Integration folgt daraus

$$y = -\frac{c x^2}{2} + a x + b,$$

wenn a und b die Integrationskonstanten sind. Diese Gleichung gilt für die ganze Spannweite, da es hier gleichgültig ist, welchen Wert M an jeder Stelle annimmt; sie gilt aus demselben Grunde auch für jeden beliebigen Belastungsfall, wenn nur die für die Veränderlichkeit des Trägheitsmoments ausgesprochene Bedingung überall erfüllt

ist. Die elastische Linie bildet daher in diesem Falle eine gemeine
Parabel. Die Konstanten a und b folgen aus den beiden Grenzbedingungen, daß y für $x = 0$ und für $x = l$ verschwinden muß. Dies liefert $b = 0$ und aus

$$0 = -\frac{c l^2}{2} + a l \quad \text{folgt} \quad a = \frac{c l}{2}.$$

Hiermit wird

$$y = \frac{c}{2}(l x - x^2)$$

und der Biegungspfeil f für die Balkenmitte folgt daraus mit $x = \frac{l}{2}$

$$f = \frac{c l^2}{8}.$$

Werden das Biegungsmoment und das Trägheitsmoment in der
Balkenmitte durch Anhängen des Zeigers m gekennzeichnet, so folgt
durch Einsetzen des Wertes von c

$$f = \frac{M_m}{E J_m} \cdot \frac{l^2}{8}.$$

Speziell für den Belastungsfall, zu dem Gl. (81) gehörte, ist
$M_m = \frac{P l}{4}$ und daher

$$f = \frac{P l^3}{32 E J_m}.$$

Wäre das Trägheitsmoment nicht veränderlich, sondern überall
gleich J_m, so würde an Stelle dieses Wertes der in Gl. (81) gegebene
treten, d. h. der Faktor 32 im Nenner wäre durch 48 zu ersetzen.
Der Biegungspfeil ist daher hier um 50% größer als bei konstantem
Trägheitsmomente.

Die Voraussetzung, daß J proportional mit M sein soll, wird
näherungsweise erfüllt bei einem Blechträger, dessen Querschnitt nach
der Mitte hin durch Aufnieten von Platten verstärkt wird, so daß
überall ungefähr dieselbe Spannung σ auftritt. Die Trägerhöhe wird
nämlich durch das Aufnieten der Platten nicht erheblich geändert,
so daß in der Tat die Spannung $\sigma = \frac{M}{J} y$ überall ungefähr dem Verhältnisse $\frac{M}{J}$ proportional ist.

20. Aufgabe. *Die Konstante $\varkappa$ der Gl. (83) für den kreisförmigen Querschnitt zu berechnen.*

Lösung. Nach Gl. (84) ist

$$\varkappa = \frac{F \int r^2 d F}{V^2}.$$

Beim kreisförmigen Querschnitte war in Aufgabe **17**

$$\tau_{xy} = \frac{Vb^2}{3\pi r^4}$$

gefunden. Achtet man bei der Berechnung von $\varkappa$ nur auf die zur Lastrichtung parallele Komponente τ_{xy} der Schubspannung, so wird demnach bei Benutzung derselben Bezeichnungen wie in Abb. 40

$$\varkappa = \pi r^2 \int \frac{b^4}{9\pi^2 r^8} \, dF.$$

Zur Ermittelung des Momentes vierten Grades der Querschnittsfläche $\int b^4 dF$ setzen wir

$$\int b^4 dF = 32 \int_{-r}^{+r} z^5 dy = 64 \int_0^r (r^2 - y^2)^{\frac{5}{2}} \, dy.$$

Nun ist allgemein

$$\int (r^2 - y^2)^{\frac{5}{2}} \, dy = \frac{8(r^2 - y^2)^2 + 10 r^2 (r^2 - y^2) + 15 r^4}{48} y\sqrt{r^2 - y^2}$$

$$+ \frac{5}{16} r^6 \arcsin \frac{y}{r}.$$

Setzt man die Grenzen ein, so wird daher

$$\int b^4 dF = 10\pi r^6$$

und hiermit endlich

$$\varkappa = \frac{10}{9}.$$

In ähnlicher Weise kann $\varkappa$ auch unter Berücksichtigung der zweiten Komponente τ_{xz} von τ berechnet werden; es wird dann etwas größer gefunden. In jedem Falle handelt es sich indessen nur um eine Abschätzung des Wertes, die auf besondere Genauigkeit keinen Anspruch macht.

21. Aufgabe. Ein durchlaufender Balken überdeckt drei Öffnungen von gleicher Größe und ist gleichförmig belastet; man soll die Auflagerkräfte berechnen.

Lösung. Der Symmetrie wegen ist der Druck auf jede der beiden Mittelstützen gleich groß; er sei mit C bezeichnet. Der Auflagerdruck A am linken Trägerende ist dann $A = \frac{3ap}{2} - C$, wenn p die Last für die Längeneinheit und a die Weite einer Öffnung bedeuten.

.In der ersten Öffnung hat man

$$M = x\left(\frac{3\,ap}{2} - C\right) - \frac{px^2}{2}.$$

Die Differentialgleichung der elastischen Linie wird daher für diesen Ast

$$EJ\frac{d^2y}{dx^2} = \frac{px^2}{2} + x\left(C - \frac{3\,ap}{2}\right)$$

und hieraus durch Integration

$$EJ\frac{dy}{dx} = \frac{px^3}{6} + \frac{x^2}{2}\left(C - \frac{3\,ap}{2}\right) + K,$$

$$EJy = \frac{px^4}{24} + \frac{x^3}{6}\left(C - \frac{3\,ap}{2}\right) + Kx + K'.$$

Wegen $y = 0$ für $x = 0$ hat man $K' = 0$ und wegen $y = 0$ für $x = a$ folgt

$$0 = \frac{pa^4}{24} + \frac{a^3}{6}\left(C - \frac{3\,ap}{2}\right) + Ka \quad \text{oder} \quad K = \frac{5\,pa^3}{24} - C\frac{a^2}{6}.$$

In der zweiten Öffnung ist

$$M = (x + a)\left(\frac{3\,ap}{2} - C\right) + Cx - p\frac{(a + x)^2}{2}$$

$$= \frac{pax}{2} + pa^2 - Ca - \frac{px^2}{2},$$

wenn hier die Abszissen x von der Mittelstütze aus gerechnet werden. Die Differentialgleichung für den Mittelast der elastischen Linie lautet daher

$$EJ\frac{d^2y}{dx^2} = \frac{px^2}{2} + Ca - \frac{pax}{2} - pa^2$$

und hieraus durch Integration

$$EJ\frac{dy}{dx} = \frac{px^3}{6} + Cax - \frac{pax^2}{4} - pa^2x + K'',$$

$$EJy = \frac{px^4}{24} + Ca\frac{x^2}{2} - \frac{pax^3}{12} - \frac{pa^2x^2}{2} + K''x + K'''.$$

Für $x = 0$ und für $x = a$ verschwindet wieder y und daraus folgt $K''' = 0$ und

$$0 = \frac{-pa^4}{24} + C\frac{a^3}{2} - p\frac{a^4}{12} - p\frac{a^4}{2} + K''a \quad \text{oder} \quad K'' = \frac{13}{24}pa^3 - C\frac{a^2}{2}.$$

Wir haben jetzt noch die Bedingung, daß sich die beiden Äste der elastischen Linie an der Mittelstütze ohne Knick aneinander schließen müssen. Dazu gehört, daß $\frac{dy}{dx}$ für $x = a$ im ersten Aste gleich $\frac{dy}{dx}$ für $x = 0$ im zweiten Aste wird. Dies liefert die Gleichung

$$\frac{pa^3}{6} + \frac{a^2}{2}\Big(C - \frac{3ap}{2}\Big) + K = K'',$$

oder nach Einsetzen der Werte von K und K''

$$\frac{a^2}{2}\,C - \frac{7}{12}\,pa^3 + \frac{5}{24}\,pa^3 - C\frac{a^2}{6} = \frac{18}{24}\,pa^3 - C\frac{a^2}{2}.$$

In dieser Gleichung ist C die einzige Unbekannte. Die Auflösung liefert

$$C = \frac{11}{10}\,pa.$$

Auf jede Mittelstütze kommt also um 10% mehr als die Last einer Öffnung. Da die gesamte Belastung des Trägers $3pa$ beträgt, bleibt für den Druck auf jede Endstütze $0{,}4\,pa$.

22. Aufgabe. Ein im Grundrisse rechteckig gestalteter Raum wird von zwei sich in der Mitte kreuzenden und an dieser Stelle miteinander verbundenen Trägern mit den Ordnungsnummern 1 und 2 überdeckt. An der Kreuzungsstelle ist eine Last **P** *aufgehängt; wieviel kommt davon auf jeden Träger?*

Lösung. Der Biegungspfeil f in der Mitte muß für beide Träger gleich sein. Nimmt der erste Träger den Anteil C, der andere also $P - C$ der ganzen Last auf, so hat man die Bedingungsgleichung

$$\frac{Cl_1{}^3}{48\,EJ_1} = \frac{(P-C)l_2{}^3}{48\,EJ_2},$$

woraus

$$C = P\,\frac{l_2{}^3 J_1}{l_1{}^3 J_2 + l_2{}^3 J_1}$$

folgt. — Ganz ähnlich läßt sich die Aufgabe auch für den Fall lösen, daß sich die Träger nicht in der Mitte, sondern an irgendeiner anderen Stelle kreuzen. An Stelle von f ist dann die zur betreffenden Abszisse gehörige Ordinate y der elastischen Linie jedes Trägers einzusetzen.

23. Aufgabe. Ein Balken hat einen quadratischen Querschnitt von 10 cm Seitenlänge, ist am linken Ende eingespannt und trägt im Abstande von 80 cm vom linken Ende eine nach oben gekehrte Last von 600 kg und in 120 cm Abstand eine nach abwärts gehende Last von 1000 kg (Abb. 42). Wie groß ist die Biegungsbeanspruchung des Balkens im gefährlichsten Querschnitt und um wieviel senkt sich das rechte Ende des Balkens, wenn der Elastizitätsmodul gleich 2 000 000 kg/cm² angenommen wird?

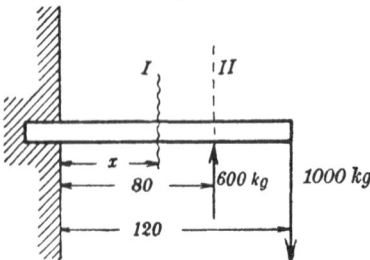

Abb. 42.

Lösung. Das größte Biegungsmoment M_{max} tritt im Einmaurungsquerschnitt auf; man hat

$$M_{max} = 1000 \cdot 120 - 600 \cdot 80 = 72\,000 \text{ cmkg.}$$

Die Biegungsbeanspruchung berechnet sich für den rechteckigen Querschnitt nach der Formel

$$\sigma = \frac{6\,M}{b\,h^2} = \frac{6 \cdot 72\,000}{1000} = 432\ \frac{\text{kg}}{\text{cm}^2}.$$

Um die zweite Frage zu beantworten, beachten wir, daß sich die elastische Linie aus zwei Ästen zusammensetzt, deren erster von $x = 0$ bis $x = 80$ (siehe Abb. 42) und deren zweiter von $x = 80$ bis $x = 120$ reicht. Im ersten Lastgebiet hat man für das Biegungsmoment den Ausdruck

$$M_\mathrm{I} = 1000(120 - x) - 600(80 - x) = 72\,000 - 400x.$$

Hierbei sind die Vorzeichen der Momente der beiden Lasten so eingesetzt, wie sie sich im rechten Balkenabschnitt ergeben, wenn man im Uhrzeigersinn drehende Momente positiv rechnet. Ein Biegungsmoment gilt aber dann als positiv, wenn die Kräfte am linken Balkenabschnitte im Uhrzeigersinne drehen. Hat man daher, wie es hier geschehen ist, das Biegungsmoment aus den Momenten der Lasten am rechten Balkenteile berechnet, so muß man nachträglich noch einen Vorzeichenwechsel vornehmen. In die Gleichung der elastischen Linie haben wir daher

$$M_\mathrm{I} = 400x - 72\,000$$

einzusetzen; M_I wird dann innerhalb des ganzen Gebiets I negativ, und dieses Vorzeichen entspricht dem Umstande, daß der Balken so gebogen wird, daß er die Hohlseite nach abwärts kehrt.

Die Differentialgleichung der elastischen Linie im ersten Aste lautet daher

$$EJ\,\frac{d^2 y_\mathrm{I}}{dx^2} = 72\,000 - 400x,$$

und durch Integration erhält man daraus

$$EJ\,\frac{dy_\mathrm{I}}{dx} = 72\,000x - 200x^2 + C_1;$$

$$EJ y_\mathrm{I} = 36\,000x^2 - \frac{200}{3}x^3 + C_1 x + C_2.$$

An der Einspannstelle, also bei $x = 0$, muß aber sowohl y_I als $\frac{dy_\mathrm{I}}{dx}$ gleich Null bleiben; daher ist $C_1 = C_2 = 0$, und man behält

$$EJy_1 = 36\,000\,x^2 - \frac{200}{3}x^3.$$

Im zweiten Lastgebiete hat man, wenn die vorher besprochene Vorzeichenumkehr sofort berücksichtigt wird,

$$M_{II} = -1000(120 - x) = 1000x - 120\,000.$$

Aus der Gleichung der elastischen Linie erhält man hiermit

$$EJ\frac{d^2y_{II}}{dx^2} = 120\,000 - 1000x$$

$$EJ\frac{dy_{II}}{dx} = 120\,000x - 500x^2 + C_3$$

$$EJy_{II} = 60\,000x^2 - \frac{500}{3}x^3 + C_3x + C_4.$$

An der Stelle $x = 80$ müssen beide Äste stetig ineinander übergehen; diese Grenzbedingungen lauten hier

$$120\,000 \cdot 80 - 500 \cdot 80^2 + C_3 = 72\,000 \cdot 80 - 200 \cdot 80^2$$

$$60\,000 \cdot 80^2 - \frac{500}{3}80^3 + C_3 80 + C_4 = 36\,000 \cdot 80^2 - \frac{200}{3}80^3$$

und durch Auflösen der Gleichungen erhält man

$$C_3 = -300 \cdot 80^2 = -1\,920\,000; \quad C_4 = 100 \cdot 80^3 = 51\,200\,000.$$

Bezeichnet man die Senkung des rechten Trägerendes, nach der in der Aufgabe gefragt wird, mit f, so erhält man dafür nach der Gleichung des zweiten Astes der elastischen Linie

$$EJf = 60\,000 \cdot 120^2 - \frac{500}{3}120^3 - 300 \cdot 80^2 \cdot 120 + 100 \cdot 80^3$$
$$= 396{,}8 \cdot 10^6,$$

und hiermit wird

$$f = \frac{396{,}8 \cdot 10^6}{2 \cdot 10^6 \cdot 10^4} \cdot 12 = 0{,}23\,808 \text{ cm oder rund } 0{,}24 \text{ cm.}$$

Die Dimensionen wurden nicht überall beigeschrieben; es sei nur nachträglich bemerkt, daß C_3 die Dimension $cm^2 kg$ und C_4 die Dimension $cm^3 kg$ hat.

24. *Aufgabe.* *Ein Balken ist an beiden Enden aufgelagert und besteht, wie in Abb. 43 angedeutet, aus zwei Teilen, die in der Mitte der Spannweite fest miteinander verbunden sind. Die*

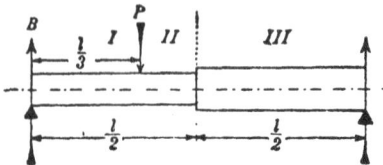

Abb. 43.

Biegungssteifigkeit der linken Hälfte sei mit EJ bezeichnet: die der rechten Hälfte soll dreimal so groß angenommen werden. Im Abstande $\frac{1}{3}l$ vom linken Auflager ist die Last P aufgebracht; man soll die durch sie an irgendeiner Stelle, z. B. an der Angriffsstelle der Last, hervorgebrachte Durchbiegung f berechnen.

Lösung. Der Auflagerdruck B am linken Stabende ist gleich $\frac{2}{3}P$ und das Biegungsmoment M_I in einem Querschnitte des von $x=0$ bis $x=\frac{1}{3}l$ reichenden ersten Abschnitts ist

$$M_I = \tfrac{2}{3}Px.$$

Von da ab weiterhin nach rechts hat man überall

$$M = Bx - P\left(x - \frac{l}{3}\right) = \tfrac{1}{3}P(l - x).$$

Dagegen zerfällt die elastische Linie wegen der sprungweisen Querschnittsänderung in der Stabmitte in drei Äste, für die man der Reihe nach

$$EJ\,\frac{d^2 y_I}{dx^2} = -\tfrac{2}{3}Px; \qquad EJ\,\frac{d^2 y_{II}}{dx^2} = -\tfrac{1}{3}P(l - x);$$

$$3\,EJ\,\frac{d^2 y_{III}}{dx^2} = -\tfrac{1}{3}P(l - x)$$

anschreiben kann. Setzt man zur Abkürzung

$$\frac{P}{EJ} = \gamma,$$

so erhält man durch einmalige Integration der Reihe nach

$$\frac{dy_I}{dx} = C_1 - \frac{\gamma x^2}{3}; \qquad \frac{dy_{II}}{dx} = C_2 + \frac{\gamma}{6}(l - x)^2;$$

$$\frac{d_{III}}{dx} = C_3 + \frac{\gamma}{18}(l - x)^2.$$

An den beiden Übergangsstellen $x = \dfrac{l}{3}$ und $x = \dfrac{l}{2}$ müssen die Differentialquotienten für die in ihnen zusammenstoßenden Äste gleich groß sein. Daraus ergibt sich

$$C_2 = C_1 - \frac{\gamma l^2}{9}; \qquad C_3 = C_2 + \frac{\gamma l^2}{36} = C_1 - \frac{\gamma l^2}{12}.$$

Integriert man nochmals und setzt die eben gefundenen Werte ein, so erhält man

$$y_I = C_4 + C_1 x - \frac{\gamma x^3}{9}; \qquad y_{II} = C_5 + C_1 x - \frac{\gamma l^2}{9}x + \frac{\gamma}{18}(l - x)^3;$$

$$y_{III} = C_6 + C_1 x - \frac{\gamma l^2}{12}x - \frac{\gamma}{54}(l - x)^3$$

Wegen der Grenzbedingung am linken Auflager muß $C_4 = 0$ sein. Aus den Bedingungen für y an den Übergangsstellen findet man

$$C_5 = \frac{4}{81}\gamma l^3; \qquad C_6 = \frac{5}{162}\gamma l^3.$$

Endlich muß noch y_{III} für $x = l$ verschwinden, woraus

$$C_1 = \frac{17}{324}\gamma l^3$$

folgt. Hiermit sind alle Integrationskonstanten bestimmt und man kann die Durchsenkung für jede beliebige Stelle nach den vorhergehenden Formeln berechnen. Für $x = \dfrac{l}{3}$ erhält man aus y_I oder y_{II}

$$f = \frac{17}{1296}\gamma l^3 = \frac{17}{1296}\frac{Pl^3}{EJ}.$$

Vierter Abschnitt.

Die Formänderungsarbeit.

§ 33. Die potentielle Energie eines gebogenen Stabes.

Wir berechnen zunächst die in irgendeinem Balkenelemente von der Länge dx aufgespeicherte Formänderungsarbeit. Wenn man annimmt, daß die Schubspannungen neben den Normalspannungen nicht in Betracht kommen, oder wenn es sich um den Fall der reinen Biegungsbeanspruchung handelt, hat man für die auf die Raumeinheit bezogene Formänderungsarbeit nach Gl. (39)

$$A = \frac{\sigma^2}{2E},$$

und für σ kann beim gebogenen Balken nach Gl. (46)

$$\sigma = \frac{M}{J} y$$

gesetzt werden. Setzt man dies ein, multipliziert A mit dem Inhalte $d\tau$ eines Volumenelementes und integriert hierauf über alle $d\tau$ des betrachteten Balkenelementes, so erhält man für die in diesem Balkenelemente aufgespeicherte Formänderungsarbeit dA den Ausdruck

$$dA = \int \frac{M^2}{2EJ^2} y^2 d\tau.$$

Für $d\tau$ kann man aber $dx \cdot dF$ setzen. Der Faktor dx kann vor das Integralzeichen gesetzt werden, ebenso M, E und J, und man erhält

$$dA = \frac{M^2}{2EJ^2} dx \int y^2 dF.$$

Das verbliebene Integral stellt das Trägheitsmoment des Querschnitts dar; der Ausdruck vereinfacht sich daher zu

$$dA = \frac{M^2}{2EJ} dx. \tag{87}$$

Zu demselben Ausdrucke kann man auch noch auf einem anderen Wege gelangen. Betrachtet man nämlich nur das eine Balkenelement während der Formänderung, so sind die an den beiden Querschnittsflächen auftretenden Normalspannungen äußere Kräfte für dieses Körperstück, und die von ihnen geleistete Arbeit muß gleich der in dem Stücke aufgespeicherten potentiellen Energie sein. Eine Bewegung des Körperstücks als Ganzes kommt dabei nicht in Betracht, da sich die äußeren Kräfte daran im Gleichgewicht halten, so daß die bei einer solchen Bewegung von ihnen geleistete Arbeit gleich Null ist. Wir brauchen uns daher nur um die relativen Bewegungen innerhalb des Körperelements zu kümmern. Am einfachsten geben wir uns über diese Rechenschaft, wenn wir uns den einen Querschnitt festgehalten denken. Der andere Querschnitt führt dann gegen diesen eine Drehung um den Winkel $d\varphi$ aus, der in Gl. (74) zu

$$d\varphi = \frac{M}{EJ}dx$$

berechnet ist. Die Normalspannungen an dem festgehaltenen Querschnitte leisten während dieser Bewegung keine Arbeit, da ihre Angriffspunkte in Ruhe bleiben. Am anderen Querschnitte können wir uns die Normalspannungen zu einem Kräftepaare vereinigt denken, dessen Moment gleich dem Biegungsmomente M ist. Die Arbeit bei der Drehung ist daher

$$dA = \tfrac{1}{2}Md\varphi = \frac{M^2}{2EJ}dx,$$

wie schon vorher gefunden war. Der Faktor $\tfrac{1}{2}$ mußte hier wieder deshalb beigefügt werden, weil das Moment nicht während der ganzen Bewegung dieselbe Größe M hat, sondern von Null an proportional mit der schon ausgeführten Formänderung bis auf den Endwert M anwächst. Als Mittelwert des Moments während der ganzen Drehung ist daher $\tfrac{1}{2}M$ einzuführen.

Die in dem ganzen Balken aufgespeicherte Formänderungsarbeit A ist demnach

$$A = \tfrac{1}{2}\int\frac{M^2}{EJ}dx. \tag{88}$$

Wenn die Arbeit der Schubspannungen nicht vernachlässigt werden soll, muß hierzu noch ein Glied gefügt werden,
das aus den Entwicklungen in § 29 unmittelbar entnommen
werden kann. Man muß dabei beachten, daß die Schubspannungen bei der Drehung der beiden Querschnitte gegeneinander
keine Arbeit leisten, da die Wege der Angriffspunkte hierbei
senkrecht zur Kraftrichtung stehen, während umgekehrt bei
der Schiebung des einen Querschnitts relativ zum anderen die
Bewegung senkrecht zu den Normalspannungen erfolgt, so daß
hierbei nur die Schubspannungen Arbeit leisten. In der Tat
wird daher die ganze Formänderungsarbeit für ein Balkenelement durch einfache Summierung der beiden Werte erhalten,
von denen sich der eine nur auf die Drehung und die Normalspannungen, der andere nur auf die Schiebung und die Schubspannungen bezieht. Für ein Balkenelement war die Arbeit
der Schubspannungen in § 29 zu

$$\tfrac{1}{2} V du = \varkappa \frac{V^2}{2\,G\,F}\,dx$$

gefunden. Mit Rücksicht auf die Schubspannungen wird daher die ganze im gebogenen Balken aufgespeicherte Formänderungsarbeit zu

$$A = \tfrac{1}{2}\int \frac{M^2}{EJ}\,dx + \tfrac{1}{2}\int \frac{\varkappa\,V^2}{G\,F}\,dx \qquad (89)$$

erhalten.

Wenn etwa neben der Biegungsbeanspruchung noch eine
achsiale Belastung des Stabes vorkommen sollte, muß dazu
noch ein drittes Glied gefügt werden. An dieser Stelle soll
aber auf solche Fälle nicht weiter eingegangen werden.

Die im Stabe aufgespeicherte potentielle Energie muß
ferner auch gleich der von den äußeren Kräften während der
Formänderung geleisteten Arbeit sein, wenn wir dabei voraussetzen, daß die Belastung ganz allmählich erfolgt, so daß die
lebendige Kraft der bewegten Massen während der Formänderung vernachlässigt werden kann. Hierdurch sind wir
in den Stand gesetzt, noch einen zweiten Ausdruck
für A aufzustellen. Dieser gilt zugleich in derselben Form
nicht nur für den gebogenen Stab, sondern auch für jeden

Körper von beliebiger Gestalt und für jede Belastung, falls
nur der Körper dem Hookeschen Elastizitätsgesetze gehorcht
und genügend gestützt ist, so daß er keine Verschiebung ohne
Formänderung auszuführen vermag. Die an einem solchen
Körper angreifenden äußeren Kräfte teilt man in „Lasten" und
in „Auflagerkräfte" ein. Als „Lasten" sind dabei jene äußeren
Kräfte bezeichnet, die man ganz nach Belieben wählen darf,
da sie an keinerlei Bedingungen gebunden sind, während die
Auflagerkräfte von den Lasten abhängig sind und den Gleichgewichtsbedingungen zwischen den äußeren Kräften genügen
müssen.

In den gewöhnlich vorkommenden Fällen leisten die Auflagerkräfte überhaupt keine Arbeit. Ihre Angriffspunkte sind
nämlich entweder vollständig festgehalten oder, wenn ein Angriffspunkt längs einer Auflagerbahn beweglich ist, steht die
Verschiebung, die er erfährt, senkrecht zur Richtung der Auflagerkraft; in beiden Fällen ist also die Arbeit gleich Null.
Nur dann, wenn etwa ein Auflagerpunkt längs eines Gleitlagers
verschieblich sein sollte, in dem eine Reibung von merklichem
Betrage zu überwinden wäre, käme die Arbeit dieser Reibung
in Betracht. Dieser Fall soll aber bei allen Betrachtungen
dieses Abschnittes ausdrücklich ausgeschlossen werden.

Wir brauchen also jetzt nur die von den Lasten P geleisteten Arbeiten zu beachten. Während des Anwachsens der
Belastung und der von ihr hervorgebrachten Formänderung
leistet jede Kraft P eine Arbeit, die gleich dem Linienintegrale
der Kraft über den von ihrem Angriffspunkt zurückgelegten
Weg ist. Diese einzelnen Arbeitsbeträge sind verschieden, je
nach der Art, wie die Belastung hergestellt wird: sie sind
nämlich abhängig von der Reihenfolge, in der die einzelnen
Lasten aufgebracht werden. In jedem Falle muß aber, nachdem
der vorgeschriebene Endzustand erreicht ist, die Summe der geleisteten Arbeiten gleich der nur von diesem Endzustande abhängigen potentiellen Energie des deformierten Körpers, also
bei einem gebogenen Stabe gleich dem durch Gl. (89) ange-
gegebenen Werte sein. Diese Summe ist daher unabhängig
von der Reihenfolge in der Herstellung der Belastung.

Bei dieser Beweisführung ist stillschweigend vorausgesetzt, daß zu gegebenen Lasten ein eindeutig bestimmter Formänderungszustand des belasteten Körpers gehört. Es muß jedoch hinzugefügt werden, daß unter besonderen Umständen auch Fälle möglich sind, bei denen diese Voraussetzung nicht zutrifft. Das gilt z. B. von einer Armbrust, die beim Fehlen äußerer Kräfte ebensowohl gespannt als ungespannt sein kann, je nach der Art, wie der Endzustand herbeigeführt wurde. Daraus geht hervor, daß nicht unter allen Umständen der Formänderungszustand eindeutig von den an dem Körper angreifenden Lasten abhängt. Wenn man mit einem solchen Falle einmal ausnahmsweise zu tun bekommt, wird man aber niemals im Zweifel darüber sein, daß ein besonderer Umstand vorliegt, der eine eigene Betrachtung erforderlich macht. Es ist daher nicht nötig, hier ausführlicher darauf einzugehen; wir begnügen uns vielmehr damit, hier nur die gewöhnlich vorkommenden Fälle zu behandeln, bei denen der Endzustand des deformierten Körpers in eindeutiger Weise von den gegebenen Lasten abhängt.

Setzen wir überdies noch voraus, daß der Körper nicht durch Gleitlager unterstützt ist, in denen Reibungen von merklichem Betrage vorkommen, so gelangen wir zu einem einfachen und eindeutigen Ausdrucke für die Formänderungsarbeit, indem wir annehmen, daß alle Lasten P gleichzeitig aufgebracht werden und zusammen in dem gleichen Verhältnisse anwachsen. Bezeichnet man die Verschiebung, die der Angriffspunkt einer dieser Lasten P in der Richtung von P erfährt, mit y, so ist die Arbeit von P wegen des allmählichen Anwachsens von P wie in früheren Fällen dieser Art gleich $\frac{1}{2} P y$ zu setzen, und für die Formänderungsarbeit erhalten wir daher den Ausdruck

$$A = \tfrac{1}{2} \textstyle\sum P y, \tag{90}$$

wobei die Summierung über alle Lasten zu erstrecken ist.

Wenn der Balken nur eine einzige Last trägt, kann die Gleichsetzung der Ausdrücke (90) und (88) oder (89) zur Berechnung der Verschiebung des Angriffspunktes der Last benutzt werden. Dies möge an dem Beispiele eines Balkens, der am einen Ende eingemauert ist und am freien Ende eine Last P trägt, erläutert werden. Im Abstande x vom freien Ende ist $M = Px$. Wenn wir den Einfluß der Schubkräfte auf die Durchbiegung vernachlässigen, erhalten wir A nach Gl. (88)

$$A = \frac{P^2}{2EJ} \int_0^l x^2 dx = \frac{P^2 l^3}{6EJ}.$$

Die Durchbiegung f des freien Endes folgt daher aus

$$\tfrac{1}{2}Pf = \frac{P^2 l^3}{6EJ} \quad \text{zu} \quad f = \frac{Pl^3}{3EJ}.$$

Dieses Ergebnis steht in Übereinstimmung mit dem in Gl. (81) für den Biegungspfeil eines beiderseits gestützten Balkens, der in der Mitte eine Last trägt. Der aus der Mauer vorkragende Balken verhält sich nämlich wie die Hälfte eines beiderseits gestützten von der doppelten Länge, der in der Mitte die doppelte Last trägt. In der Tat kann der soeben für f abgeleitete Wert auch in der Form

$$f = \frac{2P \cdot (2l)^3}{48EJ}$$

geschrieben werden, womit die Übereinstimmung nachgewiesen ist.

Selbstverständlich kann auch hier der Einfluß der Schubspannungen auf die Durchbiegung f leicht berücksichtigt werden, indem man A nicht nach Gl. (88), sondern nach Gl. (89) berechnet. Man kommt dann wieder zu den gleichen Ergebnissen, wie nach dem früheren Verfahren.

§ 34. Die Einflußzahlen und der Satz von der Gegenseitigkeit der Verschiebungen.

In beistehender Abbildung 44 ist ein Balken gezeichnet, der an beiden Enden frei aufliegt und an dem die Lasten P_1 und P_2 an den durch die Abszissen p_1 und p_2 gekennzeichneten Stellen angreifen. Die elastischen Durchsenkungen, die der Balken an beiden Stellen erfährt, seien mit y_1 und y_2 bezeichnet. Beide hängen sowohl von P_1 als von P_2 ab, und zwar können sie nach dem Superpositionsgesetze, das

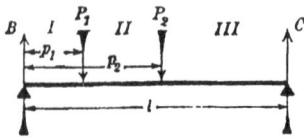
Abb. 44.

wir hier ohne weiteres als gültig ansehen dürfen, als Summen von je zwei Gliedern dargestellt werden, in der Form

$$\left.\begin{aligned} y_1 &= \alpha_{11} P_1 + \alpha_{12} P_2 \\ y_2 &= \alpha_{21} P_1 + \alpha_{22} P_2 \end{aligned}\right\} \tag{91}$$

Die darin vorkommenden Koeffizienten α hängen ab von der Biegungssteifigkeit des Balkens, ferner von der Lage des Querschnitts, an dem die Durchbiegung festgestellt werden soll, und endlich von der Lage des Angriffspunktes der Last, die den betreffenden Anteil an der ganzen Durchbiegung hervorbringt. Kommen mehr als zwei Lasten vor, so erhöht sich die Zahl der Glieder, aus denen sich jedes y zusammensetzt, entsprechend. Irgendein α_{mn} bedeutet dann die Durchbiegung an der Stelle m, die durch eine der Krafteinheit gleiche Last hervorgebracht wird, wenn diese im Querschnitt n angreift.

Die in dieser Weise festgestellten Größen α nennt man kurzweg die „Einflußzahlen" oder auch ausführlicher „die Einflußzahlen für die elastischen Durchbiegungen usf.". Ein Ansatz von der Form der Gleichungen (91) ist nämlich immer möglich, um eine Wirkung zu beschreiben, die durch mehrere Ursachen hervorgebracht wird, für die das Gesetz der Superposition gültig ist und stets, wenn dies zutrifft, kann man auch in einem weiteren Sinne das Wort „Einflußzahlen" für die in dem Ansatze auftretenden Koeffizienten α gebrauchen. Ein solcher Ansatz wird namentlich in der Regel möglich sein, wenn es sich darum handelt, die elastische Formänderung eines ganz beliebig gestalteten Körpers durch irgendwie gegebene Lasten zu untersuchen. Ich möchte aber dem Leser überlassen, sich dies nachträglich selbst noch näher zu überlegen und der Anschaulichkeit wegen das durch Abb. 44 angegebene Beispiel des auf Biegung beanspruchten Balkens in den Vordergrund stellen.

Setzt man die Werte für die Einsenkungen y aus den Gl. (91) in den durch Gl. (90) gegebenen Ausdruck für die Formänderungsarbeit ein, so erhält man nach einfacher Ausrechnung

$$A = \tfrac{1}{2}(\alpha_{11} P_1^2 + \alpha_{22} P_2^2 + (\alpha_{12} + \alpha_{21}) P_1 P_2). \tag{92}$$

Dieser Ausdruck ist aber noch einer wichtigen Vereinfachung fähig, die aus dem zuerst von Maxwell aufgestellten Satze von der Gegenseitigkeit der Verschiebungen hervorgeht. Nach diesem Satze kann nämlich

$$\alpha_{12} = \alpha_{21} \tag{93}$$

gesetzt werden. Um den Satz zu beweisen, erinnere ich zunächst daran, daß die Formänderungsarbeit in Gl. (90) unter der ausdrücklichen Voraussetzung berechnet wurde, daß die Lasten gleichzeitig aufgebracht werden und miteinander gleichmäßig anwachsen sollten. Derselbe Endzustand kann aber auch dadurch hergestellt werden, daß man zuerst nur P_1 aufbringt und, nachdem dies geschehen ist, erst P_2 folgen läßt, oder auch drittens, indem man die Belastung in umgekehrter Reihenfolge vornimmt. Solange bei diesen Vorgängen die Grenze der vollkommenen Elastizität und der Proportionalität nicht überschritten wird, ist in jedem Falle die Summe der von den Lasten geleisteten Arbeiten gleich der im Endzustande des Balkens aufgespeicherten potentiellen Energie zu setzen. Also ist die Summe in allen drei Fällen von der gleichen Größe.

Lassen wir zunächst P_1 auf den vorher unbelasteten Balken wirken, so senkt sich der Angriffspunkt von P_1 um die Strecke

$$\alpha_{11} P_1.$$

Während dieses Vorgangs, den wir uns, wie bei allen Betrachtungen, mit denen wir jetzt zu tun haben, ganz allmählich erfolgt denken, leistet die Kraft P_1 eine Arbeit, die gleich

$$\tfrac{1}{2} P_1 \cdot \alpha_{11} P_1$$

zu setzen ist. Hierauf lassen wir die Last P_2 einwirken und zwar auch so, daß sie allmählich von 0 bis auf P_2 anwächst, während sich an der schon vorhandenen Last P_1 nichts ändert. Bei der Formänderung, die durch P_2 hervorgebracht wird, verschieben sich die Angriffspunkte beider Kräfte. Beide leisten also Arbeit, wobei zu beachten ist, daß P_1 während der ganzen Dauer dieses Vorgangs seine Größe beibehält, während P_2

von Null bis zu seinem Endwerte anwächst. Die im zweiten Abschnitt des ganzen Belastungsvorgangs geleistete Arbeit ist daher gleich

$$P_1 \cdot \alpha_{12} P_2 + \tfrac{1}{2} P_2 \cdot \alpha_{22} P_2$$

und im ganzen erhält man die Arbeitsleistung

$$A = \tfrac{1}{2}\alpha_{11} P_1^2 + \alpha_{12} P_1 P_2 + \tfrac{1}{2}\alpha_{22} P_2^2, \qquad (94)$$

was mit der im vollständig belasteten Balken aufgespeicherten potentiellen Energie, also auch mit dem in Gl. (92) berechneten Arbeitsbetrage übereinstimmen muß.

Der Vergleich beider Werte lehrt sofort, daß $\alpha_{12} = \alpha_{21}$ sein muß, womit der Maxwellsche Satz bereits bewiesen ist. Man kann auch noch berechnen, welche Arbeit von den äußeren Kräften geleistet wird, wenn man zuerst P_2 aufbringt und dann erst P_1 folgen läßt. Hierfür lassen sich dieselben Schlüsse wiederholen, wobei nur die Zeiger 1 und 2 miteinander zu vertauschen sind. Man findet daher auch

$$A = \tfrac{1}{2}\alpha_{22} P_2^2 + \alpha_{21} P_2 P_1 + \tfrac{1}{2}\alpha_{11} P_1^2,$$

was beim Vergleiche mit den früheren Ausdrücken wiederum zu dem Schlusse $\alpha_{12} = \alpha_{21}$ führt.

Schließlich sei nochmals darauf aufmerksam gemacht, daß das besondere Beispiel, das wir zugrunde legten, für diese Schlußfolgerungen unwesentlich ist. Man betrachte die nebenstehende Abbildung 45, die einen beliebig gestalteten und beliebig aufgelagerten Träger darstellen soll. Auf diesem Körper wähle man zwei beliebige Punkte I und II aus und ziehe durch jeden in beliebiger Richtung irgendeine gerade Linie. Läßt man dann eine Last an I in der angenommenen Richtung angreifen, so wird sich bei der dadurch hervorgerufenen elastischen Formänderung der Punkt II in

Abb. 45.

irgendeiner Richtung verschieben. Von dieser Gesamtverschiebung wollen wir jetzt aber nur auf jene Komponente achten, die in die Richtung der durch II gelegten Geraden fällt. Von dieser Verschiebung läßt sich behaupten, daß sie ebenso groß ist wie die Verschie-

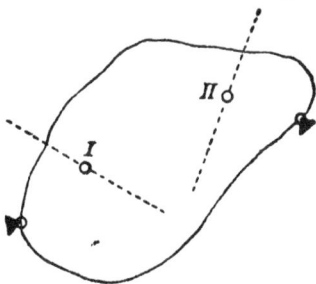

bungskomponente von I in der Richtung der durch I gelegten Geraden, die durch eine ebenso große im Punkte II angreifende und in
der dort gewählten Richtung wirkende Belastung hervorgebracht wird.
Denn alle vorhergehenden Formeln für die Formänderungsarbeit und
die daraus gezogenen Schlüsse lassen sich ohne Änderung auch auf
den hier vorliegenden Fall übertragen.

Wir wollen jetzt noch einen weiteren Ausdruck für die
Formänderungsarbeit des an zwei Stellen belasteten Balkens
aufstellen, indem wir von Gl. (88) für die aufgespeicherte Formänderungsarbeit

$$A = \tfrac{1}{2} \int \frac{M^2}{EJ}\, dx$$

ausgehen. Um diesen Wert für den in Abb. 44 dargestellten
Belastungsfall weiter ausrechnen zu können, haben wir das
Biegungsmoment M in den Lasten P_1 und P_2 auszudrücken.
Das kann genau so geschehen, wie es früher schon in § 28,
S. 124 gezeigt wurde. Im ersten, von $x = 0$ bis $x = p_1$ rei-
chenden Abschnitt des Balkens findet man

$$M_{\mathrm{I}} = Bx$$

und allgemeiner kann man in der damals gebrauchten Schreibweise die verschiedenen Ausdrücke für M in der Gleichung (82)

$$M = \underset{\mathrm{I}}{Bx,} - \underset{\mathrm{II}}{P_1(x - p_1),} - \underset{\mathrm{III}}{P_2(x - p_2),}$$

zusammenfassen.

Die Formänderungsarbeit läßt sich als eine Summe

$$A = A_{\mathrm{I}} + A_{\mathrm{II}} + A_{\mathrm{III}}$$

$$= \frac{1}{2\,EJ}\left(\int_0^{p_1} M_{\mathrm{I}}^2\, dx + \int_{p_1}^{p_2} M_{\mathrm{II}}^2\, dx + \int_{p_2}^{l} M_{\mathrm{III}}^2\, dx\right)$$

darstellen und gliedweise berechnen. Hierbei wird vorausgesetzt,
daß EJ über die ganze Stablänge denselben Wert hat. Man
findet beim Ausrechnen

$$\int_0^{p_1} M_{\mathrm{I}}^2\, dx = B^2 \frac{p_1^3}{3} = \frac{p_1^3}{3l^2}\,(P_1(l - p_1) + P_2(l - p_2))^2.$$

Gebraucht man zur Abkürzung die Bezeichnung q_1 für $(l - p_1)$ und q_2 für $(l - p_2)$, so läßt sich dafür auch

$$\int_0^{p_1} M_\mathrm{I}^2\, dx = \frac{p_1^3}{3\,l^2}(P_1^2 q_1^2 + 2\,P_1 P_2 q_1 q_2 + P_2^2 q_2^2)$$

schreiben. Die im dritten Abschnitte des Balkens aufgespeicherte Formänderungsarbeit läßt sich in derselben Weise wie für den ersten Abschnitt berechnen, wenn man dabei B durch C und die Abstände p durch die Abstände vom rechten Auflager ersetzt; man hat daher

$$\int_{p_2}^{l} M_\mathrm{III}^2\, dx = \frac{q_1^3}{3\,l^2}(P_1^2 p_1^2 + 2\,P_1 P_2 p_1 p_2 + P_2^2 p_2^2).$$

Für das noch fehlende Glied für den mittleren Balkenabschnitt findet man zunächst

$$\int_{p_1}^{p_2} M_\mathrm{II}^2\, dx = \int_{p_1}^{p_2} (Bx - P_1(x - p_1))^2\, dx$$

$$= (B - P_1)^2 \frac{p_2^3 - p_1^3}{3} + P_1 p_1 (B - P_1)(p_2^2 - p_1^2) + P_1^2 p_1^2 (p_2 - p_1).$$

Hierin ist noch

$$B - P_1 = \frac{P_2(l - p_2) - P_1 p_1}{l}$$

zu setzen, womit man

$$\int_{p_1}^{p_2} M_\mathrm{II}^2\, dx = \frac{P_1^2 p_1^2}{3\,l^2}(p_2^3 - p_1^3 - 3\,l p_2^2 + 3\,l p_1^2 + 3\,l^2 p_2 - 3\,l^2 p_1)$$

$$+ \frac{P_1 P_2 p_1 (l - p_2)}{3\,l^2}(3\,l p_2^2 - 3\,l p_1^2 - 2\,p_2^3 + 2\,p_1^3) + P_2^2 \frac{(l - p_2)^2}{\cdot\,3\,l^2}(p_2^3 - p_1^3)$$

findet. Jetzt hat man die Summe der drei Ausdrücke zu bilden und darin die Glieder zusammenzufassen, die mit P_1^2 oder mit $P_1 P_2$ oder P_2^2 behaftet sind. Man erhält zuerst einen längeren Ausdruck, der sich aber durch entsprechende Zusammenziehung der Glieder erheblich verkürzen läßt. Macht man dabei schließlich wieder von den Bezeichnungen q_1 und q_2 für die Abstände der Lasten vom rechten Auflager Gebrauch, so erhält man die verhältnismäßig einfache Formel

$$A = \frac{1}{2EJ}\Big[P_1^2 \frac{p_1^2 q_1^2}{3l} + P_1 P_2 \frac{p_1 q_2}{3l}(l^2 - p_1^2 - q_2^2) + P_2^2 \frac{p_2^2 q_2^2}{3l}\Big]. \quad (95)$$

Wir vergleichen diesen Wert mit dem in Gl. (94) für A berechneten. Dabei ist zu beachten, daß beide Werte für jede beliebige Annahme über die Größe der Kräfte P_1 und P_2 miteinander übereinstimmen müssen, also z. B. auch für die Annahme $P_2 = 0$ usf. Daraus folgt, daß die Glieder einzeln genommen einander gleich sein müssen; also erhält man für die Einflußzahlen

$$\left. \begin{aligned} \alpha_{11} &= \frac{p_1^2 q_1^2}{3EJl}; \quad \alpha_{22} = \frac{p_2^2 q_2^2}{3EJl}, \\ \alpha_{12} &= \alpha_{21} = \frac{p_1 q_2}{6EJl}(l^2 - p_1^2 - q_2^2). \end{aligned} \right\} \quad (96)$$

Zur Prüfung dafür, ob kein Rechenfehler vorgekommen ist, kann man die Probe benutzen, daß für $p_1 = p_2$, also für den Fall, daß beide Lasten im selben Querschnitt angreifen, alle drei Einflußzahlen miteinander übereinstimmen müssen. Man findet, daß dies zutrifft, wenn man beachtet, daß in α_{12} alsdann

$$l^2 - p_1^2 - q_1^2 = l^2 - p_1^2 - (l - p_1)^2 = 2p_1(l - p_1) = 2p_1 q_1$$

erhalten wird. Außerdem kann man α_{11} auch noch mit der früher für den Biegungspfeil f eines in der Mitte belasteten Balkens abgeleiteten Gl. (82)

$$f = \frac{P l^3}{48 EJ}$$

vergleichen. Setzt man nämlich $p_1 = q_1 = \tfrac{1}{2}l$, so wird in der Tat in Übereinstimmung hiermit

$$\alpha_{11} = \frac{l^3}{48 EJ}$$

gefunden.

Die Anwendbarkeit der Formeln (96) reicht übrigens über den zunächst betrachteten Fall des mit zwei Lasten behafteten Balkens erheblich hinaus. Trägt nämlich der Balken beliebig

viele Lasten, so kann man irgend zwei von ihnen herausgreifen
und auf sie die Formeln (96) anwenden. Man findet so sämt-
liche Einflußzahlen, die man nötig hat, um die Durchbiegungen
an allen Stellen und hiermit auch die Formänderungsarbeit für
den beliebig belasteten Balken nach Gl. (90) zu berechnen.

Natürlich könnte man die Formeln (96) auch nach dem
im vorigen Abschnitte in § 28 besprochenen Verfahren aus
der Differentialgleichung der elastischen Linie ableiten. Die
Rechnungen, die dazu durchgeführt werden müßten, würden
auch nicht umständlicher werden, als sie sich hier ergaben.
Aber man sieht ein, daß es sehr nützlich ist, zwei ganz verschiedene Wege zu kennen, die zu dem gleichen Ziele führen
und von denen bei der weiteren Anwendung und je nach dem
Ausgangspunkte bald der eine und bald der andere bequemer ist.

Wegen der Anwendungen des Maxwellschen Satzes auf die
Berechnung von statisch unbestimmten Trägern wird auf § 37ᵃ
verwiesen.

§ 35. Die Sätze von Castigliano.

Wir betrachten jetzt einen Balken, der eine beliebige Zahl
von Lasten P_1 bis P_n trägt und nehmen an, daß eine der Lasten,
etwa die Last P_i, einen unendlich kleinen Zuwachs erfahre,
während alle übrigen Lasten ungeändert bleiben sollen. Wir
wollen berechnen, um wieviel die Formänderungsarbeit A hierbei zunimmt; wir stellen fest, welche Arbeiten die Lasten P bei
der durch dP_i verursachten Formänderung leisten. Die Lage des
Trägers im Raum hat auf die im Träger aufgespeicherte Formänderungsarbeit keinen Einfluß. Die Auflagekräfte eines statisch bestimmten Trägers geben nur die Lage des Trägers
an; sie liefern deshalb keinen Beitrag zur Formänderungsarbeit
und bleiben im nachfolgenden unberücksichtigt.

Die Senkung des Angriffspunktes der Last $\dot P_1$ sei wieder
mit y_1 bezeichnet und die Zunahme von y_1 während des Auf-
bringens von dP_i mit dy_1; dann ist

$$dy_1 = \alpha_{1i} dP_i$$

und die von P_1 bei dieser Bewegung geleistete Arbeit ist gleich

$$P_1 \alpha_{1i} dP_i.$$

Ein entsprechender Ausdruck gilt auch für die Arbeitsleistung aller übrigen Lasten, mit Einschluß der schon vorhanden gewesenen Last P_i. Außerdem leistet noch der Lastzuwachs dP_i, der die ganze Bewegung ausgelöst hat, auch selbst eine Arbeit, bei deren Feststellung zu beachten ist, daß während der Verschiebung dy_i der Lastzuwachs von 0 bis auf dP_i zunimmt, so daß $\frac{1}{2} dP_i$ als durchschnittliche Größe der Kraft auf dem Verschiebungswege dy_i einzusetzen ist. Man findet dafür

$$\tfrac{1}{2} dP_i\, dy_i \quad \text{oder} \quad \tfrac{1}{2} \alpha_{ii} dP_i^2.$$

Das ist aber ein von der zweiten Ordnung unendlich kleiner Arbeitsbetrag, der gegenüber den übrigen Arbeiten, die nur von der ersten Ordnung unendlich klein sind, vernachlässigt werden kann. Geschieht dies, so behält man für die Zunahme der Formänderungsarbeit

$$dA = (P_1 \alpha_{1i} + P_2 \alpha_{2i} + \cdots)\, dP_i.$$

Das Verhältnis beider Zuwüchse dA und dP_i kann als der partielle Differentialquotient von A nach P_i bezeichnet werden, da alle übrigen P, von denen A sonst noch abhängt, bei der Feststellung des Verhältnisses als unveränderlich betrachtet werden. Man schreibt daher

$$\frac{\partial A}{\partial P_i} = P_1 \alpha_{1i} + P_2 \alpha_{2i} + \cdots + P_n \alpha_{ni}.$$

Nach dem Maxwellschen Satze von der Gegenseitigkeit der Verschiebungen kann aber

$$\alpha_{1i} = \alpha_{i1}$$

usf. gesetzt werden, womit die vorhergehende Gleichung übergeht in

$$\frac{\partial A}{\partial P_i} = \alpha_{i1} P_1 + \alpha_{i2} P_2 + \cdots + \alpha_{in} P_n.$$

Nach dem Begriffe der Einflußzahlen gibt die Summe auf der rechten Seite nichts anderes an, als die Einsenkung y_i, die der Querschnitt i unter den gegebenen Lasten P_1 bis P_n erfährt. Man gelangt daher zu der einfachen Formel

$$\frac{\partial A}{\partial P_i} = y_i. \tag{97}$$

Man kann dieses Ergebnis auch noch auf anderem Wege ableiten. Bringt man nämlich die Last dP_i zuerst an dem vorher unbelasteten Balken auf, so leistet sie allein die Arbeit

$$\tfrac{1}{2}\,\alpha_{ii}\,dP_i^2.$$

Läßt man dann die Lasten P_1 bis P_n folgen und zwar so, daß alle gleichmäßig miteinander anwachsen, so bringen sie für sich Formänderungen hervor, die ebenso groß sind, als wenn der Balken noch unbelastet wäre und ihre Arbeitsleistung A wird nach Gl. (90)

$$A = \tfrac{1}{2} \sum P y$$

gefunden. Aber bei dieser zweiten Formänderung leistet auch die vorher schon aufgebrachte Last dP_i noch eine weitere Arbeit auf dem Wege y_i, also die Arbeit

$$dP_i y_i$$

und diese ist nur von der ersten Ordnung klein, so daß ihr gegenüber die vorher von dP_i geleistete Arbeit vernachlässigt werden kann. Wir finden daher die Zunahme der Formänderungsarbeit gegenüber dem Falle, daß der Balken nur die Lasten P trägt,

$$dA = dP_i y_i,$$

woraus man durch Division mit dP_i wiederum auf Gl. (97) gelangt.

Schließlich kann man auch $\dfrac{\partial A}{\partial P_i}$ durch unmittelbare Ausführung der Differentiation an dem durch Gl. (90) gegebenen Ausdrucke ableiten. Hierbei ist zu beachten, daß in jedem Gliede $P_1 y_1$ usf. der Faktor y von allen Lasten und daher auch von P_i abhängig ist, der andere Faktor dagegen nur in dem Gliede, das sich auf P_i selbst bezieht. Dieses Glied trägt daher zwei Glieder zum Differentialquotienten bei und jedes andere nur ein Glied. Man erhält daher zunächst

$$\cdot \frac{\partial A}{\partial P_i} = \tfrac{1}{2}\Big\{ y_i + P_1 \frac{\partial y_1}{\partial P_i} + P_2 \frac{\partial y_2}{\partial P_i} + \cdots + P_n \frac{\partial y_n}{\partial P_i} \Big\}$$

oder wenn man von den Einflußzahlen Gebrauch macht

$$\frac{\partial A}{\partial P_i} = \tfrac{1}{2}\{y_i + P_1\alpha_{1i} + P_2\alpha_{2i} + \cdots + P_n\alpha_{ni}\}.$$

Die mit den P behafteten Glieder in der Klammer lassen sich aber mit Rücksicht auf den Maxwellschen Satz, wie vorher schon besprochen war, zu y_i zusammenziehen, womit man abermals auf die Gleichung

$$\frac{\partial A}{\partial P_i} = y_i$$

geführt wird.

Der Übersichtlichkeit wegen sprach ich bei den vorausgehenden Entwicklungen zwar nur von der Formänderung, die ein Balken erfährt, der durch die Lasten P auf Biegung beansprucht wird. Dieselben Betrachtungen lassen sich aber sinngemäß auch auf einen Körper von irgendeiner anderen Gestalt übertragen, der so gestützt ist, daß er keine Verschiebung ohne Formänderung auszuführen vermag, und an dem die Lasten P auf beliebige Art angebracht sind. Notwendig ist nur 1. daß die Verformungen überall verhältnisgleich den Spannungen sind und damit das Superpositionsgesetz erfüllt ist; 2. daß beim Auftragen der Kräfte keinerlei Reibungen auftreten, die Energie in nicht umkehrbarer Form aufzehren; 3. daß sich die Berührungen, d. h. die Angriffe der Kräfte während der Verformung, nicht verschieben und endlich 4. daß die als Auflagerungen ohne Berücksichtigung bleibenden Kräfte tatsächlich keine Arbeit zur Verformung des Körpers beitragen.

Es bleiben also so viel Kräfte als „Auflagerkräfte" außer Ansatz, daß die Lage des verformten Körpers statisch bestimmt ist. Die notwendigen Auflagerkräfte haben mit der Verformung des Körpers nichts zu tun. Sie treten deshalb in dem Ausdruck, der für die im Körper aufgespeicherte Formänderungsarbeit aufgestellt ist, nicht auf. Wenn dagegen außer den notwendigen Auflagerkräften etwa durch ein weiteres Auflager Kräfte ausgeübt werden, so beeinflußt das weitere Auflager die Gestalt des Körpers und muß deshalb als „äußere Kraft" im Gegensatz zu den übrigen Auflagern angesprochen werden. Das trifft auch

zu, wenn etwa das weitere Auflager unnachgiebig ist, so daß die von
ihm ausgeübte Kraft selbst keine Arbeit leistet: die Arbeit, die die
übrigen äußeren Kräfte leisten, wird von ihr beeinflußt. Welche
Auflagerkräfte man bei einem statisch unbestimmten System als
notwendige (zur Bestimmung der Lage im Raum) ansieht und
welche man den äußeren Kräften zuzählt, ist für die im Körper
aufgespeicherte Formänderungsarbeit gleichgültig, wenn nur
dafür gesorgt ist, daß das statische Gleichgewicht des Körpers
im Raum durch die als notwendig erklärten Auflagerkräfte erreicht ist.

Unter der zu einer Kraft P gehörigen Verschiebung y
ihres Angriffspunktes ist übrigens immer jene Komponente
der gesamten Verschiebung zu verstehen, die in die Richtung
der Kraft P fällt. Auf die Verschiebungskomponenten, die
rechtwinklig zur Kraftrichtung stehen, kommt es bei der Formänderungsarbeit überhaupt nicht an.

Gl. (97) spricht den von Castigliano aufgestellten Satz
aus: „Die Verschiebung des Angriffspunktes einer Last
bei der elastischen Formänderung eines dem Hookeschen Gesetze unterworfenen (und so, wie vorher vorausgesetzt gestützten) Körpers ist gleich der nach
dieser Last genommenen partiellen Ableitung der
Formänderungsarbeit."

Diesem Satze schließt sich ein zweiter an, der durch eine
einfache Schlußfolgerung aus ihm gewonnen wird. Ist nämlich unter den Lasten eine, von der wir wissen, daß ihr Angriffspunkt keine Verschiebung erfährt, so muß für sie nach Gl. (97)

$$\frac{\partial A}{\partial P_i} = 0 \qquad (98)$$

sein. Damit erhalten wir eine Gleichung, die zur Berechnung
dieser Kraft, wenn deren Größe unbekannt war, benutzt werden
kann. Gerade hierauf beruht die wichtigste Anwendung dieser
Betrachtungen in der Festigkeitslehre. Gewöhnlich handelt es
sich dabei um die Berechnung der Auflagerdrücke von statisch
unbestimmten Konstruktionen, d. h. von solchen Konstruktionen,
die mehr Auflagerbedingungen unterworfen sind, als zum Fest-

halten erforderlich wären. Man wählt dann gewisse Komponenten der Auflagerkräfte als die „statisch unbestimmten Größen des Problems" aus, d. h. man sieht sie als Lasten von unbekannter Größe an, während die übrigen Komponenten der Auflagerkräfte auf Grund der allgemeinen Gleichgewichtsbedingungen der Statik in diesen Unbekannten und den gegebenen Lasten ausgedrückt werden können. Auch alle Biegungsmomente, Scherkräfte usf. lassen sich dann in den gewählten Unbekannten ausdrücken und ebenso auch die Formänderungsarbeit A nach Gl. (88) oder (89). Da man nun weiß, daß die Angriffspunkte der unbekannten Auflagerkomponenten infolge der ihnen vorgeschriebenen Auflagerbedingungen keine Verschiebungen in den Richtungen dieser Kräfte ausführen können, liefert die Anwendung von Gl. (98) für jeden dieser Angriffspunkte eine Bedingungsgleichung, und man erhält damit ebenso viele Gleichungen als Unbekannte. Man braucht dann nur noch diese Gleichungen, die alle vom ersten Grade sind, nach den Unbekannten aufzulösen.

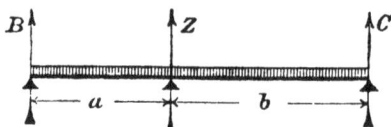

Das Rechenverfahren soll an dem auf drei Stützen ruhenden Balken mit gleichförmig verteilter Belastung q (Abb. 46) erläutert werden. Als statisch unbestimmte Größe wählen wir etwa den Auflagerdruck Z an der Mittelstütze. Hiermit ist schon ausgesprochen, daß Z zu den „Lasten" gerechnet werden soll, und nur noch B und C als Auflagerkräfte übrigbleiben. Für die Auflagerkräfte B und C folgt dann aus den Gleichgewichtsbedingungen für den ganzen Balken

$$B = \frac{q(a+b)}{2} - \frac{Zb}{a+b}; \quad C = \frac{q(a+b)}{2} - Z\frac{a}{a+b}.$$

Für das Biegungsmoment in der ersten Öffnung hat man

$$M_1 = Bx - \frac{qx^2}{2}.$$

Diesen Wert setzen wir in den Ausdruck (88) für die Formänderungsarbeit ein. Das Trägheitsmoment des Balkens und der Elastizitätsmodul E sind stillschweigend als konstant über die ganze Balkenlänge vorausgesetzt; es handelt sich also nur darum, das Integral

$$\int M^2\, dx$$

auszuführen. Dies wird hier für die erste Öffnung

$$\int_0^a \left(B^2 x^2 - Bq x^3 + \frac{q^2 x^4}{4} \right) dx = B^2 \cdot \frac{a^3}{3} - Bq\, \frac{a^4}{4} + q^2\, \frac{a^5}{20} \cdot$$

Dazu kommt der Beitrag der zweiten Öffnung, der durch eine Rechnung von derselben Art festgestellt werden kann. Man kann auch jede Öffnung bei geeigneter Aufstellung des Beobachters als die links liegende ansehen und den oben berechneten Wert unmittelbar für die andere Öffnung benutzen, wenn man darin B mit C und a mit b vertauscht. Man erhält dann für die Formänderungsarbeit des durchlaufenden Balkens

$$A = \frac{1}{2EJ} \left\{ \frac{B^2 a^3}{3} - \frac{Bq a^4}{4} + \frac{q^2 a^5}{20} + \frac{C^2 b^3}{3} - \frac{Cq b^4}{4} + \frac{q^2 b^5}{20} \right\} \cdot$$

Von diesem Ausdrucke haben wir den Differentialquotienten nach Z zu bilden und ihn gleich Null zu setzen. Bei der Ausführung der Differentiation ist zu beachten, daß Z nur in B und C vorkommt, deren Abhängigkeit von Z schon vorher festgestellt wurde. Man erhält

$$\frac{\partial A}{\partial Z} = \frac{1}{2EJ} \left\{ \left(\frac{2 B a^3}{3} - \frac{q a^4}{4} \right) \frac{\partial B}{\partial Z} + \left(\frac{2 C b^3}{3} - \frac{q b^4}{4} \right) \frac{\partial C}{\partial Z} \right\} \cdot$$

Setzt man dies gleich Null und führt für B und C ihre Werte ein, ebenso die Differentialquotienten

$$\frac{\partial B}{\partial Z} = - \frac{b}{a+b}; \quad \frac{\partial C}{\partial Z} = - \frac{a}{a+b},$$

so findet man die Bedingungsgleichung

$$0 = - \frac{b}{a+b} \left(\frac{2 a^3}{3} \left[\frac{q(a+b)}{2} - Z\, \frac{a}{a+b} \right] - \frac{q a^4}{4} \right) -$$

$$- \frac{a}{a+b} \left(\frac{2 b^3}{3} \left[\frac{q(a+b)}{2} - Z\, \frac{a}{a+b} \right] - \frac{q b^4}{4} \right),$$

deren Auflösung den Wert der statisch unbestimmten Größe
Z liefert. Man erhält

$$Z = q \cdot \frac{a^3 + 4a^2b + 4ab^2 + b^3}{8ab}.$$

Wenn man $a = b$ setzt, geht dies in $Z = \frac{4}{5}qa$ über, was wir
für diesen besonderen Fall schon in § 30 gefunden haben.

Auch das Verfahren von Castigliano macht, wie schon aus
diesem einfachen Beispiele hervorgeht, die Durchführung längerer Rechnungen nötig. In dieser Hinsicht ist die Methode
der älteren kaum überlegen; ihr Hauptvorzug besteht darin,
daß sie eine einfache Vorschrift für den ganzen Rechnungs-
gang aufstellt, die den Rechner der Mühe des Nachdenkens so
ziemlich enthebt. Die Rechnung spielt sich in allen Fällen
ungefähr in derselben Weise ab und stellt während ihrer Ab-
wickelung die möglichst geringen Anforderungen an eine höhere
geistige Tätigkeit. Nur weil der Satz vom Minimum der Formänderungsarbeit bei seiner Anwendung zugleich ein Minimum
von Gedankenarbeit erfordert, ist er zu der Bedeutung eines
der wichtigsten Sätze der technischen Mechanik gelangt. Übrigens soll in dieser Bemerkung durchaus nicht etwa irgendein
Vorwurf enthalten sein; vielmehr geht das Streben der Wissen-
schaft stets auf eine Ersparnis von Gedankenarbeit hinaus, und
jede Änderung der früheren Darstellung, die hierzu verhilft,
bildet einen wichtigen Fortschritt.

§ 36. Allgemeinere Fassung der Sätze von Castigliano.

Bei den Betrachtungen des vorhergehenden Paragraphen
bedeutete P_i irgendeine Einzelkraft, die als Last an dem Körper angriff, von dem wir die Formänderungsarbeit berechneten.
Man kann sich aber unter P_i auch eine Gruppe von Lasten
vorstellen, wenn nur unter dem zugehörigen y_i eine Verschie-
bungsgröße verstanden wird, durch deren Multiplikation mit
dem Mittelwerte von P_i beim allmählichen Aufbringen der
Belastung die dabei von P_i geleistete Arbeit gefunden wird.
Durch diese Erweiterung der Bedeutung von P_i und y_i wird
an den früheren Schlüssen offenbar nichts geändert.

Diese Bemerkung bezieht sich namentlich auf den Fall, daß ein Kräftepaar an dem betrachteten Körper angreift. Unter P_i ist dann das Moment des Kräftepaares und unter y_i der Drehungswinkel zu verstehen, den die Angriffsstelle von P_i um eine in der Richtung des Momentenvektors gezogene Achse beschrieben hat. Hierbei wird vorausgesetzt, daß die Angriffspunkte der Kräfte des Kräftepaares so nahe bei einander liegen, daß die dazwischen liegende Stelle, die als Angriffsstelle bezeichnet wurde, für sich genommen keine merkliche Formänderung, sondern im wesentlichen nur Verschiebungen und Drehungen infolge der Formänderung des übrigen viel größeren und weiterhin ausgedehnten Körpers erfährt. Dann ist in der Tat die beim allmählichen und gleichzeitigen Aufbringen der Lasten vom Kräftepaare P_i geleistete Arbeit gleich $\frac{1}{2} P_i y_i$ zu setzen, genau so als wenn P_i eine Einzellast und y_i die in deren Richtung genommene Verschiebung des Angriffspunktes bedeutete.

Häufig ist es nämlich zweckmäßig, ein Kräftepaar an einer Einspannstelle eines statisch unbestimmten Trägers in dem früher besprochenen Sinne als statisch unbestimmte Größe in die Rechnung einzuführen. Für ein Einspannmoment P_i muß aber der zugehörige Drehungswinkel y_i verschwinden. Daher gilt auch in diesem Falle Gleichung (98), wenn darin unter P_i das unbekannte Einspannmoment verstanden wird.

Dann sind die früheren Betrachtungen noch nach einer zweiten Richtung einer Erweiterung fähig. Um die statisch unbestimmten Größen möglichst einfach berechnen zu können, ist es oft nützlich, eine Konstruktion in zwei (oder auch noch mehr) Teile zu zerlegen. Gewöhnlich führt man diese Zerlegung so aus, daß jeder Teil, wenn er für sich genommen würde, einen statisch bestimmten Träger bildete. Für die Teilstücke sind die an der Verbindungsstelle übertragenen inneren Kräfte des ganzen Verbandes als äußere Kräfte, also als Lasten aufzufassen. Diese bilden die statisch unbestimmten Größen der Aufgabe, und auch für sie gilt Gl. (98) und läßt sich zu ihrer Berechnung verwenden.

Um dies zu beweisen, bemerke ich, daß sich die ganze Formänderungsarbeit A in zwei Teile

$$A = A_1 + A_2 \qquad (99)$$

zerlegen läßt, so daß A_1 die im ersten Teilstücke aufgespeicherte
potentielle Energie bezeichnet und A_2 die im anderen Teilstücke.
Bedeutet nun P_i eine vom zweiten Teilstücke auf das erste an
der Verbindungsstelle übertragene unbekannte Kraft oder ein unbekanntes Moment, so hat man nach Gl. (97) für den ersten Teil

$$y_i = \frac{\partial A_1}{\partial P_i},$$

und eine entsprechende Gleichung gilt auch für das zweite Teil-
stück. Man weiß aber, daß die beiden Teile so miteinander zusammenhängen, daß die Formänderungsgröße y_i für beide gleich
groß sein und in derselben Richtung gehen muß. Die Richtung
von y_i fällt daher an dem einen Teilstücke in die gleiche Richtung
wie die an diesem angreifende Kraft P_i, so daß an diesem Teilstücke der nach der vorhergehenden Gleichung berechnete Wert
von y_i positiv gefunden werden muß. Am anderen Teilstücke dagegen hat sich nach dem Wechselwirkungsgesetze der Pfeil von P_i
umgekehrt. Da der Pfeil von y_i derselbe geblieben ist, sind jetzt
beide entgegengesetzt gerichtet und y_i muß daher bei der Berechnung aus der Formänderungsarbeit dieses Teils negativ gefunden
werden. Man hat daher

$$\frac{\partial A_1}{\partial P_i} = - \frac{\partial A_2}{\partial P_i}$$

zu setzen und daraus folgt mit Rücksicht auf Gl. (99)

$$\frac{\partial A}{\partial P_i} = \frac{\partial A_1}{\partial P_i} + \frac{\partial A_2}{\partial P_i} = 0.$$

Man kann jetzt alle vorhergehenden Betrachtungen zu dem
allgemeinen von Castigliano herrührenden Satze zusammenfassen:

„Die partiellen Ableitungen der Formänderungsarbeit eines dem Hookeschen Gesetze unterworfenen
Körpers nach den statisch unbestimmten Kräften, die
so ausgewählt sind, daß sie selbst keine Arbeit leisten,
sind gleich Null und aus den sich hieraus ergebenden
Bedingungsgleichungen können die statisch unbestimmten Kräfte berechnet werden.“

Man kann diesem Satze noch eine andere Form geben, die sich durch die gedrängte Art der Aussage dem Gedächtnisse besser einprägen läßt. Die Gleichung

$$\frac{\partial A}{\partial P_i} = 0$$

ist nämlich eine notwendige Bedingung dafür, daß P_i so gewählt sei, um A entweder zu einem Maximum oder zu einem Minimum zu machen. Nun muß sich ein Minimum für die Formänderungsarbeit bei den im übrigen gegebenen Lasten immer angeben lassen, und da die vorstehende Gleichung für die Unbekannte P_i, wie aus den früheren Entwickelungen hervorgeht, vom ersten Grade ist, muß die einzige Lösung, die sie zuläßt, diesem Minimum entsprechen. Das gilt auch, wenn mehrere statisch unbestimmte Größen und eine ebenso große Zahl von Bedingungsgleichungen nach dem Muster der vorstehenden, die alle vom ersten Grade für die Unbekannten sind, vorkommen.

Hiernach kann man den vorhergehenden Satz auch in der Form aussprechen:

„Die statisch unbestimmten Größen machen die Formänderungsarbeit zu einem Minimum."

In dieser Aussage wird er als der Satz vom Minimum der Formänderungsarbeit bezeichnet. Wenn vom Satze von Castigliano gesprochen wird, ohne nähere Angabe, welcher von den verschiedenen von ihm herrührenden Sätzen gemeint sei, ist gewöhnlich dieser Satz vom Minimum der Formänderungsarbeit darunter zu verstehen.

§ 37. Stoßweise Belastung.

Bei allen vorausgehenden Berechnungen der Formänderungsarbeit ist angenommen worden, daß die Belastung ganz allmählich von Null an auf ihren Höchstwert gesteigert wird. Dies war nötig, um auszuschließen, daß ein merklicher Teil der von der äußeren Kraft geleisteten Arbeit zur Beschleunigung der Masse des belasteten Körpers verwendet, also in kinetische Energie umgesetzt wird. Diese Untersuchungen bedürfen aber jetzt noch einer Ergänzung. Die allmähliche

13*

Steigerung der Belastung bildet zwar die Regel; man kann
aber durch geeignete Vorrichtungen auch erreichen, daß die
Last plötzlich aufgebracht wird und von Anbeginn der Belastung an mit ihrer vollen Größe auf den Träger einwirkt.
Den Weg des Angriffspunktes der Belastung während der
elastischen Formänderung bis zum größten Ausschlage und in
der Richtung der Kraft gemessen, wollen wir der Kürze halber
in diesem Falle den dynamischen Biegungspfeil nennen und ihn
mit f_d bezeichnen, obschon die ganze Betrachtung nicht nur
für den Fall der Biegung, sondern für jeden Belastungsfall
gültig ist. Die Arbeit der Last P ist dann gleich

$$Pf_d$$

zu setzen, da hier der Faktor $\frac{1}{2}$ fortfällt. Zunächst sieht man
ein, daß f_d größer sein muß, als der früher berechnete statische
Biegungspfeil f_s, der zu derselben Last P im Gleichgewichtszustande gehören würde.   Denn wenn die elastische Formänderung bis zu f_s vorgeschritten ist, hat P schon eine Arbeit
Pf_s geleistet, die nach den früheren Untersuchungen doppelt
so groß ist als die bei dieser Formänderung aufgespeicherte
potentielle Energie. Die andere Hälfte der geleisteten Arbeit
muß sich daher — unter der Voraussetzung, daß die Formänderung vollkommen elastisch ist — in lebendige Kraft der
sich bewegenden Massen umgesetzt haben. Nach dem Träg-
heitsgesetze geht dann die Bewegung über die Formänderung
f_s hinaus weiter. Diese weitere Bewegung ist eine verzögerte,
da jetzt eine größere Belastung als P erforderlich wäre, um
den erreichten Formänderungszustand aufrechtzuerhalten. Dabei verwandelt sich die vorher angesammelte lebendige Kraft
ebenfalls in Formänderungsarbeit, und wenn die Bewegung bis
zu f_d fortgeschritten ist, ist die ganze zugeführte Energie in
diese Form umgewandelt, so daß dann

$$A = Pf_d$$

gesetzt werden kann. In dieser Lage kann der Körper aber
nicht verharren, da die Formänderung größer ist, als es der
Last P im Gleichgewichtszustande entspricht; er geht daher

wieder zurück und führt Schwingungen um die Gleichgewichts-
lage f_s herum aus.

Man weiß aus der Erfahrung, daß diese Schwingungen allmählich erlöschen. Dies rührt zum Teile vom Luftwiderstande
und anderen Bewegungswiderständen, der Hauptsache nach aber
davon her, daß jede beliebige Formänderung, auch wenn sie nicht
besonders groß ist, nicht vollkommen elastisch erfolgt. Hierbei
macht sich die schon in § 14 erwähnte Baustoffdämpfung geltend. Mit Rücksicht hierauf tut man besser, die vorige Gleichung durch

$$A = n \cdot P f_d$$

zu ersetzen, wobei nun n einen von den Nebenumständen des
Falles abhängigen Zahlenfaktor bedeutet, der sicher ein echter
Bruch, unter gewöhnlichen Umständen aber nicht viel kleiner
als 1 ist.

Hier handelt es sich nicht darum, den Verlauf der Schwingungen zu untersuchen, die der Körper um die Gleichgewichts-
lage ausführt, sondern nur um die größte Beanspruchung seiner
Festigkeit, die er während des ganzen Vorganges erleidet. Diese
hängt von der größten Formänderung ab, die überhaupt vorkommt, also von f_d. Wir entscheiden die Frage am einfachsten
dadurch, daß wir berechnen, wie groß eine Last P' sein müßte,
die im Gleichgewichtszustande dieselbe Formänderung f_d her-
vorbrächte, wie sie hier unter P auftritt. Wir wissen, daß
für diese

$$A = \tfrac{1}{2} P' f_d$$

wäre, und da A in beiden Fällen dieselbe potentielle Energie,
die nur von dem erreichten Formänderungszustande abhängig
ist, bedeutet, erhalten wir durch Gleichsetzung beider Werte

$$P' = 2nP \qquad (100)$$

oder, wenn wir näherungsweise $n = 1$ setzen,

$$P' = 2P. \qquad (101)$$

Beim plötzlichen Aufbringen der Belastung wird
also ein Träger doppelt so stark beansprucht, als
wenn er dieselbe Belastung im Gleichgewichtszustande

trägt. Auf diesen einfachen Satz ist bei den Festigkeitsberechnungen vieler Tragkonstruktionen Rücksicht zu nehmen.

Ähnlich liegt z. B. der Fall bei Eisenbahnbrücken, über die ein
Zug mit großer Geschwindigkeit fährt. Freilich ist der Vorgang hier
verwickelter und überhaupt nur auf Grund einer eingehenden Untersuchung der auftretenden Schwingungen wenigstens näherungsweise
zu verfolgen. Immerhin läßt sich von vornherein erwarten, daß
größere Formänderungen auftreten werden, als sie einer gleichen ruhenden Belastung entsprechen würden, und man kann diesem Umstande
auf Grund der vorausgehenden Betrachtungen dadurch Rechnung
tragen, daß man die bewegte Last mit einem Zahlenfaktor multipliziert in die Rechnung einführt. So rührt von Gerber die Vorschrift her, daß man die bewegte Last in solchen Fällen mit dem
$1\frac{1}{2}$ fachen Betrage in Ansatz bringen soll. Der Zahlenfaktor ist
kleiner als der in Gl.(101) gefundene Wert 2, was sich damit rechtfertigt, daß hier in der Tat von einem plötzlichen Aufbringen in die
ungünstigste Laststellung nicht die Rede sein kann, so daß die
Verstärkung der Beanspruchung niedriger zu schätzen ist als dort.

Schon das plötzliche Aufbringen einer Belastung ohne
Anfangsgeschwindigkeit in der Durchbiegungsrichtung wird als
eine stoßweise Belastung bezeichnet. Außerdem muß aber auch
noch der Fall eines Stoßes im gewöhnlichen Sinne des Wortes
untersucht werden, bei dem die Last schon beim Auftreffen
auf den Körper eine Geschwindigkeit v in der Richtung der
nachher erfolgenden Durchbiegung und damit eine lebendige
Kraft

$$L = \frac{Pv^2}{2g} = Ph \qquad (102)$$

hatte. Unter h ist dabei die Fallhöhe zu verstehen, durch
deren Durchlaufen die Geschwindigkeit v entweder wirklich
erreicht wurde oder doch erreicht werden könnte. — Auch
dieser Fall ist wie der vorige zu behandeln: man setze

$$A = nP(h + f_d), \qquad (103)$$

wobei n wieder ein Zahlenfaktor ist, der aber hier unter Umständen erheblich kleiner als 1 werden kann. In der zutreffenden Wahl oder in der richtigen Berechnung von n beruht die
Schwierigkeit der Aufgabe, für die man keine vollständig be-

friedigende Lösung besitzt. Es kommen hier mehrere Umstände
zusammen, die die Sache sehr verwickelt machen. Zunächst
kommen, wie bei jedem Stoße, der nicht vollkommen elastisch
erfolgt, Verluste an mechanischer Energie vor, die mit Er-
wärmungen und kleinen bleibenden Formänderungen in der
Nähe der Aufschlagstelle zusammenhängen. Ferner erstreckt
sich die Formänderung nicht plötzlich über den ganzen Träger, sondern sie pflanzt sich mit der zwar großen, aber doch
nicht unendlich großen Schallgeschwindigkeit in ihm fort, so
daß unter Umständen die der Stoßstelle ferner liegenden Teile
erst in Bewegung kommen, wenn die „erste Stoßperiode" an
der Aufschlagstelle vielleicht schon ganz abgelaufen ist. Schließlich kommt noch der durch die Baustoffdämpfung hervorgerufene
Verlust an mechanischer Energie in Betracht, der um so größer
ist, je stärker der Baustoff verformt wird. Es ist ferner zu beachten, daß Stöße der vorausgesetzten Art bei den üblichen Bautei-
len nur selten auftreten. Die höchst beanspruchten Stellen er-
leiden dabei unter Umständen Spannungen, die über die Proportionalitätsgrenze hinausgehen. An diesen Stellen finden größere
Verformungen statt, als dem Hookeschen Gesetz entspricht. Infolge dieser größeren Verformungen wird die gefährdete Stelle
entlastet und die auftretenden Höchstspannungen sind geringer,
als sie bei strenger Gültigkeit des Hookeschen Gesetzes wären.
Der Bauteil wird durch die großen Verformungen vor dem Bruch
bewahrt. Die Stöße dürfen sich nicht in häufigem Wechsel
wiederholen, da die meisten Baustoffe solche Verformungen mit
größerem plastischen Anteil nicht auf die Dauer aushalten können.

Um wenigstens zu einer ungefähren Abschätzung zu gelangen,
setzt man nach Cox, von dem diese Betrachtung zuerst angestellt
wurde, voraus, daß sich die Formänderung am Ende der ersten Stoßperiode über den ganzen Träger erstreckt habe, und berechnet den
Verlust an mechanischer Energie nach der Formel für den unelasti-
schen Stoß. Hierbei führt man an Stelle der ganzen Masse M des
Trägers eine reduzierte Masse M' ein, die so bemessen wird, daß sie
an der Stoßstelle vereinigt dieselbe lebendige Kraft ergeben würde,
wie sie der Träger am Ende der ersten Stoßperiode erlangt hat. Unter
der freilich willkürlichen Voraussetzung, daß sich die Geschwindig-
keiten der einzelnen Massenteilchen des durch den Stoß auf Biegung

beanspruchten Balkens zueinander verhalten wie die Durchbiegungen y, die sie bei einer an der Stoßstelle aufgebrachten ruhenden Last annehmen würden, erhält man

$$M' = \int \frac{y^2}{f^2} \mu \, dx,$$

wenn unter μ die auf die Längeneinheit bezogene Masse des Balkens und unter $\frac{y}{f}$ das Verhältnis der Durchbiegung an der Stelle x zum Biegungspfeile an der Belastungsstelle verstanden wird. Für den Fall, daß der Stoß in der Balkenmitte erfolgt, erhält man nach den Gleichungen (80) und (81) S. 141

$$\frac{y}{f} = 3 \frac{x}{l} - 4 \left(\frac{x}{l} \right)^3$$

für die Querschnitte zwischen 0 und $\frac{l}{2}$. Man hat daher

$$\int \frac{y^2}{f^2} dx = 2 \int_0^{\frac{l}{2}} \frac{y^2}{f^2} dx = 2 \int_0^{\frac{l}{2}} \left[3 \frac{x}{l} - 4 \left(\frac{x}{l} \right)^3 \right]^2 dx = \frac{17}{35} l,$$

womit, da $\mu l = M$ gesetzt werden kann, die reduzierte Masse M' übergeht in

$$M' = \frac{17}{35} M,$$

was rund die Hälfte von M ausmacht.

Nach der im ersten Bande abgeleiteten Formel für den Stoßverlust hat man nun

$$\text{Verl} = \frac{Q' P}{Q' + P} \cdot \frac{v^2}{2g} = \frac{Q'}{Q' + P} \cdot Ph,$$

wenn jetzt unter Q' das reduzierte Gewicht, also rund die Hälfte des ganzen Gewichts des vom Stoße getroffenen Balkens verstanden wird. Unter Vernachlässigung von f_d gegen h, die in der Regel zulässig ist, erhält man andererseits nach Gl. (103) $A = nPh$ und daher für den Stoßverlust $(1 - n)Ph$ und hieraus beim Vergleiche mit dem vorigen Werte den Zahlenfaktor n

$$n = \frac{P}{Q' + P}.$$

Nach dieser Formel wird n rund gleich $^2/_3$, wenn die auftreffende Last dasselbe Gewicht hat wie der Balken, und es wird um so kleiner, je kleiner die stoßende Last im Vergleiche zum Eigengewichte des Balkens ist.

Wenn n bekannt oder auf Grund einer Einschätzung angenommen ist, folgt daraus die gleichwertige statische Belastung P' und mit dieser die Beanspruchung des Materials
wie vorher aus der Gleichung

$$\tfrac{1}{2}P'f_d = nP(h + f_d). \tag{104}$$

Die andere Unbekannte f_d läßt sich nämlich nach den früher
dafür angestellten Betrachtungen in der zugehörigen statischen
Belastung P' ausdrücken, worauf die Gleichung nur noch die
eine Unbekannte P' enthält, nach der sie leicht aufgelöst
werden kann. Ein Beispiel dafür ist in Aufg. 25 durchgerechnet.

Schließlich möge noch auf einen Umstand hingewiesen
werden, der die Festigkeit gegen Stoß sehr herabzusetzen vermag. Versieht man nämlich den Stab an der gefährdetsten
Stelle (oder irgendwo, wenn die Beanspruchung wie beim
achsialen Stoße überall dieselbe ist) mit einem Einschnitte, so
wird durch diese Querschnittsverschwächung zwar auch schon
die Festigkeit gegen ruhende Belastung herabgesetzt; in viel
höherem Maße verliert aber der Stab die Fähigkeit, Stöße aufzunehmen, ohne sofort ganz zu zerbrechen. Die Widerstandsfähigkeit gegen Stöße hängt nämlich von der Formänderungsarbeit ab, die geleistet werden muß, ehe der Bruch beginnt.
Wenn aber z. B. eine Zugstange mit einer ringsum laufenden
Eindrehung versehen ist, tritt an dieser Stelle der Bruch bereits ein, bevor sich der übrige Teil des Stabes zu strecken
vermochte.

§ 37ª. Berechnung der statisch unbestimmten Auflagerkräfte nach dem Satze von der Gegenseitigkeit der Verschiebungen.

Wenn einem Körper mehr Auflagerbedingungen vorgeschrieben sind, als zum Festhalten nötig wären, kann man sich
die überzähligen Auflagerbedingungen beseitigt denken, falls
man an ihrer Stelle äußere Kräfte als Lasten anbringt, die
so gewählt werden, daß die von ihnen im Zusammenhange
mit den gegebenen Lasten hervorgebrachte elastische Formänderung die beseitigten Auflagerbedingungen von selbst er-

füllt. Diese Kräfte stimmen dann mit den gesuchten statisch unbestimmten Auflagerkräften überein.

Von dieser Überlegung geht jedes Verfahren für die Berechnung der statisch unbestimmten Auflagerkräfte aus, auch
das Verfahren von Castigliano, das in den vorhergehenden Paragraphen besprochen wurde. Hier soll noch gezeigt werden,
wie man ohne Benutzung der Formänderungsarbeit, aber unter
Voraussetzung des Maxwellschen Satzes von der Gegenseitigkeit
der Verschiebungen die statisch unbestimmten Auflagerkräfte
einer Tragkonstruktion ermitteln kann. Dabei wird als Beispiel ein Balken betrachtet, der über zwei oder auch drei Öffnungen, die verschieden groß sein können, ununterbrochen („kon-
tinuierlich") durchläuft, während die Belastung beliebig gegeben
sein kann. Es muß jedoch hinzugefügt werden, daß die Beschrän-
kung auf dieses Beispiel nur durch den Lehrzweck geboten ist
und daß nach demselben Vorgehen die Berechnung auch in vielen
anderen praktisch wichtigen Fällen durchgeführt werden kann.

Bei der Berechnung eines über zwei Öffnungen durchlaufenden Balkens auf Grund des Maxwellschen Satzes beginnt
man damit, die Mittelstütze fortzunehmen und an dieser Stelle
eine Last von $1\,t$ (oder überhaupt von der Krafteinheit) an-
zubringen. Man ermittelt nun die Gestalt der elastischen Linie,

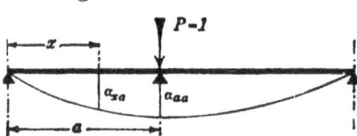

Abb. 47.

die diesem Belastungsfalle entspricht, entweder auf dem Wege
der Rechnung, wie es früher
erläutert wurde, oder auf graphischem Wege. Die Abszisse
der Mittelstütze vom linken Auflager gerechnet, sei mit a, die
eines beliebigen anderen Querschnitts mit x bezeichnet (vgl.
Abb. 47). Dann gibt die Ordinate der elastischen Linie im
Querschnitte x unmittelbar die Einflußzahl

$$\alpha_{xa}$$

an. Nach dem Maxwellschen Satze ist aber

$$\alpha_{ax} = \alpha_{xa}, \qquad (105)$$

und wir kennen damit auch die Einsenkung am Querschnitte a
bei fortgenommener Mittelstütze, wenn im Querschnitte x die

Lasteinheit angreift. Daraus folgt aber durch die vorher angeführte einfache Überlegung auch die Größe des Auflagerdrucks auf der Mittelstütze bei diesem Belastungsfalle. Die
Auflagerkraft muß nämlich so groß sein, daß sie jene Durchbiegung wieder rückgängig macht. Nun kennen wir schon
aus der gezeichneten elastischen Linie die elastische Verschiebung $\alpha_{a\,a}$ des Querschnitts an der Mittelstütze für eine an
dieser selbst angreifende Lasteinheit, und wir wissen, daß die
elastische Verschiebung der Größe der Last proportional ist.
Wir haben also, wenn die Last im Querschnitte x mit P und
der von ihr in Wirklichkeit an der Mittelstütze hervorgerufene
Auflagerdruck mit Z bezeichnet wird, die Gleichung

$$\alpha_{a\,a}Z = \alpha_{a\,x}P,$$

woraus mit Rücksicht auf den Maxwellschen Satz

$$Z = \frac{\alpha_{x\,a}}{\alpha_{a\,a}}P \qquad (106)$$

folgt. Das Verhältnis der zwei Ordinaten der ursprünglich
gezeichneten elastischen Linie in den Querschnitten x und a
lehrt uns also sofort für jede beliebige Stellung einer Einzellast den Bruchteil kennen, der von dieser Einzellast auf die
Mittelstütze übertragen wird. Dieser Anteil ist überall proportional mit der Ordinate $\alpha_{x\,a}$ der elastischen Linie. Man
bezeichnet daher diese elastische Linie als die Einflußlinie
für den Auflagerdruck Z.

Sobald die Vorarbeit des Aufzeichnens dieser Linie erledigt ist, kann die weitere Berechnung des durchlaufenden
Trägers genau so erfolgen, als wenn er statisch bestimmt wäre.
Denn man ist imstande, für jeden beliebigen Belastungsfall
— z. B. wenn ein Eisenbahnzug die Belastung bildet — sofort
den Auflagerdruck Z nach der Gleichung

$$Z = \frac{1}{\alpha_{a\,a}}\sum\alpha_{a\,x}P \qquad (107.)$$

anzugeben, worauf die übrigen Auflagerkräfte, die Momente
und Scherkräfte genau so wie beim Balken über einer Öffnung
folgen. Gerade hierin beruht die große Bedeutung des Maxwellschen Satzes für die Festigkeitsberechnungen der Praxis

Man muß dabei sehr viele verschiedene Laststellungen in Betracht ziehen, und es wäre äußerst mühsam, wenn man dabei immer wieder von neuem die Rechnung auf Grund der Elastizitätslehre auszuführen hätte. Dem ist man durch die vorausgehenden Erörterungen vollständig enthoben. Die Konstruktion einer einzigen elastischen Linie genügt, um alle Unterlagen für die weiteren Berechnungen zu liefern.

Bei diesem Beispiele kam nur eine statisch unbestimmte Größe vor. Ich betrachte, um zu zeigen, wie man in verwickelteren Fällen verfährt, jetzt noch einen Balken, der über drei Öffnungen durchläuft. Vom linken Auflager gerechnet, sei die Ordinate der ersten Mittelstütze mit a, die der zweiten mit b bezeichnet. Man entfernt zuerst beide Mittelstützen und bringt im Querschnitte a die Lasteinheit auf. Die Ordinaten der zugehörigen elastischen Linie, die man konstruiert, geben für jeden Querschnitt x die Einflußzahl α_{xa} und damit auch α_{ax} an. Dann wird eine zweite elastische Linie konstruiert für die im Querschnitte b angreifende Belastungseinheit, wodurch man die Einflußzahlen α_{xb} und α_{bx} erhält. Nach diesen Vorarbeiten kann man die Auflagerkräfte C und D an den beiden Mittelstützen, die zu einer Last P in irgendeinem Querschnitte x gehören, sofort durch Auflösen der beiden Gleichungen

$$\left.\begin{aligned} \alpha_{aa}C + \alpha_{ab}D &= P\alpha_{ax}\\ \alpha_{ba}C + \alpha_{bb}D &= P\alpha_{bx} \end{aligned}\right\} \tag{108}$$

erhalten, von denen die erste ausspricht, daß sich die erste Mittelstütze in Wirklichkeit nicht in vertikaler Richtung verschieben kann, während die zweite dasselbe für die zweite Mittelstütze aussagt. Die Auflösung liefert

$$C = P \cdot \frac{\alpha_{ax}\alpha_{bb} - \alpha_{bx}\alpha_{ab}}{\alpha_{aa}\alpha_{bb} - \alpha_{ab}^2}; \quad D = P \cdot \frac{\alpha_{ax}\alpha_{ba} - \alpha_{bx}\alpha_{aa}}{\alpha_{ab}^2 - \alpha_{aa}\alpha_{bb}}. \tag{109}$$

Die Faktoren von P in diesen Gleichungen können, da alle darin vorkommenden α durch die beiden elastischen Linien gegeben sind, ohne weiteres berechnet werden, womit man die Einflußlinien der Lasten auf die beiden Mittelstützendrücke findet. Von da ab kann die Berechnung auch dieses Trägers

genau so durchgeführt werden, als wenn er statisch bestimmt
wäre. Man sieht leicht ein, wie dasselbe Verfahren in anderen
Fällen anzuwenden ist. Die weiteren Ausführungen darüber
gehören nicht mehr der allgemeinen Festigkeitslehre, sondern
der Lehre vom Brückenbaue an.

Aufgaben.

25. Aufgabe. Eine Spannweite von 6 m (vgl. den Grundriß
Abb. 48) *wird durch drei nebeneinanderliegende* I-*Träger vom Normalprofile 36, für das* J *nach dem deutschen Normalprofilbuche zu
19766 cm⁴ angegeben ist, in gleichen Abständen von 1 m überdeckt.
In der Mitte sind die Träger durch einen Querträger N. P. 20 (J =
2162 cm⁴) verbunden. Welche Last P darf man an der mittleren
Kreuzungsstelle anbringen, wenn die Spannung σ an keiner Stelle
1000 atm überschreiten soll? Vom Eigengewichte der Träger kann
abgesehen werden.*

Lösung. Wir denken uns den Tragverband in zwei Teile geteilt, von denen der eine nur den mittleren Hauptträger, der andere
die beiden äußeren Hauptträger und den Querträger umfaßt. Jeder
dieser Teile für sich genommen ist statisch bestimmt und als einzige
statisch unbestimmte Größe der ganzen Aufgabe kommt der Anteil
Z in Betracht, den der mittlere Hauptträger von der Last P, die an
ihm angebracht ist, auf den Querträger abgibt. Am mittleren Hauptträger bleibt dann die Belastung $P - Z$ und der Querträger seiner-
seits gibt an jeden der beiden äußeren Hauptträger die Last $\frac{Z}{2}$ weiter.

An der Kreuzungsstelle müssen sich die beiden statisch bestimmten
Teile, in die wir uns die ganze Konstruktion
zerlegt dachten, um gleichviel senken; wir
finden daher die statisch unbestimmte Größe
Z nach § 36, indem wir die Abgeleitete der
Formänderungsarbeit nach Z gleich Null
setzen. Zunächst ist also A als Funktion von
Z zu berechnen.

Wenn ein beiderseits gestützter Balken
in der Mitte die Last Q trägt, ist das Biegungsmoment M auf der linken Hälfte im Abstande
x vom Auflager gleich $\frac{Q}{2}x$. Die in der linken
Hälfte aufgespeicherte Formänderungsarbeit
berechnet sich daraus mit Vernachlässigung
der Arbeit der Schubspannungen, die in solchen Fällen immer zulässig ist, nach Gl. (88).

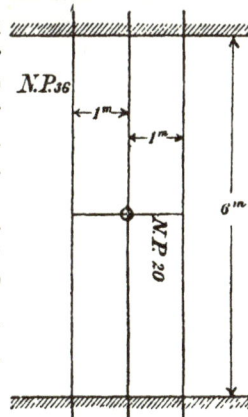

Abb. 48.

Die Formänderungsarbeit für den ganzen Balken ist doppelt so groß und daher gleich

$$\int_0^{\frac{l}{2}} \frac{M^2}{EJ}\,dx = \frac{Q^2}{4\,EJ}\int_0^{\frac{l}{2}} x^2\,dx = \frac{Q^2 l^3}{96\,EJ}.$$

Für den mittleren Hauptträger haben wir hierin an Stelle von Q die Last $P - Z$, $l = l_1 = 6$ m und $J = J_1 = 19766$ cm^4 zu setzen. für jeden der beiden äußeren Hauptträger wird $Q = \frac{Z}{2}$, während die anderen Werte bleiben, und für den Querträger ist $Q = Z$, $l = l_2 = 2$ m und $J = J_2 = 2162$ cm^4. Im ganzen wird daher die Formänderungsarbeit der gesamten Konstruktion

$$A = \frac{(P - Z)^2 l_1^3}{96\,EJ_1} + 2 \cdot \frac{\left(\frac{Z}{2}\right)^2 l_1^3}{96\,EJ_1} + \frac{Z^2 l_2^3}{96\,EJ_2}.$$

Die Einsetzung der Zahlenwerte wird besser bis zuletzt vorbehalten. Durch Nullsetzen des Differentialquotienten von A nach Z erhalten wir die Bestimmungsgleichung

$$0 = -2 \cdot \frac{(P - Z) l_1^3}{96\,EJ_1} + \frac{Z l_1^3}{96\,EJ_1} + 2 \cdot \frac{Z l_2^3}{96\,EJ_2}.$$

Die Auflösung liefert

$$Z = \frac{2\,P l_1^3}{3 l_1^3 + 2 l_2^3 \dfrac{J_1}{J_2}} = 0{,}544\,P.$$

Es fragt sich jetzt, an welcher Stelle die größte Beanspruchung des Materials zu erwarten ist. Diese kann entweder in der Mitte des mittleren Hauptträgers oder in der Mitte des Querträgers auftreten, denn die seitlichen Hauptträger sind offenbar weniger beansprucht als der in der Mitte. Das von dem mittleren Hauptträger in der Mitte aufzunehmende Biegungsmoment beträgt

$$\frac{l_1 (P - Z)}{4} = 68{,}4\,P\,\mathrm{cm\,kg}.$$

Wenn die Spannung an dieser Stelle 1000 atm betragen soll, berechnet sich P aus der Gleichung

$$1000 = \frac{68{,}4\,P}{19766} \cdot 18, \quad \text{also} \quad P = 16000 \text{ kg.}$$

Das Biegungsmoment im Mittelquerschnitte des Querträgers ist dagegen gleich $\dfrac{200 \cdot 0{,}544\,P}{4} = 27{,}2\,P$, und wenn hier die zulässige

Spannung von 1000 atm nicht überschritten werden soll, darf P, wie aus der Gleichung

$$1000 = \frac{27,2 P}{2162} \cdot 10$$

folgt, nur $P = 8000$ kg betragen. Der Querträger ist also am meisten gefährdet, und wenn er auf Grund des Ergebnisses der Rechnung nicht verstärkt wird, ist nur eine Last von 8000 kg für den ganzen Tragverband zulässig.

26. Aufgabe. *Ein I-Balken N. P. 24 ($J = 4288\, cm^4$, Gewicht 36,2 kg f. d. lfd. m) überbrückt eine Spannweite von 2 m. Wie hoch darf eine Last von 400 kg auf die Mitte des Trägers herabfallen, ohne daß die Spannung von 1600 atm überschritten wird, wenn man annimmt, daß etwa 80 %,0 der lebendigen Kraft in Gestalt von Formänderungsarbeit auf den Balken übergehen, und wenn der Elastizitätsmodul = 2 000 000 atm gesetzt wird?*

Lösung. Berechnet man nach der Näherungstheorie von Cox den Bruchteil n der zur Formänderung des Balkens aufgewendeten Energie, so erhält man

$$n = \frac{P}{Q' + P} = \frac{400}{35 + 400} = 0,92.$$

Nach den Ergebnissen von Versuchen ist aber n nicht leicht größer als 0,80 anzunehmen, so daß dieser Wert schätzungsweise einzusetzen ist, wenn die Coxsche Formel einen höheren Betrag liefert.

Wir berechnen hierauf die ruhende Belastung P', durch die die angenommene Spannung $\sigma = 1600$ atm hervorgerufen würde. Aus

$$\sigma = \frac{P'l}{4J} \cdot e \quad \text{folgt dafür} \quad P' = \frac{4J\sigma}{el}.$$

Die hierbei aufgespeicherte Formänderungsarbeit ist

$$A = \left(\frac{4J\sigma}{el}\right)^2 \frac{l^3}{96 EJ} = \frac{\sigma^2 l J}{6 e^2 E}$$

oder nach Einsetzen der Zahlenwerte $\sigma = 1600$ atm, $l = 200$ cm, $J = 4288\, cm^4$, $e = 12$ cm und $E = 2\,000\,000$ atm

$$A = 1270 \text{ cm kg.}$$

Die Höhe h, aus der die Last herabfallen darf, folgt aus

$$0,8 \cdot 400 \cdot h = 1270 \quad \text{zu} \quad h = 4,0 \text{ cm.}$$

Diese Zahl ist indessen noch nicht ganz genau, da das Gewicht von 400 kg beim Herabsinken um den dynamischen Biegungspfeil f_d

auch noch eine Arbeit leistet. Eigentlich ist daher $h + f_d = 4{,}0$ cm. Der Biegungspfeil f_d ist gleich dem statischen Biegungspfeile für die Last P', also

$$f_d = \frac{P' l^3}{48\,E\,J} = \frac{\sigma\,l^2}{12\,e\,E} = 0{,}22 \text{ cm}$$

Die ursprüngliche Höhe h des Gewichtes über dem Träger darf daher nur etwa 38 mm betragen, wenn die zugelassene Spannung nicht überschritten werden soll.

Anmerkung. Berechnungen von dieser Art werden öfters ausgeführt für die sogenannten Schutzbrücken. Soll nämlich etwa eine öffentliche Straße von einer Drahtseilbahn überquert werden, so verlangt die Baupolizei eine Sicherung gegen Unfälle, die durch das zufällige Herabstürzen von Lasten aus den Förderkörben der Drahtseilbahn hervorgerufen werden könnten. Diese Sicherung besteht in einer Schutzbrücke über der Straße, die dazu bestimmt ist, die etwa herabstürzenden Lasten aufzufangen.

Hierbei ist aber zu beachten, daß das Herabstürzen von Lasten, wenn überhaupt, so doch nur ganz selten vorkommt. Es ist daher unberechtigt, wie in dem vorstehenden Beispiele zu verlangen, daß die Schutzbrücke einem solchen Stoße, zumal an der ungünstigsten Stelle und mit der größten möglichen Last öfters und ohne jede Beschädigung widerstehen soll. Es muß vielmehr als genügend angesehen werden, wenn die Schutzbrücke den Stoß überhaupt auffängt, ohne gleich zu zerbrechen, während eine dauernde Verbiegung zugelassen werden darf, da es zweckmäßiger ist, nach einem solchen Stoße nötigenfalls eine Auswechselung vorzunehmen, als die Brücke allzuschwer und entsprechend teuer zu erbauen. Es genügt daher, die Wucht der herabstürzenden Masse nach Abzug des Stoßverlustes, der wie früher einzuschätzen ist, mit der Formänderungsarbeit zu vergleichen, die aufgewendet werden müßte, um den Träger sehr stark zu verbiegen und zu verlangen, daß sie einen angemessenen Bruchteil davon nicht überschreiten darf. (Man vgl. hierzu A. Senft „Vorschläge zur Berechnung von Schutzbrücken für Drahtseilbahnen", Zentralbl. d. Bauverwalt. 1915, S. 233.)

Ganz ähnlich verhält es sich übrigens auch mit der Berechnung der Decken von Unterständen im Stellungskriege, die gegen Volltreffer von Granaten gesichert werden sollen. Man kann auch in diesem Falle größere Verformungen zulassen, wenn nur das Durchschlagen verhütet wird.

27. Aufgabe. Ein Brückenträger erfuhr unter einer Einzellast von 10 t Einsenkungen, die an drei verschiedenen Stellen zu 2,0, 2,5 und 4,0 mm beobachtet wurden. An diesen drei Stellen werden nachher Lasten von 8, 12 und 6 t aufgebracht. Um wieviel senkt sich

*jene Stelle, die vorher als Angriffspunkt der ·Einzellast von 10 t ge-
dient hatte?*

Lösung. Stillschweigend ist vorausgesetzt, daß die ‚Formänderung vollkommen elastisch ist. Nach dem Maxwellschen Satze
ist die gesuchte Durchbiegung

$$y = 8 \cdot 0{,}2 + 12 \cdot 0{,}25 + 6 \cdot 0{,}4 = 7{,}0 \text{ mm}.$$

28. Aufgabe. *Ein Stab AC (Abb. 49) von überall gleichem
Querschnitt überdeckt zwei Öffnungen AB und BC von 3 m Spannweite. An den Auflagern ist der Stab an vertikalen Bewegungen sowohl nach oben als auch nach unten gehindert, aber nicht eingespannt. In
der Mitte jeder Öffnung ist ein nach oben gehender Arm von 1 m
Länge angebracht, und an den Enden eines jeden Armes wirkt eine
nach außen gerichtete horizontale Kraft P von 2000 kg. Wie groß
sind die durch diese Lasten hervorgerufenen vertikalen Auflagerkräfte?*

Lösung. Denkt man sich die Mittelstütze entfernt, so wird
dadurch der Träger statisch bestimmt. Die Auflagerkräfte sind dann
bei *A* und *C* gleich Null, weil die Lasten *P* schon unter sich im

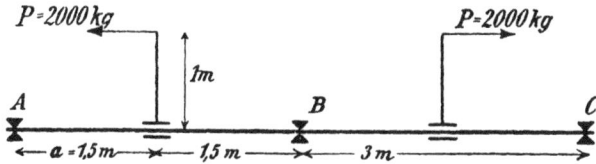

Abb. 49

Gleichgewicht miteinander stehen. Der zwischen den Armen liegende
Teil des Trägers wird gebogen, und zwar so, daß die Hohlseite der
elastischen Linie nach unten gekehrt ist. Die äußeren Abschnitte
der elastischen Linie bleiben gerade und gehen durch die Auflagerpunkte *A* und *C*. Die Mitte bei *B* hebt sich daher um einen Betrag, der
sowohl nach den Lehren des vorigen Abschnitts als auch nach Gl. (97)
berechnet werden könnte. Es ist aber jetzt nicht nötig, dies auszuführen.

Wird nun der Träger auch bei *B* festgehalten, so muß an dieser
Stelle eine nach abwärts gerichtete Auflagerkraft *Z* auf ihn übertragen werden. Diese Kraft können wir auch als eine Last ansehen,
die so gewählt werden muß, daß ihr Angriffspunkt in Ruhe bleibt.
Die Last *Z* bringt an *A* und *C* Auflagerkräfte hervor, die gleich $\frac{1}{2}Z$
sind. Wir berechnen die Formänderungsarbeit, die wir jetzt, um Ver-
wechslungen zu vermeiden, mit *A'* bezeichnen, als Funktion von *Z*.
Im ersten Abschnitt des Trägers ist $M = \frac{Z}{2}x$ und die Formänderungsarbeit gleich

$$\int_0^a \frac{Z^2}{8EJ}x^2 dx = \frac{Z^2 a^3}{24 EJ}.$$

Im zweiten Abschnitte von $x = a$ bis $x = 2a$ ist

$$M = \frac{Z}{2} x - 2000 \text{ mkg}$$

und die Formänderungsarbeit gleich

$$\frac{1}{2EJ} \int_a^{2a} \left(\frac{Z}{2} x - 2000 \right)^2 dx = \frac{1}{2EJ} \left(\tfrac{7}{12} Z^2 a^3 - 3000 a^2 Z + 4000000 a \right)$$

Die in den Armen aufgespeicherte Formänderungsarbeit ist unabhängig von Z und bildet daher ein konstantes Glied, das beim Differentiieren nach Z wegfällt. Sehen wir von diesem Gliede ab, so bleibt für die Formänderungsarbeit des ganzen Balkens

$$A' = 2 \cdot \frac{Z^2 a^3}{24 EJ} + 2 \cdot \frac{1}{2EJ} \left(\tfrac{7}{12} Z^2 a^3 - 3000 a^2 Z + 4000000 a \right).$$

Differentiieren wir diesen Ausdruck nach Z, setzen ihn gleich Null und lösen die Gleichung nach Z auf, so erhalten wir

$$Z = \frac{18000 \text{ mkg}}{8a} = 1500 \text{ kg}.$$

29. Aufgabe. Ein Balken von überall gleichem Querschnitt überdeckt zwei Öffnungen von 5 m und 4 m Spannweite und trägt an den in beistehender Abb. 50 angegebenen Stellen zwei Lasten P_1 und P_2 von 3000 und von 2000 kg; man soll die dadurch hervorgerufenen Auflagerkräfte berechnen.

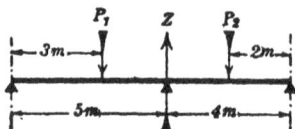
Abb. 50.

Lösung. Am schnellsten gelangt man zum Ziele, indem man sich der in den Gl. (96) S. 184 zusammengestellten Formeln für die Einflußzahlen bedient. Denkt man sich die Mittelstütze entfernt, so senkt sich der zugehörige Querschnitt um den Betrag

$$\alpha_{53} P_1 + \alpha_{57} P_2,$$

wenn die den α beigeschriebenen Zeiger die betreffenden Querschnittsabszissen in m angeben. Nach den Gl. (96) ist aber

$$\alpha_{53} = \frac{3\text{m} \cdot 4\text{m}}{6 EJl} \left(81\text{m}^2 - 9\text{m}^2 - 16\text{m}^2 \right) = \frac{672\text{m}^4}{6 EJl}$$

und ebenso findet man nach denselben Gleichungen

$$\alpha_{57} = \frac{520\text{m}^4}{6 EJl} \quad \text{und} \quad \alpha_{55} = \frac{400\text{m}^4}{3 EJl}.$$

Der Auflagerdruck Z an der Mittelstütze folgt nun aus der Bedingung, daß

$$\alpha_{55} Z = \alpha_{53} P_1 + \alpha_{57} P_2$$

sein muß. Hiernach ist

$$Z = \frac{672 \cdot P_1 + 520 P_2}{800} = 3820 \text{ kg.}$$

Die Auflagerkräfte an den beiden Endstützen folgen dann aus einfachen Momentengleichungen zu 747 kg links und 433 kg rechts.

30. Aufgabe. *Ein Stab von quadratischem Querschnitt hat eine Mittellinie von der in Abb. 51 angegebenen Gestalt, so daß er eine ebene Feder bildet, die durch die beiden Lasten P von je 200 kg auseinandergezogen wird. Wie groß muß die Quadratseite s des Querschnitts gewählt werden, wenn die Spannung von 1500 kg cm^{-2} nirgends überschritten werden soll?*
Wie groß wird bei dieser Wahl von s die

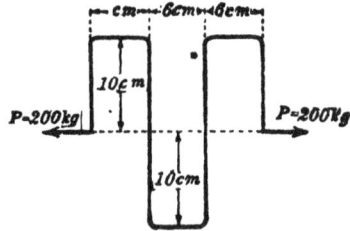

Abb. 51.

in der Feder aufgespeicherte Formänderungsarbeit und wie groß wird der Federhub, wenn der Elastizitätsmodul des Stahls zu 2,2 · 10^6 atm angenommen wird?

Lösung. Das größte Biegungsmoment tritt in den horizontal gerichteten Federteilen von je 6 cm Länge auf und ist dort

$$M = 2000 \text{ cm kg.}$$

Eigentlich sind diese Federteile auf exzentrischen Zug beansprucht; aber die durch die achsiale Kraft hervorgerufenen Spannungen sind gegenüber den Biegungsspannungen augenscheinlich so klein, daß man sie dem Zwecke technischer Festigkeitsberechnungen entsprechend vernachlässigen kann. Man findet daher s aus der Biegungsgleichung

$$1500 \text{ kg cm}^{-2} = \frac{2000 \text{ cm kg}}{\frac{1}{6} s^3} \quad \text{zu} \quad s = 2 \text{ cm.}$$

In der Tat wird die Spannung durch die achsiale Belastung bei diesem Querschnitt nur um 50 kg cm^{-2} gegenüber 1500 kg cm^{-2} erhöht, was vernachlässigt werden darf. Soll aber genauer gerechnet werden, so kann man entweder s durch Auflösen der Gleichung

$$1500 = \frac{2000}{\frac{1}{6} s^3} + \frac{200}{s^2}$$

14 *

berechnen oder auch eine geringe Vergrößerung des Näherungswerts $s = 2$ cm vornehmen, um die Spannung wieder entsprechend zu vermindern.

Die Formänderungsarbeit berechnen wir nach der allgemeinen Formel

$$A = \frac{1}{2\,EJ} \int M^2\,dx.$$

In dem von links her ersten Federteile, der um 10 cm nach oben hin ansteigt, finden wir

$$\int M^2\,dx = (200 \text{ kg})^2 \int_0^{10} x^2\,dx = \frac{4 \cdot 10^7}{3} \text{ cm}^3 \text{kg}^2.$$

Diesen Beitrag haben wir für die ganze Feder 6 mal in Ansatz zu bringen, da in jedem von der horizontalen Kraftachse aus nach oben oder unten hin reichenden Federteile von je 10 cm Länge die gleichen Biegungsmomente wiederkehren. Auf die Vorzeichen der M, die freilich bei den einzelnen Abschnitten verschieden sind, kommt es nämlich nicht an, da die Formänderungsarbeit nur von den Quadraten der Biegungsmomente abhängt.

In den drei horizontal gerichteten Federteilen von je 6 cm Länge ist das Biegungsmoment überall gleich groß und man findet für einen solchen Abschnitt

$$\int M^2\,dx = (2000 \text{ cm kg})^2 \cdot 6 \text{ cm} = 24 \cdot 10^6 \text{ cm}^3 \text{kg}^2.$$

Im ganzen wird daher die in der Feder aufgespeicherte Formänderungsarbeit zu

$$A = \frac{1}{2 \cdot 22 \cdot 10^5 \frac{\text{kg}}{\text{cm}^2} \cdot \frac{2^4}{12} \text{cm}^4} \left(6 \cdot \frac{4 \cdot 10^7}{3} + 3 \cdot 24 \cdot 10^6 \right) \text{cm}^3 \text{kg}^2$$

$$= 26 \text{ cm kg.}$$

gefunden. Zugleich ist die Arbeit der äußeren Kräfte, wenn der Federhub mit y bezeichnet wird, gleich

$$\tfrac{1}{2} \cdot 200 \text{ kg } y.$$

und aus der Gleichsetzung mit der aufgespeicherten Arbeit findet man

$$y = 0,26 \text{ cm.}$$

Fünfter Abschnitt.

Stäbe mit gekrümmter Mittellinie.

---

§ 38. Die ebene Biegung von schwach gekrümmten Stäben.

Ein Stab, dessen Krümmungshalbmesser im spannungslosen Zustande weit größer ist als die in die Biegungsebene fallende Querschnittshöhe, verhält sich bei der Biegung ganz ähnlich wie ein ursprünglich gerader Stab. Für einen solchen „schwach gekrümmten" Stab wollen wir zunächst berechnen, in welchen Wert ϱ' der Krümmungshalbmesser ϱ an einer bestimmten Stelle übergeht, wenn für diese Stelle das Biegungsmoment M, die achsiale Belastung N und die Schubkraft gegeben sind. Dabei wird der Fall der ebenen Biegung vorausgesetzt, d. h. die Mittellinie des Stabes soll vor der Formänderung eine ebene Kurve gewesen sein, in deren Ebene alle an dem Stabe angreifenden äußeren Kräfte enthalten sind, und jeder Querschnitt soll von dieser Ebene nach einer Querschnittshauptachse geschnitten werden. Dann bleibt die Mittellinie jedenfalls auch nach der Biegung noch eine ebene Kurve.

Die Schubkraft hatte schon beim geraden Stabe nur geringen Einfluß auf die Formänderung. Beim gekrümmten Stabe ist dieser Einfluß in der Regel noch geringer, weil bei den gewöhnlichen Anwendungsarten des „Bogenträgers" die Schubkraft an sich viel kleiner bleibt, als bei einem Balken unter sonst ähnlichen Bedingungen. Es ist daher fast ausnahmslos zulässig, den Einfluß der Schubkraft auf die Formänderung zu vernachlässigen.

Eine gleichmäßig über den Querschnitt verteilte Normalspannung wird den Winkel zwischen zwei aufeinander folgenden Querschnitten etwas ändern; der Krümmungshalbmesser wird aber davon nicht berührt. Denn jede Faser des Stabelementes verkürzt oder verlängert sich proportional zu ihrer ur-

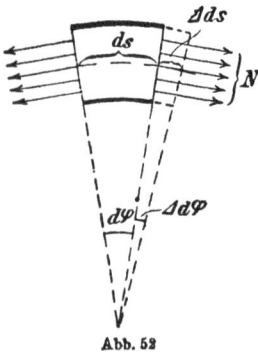

sprünglichen Länge, und nach der Formänderung schneiden sich die beiden aufeinander folgenden Querschnitte daher
immer noch an derselben Stelle wie vorher (vgl. Abb. 52). Übrigens ist auch die
elastische Winkeländerung $\Delta d\varphi$ immer
nur sehr klein im Verhältnisse zur ursprünglichen Größe $d\varphi$ des Winkels,
denn man hat dafür

$$\frac{\Delta d\varphi}{d\varphi} = \frac{\Delta ds}{ds} = \frac{\sigma}{E}, \qquad (110)$$

Abb. 52

wobei Δds die elastische Längenänderung irgendeiner Faser
ds des Balkenelementes bezeichnet. In den praktisch vorkommenden Fällen ist das Verhältnis $\frac{\sigma}{E}$ höchstens etwa gleich
$\frac{1}{2000}$, also auch $\Delta d\varphi$ unerheblich gegen $d\varphi$. Die durch die
Momente hervorgebrachten Winkeländerungen sind im allge-
meinen weit größer.

Bei der Berechnung von ϱ' brauchen wir also nur auf
das Biegungsmoment M zu achten, und selbst für die Berechnung von $\Delta d\varphi$ genügt dies in den meisten Fällen. Aus den
weiteren Entwickelungen wird hervorgehen, in welchen Fällen
es nötig ist, auch den Einfluß von N auf $\Delta d\varphi$ zu berücksichtigen.

Wir können jetzt zur Berechnung von ϱ' von dem Kunst-
griffe Gebrauch machen, uns den Stab als einen ursprünglich
geraden vorzustellen, der durch ein erdachtes Biegungsmoment
M_f zuerst zum Krümmungsradius ϱ und dann noch weiter
durch das wirklich vorhandene Biegungsmoment M zum Krümmungsradius ϱ' gebogen wurde. Natürlich müssen wir dabei
annehmen, daß diese ganze Biegung vorgenommen werden
kann, ohne daß die Proportionalitätsgrenze überschritten wird.
Diese Annahme ist indessen nicht bedenklich, solange nur bei
der Verbiegung von ϱ zu ϱ' keine Abweichung von dem Proportionalitätsgesetze vorkommt und solange die Längen ds
der einzelnen Fasern zwischen zwei aufeinanderfolgenden Quer-

schnitten von vornherein nur wenig voneinander verschieden waren. Denn der Stab muß sich bei der wirklich mit ihm vorgenommenen Biegung dann ebenso verhalten wie der andere ursprünglich gerade, den wir an seine Stelle setzen wollten und von dem wir immer voraussetzen können, daß die Proportionalitätsgrenze des Materials, aus dem er besteht, entsprechend hoch liegt, um ihn ohne deren Überschreitung sowohl zum Krümmungshalbmesser ϱ als zu ϱ' biegen zu können.

Durch diese Bemerkung wird die Aufgabe der Berechnung von ϱ' auf die in § 28 gelöste zurückgeführt. Die Anwendung von Gl. (75) auf die Belastungszustände M_f und $M_f + M$ liefert

$$\frac{1}{\varrho} = \frac{M_f}{EJ} \quad \text{und} \quad \frac{1}{\varrho'} = \frac{M_f + M}{EJ}.$$

Durch Ausschaltung der Hilfsgröße M_f aus beiden Gleichungen erhalten wir die gesuchte Beziehung

$$\frac{1}{\varrho'} - \frac{1}{\varrho} = \frac{M}{EJ}. \tag{111}$$

Auch die durch das Biegungsmoment M bewirkte Verdrehung $\varDelta d\varphi$ der beiden Querschnitte gegeneinander, also der Biegungswinkel, folgt auf demselben Wege aus Gl. (74) zu

$$\varDelta d\varphi = ds\,\frac{M}{EJ}, \tag{112}$$

wenn unter ds der Abstand beider Querschnitte, längs der neutralen Faser gemessen, verstanden wird.

In den Gleichungen (111) und (112) muß man übrigens, wie aus ihrer Ableitung hervorgeht, dem Biegungsmomente M das positive Vorzeichen geben, wenn es in demselben Sinne wirkt, wie M_f, d. h. wenn es die ursprünglich schon vorhandene Krümmung zu vergrößern sucht. Wirkt dagegen ein nach anderen Festsetzungen positiv gerechnetes Biegungsmoment M tatsächlich auf eine Verminderung der Krümmung hin, so muß man bei der Benutzung der vorstehenden Gleichungen vorher auf der rechten Seite noch ein Minuszeichen beisetzen.

Die Differentialgleichung der elastischen Linie läßt sich hier freilich im allgemeinen nicht mit übernehmen. Nur in

einem Falle, nämlich dann, wenn die Stabmittellinie im spannungslosen Zustande einen Kreisbogen bildet, kann man für
Formänderungen, die nur unerhebliche Verschiebungen der zur
Mittellinie gehörigen Punkte mit sich bringen, eine Gleichung
aufstellen, die der Differential-
gleichung (76) für den geraden Stab, nämlich

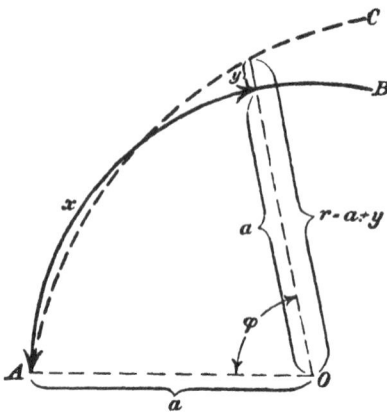

$$EJ \frac{d^2y}{dx^2} = - M$$

entspricht und von der man
einen ähnlichen Gebrauch
machen kann wie von dieser.
— In Abb. 53 sei AB ein
Stück der kreisförmigen Stabachse im ursprünglichen Zustande und AC die Gestalt
dieses Stückes nach der Formänderung. Wir denken uns
die Gleichung der Kurve AC in Polarkoordinaten, also in
der Form

$$r = f(\varphi)$$

angegeben. Für den Krümmungshalbmesser der Kurve, der
mit ϱ' bezeichnet werden soll, wird in der analytischen Geometrie der Ausdruck

$$\varrho' = \frac{\left[r^2 + \left(\frac{dr}{d\varphi} \right)^2 \right]^{\frac{3}{2}}}{r^2 + 2 \left(\frac{dr}{d\varphi} \right)^2 - r \frac{d^2r}{d\varphi^2}}$$

abgeleitet. Setzt man hier $r = a + y$, beachtet, daß y sehr
klein gegen a sein soll und vernachlässigt im Zähler und
Nenner die von der zweiten Ordnung kleinen Glieder, so erhält
man zunächst

$$\frac{1}{\varrho} = \frac{a^2 + 2ay - a \frac{d^2y}{d\varphi^2}}{a^3 + 3a^2y}$$

und hieraus weiter

$$\frac{1}{\varrho'} - \frac{1}{a} = \frac{-y - \frac{d^2 y}{d\varphi^2}}{a^2 + 3ay}.$$

Im Nenner kann nachträglich auch noch das von der ersten Ordnung kleine Glied $3ay$ gegen a^2 gestrichen werden. Mit Rücksicht auf Gl. (111) erhält man daher

$$EJ\left(\frac{d^2 y}{d\varphi^2} + y\right) = \pm a^2 M. \tag{113}$$

Die Wahl des oberen oder unteren Vorzeichens auf der rechten Seite kann erst nachträglich auf Grund der Festsetzungen über jene Richtungen, die als positiv gelten sollen, getroffen werden, ganz ähnlich wie schon früher bei der Differentialgleichung der elastischen Linie des geraden Stabes.

Versteht man unter $x = a\varphi$ (vgl. Abb. 53) die Länge des zum Zentriwinkel φ gehörigen Kreisbogens, so läßt sich die vorhergehende Gleichung auch in der Form

$$EJ\left(\frac{d^2 y}{dx^2} + \frac{y}{a^2}\right) = \pm M \tag{114}$$

anschreiben, die mit $a = \infty$ sofort in die Gleichung der elastischen Linie des geraden Stabes übergeht. Überhaupt darf das zweite Glied in der Klammer gegen das erste stets vernachlässigt werden, wenn sich die Ausbiegung nur auf einen kleinen Teil des Kreisumfanges erstreckt. Im anderen Falle muß es aber beibehalten werden, weil bei gleichen Werten von dy/dx und $d^2 y/dx^2$ die Ordinaten y um so größer ausfallen, je größer die Abszissen x im Vergleiche zu a werden. Namentlich dann, wenn es sich um die Untersuchung der Formänderung eines in sich zusammenhängenden Ringes handelt, würde die Vernachlässigung des zweiten Gliedes in der Klammer gegen das erste zu einem sehr merklichen Fehler führen.[1])

Wir haben ferner beim schwach gekrümmten Stabe ebensoviel Grund als beim ursprünglich geraden Stabe zu der Vermutung, daß die Spannungsverteilung mindestens näherungs-

---

1) Siehe auch Rud. Mayer „Über Elastizität und Stabilität des geschlossenen und offenen Kreisbogens" in der „Zeitschr. f. Math. u. Physik" 61, 1912.

weise dem Geradliniengesetze entspricht, und können daher die
Formeln für die Spannungen, die durch die äußeren Kräfte
hervorgerufen werden, ohne jede Änderung aus den früheren
Betrachtungen über die Biegung des geraden Stabes übernehmen.

§ 39. Der Bogen mit zwei Gelenken.

Ein Stab von gekrümmter Mittellinie stütze sich an beiden
Enden auf zwei Zapfen, um die er sich frei drehen kann.
Man soll die Auflagerkräfte berechnen, die von diesen Zapfen
aufgenommen werden, wenn beliebig gegebene Lasten an dem
Stabe angreifen. Die Aufgabe ist einfach statisch unbestimmt,
da jeder Auflagerdruck erst durch zwei Komponenten völlig
bestimmt ist, während die Statik für starre Körper, die nach
einer Richtung (senkrecht zur Bogenebene) keine Bewegungs-
möglichkeit haben, nur drei Gleichgewichtsbedingungen zur Verfügung stellt.

Die Zapfen, auf die sich der Bogen stützt, bezeichnet man
als Gelenke; bei der Berechnung treten sie nur als Punkte auf,
unter denen man sich die Zapfenmittelpunkte zu denken hat.
Der Bogenträger mit zwei Gelenken wird hauptsächlich im
Brückenbau vielfach verwendet. Da er nur auf Grund der Elastizitätstheorie berechnet werden kann, wird er auch häufig
als „elastischer Bogenträger" bezeichnet. Abb. 54 zeigt die
übliche Anordnung: beide Gelenke liegen in gleicher Höhe,
und der Bogen nimmt nur senkrecht gerichtete Lasten auf.
Die senkrechten Komponenten beider Auflagerkräfte können
in diesem Falle ohne weiteres mit Hilfe von Momentengleichungen für die Gelenke als Momentenpunkte berechnet
werden; sie sind ebenso groß wie die Auflagerkräfte eines
Balkens, der dieselben Lasten trägt. Dazu tritt aber noch die
Horizontalkomponente jedes Auflagerdrucks, von der man nach
den allgemeinen Gleichgewichtsbedingungen nur aussagen kann,
daß sie an beiden Gelenken gleich groß, aber entgegengesetzt
gerichtet sein muß. Die Größe dieser Horizontalkomponente

bezeichnet man als den Horizontalschub H des Bogens; dieser
bildet die statisch unbestimmte Größe, auf deren Ermittelung
es vor allen Dingen ankommt. Denn man sieht ein, daß die
Biegungsmomente, die Schub- und die Normalkräfte für alle
Querschnitte und daher auch die Spannungen an allen Stellen
sofort angegeben werden können, wenn H bekannt ist. Wir
können uns daher
hier darauf beschrän-
ken, die Berechnung
von H auseinander-
zusetzen.

Diese Aufgabe
soll zunächst auf
Grund des Satzes von

Abb. 54

der kleinsten Formänderungsarbeit gelöst werden. Wenn die zur
Abszisse x gehörige Ordinate der Stabmittellinie mit s bezeichnet
wird, hat man für das Biegungsmoment im Querschnitte x

$$M = M_b - Hs. \qquad (115)$$

Hierbei ist das Biegungsmoment, das ein Balkenträger bei derselben Belastung im Querschnitte x aufzunehmen hätte, zur Abkürzung mit M_b bezeichnet, d. h. M_b ist ein Ausdruck von der Form

$$M_b = Ax - \sum_0^s P(x - p),$$

also bei gegebenen Lasten eine bekannte Größe. Die dem
Biegungsmomente M im Bogenelemente entsprechende Formänderungsarbeit kann nach Gl. (87) berechnet werden, wenn
man darin dx durch ds ersetzt, denn für den Biegungswinkel von
zwei benachbarten Querschnitten gegeneinander gilt beim Bogen
dieselbe Formel wie beim geraden Stabe. Unter Vernachlässigung
der durch die Normalkraft N und durch die Schubkraft bedingten
Anteile erhält man daher für die in ganzen Bogen aufgespeicherte
Formänderungsarbeit, wenn wir weiterhin den Buchstaben A
auf diese beziehen,

$$A = \tfrac{1}{2} \int \frac{M^2}{EJ} ds = \tfrac{1}{2} \int \frac{(M_b - Hs)^2}{EJ} ds, \qquad (116)$$

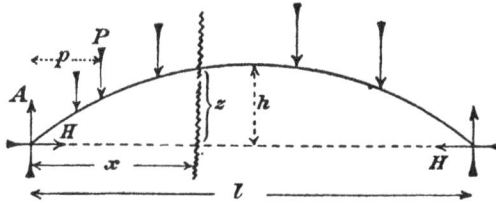

worin die Integration über die ganze Bogenlänge auszudehnen ist.

Wir bilden den Differentialquotienten dieses Ausdrucks
nach der statisch unbestimmten Größe H und setzen ihn gleich
Null. Dies liefert

$$\frac{\partial A}{\partial H} = -\int \frac{M_b - Hz}{EJ} z\, ds = -\int \frac{M_b z}{EJ}\, ds +. H\int \frac{z^2}{EJ}\, ds = 0,$$

und durch Auflösen der Gleichung nach der Unbekannten H
finden wir

$$H = \frac{\int \dfrac{M_b z}{EJ}\, ds}{\int \dfrac{z^2}{EJ}\, ds}. \tag{117}$$

Der Elastizitätsmodul E kann fast in allen Fällen, die
überhaupt vorkommen, als konstant über die ganze Bogenlänge
angesehen werden. Für den besonderen Fall, daß außerdem
auch das Trägheitsmoment des Querschnitts überall dieselbe
Größe hat, vereinfacht sich Gl. (117) zu

$$H = \frac{\int M_b z\, ds}{\int z^2\, ds}. \tag{118}$$

Die Integrale in diesen Formeln können immer ohne
Schwierigkeit berechnet werden, sei es durch gewöhnliche Integration, sei es durch eine mechanische Quadratur. Im wesentlichen ist also die Aufgabe hiermit als gelöst zu betrachten.

Wir wollen diese Formeln jetzt auf ein einfaches Beispiel
anwenden. Die Bogenmittellinie sei ein Parabelbogen, und die
Belastung sei über die ganze Spannweite gleichförmig verteilt,
d. h. so, daß zu Bogenabschnitten von gleicher Horizontalprojektion gleiche Lasten gehören. Dieser Fall hat übrigens
eine allgemeinere Bedeutung, als es nach dem Wortlaute der
Aufstellung scheinen könnte. Jeder flache Bogen von symmetrischer Gestalt kommt nämlich dem Parabelbogen nahe, z. B.
auch ein flacher Kreisbogen. Näherungsweise kann daher jeder
flache Bogen als ein Parabelbogen aufgefaßt werden, und man
macht davon bei solchen Berechnungen mit Vorliebe Gebrauch,

weil sich die Ausführung der Rechnung beim Parabelbogen am einfachsten gestaltet.

Bei gleichförmiger Belastung ist das Biegungsmoment M_b eines Balkens im Abstande x vom linken Auflager

$$M_b = \frac{ql}{2}x - \frac{qx^2}{2}$$

und die Momentenfläche ist hiernach selbst eine Parabel. Diese Parabel kann durch geeignete Wahl des Maßstabes, dessen man sich beim Auftragen von M_b bedient, ferner auch zum Zusammenfallen mit der Bogenmittellinie gebracht werden. In der Mitte geht M_b in $\frac{ql^2}{8}$ und s in die Pfeilhöhe h des Bogens über, daher kann auch überall

$$M_b = \frac{ql^2}{8} \cdot \frac{s}{h},$$

gesetzt werden. Führt man dies in Gl. (118) ein, so erhält man

$$H = \frac{ql^2}{8h}, \tag{119}$$

da sich der Nenner gegen den ihm gleichen Faktor des Zählers weghebt.

Mit diesen Werten von M_b und H wird die Formänderungsarbeit A, wie aus Gl. (116) hervorgeht, zu Null. Das überrascht auf den ersten Blick, da ein belasteter Körper stets auch Verformungen ausführt und für ihn deshalb die Formänderungsarbeit nie Null werden kann. Wir erhalten sofort Aufklärung, wenn wir die Ausdrücke für M_b und H in Gl. (115) einsetzen: An jeder Stelle x wird das Biegungsmoment M Null. Wenn kein Biegungsmoment auftritt, muß aber auch nach Gl. (70) die Schwerkraft verschwinden, d. h. der mit einer gleichförmig verteilten Last behaftete Parabelträger überträgt in einem an beliebiger Stelle x errichteten Querschnitt nur eine resultierende Normalspannung. Dies Ergebnis, das wir aus Gl. (119) abgeleitet haben, hätten wir auch unmittelbar aus dem Vergleich der Parabelgleichung mit Gl. (115) finden können. Die Scheitelgleichung für eine Parabel lautet $u = cv^2$. Wenn wir in unserem besonderen Fall beachten, daß der Koordinatenursprungspunkt in der x-Richtung um $\frac{l}{2}$ und in der z-Richtung um h verschoben ist (Abb. 54), haben wir die Gleichung der Mittellinie in der Form anzuschreiben:

$$h - z = c \left(\frac{l}{2} - x \right)^2.$$

Wir berücksichtigen noch, daß der Koordinatenursprung auf der Parabel liegt, also für $x = 0$ auch $z = 0$ ist und erhalten $c = \frac{4h}{l^2}$ und:

$$z = \frac{4hx}{l} - \frac{4hx^2}{l^2}.$$

Die Tangente an die Parabel ist:

$$\frac{dz}{dx} = \frac{4h}{l} - \frac{8hx}{l^2}. \tag{120}$$

An der gleichen Stelle x legen wir einen Querschnitt und betrachten das Gleichgewicht des linken Bogenteils. In wagrechter Richtung wirkt die Horizontalkraft H in senkrechter Richtung die Auflagekraft $\frac{ql}{2}$ und die äußere Belastung qx. Die resultierende im Querschnitt übertragene Kraft hat die Richtung α gegen die x Achse; es ist

$$\operatorname{tg} \alpha = \frac{\dfrac{ql}{2} - qx}{H} = \frac{4h}{l} - \frac{8hx}{l^2}. \tag{121}$$

Für H haben wir den Wert aus Gl. (119) eingesetzt. Die Gleichungen (120) und (121) lassen erkennen, daß die resultierende Kraft an jeder Stelle x in Richtung der Tangente an den Parabelbogen, also senkrecht zum Querschnitt fällt. Aus diesem Grunde ist die Schubkraft Null, und es wird kein Moment im Querschnitt übertragen

Die parabolische Krümmung beim Zweigelenkbogen hat den Vorteil, daß bei gleichmäßig verteilter Belastung keine Biegung auftritt. Sie wird deshalb mit Vorliebe bei Brückenträgern angewendet.

§ 40. Zweites Verfahren zur Berechnung des Horizontalschubs.

Die Wichtigkeit dieser Untersuchungen für viele praktische Anwendungen macht es wünschenswert, noch einen zweiten, von dem vorigen völlig verschiedenen Weg zur Lösung derselben Aufgabe zu kennen.

Ich denke mir den Bogen platt auf den Boden gelegt, das linke Ende festgehalten und irgendein Element von der Länge ds zum neuen Krümmungsradius verbogen, während alle übrigen Teile des Bogens inzwischen ihre Gestalt behalten sollen. Der rechte Teil des Bogens dreht sich dann gegen den festgehaltenen linken um den Winkel $\Delta d\varphi$ und jeder zu ihm gehörige Punkt beschreibt einen kleinen Kreisbogen von diesem Zentriwinkel um den Mittelpunkt von ds. Der Radius des Kreisbogens, den das rechte Bogenende beschreibt, ist in Abb. 55, in der die neue Lage des rechten Bogenstücks ·durch eine punktierte Linie (natürlich sehr stark übertrieben) eingetragen ist, mit w bezeichnet. Die Länge des Kreisbogens ist daher gleich $w\Delta d\varphi$ zu setzen. Um nun zu erkennen, um wieviel sich die Sehne des ganzen Bogens durch die an ds vorgenommene Verbiegung vergrößert hat, denke ich mir nachträglich den ganzen Bogen ohne Formänderung um den linken Endpunkt so lange gedreht, bis der rechte Endpunkt wieder auf die frühere horizontale Linie fällt. Die beiden nacheinander erfolgten kleinen Wege des rechten Endpunktes bilden die Hypotenuse und die eine Kathete eines unendlich kleinen Dreiecks, dessen zweite Kathete die gesuchte Sehnenver

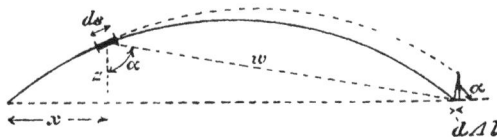

Abb. 55.

längerung $d\Delta l$ angibt. In diesem Dreiecke ist ein Winkel gleich dem Winkel α, den der Radius w mit der vertikalen Richtung einschließt. Man hat also

$$d\Delta l = w\Delta d\varphi \cos\alpha = z\Delta d\varphi.$$

Dieselbe Betrachtung gilt auch für die Verbiegung jedes anderen Bogenelementes, und die dabei auftretenden Änderungen der Bogensehne oder der Spannweite l addieren sich zueinander algebraisch. Die ganze elastische Spannweitenänderung ist daher

$$\Delta l = \int z\Delta d\varphi = \int \frac{Mz}{EJ}\,ds. \tag{122}$$

Hierbei ist nur der Einfluß der Biegungsmomente berücksichtigt. Als verhältnismäßig unbedeutendes Korrektionsglied kann man nachträglich noch die durch die Normalkräfte N bewirkte Spannweitenänderung hinzufügen. Bei flachen Bögen genügt es, diese etwa gleich

$$\frac{lH}{EF}$$

zu setzen. Dieses Glied ist negativ zu rechnen, da ein Horizontalschub den Bogen verkürzt; dagegen ist $\varDelta l$ in Gl. (122) positiv, wenn M positiv ist, denn ein Biegungsmoment, das wir positiv nennen, biegt einen Balken nach untenhin konvex und vermindert bei dem Bogen die ursprüngliche Krümmung, streckt also den Bogen gerade und vergrößert dabei die Bogensehne.

Bei den Formänderungen, die der Bogen in Wirklichkeit ausführt, bleibt die Spannweite unverändert; wir haben also dafür die Bedingungsgleichung

$$\int \frac{Mz}{EJ}\,ds - \frac{lH}{EF} = 0.$$

Setzt man hier noch den Wert von M aus Gl. (115) ein und löst nach H auf, so wird man wieder auf die früheren Formeln für H geführt, nämlich auf Gl. (117), wenn man das Glied, das von den Normalkräften herrührt, wieder vernachlässigt. Daß hier die Spannweite l an Stelle der Bogenlänge $\int ds$ steht, kommt nur von der willkürlichen, hier etwas abweichenden Schätzung des Korrektionsgliedes her, auf die es nicht ankommt.

Man kann die Sache auch so auffassen, daß der Bogen zuerst am rechten Ende auf ein horizontales Rollenlager gesetzt sei. Als Biegungsmoment bleibt dann nur M_b, und die Bogensehne verlängert sich dabei um

$$\varDelta l = \int \frac{M_b z}{EJ}\,ds.$$

Dann denkt man sich nachträglich eine Horizontalkraft H an dem beweglichen Auflager angebracht, die so groß gewählt wird, daß dieses wieder um $\varDelta l$ zurückgeführt und der Bogen dadurch in seine endgültige Gestalt gebracht wird. Die Horizontalkraft H bringt negative Biegungsmomente von der Größe Hz hervor und zur Berechnung des dadurch bewirkten $\varDelta l$ kann Gl. (122) ebenfalls in der Form

$$\varDelta l = - \int \frac{H z^2}{E J} d s,$$

benutzt werden. Wenn es für nötig gehalten wird, kann dazu die Verkürzung durch die achsiale Belastung gefügt werden. Durch Gleichsetzen der Werte von $\varDelta l$ kommt man wieder auf die früheren Resultate.

Diese Betrachtungsweise hat vor der Benutzung des Satzes von der Formänderungsarbeit den Vorzug, daß sie anschaulicher ist und einen unmittelbaren Einblick in den physikalischen Sinn gewährt, der den einzelnen in der Rechnung vorkommenden Gliedern beizulegen ist. Bei der Methode von Castigliano verfährt man mehr summarisch, man verzichtet auf einen Überblick über die Bedeutung der einzelnen Glieder, erlangt aber andererseits dadurch den Vorteil, daß man ganz von selbst zu der richtigen Lösung geführt wird, ohne sich über den Vorgang in allen Einzelheiten Rechenschaft geben zu müssen. Jedes Verfahren hat also seine Vorzüge, und man tut daher gut, sich mit beiden vertraut zu machen.

§ 41. Einfluß von Temperaturänderungen.

Bei einem statisch bestimmten Träger sind Temperaturänderungen ohne Einfluß auf die Spannungen. Denn die Auflagerkräfte können bei ihm auf Grund der allgemeinen Gleichgewichtsbedingungen berechnet werden, und sie sind daher immer gleich Null, wenn keine Lasten an dem Träger angreifen, gleichgültig welche Temperaturänderungen der Träger erfahren mag. Beim Fehlen aller äußeren Kräfte müssen daher auch innerhalb jedes Querschnitts alle etwa vorkommenden Spannungen unter sich ein Gleichgewichtssystem miteinander bilden, und dies führt nach der Voraussetzung der linearen Spannungsverteilung zu dem Schlusse, daß sie überall gleich Null sind.

Bei ungleichförmiger Erwärmung eines Körpers kann es freilich vorkommen, daß eine von der linearen abweichende Spannungsver-

teilung auftritt, und der Schluß, daß die Spannungen beim Fehlen
äußerer Kräfte überall verschwinden müßten, ist dann nicht mehr zulässig. Dahin gehören auch die sogenannten Gußspannungen, die in
Gußstücken vorkommen, die sich nach dem Gusse ungleichmäßig abgekühlt haben, so daß einzelne Teile schon erstarrten, während andere
noch flüssig waren Unter Umständen erreichen diese Gußspannungen,
ohne daß irgendeine Belastung von dem Gußstücke aufgenommen
würde, eine Höhe, die bis nahe an die Festigkeitsgrenze heranreicht,
so daß eine geringfügige äußere Veranlassung genügt, den Bruch
herbeizuführen. Die durch das Herstellungsverfahren bedingten und von
der Belastung unabhängigen Eigenspannungen sind näher behandelt in
Band V und ausführlicher noch im 2. Bande von „Drang und Zwang."
Von solchen Fällen soll aber hier nicht die Rede sein. Wir
nehmen vielmehr an, daß der Körper im ursprünglichen Zustande frei
von solchen Spannungen war und daß auch nachher seine Temperatur sich überall gleichmäßig ändert und der Ausdehnungskoeffizient
überall dieselbe Größe hat. Wenn keine äußeren Kräfte an dem
Körper wirken, ist dann der Körper bei Wärmeschwankungen ähnlich
veränderlich, d h. in jedem Augenblicke ist seine Gestalt der ursprünglichen geometrisch ähnlich. Damit fällt auch jede Veranlassung
für ein Auftreten von Spannungen fort.

Ein statisch unbestimmter Träger kann durch den Zwang
der Auflagerbedingungen, die ihm vorgeschrieben sind, daran
verhindert werden, sich gleichmäßig auszudehnen. Diese Ver-
hinderung kann nur von Auflagerkräften ausgehen, die unabhängig von der Belastung auftreten. Die statisch unbestimmten Größen, die bei der Berechnung solcher Träger vorkommen, hängen dann nicht nur, wie bisher angenommen
wurde, von den Belastungen, sondern auch von den Temperaturschwankungen ab.

In diesem Falle befindet sich auch der Bogen mit zwei
Gelenken. Wenn er erwärmt wird, kann er sich nicht geometrisch ähnlich ausdehnen, da die Bogensehne unveränderlich
ist. Es wird also ein Horizontalschub entstehen, der sich der
Vergrößerung der Spannweite widersetzt. Diese Auflagerkraft
hat Biegungsmomente usw. und damit Spannungen zur Folge,
die zu den durch die Belastung hervorgerufenen hinzutreten.
Diese Spannungen sind gewöhnlich so beträchtlich, daß sie
bei der Festigkeitsberechnung nicht außer acht gelassen werden dürfen.

Zunächst muß man sich darüber klar werden, zwischen welchen Grenzen etwa Temperaturschwankungen zu erwarten sind. Bei Brückenträgern, die im Freien aufgestellt sind, nimmt man gewöhnlich an, daß die Temperatur nach oben oder unten um ungefähr 40° C. von der dem spannungslosen Zustande entsprechenden abweichen kann. Wenn der Träger statisch bestimmt wäre, würde sich, falls er aus Eisen besteht, jede Länge um $\frac{1}{2000}$ ändern. Bei einem Bogen mit zwei Gelenken von 50 m Spannweite hätte man also mit einer Spannweitenänderung $\varDelta l$ von 25 mm zu rechnen. Um diese wieder rückgängig zu machen, muß man einen Horizontalschub H anbringen, dessen Größe aus den Untersuchungen des vorigen Paragraphen ohne weiteres folgt. Ersetzen wir allgemein die Dehnung um $\frac{1}{2000}$ durch den Buchstaben η und berücksichtigen wir bei der durch H bewirkten Formänderung nur den Einfluß der Biegungsmomente, so folgt aus der Gleichung

$$\eta l = \int \frac{H z^2}{E J} \, ds$$

der durch die Temperaturänderung hervorgerufene Horizontalschub zu

$$H = \frac{\eta l}{\int \frac{z^2}{E J} \, ds}. \tag{123}$$

Ähnlich ist natürlich auch der Einfluß eines etwaigen Nachgebens der Widerlager zu beurteilen.

Übrigens können die Werte der durch Temperaturschwankungen hervorgerufenen statisch unbestimmten Auflagerkräfte auch nach der Methode von Castigliano leicht berechnet werden. Denkt man sich nämlich den Zwang an den Auflagerstellen, der die Übertragung dieser statisch unbestimmten Kräfte vermittelt, beseitigt, so ist der Träger statisch bestimmt und er kann sich bei den Temperaturänderungen geometrisch ähnlich verändern. Dabei wird sich der Angriffspunkt einer dieser Auflagerkomponenten, die etwa mit U bezeichnet werden mag, in deren Richtung um eine Strecke u verschieben, die wie bei dem vorher betrachteten Beispiele leicht berechnet werden kann,

15*

wenn η gegeben ist. Hierauf bringe man die Lasten und die statisch unbestimmten Kräfte U an, letztere in solcher Größe, daß die durch die vorausgehende Temperaturänderung hervorgerufenen Verschiebungen u wieder verschwinden. Nach Gl. (93) ist dann

$$\frac{\partial A}{\partial U} = -u \qquad (124)$$

zu setzen. Diese Gleichung tritt hier an Stelle der Gleichung

$$\frac{\partial A}{\partial U} = 0,$$

die wir früher unter der Voraussetzung, daß keine Temperaturschwankungen vorkämen, zur Berechnung der U benutzten. Mit Gl. (124) und den entsprechenden für die übrigen statisch unbestimmten Größen ist aber nun genau so zu verfahren wie früher; die Auflösung liefert die Unbekannten U. Übrigens kann unter U auch ein unbekanntes Kräftepaar (ein Einspannmoment) verstanden werden; dann bedeutet u die Winkeldrehung der Angriffsstelle, für den Fall, daß der Träger statisch bestimmt gemacht wurde.

Diese allgemeine Betrachtung sei gleichfalls an dem Beispiele des Bogens mit zwei Gelenken näher erläutert. Es genügt, wenn wir den Horizontalschub für den Fall berechnen, daß gar keine Lasten angreifen. Mit $U = H$ und $u = -\eta l$ schreibt sich Gl. (124)

$$\frac{\partial A}{\partial H} = \eta l.$$

Für A nehmen wir den in Gl. (116) angegebenen Wert, nachdem darin $M_b = 0$ gesetzt ist. Wir erhalten

$$\frac{\partial A}{\partial H} = H \int \frac{z^2}{EJ}\, ds = \eta l,$$

woraus für H wieder derselbe Wert wie in Gl. (123) gefunden wird.

§ 42. Der beiderseits eingespannte Bogen.

Dieser ist dreifach statisch unbestimmt. Unbekannt sind in diesem Falle die vertikale Auflagerkomponente B, der

Horizontalschub H und das Einspannmoment M_0, alle drei für
das linke Auflager. Von der Berücksichtigung des Einflusses
der Normalkräfte auf die Formänderung wollen wir der Einfachheit halber absehen. Für das Biegungsmoment M im Querschnitte x erhalten wir, wenn wir im übrigen die früheren
Bezeichnungen beibehalten,

$$M = M_0 + Bx - Hs - \sum_0^z P(x-p),$$

also z. B. für eine gleichförmige Belastung des Bogens

$$M = M_0 + Bx - Hs - \frac{qx^2}{2}.$$

Wir bilden jetzt

$$A = \frac{1}{2}\int \frac{M^2}{EJ}\,ds$$

und setzen die drei partiellen Differentialquotienten nach M_0
B und H gleich Null. Dies liefert

$$\frac{\partial A}{\partial M_0} = \int \frac{M}{EJ}\cdot\frac{\partial M}{\partial M_0}\,ds = \int \frac{M}{EJ}\,ds = 0,$$

$$\frac{\partial A}{\partial B} = \int \frac{M}{EJ}\cdot\frac{\partial M}{\partial B}\,ds = \int \frac{Mx}{EJ}\,ds = 0,$$

$$\frac{\partial A}{\partial H} = \int \frac{M}{EJ}\cdot\frac{\partial M}{\partial H}\,ds = -\int \frac{Ms}{EJ}\,ds = 0.$$

Nach Einsetzen von M ·können diese drei Gleichungen ohne
weiteres nach den drei Unbekannten aufgelöst werden, so daß
in dieser Lösung nur noch Integrale vorkommen, die mindestens
näherungsweise stets leicht berechnet werden können.

Um zu untersuchen, welche Werte von M_0, B, H einer
Temperaturänderung entsprechen, beachte man, daß beim Frei-
geben des linken Bogenendes (falls beide Auflager in gleicher
Höhe liegen) nur der Angriffspunkt von H eine Verschiebung
in der Kraftrichtung erfährt. Man hat daher hierfür die drei
Gleichungen

$$\int \frac{M}{EJ}\,ds = 0, \qquad \int \frac{Mx}{EJ}\,ds = 0, \qquad \int \frac{Ms}{EJ}\,ds = -\eta l,$$

in denen für M der Wert

$$M = M_0 + Bx - Hs$$

einzusetzen ist. Nachdem dies geschehen ist, können die drei Gleichungen wiederum leicht nach M_0, B und H aufgelöst werden.

Als beiderseits eingespannter elastischer Bogenträger ist ein Tonnengewölbe aufzufassen, das aus einem Materiale ausgeführt ist, von dem man annehmen kann, daß es wenigstens näherungsweise dem Hookeschen Gesetze gehorcht. Die Lehre von den Gewölben behandle ich in der graphischen Statik, und ich begnüge mich daher hier mit diesen kurzen Andeutungen.

§ 43. Berechnung eines Ringes oder eines Rohres auf Druck oder Zug in einer Durchmesserebene.

In Abb. 56 ist ein Körper von ringförmiger Gestalt dargestellt, der zwischen zwei Platten in der Richtung des senkrechten Durchmessers mit der Kraft P zusammengedrückt wird. Auf diese Art wird z. B. ein zur Entwässerung in einen Straßenkörper eingelegtes. Tonrohr beansprucht, wenn ein Wagen darüber wegfährt. An Stelle des Druckes kann auch ein Zug treten, ohne daß sich die Sache wesentlich änderte. In dieser Lage befindet sich ein Kettenglied von kreisrunder Gestalt bei einer Belastung der Kette. Alle Formänderungen und alle Spannungen sind gleich groß, aber von entgegengesetztem

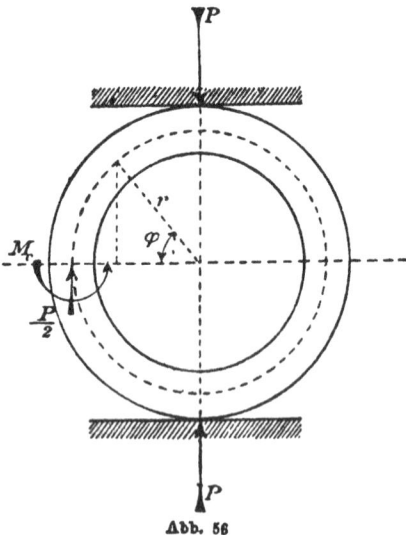

Abb. 56

Wirkungssinne, als wenn der Ring mit einer ebenso großen Kraft

zusammengedrückt würde. Es genügt daher, wenn wir immer nur von diesem Falle reden; der andere ist dadurch zugleich mit erledigt.

Es genügt, die Formänderung eines einzigen Quadranten zu betrachten, da die drei übrigen alle in der gleichen Lage sind; ich wähle dazu den in der Abbildung nach links oben-hin gelegenen. Wenn ich diesen Quadranten aus dem ganzen Ringe loslöse, muß ich an den beiden Schnittstellen äußere Kräfte anbringen, die die vorher dort übertragenen Spannungen ersetzen. In der horizontalen Schnittfläche kann ich mir alle dort übertragenen Spannungen zu einer durch den Schwer-punkt des Querschnitts gehenden Resultierenden und einem resultierenden Kräftepaare zusammengesetzt denken. Die Re-sultierende muß aus Symmetriegründen rechtwinklig zum Quer-schnitte stehen. Die untere und die obere Ringhälfte, die dort aneinander stoßen, befinden sich nämlich in genau gleichen Um-ständen; der zwischen ihnen übertragene Druck und Gegendruck muß daher gegen die eine ebenso liegen wie gegen die andere, und das ist nur möglich, wenn der Winkel ein rechter ist. Aus dem Gleichgewichte der einen Ringhälfte für sich betrachtet, folgt ferner, daß der in jeder horizontalen Schnittfläche übertragene Druck gleich $\frac{P}{2}$ ist. Das unbekannte Moment der Spannungen im Anfangsquerschnitte sei mit M_0 bezeichnet.

Für irgendeinen Querschnitt des Quadranten, dessen Ebene mit der horizontalen Richtung den Winkel φ bildet, hat man das Biegungsmoment, also das Moment der links vom Quer-schnitte liegenden äußeren Kräfte, die am Quadranten wirken,

$$M = M_0 + \frac{P}{2}(r - r\cos\varphi),$$

denn das Anfangsmoment M_0 behält für jeden neuen Momenten-punkt den ursprünglichen Wert. Auch die Normalkraft N für den Querschnitt φ läßt sich leicht angeben; man hat dafür

$$N = \frac{P}{2}\cos\varphi.$$

Zunächst soll aber nur auf den Einfluß der Biegungsmomente

auf die Formänderung geachtet werden, da dieser, wie gewöhnlich bei solchen Aufgaben, erheblich überwiegt, so daß es in der Regel genügt, ihn bei der Durchführung der Rechnung ausschließlich zu beachten.

Die Bedingung, der die Formänderung hier unterworfen ist, besteht darin, daß die beiden Schnittflächen des Quadranten immer senkrecht zueinander bleiben müssen. Allgemein gehört nämlich der ganze Umfang der Mittellinie zu einem Zentriwinkel von 360⁰, und dieser Winkel kann sich nicht ändern. solange die Mittellinie fortfährt, eine in sich zurückkehrende Kurve zu bilden, solange also kein Bruch erfolgt. Da nun hier der Ring in vier sich ganz gleich verhaltende Quadranten zerfällt, kann sich auch der zu einem dieser Quadranten gehörige Zentriwinkel nicht ändern. Die Bedingungsgleichung, die zur Ermittelung der einzigen unbekannten Größe M_0 führt, lautet daher ganz einfach

$$\int_0^{\frac{\pi}{2}} \varDelta\, d\varphi = 0.$$

Man braucht nur für $\varDelta\, d\varphi$ seinen Wert

$$\varDelta\, d\varphi = \frac{M\, ds}{E\, J} = \frac{\left(M_0 + \frac{Pr}{2} - \frac{Pr}{2}\cos\varphi\right) r\, d\varphi}{E\, J}$$

einzusetzen und zu integrieren. Da E und J konstant sind, kann man diese Faktoren streichen, ebenso den konstanten Faktor r im Zähler; es bleibt also

$$\int_0^{\frac{\pi}{2}} \left(M_0 + \frac{Pr}{2} - \frac{Pr}{2}\cos\varphi\right) d\varphi = M_0\frac{\pi}{2} + \frac{Pr\pi}{4} - \frac{Pr}{2} = 0,$$

und durch Auflösen erhält man

$$M_0 = -\frac{\pi-2}{2\pi} Pr = -0{,}182\, Pr.$$

Am Ende des horizontalen Durchmessers ist das Biegungsmoment demnach negativ, d. h. es bringt eine stärkere Krümmung hervor. Dies war auch schon auf Grund der oberfläch-

lichsten Betrachtung zu erwarten, und wir können auf Grund
derselben Betrachtung des ganzen Vorganges sofort voraus-
sagen, daß das Moment im Scheitel positiv werden muß, also
eine Verminderung der Krümmung an dieser Stelle bewirkt.
Auch in Abb. 56 ist übrigens der Drehpfeil von M_0 für den
betrachteten Quadranten in Voraussicht dieses Resultates schon
entgegengesetzt dem Uhrzeigersinne eingetragen worden.

Das andere Glied in dem Ausdrucke für M ist bei jedem
weiteren Querschnitte des Quadranten positiv; demnach ist M_0
zugleich das größte Biegungsmoment von negativem Vorzeichen. Das größte positive Moment muß dagegen im Scheitel
eintreten. Mit $\varphi = \frac{\pi}{2}$ geht M, das wir dann mit $M_{\frac{\pi}{2}}$ bezeichnen, über in

$$M_{\frac{\pi}{2}} = \frac{Pr}{\pi} = 0{,}318\,Pr.$$

Im Scheitel tritt also zugleich das absolut größte Moment
und damit die größte Beanspruchung des Materials auf. Die
Spannung σ läßt sich daraus sofort berechnen. Wenn der
ringförmige Körper z. B. ein Rohr von der überall gleichen
Wandstärke h und der Länge l ist, bildet der Querschnitt ein
Rechteck vom Widerstandsmomente $\frac{lh^2}{6}$, und für σ erhält man

$$\sigma = \frac{6\,Pr}{\pi\,l\,h^2}. \tag{125}$$

Die Gl. (125) gilt nur unter der Voraussetzung, unter der
alle Betrachtungen in diesem Kapitel bisher durchgeführt sind,
daß nämlich die Wandstärke δ klein ist gegenüber dem Rohr-
halbmesser r. Die Normalkraft N kann in diesem Falle gegenüber dem Biegungsmoment unberücksichtigt bleiben. Wenn bei
dickwandigen Rohren δ nicht mehr gegen r vernachlässigt werden kann, muß zur Ableitung einer der Gl. (125) entsprechenden
Beziehung auf die Betrachtung in § 45 eingegangen werden.

Anmerkung. Die vorausgehenden Berechnungen setzen voraus, daß die Elastizitätsgrenze nicht überschritten wird. Drückt man
einen Ring aus einem dehnbaren Metalle zusammen, so bildet sich

sofort nach dem ersten Auftreten bleibender Formänderungen ein
anderer Spannungszustand aus. Am Scheitel, wo die größten Spannungen auftreten, genügt schon eine sehr kleine bleibende Formänderung, um den Wert des Biegungsmoments an dieser Stelle herab
und hiermit zugleich den Wert von M_0 hinauf zu setzen. Dies hat
zur Folge, daß ein solcher Metallring größere Lasten zu tragen vermag, als sich aus der vorausgehenden Berechnung ergibt, bevor er in
merklicher Weise bleibend zusammengedrückt wird.

Wir wollen jetzt noch berechnen, um wieviel sich der
horizontale Durchmesser des Rohres bei der Belastung vergrößert.
Dazu können wir uns der in § 40 für die Vergrößerung Δl der
Spannweite eines Bogenträgers abgeleiteten Formeln bedienen.
Nach Gl. (122) war

$$\Delta l = \int \frac{M\varepsilon}{EJ}\, ds.$$

Da l hier schon in einem anderen Sinne (als Länge des
Rohres) gebraucht ist, schreiben wir Δd für die Vergrößerung des
Durchmessers d. An Stelle von M ist im linken Quadranten
$M = M_0 + \frac{P}{2}\,(r - r\cos\varphi)$ und für s ist $s = r\sin\varphi$ zu setzen.
Die Integration wird nur über den linken Quadranten aus-
gedehnt und dann das Doppelte des Resultats genommen, da
der Quadrant rechts ebensoviel zu Δd beiträgt. Diese Spal-
tung des Integrals ist nötig, weil der für M angegebene Ausdruck in dieser Form nur für den linken Quadranten gültig
ist. Für J setze ich noch $J = \frac{lh^3}{12}$, um die Betrachtung für
ein Rohr (oder überhaupt für einen rechteckigen Querschnitt)
vollständig durchzuführen. Man findet nach Ausführung der
Integration

$$\Delta d = \frac{Pr^3}{EJ} \cdot \frac{4 - \pi}{2\pi} = 1{,}639\, \frac{Pr^3}{Elh^3}. \tag{126}$$

Übrigens hätte man alle diese Berechnungen auch auf Grund
des Satzes von der kleinsten Formänderungsarbeit durchführen können.
Ich will hier noch zeigen, wie dieser Satz selbst noch in einem viel
allgemeineren Falle zur Lösung der Aufgabe benutzt werden kann.
Abb. 57 gibt den ringförmigen Körper unter dem Einflusse beliebig
längs des Umfangs verteilter Druckkräfte (an deren Stelle auch Zugkräfte treten können) an. Von diesen äußeren Kräften wird nur verlangt, daß sie sich an dem Ringe im Gleichgewichte halten sollen.

Man soll die dadurch hervorgerufenen Spannungen berechnen.

Um die Aufgabe zu lösen, führe man irgendeinen Querschnitt mm durch den Ring. Die in diesem Schnitte übertragenen Spannungen kann man zusammensetzen zu einer Normalkraft N_0, einer Schubkraft T_0 und einem Anfangsmomente M_0. Wenn diese drei Größen für den Anfangsquerschnitt bekannt wären, könnte man für irgendeinen anderen Querschnitt, der mit dem ersten einen Winkel φ bildet, die entsprechenden Größen N, T, M sofort angeben, und daraus ließen sich alle

Abb. 57.

Spannungen berechnen. Die Aufgabe ist also dreifach statisch unbestimmt oder mit anderen Worten: der in dieser Aufgabe vorkommende Ring bildet nur einen besonderen Fall des in § 42 besprochenen beiderseits eingespannten Bogens. Die beiden Bogenenden fallen hier miteinander zusammen. In der Tat kann nun auch die Aufgabe, die drei Unbekannten N_0, T_0, M_0 zu berechnen, genau so gelöst werden, wie es dort gezeigt wurde. Man stellt zuerst den Ausdruck für die Formänderungsarbeit A auf, wobei es in der Regel genügen wird, nur auf den Einfluß der Biegungsmomente M zu achten. Dann setzt man die drei Differentialquotienten von A nach N_0, T_0 und M_0 gleich Null und löst diese Gleichungen nach den Unbekannten auf. Denn die Bedingung, daß der Ring im Querschnitte mm zusammenhängt, kommt darauf hinaus, daß sich der Angriffspunkt von N_0 und T_0 nicht verschieben und daß sich die Angriffsstelle von M_0 auch nicht drehen kann, wenn man sich das jenseits des Querschnitts gelegene Ende des aufgeschnittenen Ringes festgehalten denkt. Diesen Verschiebungen und Drehungen sind aber die Differentialquotienten von A nach N_0, T_0, M_0 nach dem Satze von Castigliano gleich, und die Differentialquotienten von A sind daher gleich Null zu setzen.

Man bemerkt· hier wieder, wie der Satz von der kleinsten Formänderungsarbeit ohne vieles Nachdenken ganz von selbst zu der richtigen Lösung führt.

§ 44. Berechnung der ebenen Spiralfedern.

Eine ebene Spiralfeder (vgl. Abb. 58) ist als ein Bogenträger zu betrachten, der durch ein am Bogenende angreifendes Biegungsmoment beansprucht wird. Die Belastung besteht

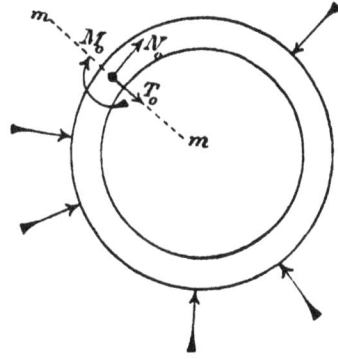

nämlich in dem Kräftepaare, mit dem die in der Federmitte liegende Spindel beim Aufziehen der Feder gedreht oder nach dem
Aufziehen festgehalten wird.

Das äußere Federende kann entweder frei drehbar befestigt
sein, wie dies in Abb. 58 angedeutet ist, oder es kann eingespannt sein. Wir wollen die Be-
rechnung für beide Fälle durchführen, und zwar zuerst für den
Fall einer gelenkigen Auflagerung am äußeren Bogenende
Dann ist der Bogenträger einfach
statisch unbestimmt. Die Auflagerkraft am äußeren Ende läßt sich
in eine tangential gerichtete Komponente P und in eine radial
gerichtete Komponente H zerlegen. Die Komponente P folgt
aus einer Momentengleichung, wonach Pp gleich dem als Belastung des inneren Bogenendes dienenden Kräftepaare sein
muß. Die Komponente H ist dagegen statisch unbestimmt;
da sie in die Verbindungslinie der beiden Auflager fällt, entspricht sie der in § 39 als Horizontalschub des Bogenträgers
bezeichneten und mit dem gleichen Buchstaben versehenen Kraft.
Im vorliegenden Falle aber zeigt sich, daß H gleich Null wird.

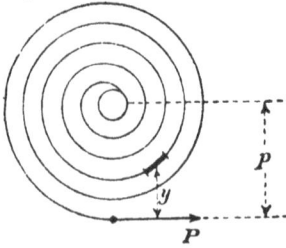

Dies folgt nämlich aus Gl. (118), in der man

$$M_b = Py \quad \text{und daher} \quad \int M_b z\, ds = P \int y z\, ds$$

zu setzen hat. Da y für jedes Bogenelement das gleiche Vorzeichen, z dagegen für die zu verschiedenen Seiten der Y-Achse
liegenden Bogenelemente entgegengesetzte Vorzeichen hat, wird
das Integral ungefähr zu Null oder doch jedenfalls sehr klein
gegen $\int z^2 ds$. Daraus folgt, daß H gegen die andere Auflagerkomponente P vernachlässigt werden kann. Hiernach ist auch
das Biegungsmoment M

$$M = M_b = Py.$$

Das Vorzeichen von M ist für alle Längenelemente dasselbe.
Bei der in der Abbildung angenommenen Richtung von P

wäre es eigentlich nach den üblichen Festsetzungen negativ zu nehmen; es genügt aber hier, wenn wir nur mit den Absolutbeträgen rechnen, da ein Zweifel über den Sinn, in dem die auftretenden Formänderungen zu nehmen sind, ganz ausgeschlossen ist. Nach Gl. (112) erhalten wir:

$$\varDelta d\varphi = \frac{Py}{EJ}\,ds,$$

und wenn wir dies über die ganze Ausdehnung der Mittellinie integrieren und konstanten Querschnitt voraussetzen:

$$\varDelta \varphi = \frac{P}{EJ}\int y\,ds.$$

Das hier vorkommende Integral hat eine einfache Bedeutung; es gibt das statische Moment der Mittellinie in bezug auf die Richtungslinie der Kraft P an. Dafür können wir auch das Produkt aus der Länge l der Mittellinie und dem Abstande des Schwerpunktes setzen. Offenbar fällt nun der Schwerpunkt der Mittellinie ziemlich genau mit der Mitte der Spindel zusammen, und wir haben daher auch, wenn p die Entfernung des äußeren Federendes von der Spindelmitte angibt,

$$\varDelta \varphi = \frac{Pp}{EJ}\,l. \qquad (127)$$

Bei der Anwendung solcher Federn hat man die Absicht, mechanische Energie von einem durch die besonderen Umstände des Falles bedingten Betrage in Gestalt von Formänderungsarbeit aufzuspeichern. Die Berechnung der Formänderungsarbeit A ist daher hier von besonderer Wichtigkeit. Am einfachsten stellt man zu diesem Zwecke fest, wieviel mechanische Arbeit beim Aufziehen der Feder, also bei der Umdrehung der Spindel geleistet wird. Dazu beachte man, daß die an der Spindel angreifenden äußeren Kräfte mit der Kraft P am äußeren Ende im Gleichgewichte stehen müssen. Die Kräfte an der Spindel lassen sich daher zu einer Einzelkraft P, die durch die Spindelmitte geht, und einem Kräftepaare vom Momente Pp zusammensetzen. Die Einzelkraft wird von der Lagerung der Spindel aufgenommen, das Moment nur dann, wenn eine Hemmung in das auf der Spindel sitzende Sperrad eingreift. Beim Aufziehen der Feder muß aber ein Kräftepaar M angebracht werden, das die Drehung der Spindel erzwingt. Die Arbeitsleistung eines Kräftepaares bei einer Drehung ist gleich dem Produkte aus dem Momente und dem in Bogenmaß ausgedrückten Drehungswinkel. Hier ist noch der Faktor $\frac{1}{2}$ beizufügen, weil es auf den Mittelwert des Momentes während des Aufziehens ankommt. Man hat daher

$$A = \tfrac{1}{2}\, M \varDelta \varphi = \frac{(Pp)^2}{2\,EJ}\, l. \tag{128}$$

Wir müßten nun die größte Beanspruchung σ_{max} berechnen, um mit Hilfe der zulässigen Beanspruchung des Baustoffes den Winkel ermitteln zu können, um den die Spiralfeder aufgezogen werden darf. Wir haben dabei aber eines zu beachten: Eine Feder, deren äußeres Ende drehbar gelagert ist (nach Abb. 58), wird durch das ungleichmäßige Moment an den einzelnen Stellen verschieden stark verformt. Schon bei verhältnismäßig geringer Beanspruchung werden deshalb einige Windungen zur gegenseitigen Anlage aneinander kommen. An den Anlagestellen werden Kräfte übertragen, die in der vorausgehenden Rechnung nicht berücksichtigt sind. Diese Kräfte werden eine Zentrierung der Feder bewirken derart, daß die ursprünglich weniger stark verformten Windungen stärker verwunden werden und umgekehrt. Bei Spiralfedern aus Stahl mit mehreren Windungen wird die Grenze der Anwendbarkeit der Formeln (127) und (128) schon längst überschritten sein, bevor die zulässige Beanspruchung des Baustoffes erreicht wird. Es ist deshalb unter den üblichen Verhältnissen nicht am Platze, eine Spiralfeder mit Hilfe der Gl. (127) und (128) auf die zulässige Beanspruchung zu berechnen.

Man schlägt einen anderen Weg ein, bei dem die Feder als eingespannt an ihrem äußeren Ende angesehen wird. Selbst wenn diese Einspannung nicht vollkommen erreicht ist, so wird doch die Zentrierung, die die Feder bei höherer Beanspruchung durch Anliegen einzelner Windungen erleidet, im Sinne einer vollkommenen Einspannung (d. h. im Sinne eines konstanten Momentes) verformungsausgleichend wirken. Es ist deshalb üblich,

Spiralfedern auf Grund der nachfolgenden Betrachtung in bezug auf zulässige Beanspruchung zu berechnen.

Wir beziehen uns auf Abb. 59 und betrachten die Feder als einen Bogenträger, der an beiden Enden eingespannt ist. Der Bogenträger ist dann zweifach statisch unbestimmt; zur statisch unbestimmten Auflagerkomponente H tritt nämlich noch das Einspannmoment M_0. In einem Federelemente ds (Abb. 59) tritt ein Biegungsmoment M auf:

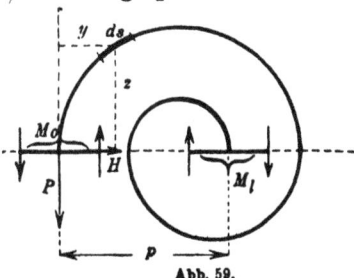
Abb. 59.

$$M = M_0 - Py - Hz.$$

Bezeichnet man das Kräftepaar, das beim Aufziehen der Feder an der Spindel angreift, mit M_p, so gilt die Momentengleichung zwischen den äußeren Kräften

$$M_0 - Pp + M_l = 0,$$

womit die vorhergehende Gleichung übergeht in

$$M = M_0 - \frac{M_0 + M_l}{p} y - Hz.$$

Differentiieren wir die Formänderungsarbeit

$$A = \frac{1}{2EJ} \int M^2 ds$$

nach M_0 und setzen den Differentialquotienten gleich Null, so erhalten wir die Gleichung

$$\int M(p-y) ds = 0.$$

Bei einer Feder mit vielen Windungen kann man wie früher bei Abb. 58 genau genug

$$\int y ds = lp; \quad \int z ds = 0; \quad \int yz ds = 0$$

setzen und hiermit geht die vorhergehende Gleichung über in

$$-(M_0 + M_l)lp + \frac{M_0 + M_l}{p} \int y^2 ds = 0.$$

Da $\int y^2 ds$ jedenfalls größer ist als $l p^2$, kann die Gleichung nur erfüllt werden, wenn

$$M_0 = - M_l$$

ist. Alsdann wird P zu Null, und auch H folgt aus der Gleichung

$$\frac{\partial A}{\partial H} = 0 \quad \text{oder} \quad \int M z \, ds = 0$$

zu Null. Jedes Bogenelement wird dann mit demselben Biegungsmoment beansprucht, das an der Spindel angreift.

Die in der Feder auftretende Beanspruchung und Winkeländerung erhalten wir zu:

$$\sigma_{max} = \frac{M_0}{J} \cdot \frac{h}{2} \quad \text{und} \quad \varDelta \varphi = \frac{1}{EJ} \int M_0 \cdot ds = \frac{M_0 l}{EJ}. \quad (129)$$

Unter der Voraussetzung, daß die zulässige Beanspruchung σ_{zul} an keiner Stelle überschritten werden darf, ist

$$M_{max} = \frac{2 \sigma_{zul} \cdot J}{h} \quad \text{und} \quad \varDelta \varphi_{max} = \frac{2 \sigma_{zul} \cdot l}{E h} \quad (130)$$

und daraus endlich die in der Feder aufspeicherbare Formänderungsarbeit A:

$$A = \frac{1}{2} M_{max} \cdot \varDelta \varphi_{max} = \sigma_{zul}^2 \cdot \frac{b l h}{6 E} = \frac{V}{6 E} \cdot \sigma_{zul}^2. \quad (130a)$$

Dabei ist für J der Wert $\frac{b h^3}{12}$ und für $b l h$ das Volumen V der Feder eingesetzt worden.

Die Formeln 129—130a gelten natürlich nur unter der Voraussetzung, daß die zulässige Beanspruchung erreicht ist, bevor die Feder ganz aufgezogen ist, d. h. bevor Windung an Windung ohne Luftspalt anliegt.

§ 45. Stäbe von starker Krümmung.

Bisher haben wir nur schwach gekrümmte Stäbe betrachtet. Es wurde nämlich überall vorausgesetzt, daß der Krümmungshalbmesser der Bogenlinie sehr groß sei im Vergleiche zu den Querschnittsabmessungen des Stabes. In den meisten praktisch vorliegenden Fällen trifft dies auch mit hinreichender Annähe-

rung zu. In manchen Fällen aber, ҫo namentlich bei den Last-
haken der Hebezeuge und den Zughaken der Eisenbahnfahrzeuge
ist die genannte Voraussetzung keineswegs erfüllt.

In solchen Fällen sind die Längen ds der zwischen zwei
aufeinander folgenden Querschnitten liegenden Fasern in verschiedenen Abständen vom Krümmungsmittelpunkte von vornherein erheblich verschieden voneinander, und die Längenänderungen $\varDelta ds$ sind daher nicht mehr ausschließlich dem zugehörigen Werte von σ proportional, sondern sie hängen außerdem auch von der ursprünglichen Länge ds, also von der
Entfernung der Fasern vom Krümmungsmittelpunkte ab.

Wir betrachten zuerst den in Abb. 60 dargestellten gekrümmten Träger und setzen voraus, daß jedes Element der
Querschnittsfläche durch die gleiche Zugspannung σ_1 beansprucht
ist. Die resultierende Bean-
spruchung ist $\sigma_1 F$, also eine
Kraft P, die im Flächenschwer-
punkt S angreift. Die Dehnung
$\varDelta dx$, die eine Faser dx im Abstand y vom Schwerpunkt in-
folge der Spannung σ_1 erfährt,
ist verhältnisgleich dx, also:

$$\varDelta ds = \varepsilon_1 \cdot dx = \frac{\sigma_1}{E} \cdot dx.$$

Bei der Berechnung des schwach
gekrümmten Trägers hatten wir
die Längenabweichungen von dx
unberücksichtigt gelassen und
damit eine Parallelverschiebung
der Querschnittsfläche infolge
eines gleichmäßigen Zuges vorausgesetzt. Im Gegensatz dazu

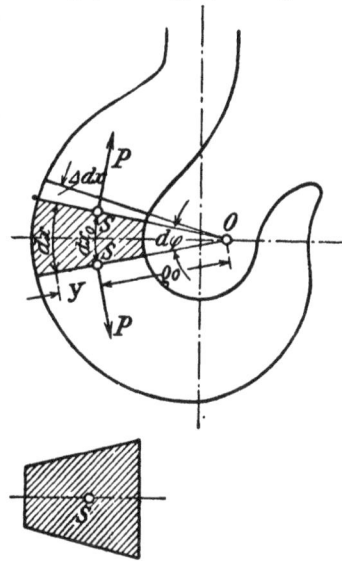

Abb 60.

erhalten wir mit den obigen Annahmen eine Drehung der
Querschnittsfläche um die Krümmungsachse O. Wenn wir die
auf den Schwerpunkt S bezüglichen Größen durch Anhängen
des Index O auszeichnen, ist:

$$\varDelta\,dx = \varDelta\,dx_0\left(1 + \frac{y}{\varrho_0 + y}\right) \quad \text{und} \quad dx = dx_0\left(1 + \frac{y}{\varrho_0 + y}\right).$$

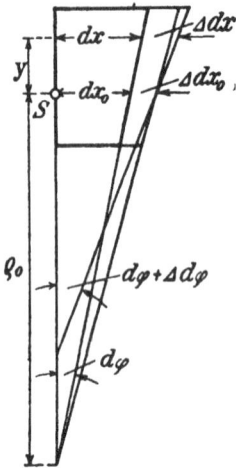

y ist dabei positiv zu zählen, wenn der Abstand des zugehörigen Punktes $\varrho = \varrho_0 + y$ vom Krümmungsmittelpunkt 0 größer ist als ϱ_0.

Wir nehmen weiter an, daß außer P auch ein Moment M in der Querschnittsfläche übertragen wird und halten an der Navierschen Annahme fest, daß die Querschnittsfläche eben bleibt. Wenn das Moment die Krümmung des Trägers vergrößert, wird aus Abb. 60 die Abb. 61. Es ist:

$$dx_0 = \varrho_0 \cdot d\varphi \quad \text{und} \quad dx = (\varrho_0 + y) \cdot d\varphi$$

$$\varDelta\,dx = \varDelta\,dx_0 + y \cdot \varDelta\,d\varphi.$$

Abb. 61.

Daraus:

$$\varepsilon = \frac{\varDelta\,dx}{dx} = \frac{\varDelta\,dx_0 + y \cdot \varDelta\,d\varphi}{(\varrho_0 + y)\cdot d\varphi} = \frac{\dfrac{\varDelta\,dx_0}{dx_0} + \dfrac{y}{\varrho_0}\cdot\dfrac{\varDelta\,d\varphi}{d\varphi}}{1 + \dfrac{y}{\varrho_0}}$$

$$= \frac{\varepsilon_0 + \dfrac{\varepsilon_0\,y}{\varrho_0} - \dfrac{\varepsilon_0\,y}{\varrho_0} + \dfrac{y}{\varrho_0}\dfrac{\varDelta\,d\varphi}{d\varphi}}{1 + \dfrac{y}{\varrho_0}} = \varepsilon_0 + \frac{y\left(\dfrac{\varDelta\,d\varphi}{d\varphi} - \varepsilon_0\right)}{\varrho_0 + y}.$$

Die Beanspruchung σ ist folglich:

$$\sigma = \varepsilon\,E = \varepsilon_0\,E + \frac{y\left(\dfrac{\varDelta\,d\varphi}{d\varphi} - \varepsilon_0\right)}{\varrho_0 + y}\cdot E. \tag{131}$$

In dieser Gleichung sind außer σ zwei Unbekannte enthalten: $\dfrac{\varDelta\,d\varphi}{d\varphi}$ und ε_0. Zur Festlegung des Spannungszustandes müssen noch zwei Größen angegeben sein: die resultierende Kraft P und das resultierende Moment M. Die Spannungen müssen so über den Querschnitt verteilt sein, daß Gleichgewicht zwischen inneren und äußeren Kräften herrscht, und diese Bedingung kann in zwei weiteren Gleichungen angeschrieben werden:

$$P = \int\limits_0^F \sigma \cdot dF = E\varepsilon_0 \cdot F + E\left(\frac{\varDelta\,d\varphi}{d\varphi} - \varepsilon_0\right)\int\limits^F \frac{y}{\varrho_0 + y}\cdot dF \tag{131a}$$

und
$$M = \int_0^F \sigma \cdot y \cdot dF = E\varepsilon_0 \int_0^F y \cdot dF$$

$$+ E\left(\frac{\Delta d\varphi}{d\varphi} - \varepsilon_0\right) \int_0^F \frac{y^2}{\varrho_0 + y} \cdot dF. \tag{131b}$$

Da y den Abstand von der Schwerlinie angibt, die in Richtung des Momentenvektors (senkrecht zum Papier in Abb. 61) gezogen ist, verschwindet das erste Integral der Gleichung 131 b; das zweite formen wir um:

$$\int_0^F \frac{y^2}{\varrho_0 + y} \cdot dF = \int_0^F \frac{y^2 + \varrho_0 y - \varrho_0 y}{\varrho_0 + y} \cdot dF = \int_0^F y \cdot dF - \int_0^F \frac{\varrho_0 y}{\varrho_0 + y} \cdot dF$$

$$= -\varrho_0 \int_0^F \frac{y}{\varrho_0 + y} \cdot dF = \varrho_0 \cdot \varkappa \cdot F. \tag{132}$$

Den Wert des bestimmten Integrales, der nur von der Form des Querschnitts F und dem Krümmungshalbmesser ϱ_0 abhängt, haben wir mit $- \varkappa \cdot F$ bezeichnet. Die Verbindung der Gleichungen 131 b und 132 liefert:

$$M = E\left(\frac{\Delta d\varphi}{d\varphi} - \varepsilon_0\right) \cdot \varrho_0 \varkappa F$$

und daraus folgt:

$$\frac{\Delta d\varphi}{d\varphi} - \varepsilon_0 = \frac{M}{E \varrho_0 \varkappa F}. \tag{132a}$$

In Gleichung 131 a führen wir ebenfalls den Wert von $\varkappa$ ein und finden unter Berücksichtigung von 132 und 132 a:

$$P = E\varepsilon_0 F - \frac{M}{\varrho_0 \varkappa F} \cdot \varkappa F = E\varepsilon_0 F - \frac{M}{\varrho_0}, \tag{133}$$

$$\varepsilon_0 = \frac{P}{EF} + \frac{M}{\varrho_0 EF}$$

und endlich durch Einsetzen von 132 a und 133 in 131:

$$\sigma = \frac{P}{F} + \frac{M}{\varrho_0 F} + \frac{M}{\varrho_0 \varkappa F} \cdot \frac{y}{\varrho_0 + y}$$

mit
$$\varkappa = -\frac{1}{F} \int \frac{y}{\varrho_0 + y} \cdot dF. \tag{134}$$

Wir haben nun noch die größte Beanspruchung zu ermitteln und beziehen uns auf einen konkreten Fall, wie er etwa bei der Berechnung eines Hakens vorliegt (Abb. 62). Der Schwer-

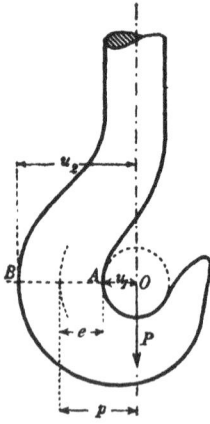

punkt der Querschnittsfläche ist um den Betrag e von A entfernt. Man übersieht sofort, daß die größte Beanspruchung an der Stelle A oder $-y = e$ auftreten wird, da sich hier der von der gleichförmig verteilten Belastung P herrührende Zug mit dem vom Momente herrührenden Zug addiert. Das Moment Pp ist in Gleichung 134 mit negativem Vorzeichen einzusetzen, da es auf eine Verringerung der Krümmung hinwirkt. Es ist also für den besonderen Fall des Hakens der Abb. 62:

Abb. 62

$$\sigma_{max} = \frac{P}{F} - \frac{Pp}{\varrho_0 F} + \frac{Pp}{\varrho_0 \varkappa F} \cdot \frac{e}{\varrho_0 - e}. \quad (134\,\mathrm{a})$$

§ 45a. Die Grenze der Anwendbarkeit der Annäherungsrechnung.

Für den schwach gekrümmten Träger können wir Gleichung 134a nach der in § 38 durchgeführten Betrachtung ersetzen durch:

$$\sigma'_{max} = \frac{P}{F} + \frac{Pp}{J} e. \quad (134\,\mathrm{b})$$

Die Gleichung 134b hat den Vorzug vor 134a, daß bei ihrer Anwendung nicht die Bestimmung des Wertes $\varkappa$ erforderlich ist. Um die Grenze der Anwendbarkeit der Gleichung 134b zu bestimmen, machen wir bestimmte Annahmen über die Form der Querschnittsfläche, sowie über p und ϱ_0 und vergleichen die Ergebnisse der beiden Gleichungen miteinander. Wir führen den Vergleich zuerst mit der Annnahme einer rechteckigen Querschnittsfläche durch, für die wir den Wert $\varkappa$ zu bestimmen haben. Statt dF schreiben wir $b \cdot dy$, und die Höhe des Rechtecks nennen wir $u_2 - u_1 = h$:

$$\begin{aligned}
\varkappa &= -\frac{1}{F} \int^{F} \frac{y}{\varrho_0 + y} \cdot b \cdot dy \\
&= -\frac{b \cdot}{F} \int \frac{y + \varrho_0 - \varrho_0}{\varrho_0 + y} \cdot dy = -\frac{b}{F} [y - \varrho_0 \ln (\varrho_0 + y)]_{y=-e}^{y=h-e} \\
&= \frac{\varrho_0}{h} \ln \frac{\varrho_0 + h - e}{\varrho_0 - e} - 1. \quad (134\,\mathrm{c})
\end{aligned}$$

Bei rechteckigem Querschnitt ist der Schwerpunkt von den gegenüberliegenden Rechteckseiten gleich weit entfernt. Es ist also $e = \frac{h}{2} = h - e$. Wir setzen ferner zur Abkürzung:

$$\frac{h}{2\varrho_0} = x,$$

dann ist:

$$\varkappa = \frac{1}{2x} \ln \frac{1+x}{1-x} - 1.$$

Den Logarithmus entwickeln wir in eine Reihe:

$$\varkappa = \frac{1}{2x} \cdot 2 \left(x + \frac{x^3}{3} + \frac{x^5}{5} + \frac{x^7}{7} + \cdots \right) - 1$$

$$= \frac{x^2}{3} + \frac{x^4}{5} + \frac{x^6}{7} + \cdots \qquad (134\,\mathrm{d})$$

Wir führen die Rechnung für Zahlenbeispiele weiter durch und setzen zuerst $\varrho_0 = h$ und $Pp = -M = Ph$, dann ist nach den Gleichungen 134c und 134a:

$$x = \frac{1}{2}; \quad \varkappa = \frac{1}{12} + \frac{1}{80} + \frac{1}{448} + \cdots = 0{,}098 \;.$$

$$\sigma_{\max} = \frac{P}{F} - \frac{Ph}{\varrho_0 F} + \frac{Ph}{\varrho_0 F \cdot 0{,}098} \cdot \frac{h/2}{h/2} = 10{,}2 \frac{P}{F}.$$

Die Annäherungsrechnung 134b hätte dagegen geliefert:

$$\sigma'_{\max} = \frac{P}{F} + \frac{6\,Ph}{b\,h^2} = 7{,}0 \frac{P}{F},$$

also ein um $\sim 30\%$ zu niedriges Ergebnis.

Eine zweite Zahlenrechnung mit $\varrho_0 = 3\,h$ und $Pp = 3\,Ph$ liefert nach Gleichung 134c und 134:

$$\varkappa = 0{,}00942 \quad \text{und} \quad \sigma_{\max} = 21{,}2 \frac{P}{F}.$$

Die Annäherungsgleichung 134b gibt dagegen:

$$\sigma'_{\max} = \frac{P}{F} + 18 \frac{P}{F} = 19{,}0 \frac{P}{F}.$$

Der Fehler der Annäherungsrechnung beträgt rund 10%.

Ein drittes Zahlenbeispiel mit $\varrho_0 = 10\,h$ und $Pp = 10\,Ph$ liefert endlich:

$$\sigma_{\max} = 63{,}2 \frac{P}{F} \quad \text{und} \quad \sigma'_{\max} = 61{,}0 \frac{P}{F},$$

also nur noch eine Abweichung von rund 3%.

Die Genauigkeit der Annäherungsformel hängt natürlich vom Verhältnis $p : \varrho_0$ ab, das wir in unseren Beispielen gleich 1 gesetzt haben; ferner ist die Form der Querschnittsfläche von Einfluß. Im allgemeinen aber kann man sagen, daß die Annäherungsformel 134 b angewendet werden kann, sofern $\dfrac{h}{\varrho_0}$ kleiner als 3 ist, da dann der Fehler unter 10% bleibt, was bei Aufgaben aus der Festigkeitslehre mit Rücksicht auf die Unsicherheit der Grenzbedingungen wohl in allen Fällen genügt.

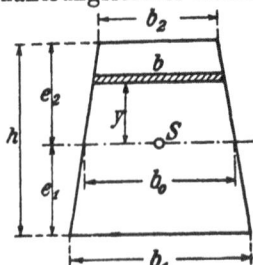
Abb. 63.

Da die in der Praxis verwendeten Haken vielfach trapezförmigen Querschnitt haben, wollen wir auch dafür noch den Wert von $\varkappa$ berechnen. Es ist:

$$dF = b \cdot dy,$$

wobei

$$b_0 = b_1 - \frac{(b_1 - b_2)\,e_1}{h}$$

und

$$b = b_0 - \frac{(b_1 - b_2)\,y}{h} = b_1 - \frac{b_1 - b_2}{h}\,e_1 - \frac{b_1 - b_2}{h}\,y,$$

also

$$dF = \left[b_1 - \frac{(b_1 - b_2)e_1}{h} - \frac{(b_1 - b_2)y}{h} \right] dy.$$

Den Wert von $\varkappa$ aus Gleichung 134 formen wir in ähnlicher Weise um, wie das schon bei Aufstellung der Gleichung 134 c geschehen ist, und erhalten:

$$\varkappa = -1 + \frac{\varrho_0}{F} \int_0^F \frac{dF}{\varrho_0 + y}$$

$$= -1 + \frac{\varrho_0}{F} \left\{ \left[b_1 - \frac{(b_1 - b_2)}{h}\,e_1 \right] \int_{-e_1}^{+e_2} \frac{dy}{\varrho_0 + y} - \frac{b_1 - b_2}{h} \int \frac{y\,dy}{\varrho_0 + y} \right\}$$

$$= -1 + \frac{\varrho_0}{F} \left\{ \left[b_1 + \frac{b_1 - b_2}{h}(\varrho_0 - e_1) \right] \ln \frac{\varrho_0 + e_2}{\varrho_0 - e_1} - (b_1 - b_2) \right\}$$

mit
$$F = \tfrac{1}{2} h (b_1 + b_2). \qquad\qquad (134\,\mathrm{e})$$

Die Formeln werden bei der Durchrechnung der Aufgabe 44 verwenden werden.

Aufgaben.

31. Aufgabe. Ein Flußeisenstab hat quadratischen Querschnitt von 6 cm Seite und eine gekrümmte Mittellinie von 1,20 m Spannweite und 20 cm Pfeil. Er wird als elastischer Bogenträger aufgestellt und trägt in der Mitte eine Einzellast von 3000 kg. Wie groß ist der Horizontalschub und wie groß die Beanspruchung des Materials?

Lösung. Für ein Koordinatensystem der XZ, dessen Ursprung mit dem linken Auflager zusammenfällt und dessen X-Achse horizontal gerichtet ist, lautet die Gleichung einer Parabel von der Spannweite l und dem Pfeile f:

$$s = \frac{4f}{l^2}(lx - x^2).$$

Von der Mittellinie des Stabes ist zwar nicht gesagt, daß sie einen Parabelbogen bilde; man weiß vielmehr nur, wie groß Spannweite und Pfeil ist. In solchen Fällen legt man aber immer die für die Rechnung bequemste Annahme über die genauere Gestalt der Mittellinie zugrunde. Für das Biegungsmoment M_b eines Balkens infolge der Einzellast P in der Mitte hat man $M_b = \frac{P}{2}x$, und nach Gl. (118) findet man den Horizontalschub H

$$H = \frac{\int M_b s\, dx}{\int s^2\, dx}.$$

Hierbei ist an Stelle von ds in Gl. (118) das Differential dx gesetzt. Auch dies ist eine zur bequemeren Ausrechnung dienende, praktisch zulässige Vernachlässigung, mit der man sich bekannt machen muß. Sie ist zulässig, zunächst weil bei einem flachen Bogen die Bogenlänge überhaupt nicht viel größer ist als die Sehne. Dazu kommt noch, daß sowohl im Zähler wie im Nenner der kleinere Faktor dx an Stelle von ds getreten ist, und man sieht ein, daß dadurch der Fehler, der im Werte von H begangen wird, noch weiter herabgemindert wird. Wenn M_b überall proportional mit s wäre, würde H von der Vertauschung des Differentials ds mit dx überhaupt nicht berührt. In anderen Fällen ist aber der Fehler höchstens etwa von der Ordnung des Unterschieds zwischen Bogen und Sehne, und dieser fällt bei einem flachen Bogen innerhalb der Genauigkeitsgrenzen, die man bei Festigkeitsberechnungen überhaupt anstrebt, nicht ins Gewicht.

Beim Einsetzen der Werte von M_b und z findet man:

$$\int M_b z\,dx = 2 \int_0^{\frac{l}{2}} \frac{P}{2} x \frac{4f}{l^2}(lx - x^2)\,dx = \frac{5}{48} Pfl^2.$$

Das Integral mußte in zwei Teile gespalten und ein Teil nur über die linke Bogenhälfte ausgedehnt werden, weil der Ausdruck für M nur für diese Bogenhälfte gilt. Das Integral im Nenner von H kann dagegen sofort von 0 bis l ausgedehnt werden. Man findet

$$\int_0^l z^2\,dx = \frac{16 f^2}{l^4} \int_0^l (l^2 x^2 - 2 l x^3 + x^4)\,dx = \frac{8}{15} f^2 l.$$

Für H erhält man demnach:

$$H = \frac{\dfrac{5}{48} Pfl^2}{\dfrac{8}{15} f^2 l} = \frac{25}{128} P \frac{l}{f} = 3520 \text{ kg}.$$

Das Biegungsmoment M ist:

$$M = \frac{P}{2} x - Hz = 1500 x - 3520 z.$$

Um das Maximum zu finden, differentiieren wir nach x:

$$\frac{dM}{dx} = 1500 - 3520 \frac{dz}{dx} = 1500 - 3520 \frac{4f}{l^2}(l - 2x).$$

Dies wird zu Null für $x = 22$ cm, und die Ordinate z wird an dieser Stelle $z = 12$ cm, das Vorzeichen des Momentes an dieser Stelle ist negativ. Wir haben also $M_{min} = -9200$ cm kg. Daneben kommt aber auch das Biegungsmoment im Bogenscheitel in Betracht, das kein analytisches Maximum ist, aber wegen der bis zum Bogenscheitel begrenzten Gültigkeit des Ausdrucks für M trotzdem den absolut größten Wert annimmt. Man hat nämlich

$$M_{\frac{l}{2}} = 1500 \cdot 60 - 3520 \cdot 20 = +19\,600 \text{ cm kg}.$$

An der gefährlichst beanspruchten Stelle wird daher

$$\sigma = \frac{6M}{bh^2} = \frac{6 \cdot 19\,600}{6^3} = 544 \text{ atm}.$$

Dazu kommt noch die sich gleichförmig über den Querschnitt verteilende Druckspannung durch die achsiale Belastung von der Größe H, also $\frac{3520}{36} = 98$ atm. Die größte Druckspannung, die das Material aufzunehmen hat, wird also gleich $544 + 98 = 642$ atm und die größte Zugspannung gleich $544 - 98 = 446$ atm.

32. Aufgabe. Derselbe Träger wird mit 10 000 kg gleichförmig belastet; wie groß wird der Horizontalschub?

Lösung. Wir brauchen hier nur die Zahlenwerte in die Gl. (119) einzusetzen

$$H = \frac{ql^2}{8h} = \frac{10\,000 \cdot 120}{8 \cdot 20} = 7500 \text{ kg.}$$

33. Aufgabe. Um wieviel vergrößert sich die Spannweite, wenn der in den vorhergehenden Aufgaben angeführte Stab wie ein Balkenträger am einen Ende auf ein Rollenlager gesetzt wird, unter dem Einflusse der in Aufgabe 31 angegebenen Belastung?

Lösung. Nach Gl. (122) ist, wenn an Stelle von M hier M_b gesetzt und ds mit dx vertauscht wird,

$$\varDelta l = \int \frac{M_b{}^2}{EJ}\,dx = \frac{5Pfl^2}{48\,EJ} = \frac{5 \cdot 3000 \cdot 20 \cdot 120^2}{48 \cdot 22 \cdot 10^5 \cdot 108} = 0{,}38 \text{ cm.}$$

Dabei ist für das Integral der schon in der Lösung von Aufg. 31 gefundene Wert und für den Elastizitätsmodul E des Flußeisens $22 \cdot 10^5$ atm eingesetzt. — Wenn die Widerlager um 1 mm nachgeben; wird dadurch in jedem Belastungsfalle der Horizontalschub um $\frac{3520}{3,8} = 926$ kg vermindert.

34. Aufgabe. Ein geschlitzter gußeiserner Kolbenring von 12 × 20 mm Querschnitt und 450 mm äußerem Durchmesser soll über das Kolbenende gezogen werden. Zu diesem Zwecke wird der Schlitz, der ursprünglich s = 15 mm klafft, durch zwei Kräfte P auf 15 + f mm aufgeweitet. Wie groß ist P, f und der größte Krümmungshalbmesser ϱ, den der Ring bei der Verformung annehmen darf, wenn die zulässige Spannung 1500 kg/cm² beträgt? E = 1 000 000 kg/cm².

Lösung: Bei der Aufgabe fällt die hohe zulässige Beanspruchung auf, die unter gewöhnlichen Umständen für Gußeisen viel niedriger angegeben wird. Es ist aber zu bemerken, daß als Baustoff für Kolbenringe gewöhnlich ein Spezialgußeisen von vielleicht 2400 kg/cm² Festigkeit gewählt wird und daß die hohe Beanspruchung, die beim Überziehen der Ringe über den Kolben auftritt, nur einmal oder wenige Male ausgehalten werden muß. Selbst wenn dabei unter 100 Ringen, die aufgezogen werden, einer, für den die Verhältnisse besonders ungünstig liegen, zerbrechen sollte, so braucht deshalb doch nicht die zulässige Beanspruchung herabgesetzt werden.

Die größte Beanspruchung tritt an der Stelle A auf. Wenn die Kraft P im Schwerpunkt der Querschnittsfläche angreift, dann ist

$$M_A = P \cdot (2\,\varrho_a - \delta) = P \cdot 43{,}8 \text{ kg cm}$$

Daraus nach Gleichung 129:

$$\sigma_{max} = \sigma_{zul} = 1500 = \frac{43{,}8\,P \cdot 6}{2{,}0 \cdot 1{,}2^2}; \qquad P_{zul} = 16{,}4 \text{ kg}$$

und nach Gleichung 111, da der Krümmungsradius ϱ der Mittellinie vor der Beanspruchung 21,9 cm betrug:

$$\frac{1}{\varrho'} - \frac{1}{\varrho} = \frac{-M}{EJ}; \quad \frac{1}{\varrho'} = \frac{1}{21{,}9} - \frac{16{,}4 \quad 43{,}8 \cdot 12}{10^6 \cdot 2{,}0 \cdot 1{,}2^3} = \frac{1}{21{,}9} - \frac{1}{400} = \frac{1}{23{,}1}.$$

Der Krümmungsradius an der Stelle A ist durch die Beanspruchung von 21,9 auf 23,1 cm vergrößert worden. Das Moment M ist mit negativem Zeichen eingesetzt, da es die Krümmung verringert.

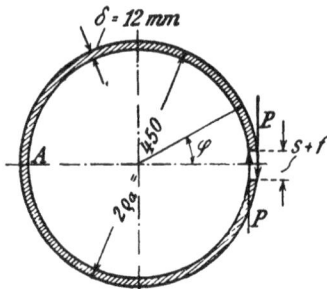

Abb. 64.

Zur Berechnung des Pfeiles f, um den die Schlitzbreite vergrößert wird, stellen wir die im Ring aufgespeicherte Formänderungsarbeit auf und beachten, daß sie gleich $\frac{1}{2}\,Pf$ gesetzt werden kann. Das Biegungsmoment M an der Stelle φ ist, wie man aus der Abb. 64 sofort entnimmt:

$$M = P\varrho\,(1 - \cos\varphi).$$

Die im Element ds aufgespeicherte Formänderungsarbeit dA ist $\frac{1}{2}\,M\,\varDelta\,d\varphi$ oder nach Gleichung 112:

$$A = \int_0^{2\pi\varrho} \frac{1}{2}\,\frac{M^2}{JE} \cdot ds = \frac{2\,\varrho}{2\,JE} \int_0^{\pi} M^2\,d\varphi = \frac{1}{2}\,Pf.$$

Für ds haben wir $\varrho \cdot d\varphi$ geschrieben und nur von 0 bis π integriert, dafür aber den Faktor 2 beigefügt. Die Verbindung der beiden letzten Gleichungen liefert:

$$f = \frac{2\,\varrho}{P\,J\,E} \int_0^\pi P^2\,\varrho^2 \cdot (1 - \cos\varphi)^2\,d\varphi$$

$$= \frac{2\,P\varrho^3}{J\,E}\Big[\varphi - 2\sin\varphi + \frac{1}{4}\sin 2\,\varphi + \frac{\varphi}{2}\Big]_0^\pi$$

$$= \frac{3\,\pi\,P\varrho^3}{J\,E} = \frac{3\,\pi \cdot 16{,}4 \cdot 21{,}9^3}{0{,}288 \cdot 10^6} = 5{,}6 \text{ cm.}$$

*35. Aufgabe. Nach welchem Gesetze muß die Stärke eines vor-
her auf einen größeren Durchmesser abgedrehten Kolbenringes von
der Schlitzstelle aus nach beiden Seiten hin zunehmen, wenn der Ring
nach dem Einpassen in den Zylinder überall mit demselben bezogenen
Drucke p in radialer Richtung an der Zylinderwand anliegen soll?*

Lösung. Man betrachte einen Querschnitt im Winkelabstande φ
von der Schlitzstelle (vgl. Abb. 65). Die äußeren Kräfte am einen
Stabteile geben eine Resultierende, die
ebenso groß und ebenso gelegen ist, als
wenn sich der Druck *p* auf die Sehne *s*
verteilte. Dies folgt nämlich aus einer
hydrostatischen Betrachtung, von der
man bei solchen Untersuchungen oft Gebrauch macht. Ein Wasserkörper, der
den Raum des Segmentes ausfüllte, wäre
im Gleichgewichte, wenn von allen
Seiten her der Druck *p* auf ihn wirkte.
Daraus folgt sofort, daß die Resultierende des Drucks am Bogenumfang

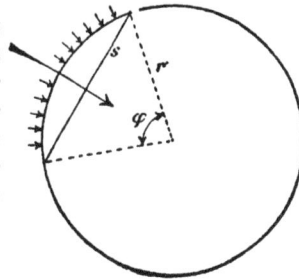

Abb. 65.

gleich der Resultierenden des Drucks längs der Sehne ist. Wenn
wir die Breite des Ringes (senkrecht zur Ebene von Abb. 65) mit *b*
bezeichnen, ist diese Resultierende gleich *pbs* und das Biegungsmoment im Querschnitte φ

$$M = p\,b\,\frac{s^2}{2} = 2\,p\,b\,r^2 \sin^2\frac{\varphi}{2}\,.$$

Vorher sei der Ring auf einen um *Δr* größeren Radius abgedreht
gewesen; durch die elastische Formänderung muß sich der Radius
überall auf *r* vermindern, wenn der Ring nachher überall satt anliegen soll. Nach Gl. (111) haben wir daher

$$\frac{1}{r} - \frac{1}{\varDelta r + r} = \frac{M}{E\,J} = \frac{12}{E\,h^3} \cdot 2\,p\,r^2 \sin^2\frac{\varphi}{2}\,.$$

Für die linke Seite kann man, da *Δr* klein gegen *r* ist, kürzer $\frac{\varDelta r}{r^2}$
setzen. Die Gleichung kann dann nach der unbekannten veränder-

lichen Stärke h des Kolbenringes aufgelöst werden und gibt

$$h = c\sqrt[3]{\sin^2\frac{\varphi}{2}}\,,$$

wenn unter c der für den ganzen Ring konstante Wert

$$c = \sqrt[3]{\frac{24\,p\,r^4}{E\cdot\varDelta r}}$$

verstanden wird. Die erste von beiden Gleichungen gibt das allgemeine Gesetz an, nach dem h mit φ zunehmen muß; c dagegen ist die größte Stärke, die der Ring an der der Schlitzstelle gegenüberliegenden Stelle erhält. Die letzte Gleichung kann daher auch umgekehrt dazu benutzt werden, die Stärke des Drucks p, mit dem der Ring an der Zylinderwand aufliegt, zu berechnen, wenn c und $\varDelta r$ gegeben sind.

Für $\varphi = 0$ und für $\varphi = 360^0 = 2\,\pi$ gibt die Formel $h = 0$, d. h. der Ring müßte dort in einer Schneide endigen. Davon sieht man bei der praktischen Ausführung ab; dagegen ist es allgemein gebräuchlich, die Stärke des Ringes sonst in ungefährer Übereinstimmung mit der abgeleiteten Formel nach der Mitte hin zunehmen zu lassen.

Bei der Berechnung ist überall h als klein gegen r vorausgesetzt worden, so daß r als Radius der Mittellinie genommen werden konnte. Mit Rücksicht auf den Zweck der Rechnung war diese Vernachlässigung zulässig. Man hätte natürlich auch für r den genaueren Wert $r - \dfrac{h}{2}$ setzen können; man glaube aber nicht, daß dies in Wirklichkeit eine Verbesserung wäre. Es handelt sich bei solchen Untersuchungen immer darum, die Hauptzüge einer Erscheinung in möglichst einfach gebauten Formeln wiederzugeben und auf Kleinigkeiten zu verzichten. Freilich will diese Kunst, an der rechten Stelle die angebrachte Vernachlässigung einzuführen, geübt sein, damit man nicht einmal ein Glied unterdrückt, das von größerer, vielleicht sogar von ausschlaggebender Bedeutung ist.

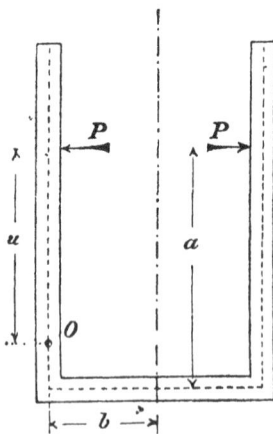

Abb 66.

36. Aufgabe. *Ein U-förmiger Bügel von konstantem Querschnitte wird mit Hilfe einer zwischen den Schenkeln angebrachten Schraube in der Höhe a auseinandergebogen (vgl. Abb. 66). Die über a hinausliegenden Teile der Schenkel bleiben hierbei geradlinig, und* *zwar dreht sich jeder Teil beim Auseinanderbiegen um einen festen Punkt O. Man soll dessen Lage ermitteln.*

Lösung. Der Körper ist als ein Bogen aufzufassen, dessen Mittellinie aus drei Seiten eines Rechtecks zusammengesetzt wird. Wir berechnen zunächst, um wieviel sich die Spannweite unter dem Einflusse eines Horizontalschubs oder Horizontalzugs verändert, und dann, um welchen Winkel sich die oberen Teile der Schenkel drehen; wenn beide Werte bekannt sind, kann daraus leicht die Lage des Drehpunktes ermittelt werden. Vorausgesetzt wird, daß der Bügel während der Formänderung so festgehalten wird, daß die Symmetrieachse ihre Lage beibehält; auf die Bewegungen, die der Bügel daneben etwa noch im ganzen ausführen könnte, kommt es natürlich nicht an.

Zur Berechnung von $\varDelta l$ verwenden wir Gl. (122):

$$\varDelta l = \int \frac{M\,z}{EJ}\,ds.$$

Die Integration ist über die eine Hälfte der Bogenmittellinie auszudehnen und dabei in zwei Teile zu trennen, von denen der eine sich auf die horizontale Strecke und der andere sich auf die vertikale Strecke der Mittellinie bezieht. In der ersten Strecke ist z überall gleich a, in der zweiten ist $ds = dz$, und daher

$$\varDelta l = \int_0^b \frac{Pa \cdot a}{EJ}\,ds + \int_0^a \frac{Pz\,z}{EJ}\,dz = \frac{Pa^2}{EJ}\Big(b + \frac{a}{3}\Big).$$

Die Drehung $\varDelta \varphi$ des oberen Teiles des Schenkels ist gleich der Summe aller elastischen Winkeländerungen $\varDelta d\varphi$ benachbarter Querschnitte, die zwischen dem Bogenanfange und der Mitte liegen, also nach Gl. (112)

$$\varDelta \varphi = \int \frac{M\,ds}{EJ} = \int_0^b \frac{Pa\,ds}{EJ} + \int_0^a \frac{Pz}{EJ}\,dz = \frac{Pa}{EJ}\Big(b + \frac{a}{2}\Big).$$

In seine neue Lage kann der obere Teil des Schenkels auch dadurch gebracht werden, daß man ihn um einen auf der ursprünglichen Lage der Schenkelmittellinie gelegenen Punkt um den Winkel $\varDelta \varphi$ dreht, wenn dieser Punkt im Abstande u von der Angriffsstelle der Kraft P nach abwärts liegt. Man braucht den Abstand u nur so zu wählen, daß der Angriffspunkt von P bei der Drehung einen Weg $\varDelta l$ zurücklegt. Daraus folgt die Bedingungsgleichung

$$u\,\varDelta \varphi = \varDelta l, \text{ also } u = \frac{6b + 2a}{6b + 3a} \cdot a.$$

Da u unabhängig von P ist, folgt, daß sich der überstehende Teil des Schenkels in der Tat fortwährend um denselben Punkt dreht, dessen Lage zugleich ermittelt ist. — Rechnungen dieser Art sind zuweilen nötig, um sich über die Art der elastischen Bewegungen, die in Meßinstrumenten oder auch in Maschinen auftreten und dabei leicht einen störenden Einfluß ausüben, rasch Rechenschaft geben zu können.

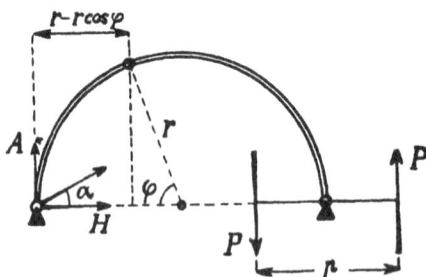

Abb. 67.

37. Aufgabe. *Ein Bogenträger von halbkreisförmiger Gestalt (Abb. 67) ist gelenkförmig aufgelagert. Am rechten Bogenende ist eine Stange in radialer Richtung angebracht, an der ein Kräftepaar Pp angreift. Die Stange überträgt diese Belastung auf den Bogen. Man soll die Komponenten A und H des Auflagerdrucks am linken Trägerende berechnen, wobei anzunehmen ist; daß der Träger überall gleichen Querschnitt hat. Ferner soll noch angegeben werden, für welchen Querschnitt das Biegungsmoment zu Null wird.*

Lösung. Aus einer Momentengleichung für das rechte Auflager erhält man sofort

$$A = \frac{Pp}{2r}.$$

Zur Berechnung von H dient Gl. (118), wobei

$$M_b = A(r - r\cos\varphi) = Pp\,\frac{1 - \cos\varphi}{2}$$

zu setzen ist. Man erhält

$$H = \frac{\int M_b z\,ds}{\int z^2\,ds} = \frac{1}{2}\,\frac{Pp\int(1 - \cos\varphi)r\sin\varphi\,r\,d\varphi}{\int r^2\sin^2\varphi \cdot r\,d\varphi},$$

wobei die Integrale zwischen 0 und π zu nehmen sind. Nach Ausführung der Integration findet man

$$H = \frac{2Pp}{r\pi}.$$

Das Biegungsmoment wird zu Null für den Schnittpunkt der Stabmittellinie mit der Resultierenden aus A und H. Für den Winkel α, den diese Resultierende mit der Wagerechten bildet, erhält man

$$\operatorname{tg}\alpha = \frac{A}{H} = \frac{Pp}{2r} : \frac{2Pp}{r\pi} = \frac{\pi}{4} = 0{,}7854.$$

Der zugehörige Winkel α ist gleich $38^0\ 9'$. Hieraus folgt der Zentriwinkel φ jenes Querschnitts, in dem keine Biegungsspannungen auftreten, zu

$$\varphi = 180^0 - 2\alpha = \text{rund } 104^0.$$

Anmerkung. Hinsichtlich der Lagerung und der Belastung stimmt der hier behandelte Bogenträger vollständig mit der in § 44 untersuchten Spiralfeder mit frei drehbarem Ende überein. Es besteht nur der Unterschied, daß die Spiralfeder eine Reihe von Windungen enthält, während hier die Mittellinie, wie man sagen kann, nur einen halben Umlauf macht

38. Aufgabe. Ein winkelförmiger Rahmen ABC (Abb. 68) ist aus zwei Stangen AB und BC zusammengesetzt, die im Punkte B steif miteinander verbunden sind, so daß sie sich nicht gegeneinander drehen können. Der Rahmen ist in den Punkten A und C nach Art eines Bogenträgers mit zwei Gelenken drehbar aufgelagert. Man soll die Auflagerkräfte in A und C berechnen, die durch eine im Scheitel B angreifende horizontale Last P von 1000 kg hervorgerufen werden. Dabei soll nur auf den Einfluß der Biegungsmomente auf die Formänderung geachtet werden.

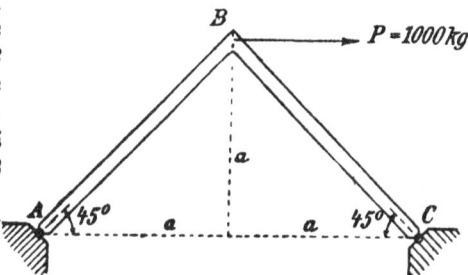

Abb. 68.

Erste Lösung. Man denke sich zunächst C auf ein Rollenlager gesetzt, so daß sich dieses Ende in horizontaler Richtung frei verschieben kann. Dann wird in C ein senkrecht nach oben gerichteter Auflagerdruck übertragen, der aus einer Momentengleichung für den Punkt A gleich $\frac{1}{2}P$ gefunden wird. Den Auflagerdruck in A zerlegen wir in eine vertikale Komponente von der Größe $\frac{1}{2}P$, die nach abwärts geht, und in eine horizontale nach links gerichtete Komponente von der Größe P. Für einen Querschnitt der Stange AB mit der Abszisse x ist das Biegungsmoment

$$M_{\mathrm{I}} = -\tfrac{1}{2}Px + Px = \tfrac{1}{2}Px.$$

Ebenso wird für die zweite Stange BC

$$M_{\mathrm{II}} = \frac{P}{2}\left(2\,a - x\right)$$

gefunden. Nach Gl. (122) erhält man hiermit die horizontale Verschiebung von C, nämlich

$$\varDelta l = \frac{\sqrt{2}}{EJ} \left(\int\limits_0^a M_\mathrm{I} x\, dx + \int\limits_a^{2a} M_\mathrm{II}(2a - x)\, dx \right)$$

$$= \frac{\sqrt{2}}{EJ}\, P\, \frac{a^3}{3}.$$

Hierbei war darauf zu achten, daß $ds = dx\sqrt{2}$ ist. Nun bringen wir an C eine horizontale Kraft Z an, die diese Spannweitenänderung wieder rückgängig macht. Das von Z im Querschnitte x der Stange AB hervorgerufene Biegungsmoment ist (vom Vorzeichen abgesehen) gleich Zx. Die Formänderung der Stange BC ist symmetrisch zu der von AB, und für die durch Z hervorgerufene Spannweitenänderung erhält man daher nach Gl. (122) (wiederum abgesehen vom Vorzeichen)

$$\varDelta l = 2 \cdot \frac{1}{EJ} \int\limits_0^a Z x^2\, dx\sqrt{2} = \frac{2\sqrt{2}}{EJ}\, Z\, \frac{a^3}{3}.$$

Die Gleichsetzung mit dem vorigen Werte von $\varDelta l$ liefert

$$Z = \tfrac{1}{2}\, P.$$

Im ganzen haben wir daher am linken Ende eine nach links gehende horizontale Komponente von der Größe $\frac{1}{2} P$ und .eine ebenso große nach abwärts gehende vertikale Komponente, d. h. die Resultierende aus beiden liefert eine in die Verlängerung der Stange AB fallende Auflagerkraft. Ähnliches gilt für die Stange BC. Die Biegungsmomente werden daher überall zu Null.

Zweite Lösung. Wir betrachten die schon vorher mit Z bezeichnete Komponente der Auflagerkraft am rechten Ende als die statisch unbestimmte Größe, die nach dem Satze von Castigliano die Formänderungsarbeit zu einem Minimum machen muß. Der von den Biegungsmomenten herrührende Teil der Formänderungsarbeit wird aber zu Null, wenn wir P einfach nach den Richtungen der beiden Stangen zerlegen und die beiden Komponenten durch die Stangen auf die Auflager weiterleiten. Wir finden damit ohne weitere Rechnung das schon in der vorigen Lösung abgeleitete Resultat.

39. Aufgabe. Ein *flacher Bogenträger (Abb. 69) von l = 6 m Spannweite und f = 0,7 m Pfeilhöhe, der als Parabelträger angesehen werden kann, stützt sich bei A und B auf Gelenke. Das linke Gelenk ist auf einer unnachgiebigen Mauer aufgelagert, das rechte sitzt dagegen auf einem biegsamen Stabe BD, der am unteren Ende bei D*

*eingespannt ist. Wie groß ist
der Horizontalschub, der durch
eine im Bogenscheitel bei C
angebrachte Einzellast P von
5000 kg hervorgerufen wird,
wenn der Bogenträger A B und
der Stab B D aus dem gleichen
Material bestehen und gleichen
Querschnitt haben?*

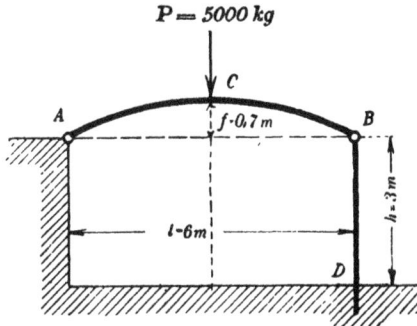

    Erste Lösung. Wir be-
rechnen zuerst, um wieviel
sich das rechte Bogenende *B*
nach rechts verschieben würde,

Abb. 69.

wenn es auf einem in horizontaler Richtung verschieblichen Rollenlager säße. Diese Spannweitenvergrößerung Δl kann nach Gl. (122)
berechnet werden. Dabei können wir uns für die Ausrechnung auf
die Lösung von Aufgabe 31 beziehen, in der diese schon vorbereitet
ist, womit wir

$$\Delta l = \frac{1}{EJ} \int M_b z\, ds = \frac{1}{EJ} \cdot \frac{5}{48} P f l^2$$

erhalten. Ein Horizontalschub *H*, der die ganze Spannweitenvergrößerung Δl wieder rückgängig machen könnte, müßte, wie ebenfalls
schon bei Aufgabe 31 gezeigt wurde,

$$H = \frac{EJ\,\Delta l}{\int z^2\, ds} = \frac{15}{8} \cdot \frac{EJ\,\Delta l}{f^2 l} = \frac{25}{128} P \frac{l}{f}$$

sein. Dies wäre der Horizontalschub, für den Fall, daß das rechte
Bogenende ebenfalls unverschieblich aufgelagert wäre; beim Einsetzen
der Zahlenwerte findet man dafür

$$H = 8370 \text{ kg.}$$

    Der wirklich zustande kommende Horizontalschub sei mit *X* be-
zeichnet und die Verschiebung, die das rechte Bogenende tatsächlich
erfährt, mit *v*. Um auf diesen Zustand zu kommen, können wir von
dem soeben erledigten Falle ausgehen, daß das rechte Bogenende auf
einem Rollenlager sitzt. Bringen wir hierauf den Horizontalschub *X*
an diesem Bogenende an, so muß er die Verschiebung Δl bis auf den
Rest *v* rückgängig machen, also selbst eine Verschiebung um $\Delta l - v$
hervorrufen. Hieraus folgt die Proportion

$$\frac{X}{H} = \frac{\Delta l - v}{\Delta l}.$$

Andererseits ist v auch gleich der Durchbiegung des Stabes BD unter der Last X, wofür wir nach einer in § 33 abgeleiteten Formel

$$v = \frac{X h^3}{3 E J}$$

setzen können, wenn an Stelle der früher benutzten Bezeichnung l hier der Buchstabe h für die Strecke BD gebraucht wird. Die Auflösung der beiden Gleichungen nach X liefert

$$X = \frac{3 E J \varDelta l H}{3 E J \varDelta l + h^3 H} = \frac{25 P l^3 f}{128 f^3 l + 80 h^3}.$$

Nach Einsetzen der Zahlenwerte findet man

$$X = 1240 \text{ kg.}$$

Zweite Lösung. Die statisch unbestimmte Größe X erhält man nach dem Verfahren von Castigliano aus der Bedingung, daß die Formänderungsarbeit für sie zu einem Minimum wird. Für die Formänderungsarbeit A_1 im Bogenträger kann man schreiben

$$A_1 = \int \frac{M^2}{2 E J} ds = 2 \int_0^{\frac{l}{2}} \frac{\left(\frac{P}{2} x - X z\right)^2}{2 E J} dx$$

und für die Formänderungsarbeit A_2 im Stab BD erhält man in derselben Weise

$$A_2 = \int_0^h \frac{X^2 y^2}{2 E J} dy = \frac{X^2 h^3}{6 E J}.$$

Differentiiert man $A_1 + A_2$ nach X und setzt den Differentialquotienten gleich Null, so ergibt sich nach Multiplikation mit $E J$ die Bedingungsgleichung

$$-\int_0^{\frac{l}{2}} 2 \left(\frac{P}{2} x - X z\right) z\, dx + \frac{X h^3}{3} = 0.$$

Da nun nach den bei Aufgabe 31 durchgeführten Rechnungen

$$\int_0^{\frac{l}{2}} x z\, dx = \frac{5}{48} f l^2 \quad \text{und} \quad \int_0^{\frac{l}{2}} z^2 dx = \frac{4}{15} f^2 l$$

gesetzt werden kann, erhält man daraus wie vorher

$$X = \frac{25\,Pfl^2}{128 f^2 l + 80 h^3}.$$

Bei der Aufstellung des Ausdrucks für die Formänderungsarbeit wurde nur auf die Biegungsmomente geachtet, der Einfluß der Normalkräfte also vernachlässigt. Auch die erste Lösung beruht auf dieser stillschweigend vorgenommenen Vereinfachung.

40. Aufgabe. Aus einem I-Eisen, Normalprofil 30, dessen Trägheitsmoment rund 10000 cm⁴ beträgt, ist durch Umbiegen der Enden der in Abb. 70 gezeichnete U-förmige Rahmen hergestellt. Wie groß wird der durch eine Last P von 800 kg hervorgerufene Horizontalschub, wenn beide Enden drehbar aufgelagert sind?

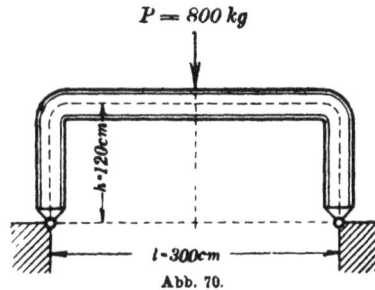

Abb. 70.

Lösung. Der Rahmen bildet einen Bogenträger mit zwei Gelenken, für den der Horizontalschub ohne weiteres nach Gl. (118)

$$H = \frac{\int M_b z\,ds}{\int z^2\,ds}$$

berechnet werden kann. Man muß nur beachten, daß die Bogenmittellinie hier durch drei rechtwinklig aneinander stoßende Strecken ersetzt ist; die Abrundungen an den Ecken darf man außer Betracht lassen.

Für die beiden Schenkel des Rahmens ist in jedem Querschnitte das mit M_b bezeichnete Moment gleich Null; zu dem im Zähler von H stehenden Integral liefert daher nur der wagerechte Teil des Rahmens einen Beitrag. Man erhält

$$\int M_b z\,ds = 2 \int_0^{\frac{l}{2}} \frac{P}{2}\,xh\,dx = \frac{Phl^2}{8}.$$

Auch das im Nenner von H stehende Integral ist in einzelne Teile zu zerlegen, wobei zu beachten ist, daß der rechte Schenkel ebensoviel dazu beiträgt als der linke. Man findet

$$\int z^2\,ds = 2 \int_0^h z^2\,dz + h^2 \int_0^l dx = \frac{2h^3}{3} + h^2 l,$$

und damit wird

$$H = \frac{3\,Pl^2}{16 h^2 + 24 h l} = 197 \text{ kg.}$$

17*

Auch hier beruht die Berechnung auf der Vernachlässigung des Einflusses der Normalkräfte auf die Formänderung. Bei den in der Aufgabe vorkommenden Maßen ist diese Vernachlässigung ohne Zweifel zulässig; sie würde aber nicht mehr zulässig sein, wenn h erheblich kleiner wäre. Mit $h = 0$ liefert die vorstehende Formel $H = \infty$; das zeigt schon, daß sie auf Fälle, bei denen h sehr klein ist, nicht angewendet werden darf.

41. Aufgabe. Wie groß ist der Horizontalschub, der im Falle der vorigen Aufgabe durch eine Temperaturerhöhung um 1^0 C hervorgebracht wird?

Lösung. Der Ausdehnungskoeffizient des Eisens ist gleich $\frac{1}{80\,000}$ anzunehmen. Wenn sich der Körper ungehindert ausdehnen könnte, würde sich daher die Spannweite l um 0,00375 cm vergrößern. Andererseits wird durch einen Horizontalschub von 1 kg die Spannweite verkleinert um den Betrag

$$\varDelta l = \frac{1\,\text{kg}}{E\,J} \int z^2 ds = \frac{1\,\text{kg}}{E\,J}\, h^2 \left(\frac{2\,h}{3} + l\right)$$

oder, wenn man die Zahlenwerte einsetzt und dabei E zu $2 \cdot 10^6$ atm annimmt, um 0,0002736 cm. Um die durch die Erwärmung um 1^0 C hervorgebrachte Spannweitenvergrößerung von 0,00375 cm wieder rückgängig zu machen, bedarf es daher eines Horizontalschubs, der sich zu

$$H = \frac{0,00375}{0,0002736} = 13,7 \text{ kg}$$

berechnet.

42. Aufgabe. Ein Stab hat quadratischen Querschnitt von 12 cm Seitenlänge und eine gekrümmte Mittellinie von 4 m Spannweite und 1 m Pfeilhöhe (Abb. 71). Er ist an beiden Enden gelenkförmig aufgelagert und zwischen den Punkten A und B mit einer Verstärkungsstange von 6 qcm Querschnitt aus demselben Material versehen. Wie groß wird der Horizontalschub und wie groß wird die Spannung in der Stange A B, wenn der Träger in der Mitte eine Einzellast P von 2000 kg aufzunehmen hat?

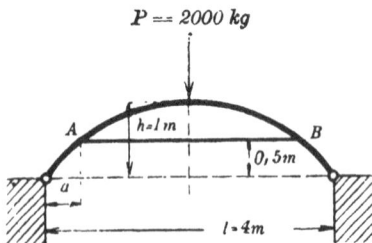

$P = 2000$ kg

$h = 1$ m

$0,5$ m

A B

a

$l = 4$ m

Abb. 71

Lösung. Der Träger ist zweifach statisch unbestimmt. Als statisch unbestimmte Größen wählen wir den Horizontalschub H und die Spannung X der Stange $A B$. Wir berechnen zuerst die Formänderungsarbeit A_1 des Bogen-

trägers. Mit den üblichen, bei den vorhergehenden Aufgaben bereits
angewendeten Vernachlässigungen erhält man

$$A_1 = \frac{1}{EJ}\left\{\int\limits_0^a\left(\frac{P}{2}x - Hz\right)^2dx + \int\limits_a^{\frac{l}{2}}\left(\frac{P}{2}x - Hz - X\left(z - \frac{h}{2}\right)\right)^2dx\right\}$$

Dazu kommt die Formänderungsarbeit in der Verstärkungsstange, die man (vgl. z. B. die Lösung von Aufgabe 9)

$$A_2 = \frac{X^2(l - 2a)}{2EF}$$

setzen kann, wenn F den Querschnitt der Stange $= 6$ cm² bezeichnet.
Die ganze Formänderungsarbeit $A_1 + A_2$ ist nach H und nach X zu
differentiieren, und beide Differentialquotienten sind gleich Null zu
setzen. Dadurch erhält man die Gleichungen

$$\int\limits_0^{\frac{l}{2}}\left(\frac{P}{2}x - Hz\right)z\,dx - X\int\limits_a^{\frac{l}{2}}\left(z - \frac{h}{2}\right)z\,dx = 0,$$

$$-\frac{2}{J}\int\limits_a^{\frac{l}{2}}\left(\frac{P}{2}x - Hz - X\left(z - \frac{h}{2}\right)\right)\left(z - \frac{h}{2}\right)dx + X\frac{l - 2a}{F} = 0.$$

Für den Parabelbogen kann, wie bei den früheren Aufgaben,

$$\int\limits_0^{\frac{l}{2}}xz\,dx = \frac{5}{48}hl^2 \text{ und } \int\limits_0^{\frac{l}{2}}z^2dx = \frac{4}{15}h^2l$$

gesetzt werden. In derselben Weise findet man

$$\int\limits_a^{\frac{l}{2}}z^2dx = 0{,}2534\,h^2l;\ \int\limits_a^{\frac{l}{2}}z\,dx = 0{,}294\,hl;\ \int\limits_a^{\frac{l}{2}}\left(z - \frac{h}{2}\right)^2dx = 0{,}047\,h^2l,$$

wobei zu beachten ist, daß

$$a = \frac{l}{2}\left(1 - \sqrt{\frac{1}{2}}\right) \text{ oder } l - 2a = l\sqrt{\frac{1}{2}} = 0{,}707\,l$$

gefunden wird. Ferner hat man noch

$$\int_a^{\frac{l}{2}} x\left(z - \frac{h}{2}\right)dz = 0{,}0433\ hl^2 \text{ und } J = \frac{12^4}{12}\ cm^4,\ F = 6\ cm^2,\ daher$$

$$J = F \cdot 288\ cm^2,$$

und wenn man diese Werte einsetzt, gehen die Bestimmungsgleichungen über in

$$0{,}052\ lP - 0{,}267\ hH - 0{,}106\ hX = 0$$

$$-0{,}043\ lP + 0{,}213\ hH + hX\left(0{,}094 + \frac{203{,}6}{h^2}\right) = 0.$$

Im Koeffizienten von X in der letzen Gleichung ist bereits 1 cm als Längeneinheit eingesetzt. Beachtet man, daß $h = 100$ cm und $l = 400$ cm angegeben sind, so gehen die beiden Gleichungen über in

$$0{,}208\ P - 0{,}267\ H - 0{,}106\ X = 0$$

$$-0{,}172\ P + 0{,}213\ H + 0{,}114\ X = 0,$$

woraus sich durch Auflösen

$$H = 0{,}697\ P \text{ und } X = 0{,}206\ P$$

ergibt. Die letzten Dezimalen sind jedoch ganz unsicher, und man schreibt daher dafür besser

$$H = 0{,}7\ P = 1400\ kg \text{ und } X = 0{,}2\ P = 400\ kg.$$

Wenn die Verstärkungsstange nicht angebracht wäre, würde sich der Horizontalschub, wie man leicht findet, zu 1560 kg berechnen. Er wird daher durch das Anbringen der Stange nur um etwa 10 % vermindert.

Setzt man, um auf den Fall der fehlenden Verstärkungsstange zu kommen, in den vorhergehenden Formeln $F = 0$, so wird der Koeffizient von X in der zweiten Bestimmungsgleichung unendlich groß, und daher muß $X = 0$ sein. Die erste Bestimmungsgleichung geht nach Wegfallen des Gliedes in X über in

$$0{,}208\ P - 0{,}267\ H = 0$$

und liefert $H = 0{,}78\ P = 1560$ kg, wie vorher schon angegeben war.

43. Aufgabe. In Abb. 72 ist ein Bogenträger gezeichnet, dessen Stützpunkte in verschiedener Höhe liegen; man soll die daran durch die Last P hervorgerufenen Auflagerkräfte berechnen. In dem Beispiele ist angenommen,

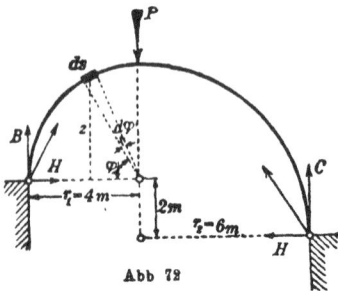

Abb 72

daß die Mittellinie des Bogens aus zwei Viertelskreisen zusammengesetzt ist; der Querschnitt des Stabs soll überall gleich sein.

Erste Lösung. Wir folgen der in § 39 gegebenen Entwicklung, betrachten H als die statisch unbestimmte Größe und finden aus Momentengleichungen für die Auflagerpunkte

$$B = P\frac{r_2}{r_1 + r_2} - H\frac{r_2 - r_1}{r_2 + r_1}; \quad C = P\frac{r_1}{r_1 + r_2} + H\frac{r_2 - r_1}{r_2 + r_1}$$

oder, wenn wir die in die Abbildung eingeschriebenen Zahlenwerte einsetzen,

$$B = 0,6\,P - 0,2\,H; \quad C = 0,4\,P + 0,2\,H.$$

Die im linken Viertelskreis aufgespeicherte Formänderungsarbeit A_1 erhält man aus

$$A_1 = \frac{1}{2\,EJ}\int M^2 ds = \frac{1}{2\,EJ}\int_0^{\frac{\pi}{2}} (Br_1(1 - \cos\varphi) - Hr_1\sin\varphi)^2\, r_1 d\varphi$$

$$= \frac{r_1^3}{2\,EJ}\left(B^2\left(\frac{3\pi}{4} - 2\right) - BH + \frac{\pi}{4}H^2\right).$$

Setzt man den Wert von B ein und führt die Zahlenrechnung weiter aus, so geht dies über in

$$A_1 = \frac{r_1^3}{2\,EJ}(0,1282\,P^2 - 0,6855\,PH + 0,9996\,H^2).$$

Ebenso kann die Arbeit A_2 im anderen Viertelskreise berechnet werden; man braucht dazu nur B mit C und r_1 mit r_2 in den vorhergehenden Formeln zu vertauschen, womit

$$A_2 = \frac{r_2^3}{2\,EJ}\left(C^2\left(\frac{3\pi}{4} - 2\right) - CH + \frac{\pi}{4}H^2\right)$$

gefunden wird. Die weitere Ausrechnung liefert

$$A_2 = \frac{r_2^3}{2\,EJ}(0,0570\,P^2 - 0,3430\,PH + 0,5996\,H^2).$$

Differenziert man $A_1 + A_2$ nach H und setzt den Differentialquotienten gleich Null, so erhält man die Bestimmungsgleichung für H, nämlich

$$-0,6855\,P + 1,9992\,H + \left(\frac{r_2}{r_1}\right)^3(-0,3430\,P + 1,1992\,H) = 0.$$

Mit Einsetzen der Zahlenwerte für r_1, r_2 und P findet man daraus

$$H = 302 \text{ kg}.$$

Die senkrechten Komponenten B und C der Auflagerkräfte ergeben sich damit zu

$$B = 539,6 \text{ kg}; \quad C = 460,4 \text{ kg}.$$

In Abb. 72 sind die Richtungen der Auflagerkräfte eingetragen, die aus diesen Werten folgen.

Zweite Lösung. Man kann sich auch dem in § 40 besprochenen Verfahren zur Berechnung des Horizontalschubs anschließen, indem man es so weit verallgemeinert, daß auf die verschiedene Höhenlage der Auflagerpunkte Rücksicht genommen wird. Dazu diene Abb. 73, die an die Stelle von Abb. 55 auf S. 223 tritt. Das rechte Ende des Bogens denkt man sich auf ein in horizontaler Richtung verschiebliches Rollenlager gesetzt, worauf man die Spannweitenänderung $d\varDelta l$ berechnet, die durch die Verbiegung eines einzelnen Bogenelementes ds um einen Biegungswinkel $\varDelta d\varphi$ herbeigeführt wird. Man findet $d\varDelta l$ wie in § 40 durch den Vergleich des kleinen, durch eine Schraffierung hervorgehobenen schiefwinkligen Dreiecks mit dem ihm ähnlichen ebenfalls schraffierten größeren Dreieck, dessen Seiten auf denen des anderen senkrecht stehen. Aus der Proportion

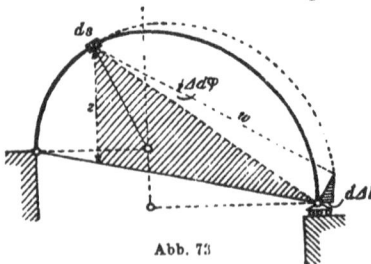

$$\frac{d\varDelta l}{w\varDelta d\varphi} = \frac{z}{w} \quad \text{folgt} \quad d\varDelta l = z\varDelta d\varphi = z\frac{M}{EJ}ds$$

und hiermit

$$\varDelta l = \int \frac{Mz}{EJ}ds,$$

in buchstäblicher Übereinstimmung mit Gleichung (122) S. 223, wobei nur zu beachten ist, daß die Strecke z jetzt von der in schiefer Richtung gehenden Verbindungslinie beider Auflagerpunkte aus zu rechnen ist.

Man setze nun $M = M_b$ und führe die Integration über die beiden Quadranten aus, woraus man nach längerer Rechnung

$$\int M_b z\, ds = 58900\,m^3\,\mathrm{kg}$$

erhält. Wenn eine Annahme über die Biegungssteifigkeit des Stabs gemacht wird, ergibt sich daraus durch Division mit EJ die horizontale Verschiebung des auf einem Rollenlager sitzenden rechten Bogenendes unter dem Einflusse der gegebenen Last P.

Nun berechnen wir, wie groß eine am Rollenlager angreifende horizontale Kraft H sein muß, um diese Verschiebung wieder rückgängig zu machen. Hierbei ist zu beachten, daß die Last H zugleich vertikale Auflagerkomponenten hervorrufen muß und zwar so, daß die an beiden Bogenenden angreifenden Kräfte in die Verbindungslinie ihrer Angriffspunkte fallen. Daraus ergibt sich, daß das durch H hervorgerufene Biegungsmoment im Element ds gleich Hz zu setzen ist. H bewirkt daher eine Spannweitenminderung

$$\Delta l = H \int \frac{z^2 ds}{EJ},$$

woraus ebenso wie früher in Gleichung (118)

$$H = \frac{\int M_b z \, ds}{\int z^2 ds}$$

folgt. Das im Nenner stehende Integral wird in längerer zahlenmäßiger Ausrechnung

$$\int z^2 ds = 193{,}6 \; m^3$$

gefunden und für H ergibt sich demnach

$$H = \frac{58900}{193{,}6} \; \text{kg} = 304 \; \text{kg},$$

was mit dem vorher auf anderem Wege ermittelten Werte genügend übereinstimmt. Der geringe Unterschied rührt übrigens nur von Ungenauigkeiten bei der Zahlenrechnung her.

44. Aufgabe. *Die Tragfähigkeit P des in Abb. 74 dargestellten Hakens ist zu berechnen, wenn die Beanspruchung an der gefährdeten Stelle A 300 kg/cm² nicht überschreiten soll.*

Lösung: Der Abstand des Schwerpunktes S von der Kante AA ist e_1:

$$e_1 \cdot 4 \cdot 3 = 2 \cdot 4 \cdot 2 + 2 \cdot 2 \cdot \frac{4}{3},$$

$$e_1 = \frac{16}{9} \; \text{cm}; \qquad e_2 = \frac{20}{9} \; \text{cm}.$$

$\varkappa$ kann graphisch ermittelt werden. Das wird man im allgemeinen auch bei verwickelteren Querschnittsformen tun. Für den trapezförmigen Querschnitt kann man aber auch die Gleichung 134 e verwenden und erhält:

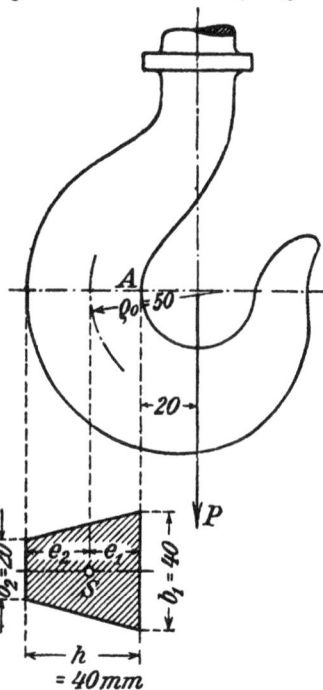

Abb. 74 u. 75.

$$x = -1 + \frac{\varrho_0}{F}\left\{\left[b_1 + \frac{b_1 - b_2}{h}(\varrho_0 - e_1)\right]\ln\frac{\varrho_0 + e_2}{\varrho_0 - e_1} - (b_1 - b_2)\right\}$$

$$= 0{,}058\,.$$

Es ist ferner

$$M = -P \cdot p = -P\left(2{,}0 + \frac{16}{9}\right) = -\frac{34}{9}\,P\,\text{kg cm}$$

und $F = 12$ cm^2. Die größte Spannung tritt an der Stelle $y = -\frac{16}{9}$ cm auf. Wir setzen diese Werte in Gleichung 134 a ein und finden die Spannung an der Stelle A:

$$\sigma_{\text{max}} = \frac{P}{F} - \frac{P \cdot 34}{9 \cdot 5 \cdot F} + \frac{P \cdot 34}{9 \cdot 0{,}058 \cdot F \cdot 5} \cdot \frac{16 \cdot 9}{9 \cdot 29} = 300,$$

$$P_{\text{zul}} = \frac{3600}{1 - 34/45 + 7{,}18} = 485\,\text{kg}.$$

Wenn wir die zulässige Beanspruchung mit Hilfe der Annäherungsrechnung (Gleichung 134 b) ermitteln, dann finden wir:

$$\sigma'_{\text{max}} = \frac{P}{F} + \frac{P \cdot 34/9}{J} \cdot \frac{16}{9} = 300,$$

$$P'_{\text{zul}} = 579\,\text{kg}.$$

Wir erhalten also einen um etwa 20 % zu großen Wert für die zulässige Beanspruchung des Hakens.

Sechster Abschnitt.

Stäbe auf nachgiebiger Unterlage.

§ 46. Grundlegende Annahmen.

Bei der Berechnung des Eisenbahnoberbaues steht man vor der Aufgabe, die Biegungsmomente, Scherkräfte und Spannungen in einem Stabe zu ermitteln, der zwar seiner ganzen Länge nach gestützt ist, so jedoch, daß die Stützen selbst unter einer Belastung nachgeben. Ähnliche Fälle kommen zwar auch sonst noch bei den Anwendungen der Mechanik öfters vor; wir wollen aber, um eine deutliche Vorstellung von dem Gegenstande der Untersuchung zu gewinnen, hier zunächst immer nur an die Formänderungen und die Beanspruchungen denken, die eine gewöhnliche Eisenbahnquerschwelle erfährt, wenn die beiden auf ihr befestigten Schienen einen gegebenen Druck auf sie übertragen.

Daß sich die Schwelle etwas einsenkt, wenn ein Eisenbahnzug über das Gleis fährt, lehrt schon eine einfache Beobachtung, die man bei jedem Spaziergange längs einer von einem Zuge befahrenen Eisenbahnstrecke machen kann. Man nimmt dabei zunächst wahr, daß die Schiene selbst sich senkt. Dies kommt zum Teil daher, daß die Schwelle der Quere nach zusammengedrückt wird; indessen nur zum kleineren Teile, denn beim Nachrechnen erkennt man, daß die elastische Verkürzung der Schwellenhöhe nicht ausreichen kann, um die mit bloßem Auge sehr deutlich wahrnehmbare Senkung der auf ihr ruhenden Schiene zu erklären. Die Schwelle muß sich daher tiefer in die Kiesbettung des Eisenbahnkörpers eindrücken, und zwar muß die Formänderung des Bettungskörpers

eine ziemlich vollkommen elastische sein, da die Schwelle nach
der Entlastung jedesmal in ihre frühere Lage zurückkehrt.
Man wird im Zusammenhange mit dieser Beobachtung zu
der Frage geführt, nach welchem Gesetze sich die Last der
Länge nach auf die Kiesbettung verteilt, und sieht sofort ein,
daß eine Beantwortung der Frage nur auf Grund einer näheren
Untersuchung der eintretenden elastischen Formänderungen sowohl der Schwelle als des Bettungskörpers möglich ist. Natürlich hängt diese Lastverteilung auch davon ab, auf welche
Art die Schwelle schon im unbelasteten Zustande eingebettet
ist; wenn irgendwo eine Lücke oder eine lockere Stelle in der
Kiesbettung vorkäme, könnte an dieser Stelle überhaupt keine
Lastübertragung stattfinden. Wir setzen aber als selbstverständlich voraus, daß die Schwelle überall gut unterstopft sei,
so daß sie satt auf dem Kies- oder Schotterbette aufruht und
daß also in dieser Hinsicht der ganzen Schwellenlänge nach
die Vorbedingungen überall die gleichen sind.

Auf den ersten Blick mag es befremdlich erscheinen, daß ein
Körper von der Art eines Sand- oder Kieshaufens imstande sein könne,
ziemlich vollkommen elastische Formänderungen auszuführen. Aber
auch andere Erfahrungen bestätigen den Schluß, den wir aus der Beobachtung an dem Eisenbahngleise gezogen haben. In der Tat weiß
man ja, daß ein in solcher Weise zusammengesetzter Erdboden Schallschwingungen fortzupflanzen vermag, daß er also elastische Bewegungen — solche sind die Schallbewegungen — ausführen kann. Ich
habe mich aber auch noch durch einen unmittelbaren Versuch von
der Elastizität des gewöhnlichen Erdbodens überzeugt. Dazu ließ ich
in dem Hofe meines Laboratoriums zwei Pfähle einrammen, die 3 m
voneinander entfernt waren und eine Eisenschiene trugen, die etwa
70 cm über dem Boden lag. Unterhalb der Schiene wurden kleine
Holzpflöcke eingeschlagen, die fest im Boden saßen und dessen Bewegungen mitmachten. Bei dem Versuche wurden die Verschiebungen
dieser Holzpflöcke gegen die darüber in fester Lage verharrende Eisenschiene gemessen. Zu diesem Zwecke wurde ein Spiegelgerät an der
Schiene befestigt, und von dem Holzpflocke aus wurde eine Stange
in die Höhe geführt, deren unteres Ende sich um Spitzen in einer
Messingfassung drehen konnte, die an dem Holzpflocke befestigt war,
während das passend zugeschnittene obere Ende auf dem Umfange
des Hartgummiröllchens des Spiegelgeräts aufruhte; für einen ange-

messenen Druck an der Auflagerstelle sorgte ein kleines Übergewicht.
Eine Verschiebung des Holzpflocks nach abwärts verrät sich nun
durch eine Drehung des Spiegels, die mit einem Fernrohre beobachtet
wird. Bei meinen Versuchen entsprach eine Verschiebung des Maß-
stabbildes im Spiegel gegen das Fadenkreuz des Fernrohrs um einen
Teilstrich einer Senkung des Holzpflocks um 0,835 μ oder tausendstel
Millimeter, und auf Zehntel mm der Maßstabteilung konnte bei der
Ablesung geschätzt werden. Man las also die Bodensenkung, die der
Holzpflock mitmachte, im Fernrohre in rund 1200-facher Vergrößerung
am Maßstabe ab, und die Genauigkeit der Messung stellte sich auf
etwa 0,1 μ.

Nun brachte man eine Last von 100 kg in verschiedenen Entfernungen von der Stelle auf, an der die Einsenkung gemessen wurde.
Dabei ergaben sich die nachstehenden zusammengehörigen Werte:

$$\text{Entfernung in cm} \qquad = 20 \quad 40 \quad 60 \quad 80$$
$$\text{Senkung in } \frac{1}{1000} \text{ mm (oder } \mu) = 14{,}2 \quad 4{,}2 \quad 1{,}4 \quad 0{,}7.$$

Für 50 kg Belastung betrug die Einsenkung in 20 cm Entfernung 7,3 μ, so daß die Formänderung der Last ziemlich genau
proportional zu sein scheint. Trotzdem ist, wie sich im 5. Bande
zeigen wird, die Formänderung sehr wesentlich von jener verschieden,
die ein dem Superpositionsgesetze unterworfener, vollkommen elastischer Körper erfahren müßte.

Bei der Berechnung des Eisenbahnoberbaues hat man sich
indessen durch eine weit einfachere Annahme geholfen, die für
die Ableitung ungefähr richtiger Resultate hinreichend genau
zu sein scheint. Man nimmt nämlich an, daß die Einsenkung
der Bettung unter dem Drucke der Schwelle an jeder Stelle
nur dem gerade dort wirkenden Drucke proportional sei. Genau
richtig ist dies natürlich keineswegs; man sieht aber aus den
vorher mitgeteilten Zahlen, wie schnell die Einsenkung mit
der Entfernung von der Angriffsstelle der Belastung abnimmt.
In der Tat wird also die Tiefe der Einsenkung in erster Linie
von den in der nächsten Nachbarschaft übertragenen Druckkräften abhängen und nur wenig von den weiter entfernten
beeinflußt sein, so daß eine Rechnung, die sich auf die Annahme stützt, daß Druck und Einsenkung überall in gleichem
Verhältnisse zueinander ständen, nicht viel von der Wahrheit
abweichen kann.

§ 47. Die Eisenbahnquerschwelle mit konstantem Querschnitte.

Der auf die Längeneinheit von der Schwelle auf die Bettung übertragene Druck sei mit p, der Druck für das Längenelement dx der Schwelle also mit pdx bezeichnet. Für einen Querschnitt im Abstande x vom linken Ende der Schwelle hat man, falls x kleiner als a ist, für die Scherkraft V den Ausdruck

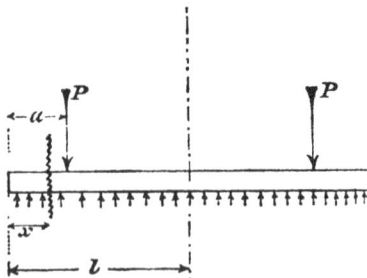

$$V = \int_0^x p\,du,$$

wenn u hier ebenfalls eine Abszisse ist, die man von 0 bis x wachsen läßt.

Abb. 76

Daraus folgt durch Differentiation nach x oder auch schon auf Grund einer einfachen Überlegung über die Bedeutung von p

$$\frac{dV}{dx} = p. \tag{135}$$

Schon früher fanden wir, daß die Scherkraft V als Differentialquotient des Biegungsmomentes M angesehen werden kann (Gl. 70), und wir finden daher auch

$$\frac{d^2M}{dx^2} = p. \tag{136}$$

Die Biegungsmomente bringen eine Krümmung der Mittellinie des Stabes hervor. Bezeichnen wir die Einsenkung, die ein Punkt der Mittellinie bei der Abszisse x erfährt, mit y, so ist $y = f(x)$ die Gleichung der elastischen Linie des Stabes. Die Einsenkungen y sind also einerseits an den Zusammenhang mit den Biegungsmomenten gebunden, der durch die Differentialgleichung der elastischen Linie ausgesprochen wird, und andererseits sind sie nach unserer grundlegenden Annahme der unbekannten Funktion p proportional. Der Vergleich beider Beziehungen miteinander führt zur Lösung der Aufgabe.

Die Differentialgleichung der elastischen Linie (Gl. 76)

$$EJ \frac{d^2y}{dx^2} = - M$$

liefert, wenn man sie zweimal nach x differentiiert, mit Rücksicht auf Gl. (136)

$$EJ \frac{d^4y}{dx^4} = - p. \tag{137}$$

Die von uns gewählte Annahme über, den Zusammenhang zwischen der elastischen Einsenkung y und dem Drucke p für die Längeneinheit der Schwelle kann in der Gleichung

$$p = ky \tag{138}$$

ausgesprochen werden, in der k eine von den elastischen Eigenschaften der Bettung abhängige Konstante ist, die man als die „Bettungsziffer" bezeichnet. Gl. (137) geht damit über in

$$EJ \frac{d^4y}{dx^4} = - ky. \tag{139}$$

Man kennt die allgemeine, also mit vier willkürlichen Konstanten behaftete Lösung dieser Differentialgleichung vierter Ordnung. Sie lautet:

$$y = C_1 e^{\alpha x} \cos \alpha x + C_2 e^{\alpha x} \sin \alpha x + C_3 e^{-\alpha x} \cos \alpha x$$
$$+ C_4 e^{-\alpha x} \sin \alpha x, \tag{140}$$

worin die C die willkürlichen Konstanten sind, während mit α zur Abkürzung der Absolutbetrag von

$$\alpha = \sqrt[4]{\frac{k}{4 EJ}} \tag{141}$$

bezeichnet ist. Daß die Lösung die Differentialgleichung (139) befriedigt, erkennt man durch Einsetzen in diese Gleichung, und daß sie zugleich die allgemeinste Lösung ist, folgt daraus, daß sie vier unbestimmte Konstanten enthält.

Es bleibt uns jetzt nur noch übrig, die Konstanten mit Hilfe der Grenzbedingungen, die bei der Aufgabe vorgeschrieben sind, zu bestimmen. Dabei ist zu beachten, daß die ganze elastische Linie der Schwelle in drei gesonderte Äste zerfällt, von denen der erste von 0 bis a reicht, der zweite zwischen die beiden Schienen fällt und der dritte das über die rechte

Schiene hinausragende Stück der Schwelle umfaßt. Der Symmetrie wegen genügt es indessen, wenn wir hier nur den ersten Ast und die bis zur Symmmetrieachse reichende Hälfte des zweiten Astes ins Auge fassen.

Für alle Äste gilt im allgemeinen die Lösung (140); die Konstanten C sind aber den verschiedenen Anfangsbedingungen entsprechend bei den einzelnen Ästen verschieden. Wir haben also hier im ganzen acht bisher unbestimmt gebliebene Konstanten den Grenzbedingungen entsprechend zu wählen. Dazu stehen uns auch in der Tat acht Bedingungsgleichungen zur Verfügung. Zunächst wissen wir, daß für $x = 0$ sowohl M als V verschwinden. Mit M ist aber überall $\frac{d^2y}{dx^2}$ und mit V ist $\frac{d^3y}{dx^3}$ proportional; beide Differentialquotienten sind also für $x = 0$ gleich Null zu setzen. Der besseren Übersicht wegen stelle ich hier die drei ersten Differentialquotienten von y nach Gl. (140) zusammen. Man findet:

$$\frac{dy}{dx} = \alpha\{C_1(e^{\alpha x}\cos\alpha x - e^{\alpha x}\sin\alpha x) + C_2(e^{\alpha x}\sin\alpha x + e^{\alpha x}\cos\alpha x)$$
$$+ C_3(- e^{-\alpha x}\cos\alpha x - e^{-\alpha x}\sin\alpha x)$$
$$+ C_4(- e^{-\alpha x}\sin\alpha x + e^{-\alpha x}\cos\alpha x)\},$$

$$\frac{d^2y}{dx^2} = \alpha^2\{- 2C_1 e^{\alpha x}\sin\alpha x + 2C_2 e^{\alpha x}\cos\alpha x + 2C_3 e^{-\alpha x}\sin\alpha x$$
$$- 2C_4 e^{-\alpha x}\cos\alpha x\},$$

$$\frac{d^3y}{dx^3} = \alpha^3\{- 2C_1(e^{\alpha x}\sin\alpha x + e^{\alpha x}\cos\alpha x)$$
$$+ 2C_2(e^{\alpha x}\cos\alpha x - e^{\alpha x}\sin\alpha x)$$
$$+ 2C_3(- e^{-\alpha x}\sin\alpha x + e^{-\alpha x}\cos\alpha x)$$
$$+ 2C_4(e^{-\alpha x}\cos\alpha x + e^{-\alpha x}\sin\alpha x)\}.$$

Die Bedingung, daß $\frac{d^2y}{dx^2}$ für $x = 0$ verschwinden soll, liefert daher die Gleichung

$$C_4 = C_2, \tag{142}$$

und aus $\frac{d^3y}{dx^3} = 0$ für $x = 0$ folgt

$$C_1 = C_2 + C_3 + C_4. \tag{143}$$

Zur Abkürzung führen wir ferner die Bezeichnungen ein

$$e^{\alpha a} \cos \alpha a = m_1; \quad e^{\alpha a} \sin \alpha a = m_2; \quad e^{-\alpha a} \cos \alpha a = m_3;$$

$$e^{-\alpha a} \sin \alpha a = m_4$$

und die vier Konstanten, die in der Gleichung des zweiten Astes der elastischen Linie auftreten, werden der Reihe nach C_5 bis C_8 geschrieben. Nun müssen sich beide Äste so aneinander schließen, daß sie für $x = a$ gleiches y und auch gleiches $\frac{dy}{dx}$ geben, denn ein Knick der elastischen Linie kann an dieser Stelle nicht auftreten. Aber auch $\frac{d^2 y}{dx^2}$ muß an der Anschlußstelle für beide Äste gleich sein, da sich das Biegungsmoment M nicht sprungweise ändert. Damit erhalten wir die drei Bedingungsgleichungen:

$$\left.\begin{aligned}
&C_1 m_1 + C_2 m_2 + C_3 m_3 + C_4 m_4 = C_5 m_1 + C_6 m_2 + C_7 m_3 \\
&\quad + C_8 m_4, \\
&C_1 (m_1 - m_2) + C_2 (m_1 + m_2) - C_3 (m_3 + m_4) \\
&\quad + C_4 (m_3 - m_4) = C_5 (m_1 - m_2) + C_6 (m_1 + m_2) \\
&\quad - C_7 (m_3 + m_4) + C_8 (m_3 - m_4), \\
&- C_1 m_2 + C_2 m_1 + C_3 m_4 - C_4 m_3 = - C_5 m_2 \\
&\quad + C_6 m_1 + C_7 m_4 - C_8 m_3.
\end{aligned}\right\} \quad (144)$$

Der dritte Differentialquotient von y ist dagegen an der Anschlußstelle für beide Äste von verschiedener Größe, denn man hat

$$V = \frac{dM}{dx} = - EJ \frac{d^3 y}{dx^3},$$

und die Scherkraft V erleidet an der Übergangsstelle eine plötzliche Änderung um den Betrag $- P$. Wenn man also für den Augenblick die Ordinate des ersten Astes mit y_{I}, die des zweiten mit y_{II} bezeichnet, so besteht an der Übergangsstelle die Beziehung

$$\left[\frac{d^3 y_{\mathrm{II}}}{dx^3} - \frac{d^3 y_{\mathrm{I}}}{dx^3}\right]_{x=a} = \frac{P}{EJ}$$

oder, wenn man die Werte der Differentialquotienten einsetzt,

$$(C_1 - C_5)(m_1 + m_2) + (C_6 - C_2)(m_1 - m_2) + (C_7 - C_3).(m_3 - m_4)$$

$$+ (C_8 - C_4)(m_3 + m_4) = \frac{P}{2\alpha^3 EJ}. \qquad (145)$$

Endlich seien die Werte, die man erhält, wenn man in den Ausdrücken für $m_1, m_2, \ldots$ die Abszisse a durch die Abszisse l (entsprechend der Schwellenmitte) ersetzt, mit n_1, n_2 usf. bezeichnet. In der Symmetrieachse muß zunächst $\frac{dy}{dx} = 0$ werden, ferner aber auch $\frac{d^3 y}{dx^3}$, weil hier $V = 0$ ist. Man hat also noch die beiden Gleichungen

$$\left. \begin{array}{l} C_5(n_1 - n_2) + C_6(n_1 + n_2) - C_7(n_3 + n_4) + C_8(n_3 - n_4) = 0 \\ - C_5(n_1 + n_2) + C_6(n_1 - n_2) + C_7(n_3 - n_4) + C_8(n_3 + n_4) = 0 \end{array} \right\} \cdot (146)$$

Alle in den acht Bedingungsgleichungen (142) bis (146) vorkommenden Größen sind bis auf die Unbekannten C in einem bestimmten Falle zahlenmäßig gegebene Werte; man kann daher diese Gleichungen ersten Grades ohne weiteres nach den acht Unbekannten auflösen und kennt dann nach Gl. (140) die Gestalt der beiden Äste der elastischen Linie. Auch das Gesetz der Druckverteilung ist damit nach Gl. (138) gegeben.

§ 48. Lösung der vorigen Aufgabe auf graphischem Wege.

An Stelle der durch Gl. (137) oder Gl. (139) ausgesprochenen Bedingung kann man das Gesetz, dem die elastische Linie der Schwelle unterworfen ist, auch geometrisch zum Ausdrucke bringen. Die elastische Linie eines vorher geraden Stabes kann nämlich, wie in der graphischen Statik gezeigt wird, als ein zweites Seilpolygon gefunden werden, das zu der gegebenen Belastungsfläche gehört. Die durch jene Differentialgleichungen zum Ausdrucke gebrachte Bedingung kommt dann darauf hinaus, daß das zweite Seilpolygon und die Belastungsfläche verhältnisgleiche Ordinaten haben müssen. Geometrisch gesprochen handelt es sich also um die Lösung der Aufgabe, eine solche Gestalt der Belastungsfläche (also der Funktion p) ausfindig zu machen, die bei passender Wahl des Maßstabes mit ihrem eigenen zweiten Seilpolygon zusammenfällt.

Wenn man nun auch keine direkte Methode für die graphische Lösung dieser Aufgabe angeben kann, so kann sie doch sehr leicht auf indirektem Wege, nämlich durch Probieren (nach der „regula falsi") gefunden werden. Man sucht sich nämlich zunächst ein ungefähres Bild von der zu erwartenden Druckverteilung zu verschaffen. Dazu reicht schon aus, daß der Druck unterhalb der Schiene jedenfalls am größten sein wird, und daß er von da aus sowohl nach der Schwellenmitte als nach außen hin allmählich abnimmt. Dementsprechend zeichnet man zur Probe eine Belastungsfläche (d. h. eine graphische Darstellung der Druckverteilung p) hin, die sonst ganz willkürlich gewählt werden darf. Dann probiert man, ob man mit dieser Vermutung das Rechte getroffen hat, d. h. man konstruiert das zweite Seilpolygon dazu und trägt dessen Schlußlinie horizontal in solcher Höhe ein, daß die sich daraus nach Umrechnung aus Gl. (138) ergebende Belastungsfläche dem Inhalte nach mit der vorher angenommenen übereinstimmt. Im allgemeinen wird man zunächst eine starke Abweichung in der Gestalt beider Kurven finden. Dann ändert man die zuerst gezeichnete Belastungsfläche so ab, daß sich die Lastverteilung jetzt mehr der Gestalt der gefundenen elastischen Linie nähert, und wiederholt das Verfahren für diese zweite Annahme. Die Übereinstimmung zwischen Belastungsfläche und zugehöriger elastischer Linie wird jetzt besser werden, und nach mehrmaliger Wiederholung findet man mit hinreichender Genauigkeit die wirkliche Druckverteilung.

Dieses graphische Verfahren hat den Vorteil, daß es auch dann noch bequem anwendbar bleibt, wenn der Querschnitt nicht konstant ist (z. B. bei eisernen Querschwellen), da man auch für diesen Fall die Gestalt der zu einer angenommenen Belastungsfläche gehörigen elastischen Linie ohne Schwierigkeit auf graphischem Wege ermitteln kann. — Eine Unterscheidung zwischen den einzelnen Ästen der elastischen Linie braucht hier natürlich nicht gemacht zu werden, da es bei dem graphischen Verfahren ganz gleichgültig ist, wenn irgendwo ein Sprung in dem Werte des dritten Differentialquotienten von y auftritt

§ 49. Aufgaben ähnlicher Art.

An den Bedingungen, denen der Stab unterworfen ist, wird nicht viel geändert, wenn er nicht gleichmäßig seiner ganzen Länge nach, sondern in einzelnen Punkten unterstützt ist, die in kleinen, unter sich gleichen Abständen aufeinanderfolgen. Voraussetzung ist nur, daß jede dieser Stützen unter demselben Drucke um gleichviel nachgibt. Solche Fälle kommen öfters vor. Man denke sich z. B. eine Brückenkonstruktion, die aus einer Anzahl ziemlich dicht nebeneinander liegender Hauptträger gebildet wird, auf die sich die der ganzen Brückenbreite nach durchlaufenden Querträger stützen. Die Verteilung des Druckes vom Querträger, wenn dieser irgendeine

Einzellast (oder auch mehrere) trägt, auf die einzelnen Hauptträger befolgt dann ungefähr dasselbe Gesetz, das durch die in § 47 gegebene Lösung dargestellt wird.

Ein anderer Fall wird durch Abb. 77 angegeben. Durch einen Holzbalken ist ein Loch gebohrt, durch das ein Schraubenbolzen gut passend gesteckt ist. Außen greifen zwei Eisenlaschen an, die durch den Bolzen mit dem Balken verbunden sind und die durch dessen Vermittlung eine Belastung auf den Balken übertragen. Unter dem Einflusse der Belastung biegt sich der Bolzen etwas; dieser Biegung widersetzt sich das Holz, und es tritt nun ein Druck des Holzes gegen den Bolzen auf, der in der Mitte nach abwärts und an den Seiten nach aufwärts gerichtet ist. Man kann auch hier näherungsweise den Druck proportional der Zusammendrückung setzen, die das Holz an der betreffenden Stelle erfährt. Von dem Falle der Eisenbahnschwelle in der Bettung weicht der hier vorliegende nur insofern ab, als dort nur Druckkräfte in einer Richtung, hier aber auch solche in der entgegengesetzten Richtung übertragen werden können. Gl. (140) gibt aber auch in diesem Falle ohne weiteres die allgemeine Gestalt der elastischen Linie und damit das allgemeine Gesetz der Druckübertragung an. Die Konstanten C bestimmen sich aus den Bedingungen, daß an beiden Enden $\dfrac{d^2y}{dx^2}$ gleich Null und $\dfrac{d^3y}{dx^3} = \dfrac{P}{EJ}$ oder gleich $-\dfrac{P}{EJ}$ werden muß.

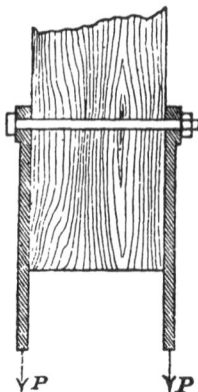

Abb. 77.

Auch für den Fall, daß der Bolzen nicht genau in das Loch paßt, sondern ein kleiner Spielraum dazwischen bleibt, wie es häufig zutreffen wird, läßt sich die Rechnung in ähnlicher Weise durchführen Der Bolzen hebt sich dann im mittleren Teile seiner Länge ganz vom Holze ab und krümmt sich dort nach einem Kreisbogen, da er an diesen Stellen auf reine Biegung beansprucht ist. Die elastische Linie zerfällt in drei Äste, von denen die äußeren symmetrisch zu einander sind und der Gl. (140) entsprechen. Als weitere Unbekannte tritt die Abszisse der Übergangsstelle vom äußeren in den mittleren Ast auf. Zur Ermittelung dieser und der Konstanten C in Gl. (140) stehen wie vorher die Grenzbedingungen am äußeren Ende sowie die an der Übergangsstelle in den mittleren Ast zur Verfügung.

Wenn auf einen Mauerkörper an einer Stelle eine größere Last, z. B. der Auflagerdruck eines Brückenträgers übertragen werden soll, muß man die zunächst dicht zusammengedrängt auftretende Belastung

mit Hilfe einer großen Eisenplatte über eine Mauerwerksfläche verteilen, die so groß ist, daß die Festigkeit der Steine nirgends überschritten wird. Auch zur Abschätzung des Druckverteilungsgesetzes
in diesem Falle geben die vorausgehenden Betrachtungen einen Anhaltspunkt. Man möchte in diesem Falle eine möglichst gleichmäßige
Druckverteilung herbeiführen. Dazu gehört natürlich in erster Linie
eine möglichst genaue, satte Auflagerung der Platte, also die Erfüllung
der Voraussetzung, von der die hier durchgeführten Betrachtungen
ausgingen. Außerdem wird man aber die Druckverteilung um so mehr
der gleichförmigen nähern können, je stärker man das Trägheitsmoment
des Querschnitts der Platte namentlich nach der Mitte hin wählt. Ein
Fall dieser Art wird in einer der folgenden Aufgaben behandelt.

Aufgaben.

*45. Aufgabe. Eine Schiene, die hinreichend lang ist, um sie als
unendlich lang betrachten zu können, ist ihrer ganzen Länge nach satt auf
den Erdboden aufgelegt und wird in der Mitte durch eine Einzellast P
belastet. Nach welchem Gesetze verteilt sich der Druck auf den Boden?*

Lösung. Wir legen hier besser das Koordinatensystem so, daß
die Abszissen x von der belasteten Stelle aus nach rechts hin zählen.
Dadurch wird an der Gültigkeit der Gl. (135) und (136) und der
daraus folgenden nichts geändert. Folglich bleibt auch Gl. (140) unmittelbar anwendbar, und es handelt sich nur noch um die Bestimmung
der Integrationskonstanten aus den Grenzbedingungen. Für $x = \infty$ muß
y verschwinden, daher müssen die Konstanten C_1 und C_2 hier gleich
Null gesetzt werden. Für $x = 0$ wird ferner der Symmetrie wegen
$\frac{dy}{dx} = 0$, und daraus folgt $C_3 = C_4$. Zunächst bleibt also die Gleichung
der Kurve $\qquad y = C_3 e^{-ax}(\cos \alpha x + \sin \alpha x)$,
und für die Druckverteilung hat man nach Gl. (138)

$$p = k C_3 e^{-ax}(\cos \alpha x + \sin \alpha x).$$

Das Gesetz, nach dem sich der Druck der Länge nach verteilt, ist
hiermit schon gegeben. Man erkennt zunächst, daß p auch negativ
wird, nämlich sobald x bis über den Wert

$$x = \frac{3\pi}{4\alpha}$$

angewachsen ist und weiterhin wieder. An der Stelle $x = \frac{3\pi}{4\alpha}$ ist der
Faktor e^{-ax} auf 0,094 des Wertes 1 an der Stelle $x = 0$ gesunken,
und er nimmt dann weiterhin schnell ab. Wir wollen annehmen, daß
das Gewicht der Schiene hinreiche, um an den Stellen, wo p nach
der Formel negativ wird, ein Abheben der Schiene von dem Boden
zu verhindern oder auch, daß die Schiene an dem Boden befestigt ist

Wir können dann die vorher abgeleitete Gleichung überall als gültig betrachten. **Der unbekannte konstante Faktor** kC_3, der noch darin vorkommt, hat die Bedeutung des Druckes p_0 an der Stelle $x = 0$. Um diesen zu ermitteln, beachten wir, daß

$$\int_0^\infty p\,dx = \frac{P}{2}$$

sein muß. Die andere Hälfte der Last P kommt nämlich auf die nach links gelegene Schienenhälfte. Setzt man p in diese Gleichung ein und integriert, so wird

$$\int_0^\infty p\,dx = p_0 \int_0^\infty e^{-\alpha x}(\cos \alpha x + \sin \alpha x)\,dx = p_0\left[-\frac{1}{\alpha} e^{-\alpha x}\cos \alpha x\right]_0^\infty = \frac{p_0}{\alpha}$$

Demnach wird $p_0 = \dfrac{\alpha P}{2}$,

während α durch Gl. (141) bestimmt ist. Damit kennt man den Druck an jeder Stelle, vorausgesetzt, daß die Bettungsziffer k, das Trägheitsmoment des Schienenquerschnitts, der Elastizitätsmodul E und die Last P gegeben sind.

46. Aufgabe. Eine Stange aus Flußeisen von 80 cm Länge und quadratischem Querschnitte von 6 cm Seite liegt satt auf dem Erdboden auf und trägt in der Mitte eine Last von 1000 kg. Wie groß ist der Druck, den die Stange in der Mitte und an den Enden auf den Erdboden ausübt und wie groß ist die Beanspruchung des Eisens, wenn der Boden unter einer Belastung von 1 kg auf 1 qcm eine elastische Einsenkung von 0,25 mm erfährt?

Lösung. Für den linken Ast der elastischen Linie benutzen wir wieder Gl. (140); den Ursprung des Koordinatensystems lassen wir mit dem linken Ende der Stange zusammenfallen. Wir können dann ohne weiteres die in den Gl. (142) und (143) ausgesprochenen Grenzbedingungen benutzen. Dazu kommt, daß für $x = a = 40$ cm der Symmetrie wegen $\dfrac{dy}{dx} = 0$ sein muß. Dies liefert die Bedingungsgleichung

$$C_1(m_1 - m_2) + C_2(m_1 + m_2) - C_3(m_3 + m_4) + C_4(m_3 - m_4) = 0.$$

Hiermit lassen sich die übrigen Konstanten in einer davon ausdrücken. Um dies auch zahlenmäßig sofort ausführen zu können, berechnen wir zunächst α nach Gl. (141). Man hat hier

$$J = \frac{b h^3}{12} = \frac{6^4}{12} = 108 \text{ cm}^4,$$

und für Flußeisen setzen wir $E = 22 \cdot 10^5 \dfrac{\text{kg}}{\text{cm}^2}$. Die Konstante k ist durch Gl. (138) eingeführt. Denken wir uns auf 1 cm Länge der Stange einen Druck von 1 kg/cm² übertragen, so wird $p = \dfrac{6 \text{ kg}}{\text{cm}}$ und

die zugehörige Einsenkung y nach den Angaben der Aufgabe gleich
0,25 mm, daher ist $k = \frac{p}{y} = 240 \frac{\mathrm{kg}}{\mathrm{cm}^2}$. Für α hat man daher

$$\alpha = \sqrt{\frac{240 \frac{\mathrm{kg}}{\mathrm{cm}^2}}{4 \cdot 22 \cdot 10^5 \frac{\mathrm{kg}}{\mathrm{cm}^2} \cdot 108 \ \mathrm{cm}^4}} = 0{,}0224 \ \mathrm{cm}^{-1}.$$

Für αa ergibt sich hieraus $\alpha a = 0{,}896$, ferner

$$e^{\alpha a} = 2{,}450, \quad e^{-\alpha a} = 0{,}408, \quad \cos \alpha a = 0{,}625, \quad \sin \alpha a = 0{,}781$$

und daher auch

$$m_1 = 1{,}530, \quad m_2 = 1{,}912, \quad m_3 = 0{,}255, \quad m_4 = 0{,}319.$$

Die Gleichungen zwischen den Konstanten C lauten also jetzt

$$C_2 = C_4; \qquad C_1 = C_3 + 2 C_4;$$

$$-0{,}382 \, C_1 + 3{,}442 \, C_2 - 0{,}574 \, C_3 - 0{,}064 \, C_4 = 0,$$

aus denen folgt:

$$C_1 = 4{,}73 \, C_4; \qquad C_2 = C_4; \qquad C_3 = 2{,}73 \, C_4.$$

Die Gleichung der elastischen Linie schreibt sich daher jetzt

$$y = C_4 \{ 4{,}73 \, e^{\alpha x} \cos \alpha x + e^{\alpha x} \sin \alpha x + 2{,}73 \, e^{-\alpha x} \cos \alpha x$$
$$+ e^{-\alpha x} \sin \alpha x \}$$

und für den auf die Längeneinheit bezogenen Druck p hat man

$$p = k C_4 \{ 4{,}73 \, e^{\alpha x} \cos \alpha x + e^{\alpha x} \sin \alpha x + 2{,}73 \, e^{-\alpha x} \cos \alpha x$$
$$+ e^{-\alpha x} \sin \alpha x \}.$$

Die Bedeutung des konstanten Faktors $k C_4$ vor der Klammer folgt
daraus sofort: für $x = 0$ nimmt der Ausdruck in der Klammer den
Wert 7,46 an, man hat also

$$k C_4 = \frac{p_0}{7{,}46}.$$

Für $x = a$, also für die Mitte des Stabes, sei der Druck p mit
p_a bezeichnet. Die Formel liefert dafür

$$p_a = \frac{p_0}{7{,}46} \{ 4{,}73 \, m_1 + m_2 + 2{,}73 \, m_3 + m_4 \}$$

oder nach Einsetzen der für die m gefundenen Werte

$$p_a = 1{,}36 \, p_0.$$

Damit ist zunächst ermittelt, in welchem Verhältnisse der Druck p von der Mitte aus nach den Enden des Stabes hin abnimmt. Um die absoluten Beträge zu finden, machen wir, wie bei der vorigen Aufgabe von der Bedingung Gebrauch, daß die Summe aller Druckkräfte auf den Erdboden gleich der Last von 1000 kg sein muß. Dazu wäre es vollständig ausreichend, das Druckverteilungsgesetz weiterhin durch ein anderes, etwa durch ein parabolisches zu ersetzen, das mit dem gefundenen in dem Verhältnisse $\dfrac{p_a}{p_0}$ übereinstimmt, da es sich ja nur um eine Näherungsrechnung handelt. Es steht aber auch nichts im Wege, die Integrationen an dem Ausdrucke für p unmittelbar auszuführen. Man findet.

$$\alpha\int_0^a e^{\alpha x}\cos\alpha x\,dx = 1,222; \qquad \alpha\int_0^a e^{\alpha x}\sin\alpha x\,dx = 0,691;$$

$$\alpha\int_0^a e^{-\alpha x}\cos\alpha x\,dx = 0,532; \qquad \alpha\int_0^a e^{-\alpha x}\sin\alpha x\,dx = 0,213$$

Hiermit wird aber

$$\int_0^a p\,dx = \frac{p_0}{7,46}\cdot\frac{4,73\cdot 1,222 + 0,691 + 2,73\cdot 0,532 + 0,213}{0,0224} = 48,7\,p_0$$

Als Längeneinheit gilt hier 1 cm, denn α ist in dieser Einheit ausgedrückt. Das Doppelte des berechneten Integrals ist gleich 1000 kg, daraus folgt

$$p_0 = \frac{1000}{97,4} = 10,3\,\frac{\text{kg}}{\text{cm}} \quad\text{und}\quad p_a = 14,0\,\frac{\text{kg}}{\text{cm}}.$$

Hätte man das parabolische Verteilungsgesetz angenommen, also

$$p = p_0 + \frac{p_a - p_0}{a^2}\,(2\,ax - x^2)$$

gesetzt, so hätte sich ergeben

$$\int_0^a p\,dx = \frac{p_0 + 2p_a}{3}\cdot a = 49,6\,p_0,$$

also nicht viel mehr wie bei der genaueren Rechnung. Wir wollen daher das parabolische Verteilungsgesetz bei der Berechnung des Biegungsmoments M_a in der Mitte zugrunde legen. Man findet dann

$$M_a = \int_0^a (a-x)p\,dx = \frac{p_0 + 2p_a}{3}\,a^2 - \frac{5p_a + p_0}{12}\,a^2 = \frac{p_a + p_0}{4}\,a^2$$

oder nach Einsetzen der Zahlenwerte

$$M_a = 9560 \text{ cm kg}$$

und hiermit die Beanspruchung des Materials

$$\sigma = \frac{6 M_a}{b h^2} = \frac{6 \cdot 9560}{6^3} = 266 \text{ atm.}$$

Übrigens hätte M_a ohne Schwierigkeit auch mit Hilfe der Beziehung

$$M_a = - E J \left[\frac{d^2 y}{d x^2}\right]_{x=a}$$

ermittelt werden können.

47. *Aufgabe. Ein Stab von der Länge 2a liegt satt auf dem Boden auf und wird in der Mitte mit P belastet. Der Querschnitt ist ein Rechteck von überall gleicher Breite, dessen Höhe aber nach der Mitte zu in solcher Art anwachsen soll, daß das Trägheitsmoment überall proportional dem Biegungsmomente M ist. Man soll das Gesetz der Druckverteilung ermitteln und angeben, wie die Querschnittshöhe nach der Mitte hin anwachsen muß. damit die Bedingung der Aufgabe erfüllt wird.*

Lösung. Die Gleichung der elastischen Linie läßt sich hier in der Form

$$\frac{d^2 y}{d x^2} = - \frac{M}{E J} = - c$$

anschreiben, in der c eine Konstante ist, die unbestimmt bleiben muß, weil keine Angabe über den Proportionalitätsfaktor von M und J gemacht ist. Durch Integration folgt

$$y = - c \frac{x^2}{2} + K_1 x + K_2.$$

Für $x = a$ muß $\frac{d y}{d x} = 0$ sein, und daraus folgt $K_1 = ca$. Man findet also

$$p = ky = k K_2 + \frac{ck}{2} (2 a x - x^2).$$

Das Druckverteilungsgesetz ist also hier genau parabolisch; für den Druck am Ende und in der Mitte hat man

$$p_0 = k K_2; \quad p_a = k K_2 + \frac{ck a^2}{2}$$

und daher auch

$$p = p_0 + \frac{p_a - p_0}{a^2} (2 a x - x^2),$$

wie bei der vorigen Aufgabe; daher ist auch wie dort

$$\frac{p_0 + 2 p_a}{3} a = \frac{P}{2},$$

und hieraus folgt

$$p_0 = \frac{P}{2a} - \frac{cka^2}{3}; \quad K_2 = \frac{P}{2ak} - \frac{ca^2}{3}.$$

Wenn c und k gegeben sind, kennt man hiermit die genaue Gestalt der elastischen Linie. Für das Biegungsmoment im Abstande x vom Ende folgt:

$$M = \int_0^x (x-u)p\,du = \frac{p_0 x^2}{2} + (p_a - p_0)\frac{4ax^3 - x^4}{12a^2}$$

und hieraus J mit Hilfe der Beziehung $J = \frac{M}{Ec}$. Mit J ist auch die Höhe des Querschnitts als Funktion von x bestimmt

Siebenter Abschnitt.

Die Plattenbiegung.

---

§ 50. **Genauere Theorie der kreisförmigen Platte mit symmetrischer Belastung.**

Als Belastung nehme ich hier entweder eine Einzellast in der Mitte oder einen gleichförmig über die ganze Fläche verteilten Druck an, obschon die Aufgabe in ganz gleicher Weise auch für eine andere Lastverteilung gelöst werden kann, wenn diese nur symmetrisch ist, d. h. wenn sie in gleichen Abständen von der Mitte ringsum gleich ist.

Ferner setze ich voraus, daß auch die Stützung der Platte am Rande überall in der gleichen Weise erfolgt, und zwar entweder so, daß die Platte am Rande eingeklemmt ist, oder so, daß sie frei aufliegt. Der letzte Fall ist im Gegensatze zur Biegungstheorie des Balkens schwieriger zu behandeln, als der andere. Bei der frei aufliegenden Platte beteiligen sich nämlich auch die über den Auflagerkreis hinausreichenden Teile der Platte an der Kraftübertragung, und es ist daher keineswegs gleichgültig, um wieviel die Platte übersteht. Ich werde indessen annehmen, daß sie nur wenig übersteht, so daß die Spannungen in dem überstehenden Teile unberücksichtigt bleiben können.

Von vornherein ist klar, daß die Untersuchung in einer gewissen Verwandtschaft mit der Biegungstheorie des Balkens steht. An die Stelle der elastischen Linie tritt hier die elastische Fläche, in die die Mittelebene der Platte durch die Formänderung übergeführt wird. Wie früher beim Balken nehmen wir an, daß die Ordinaten y der elastischen Fläche, von der ursprünglichen Lage der Mittelebene an gerechnet, klein bleiben. Der Symmetrie wegen hängt y nur von dem Abstande x von der Symmetrieachse (d. h. von der im Mittelpunkte der Mittel-

ebene zu dieser errichteten Senkrechten) ab; die elastische
Fläche ist also eine Umdrehungsfläche. Ferner sollen die etwa
parallel zur Mittelebene auftretenden elastischen Verschiebungen von Punkten der Mittelebene gegenüber den Ordinaten y
vernachlässigt wer-
den, wie es schon
beim Balken geschehen ist.

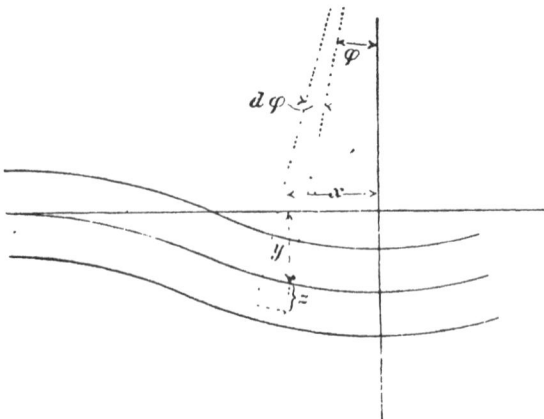

Dann ist noch
eine Voraussetzung
über die besondere
Art der Formände-
rung erforderlich,
die der Bernouilli-
schen Annahme ent-
spricht, daß die
Querschnitte des
Balkens bei der Bie-

Abb. 78.

gung eben bleiben. Wir setzen als hinreichend genau zutreffend
voraus, daß alle Punkte der Platte, die vorher auf einer zur
Mittelebene senkrecht gezogenen Geraden lagen, auch nach der
Formänderung noch auf einer Geraden liegen, die der Symmetrie wegen die Symmetrieachse der Platte schneiden muß
(wenn sie nicht parallel zu ihr bleibt). Ein ringförmig um die
Symmetrieachse gezogener zylindrischer Schnitt soll also durch
die Formänderung nur in eine Kegelfläche übergehen können.

Freilich dürfen alle diese Voraussetzungen über die elastische Formänderung nur so lange als zulässig angesehen werden, als die Platte
nicht gar zu dünn ist, im Vergleich zu den Abmessungen der Öffnung,
die sie überdeckt. Wie man im anderen Fall zu verfahren hat, ist in
Band V näher besprochen. Eine ausführlichere Darstellung, die auch
noch eine Lösung für die „mittelstarke" Platte angibt, findet
man in Band I von „Drang und Zwang".

Nach diesen Festsetzungen müssen wir, wie es früher beim
Balken geschehen ist, zunächst einen Ausdruck für die Längenänderungen aufstellen, die bei der Biegung eintreten, und daraus
einen Schluß über die Spannungsverteilung ziehen. In einem

Punkte, der den Abstand x von der Symmetrieachse und den Abstand z von der Mittelebene hat (vgl. Abb. 78), treten Dehnungen in tangentialer und in radialer Richtung auf, die wir mit ε_t und ε_r bezeichnen. Der Halbmesser x des durch den Punkt gelegten Kreises hat sich nämlich wegen der Neigung φ, die die Normale zur elastischen Fläche gegen die Symmetrieachse angenommen hat, um den Betrag $z\varphi$ vergrößert. Der Neigungswinkel φ wird als hinreichend klein vorausgesetzt, um den Bogen an Stelle des Sinus nehmen zu können. In demselben Verhältnisse wie der Radius wächst auch der Umfang eines Kreises, und hierdurch kommt die bezogene Dehnung ε_t in tangentialer Richtung zustande. Man hat daher

$$\varepsilon_t = \frac{z\varphi}{x}. \tag{147}$$

Um die Dehnung in radialer Richtung zu ermitteln, ziehe ich im Abstande dx eine zweite Normale zur elastischen Fläche. Der Winkel zwischen beiden Normalen ist mit $d\varphi$ zu bezeichnen. Die durch den Punkt z gehende Faser ist zwischen beiden Normalen um $z\,d\varphi$ länger geworden, als die Faser in der Mittelebene, die unverändert blieb. Die bezogene Dehnung ε_r folgt daraus durch Division mit der ursprünglichen Länge dx, also

$$\varepsilon_r = \frac{z\,d\varphi}{dx}. \tag{148}$$

Zwischen den Dehnungen und den in beiden Richtungen gehenden Normalspannungen σ_r und σ_t bestehen nach dem Hookeschen Elastizitätsgesetze, das wir als gültig voraussetzen, die Gleichungen

$$\varepsilon_t = \frac{1}{E}\left(\sigma_t - \frac{1}{m}\sigma_r\right); \quad \varepsilon_r = \frac{1}{E}\left(\sigma_r - \frac{1}{m}\sigma_t\right).$$

Durch Auflösen nach σ_t und σ_r erhält man daraus

$$\sigma_t = \frac{mE}{m^2-1}(m\varepsilon_t + \varepsilon_r); \quad \sigma_r = \frac{mE}{m^2-1}(m\varepsilon_r + \varepsilon_t), \tag{149}$$

oder nach Einführung der Werte für die Dehnungen aus den
Gleichungen (147) und (148)

$$\sigma_t = \frac{mE}{m^2-1}z\left(m\frac{\varphi}{x} + \frac{d\varphi}{dx}\right); \quad \sigma_r = \frac{mE}{m^2-1}z\left(m\frac{d\varphi}{dx} + \frac{\varphi}{x}\right). \quad (150)$$

Die Spannungsverteilung längs einer Normalen befolgt
daher sowohl für σ_t als für σ_r ein lineares Gesetz, d. h. die
Spannungen sind den Abständen von der Mittelebene proportional.

Nachdem diese Ausdrücke für die Spannungen ermittelt
sind, untersuchen wir das Gleichgewicht eines Plattenelementes.

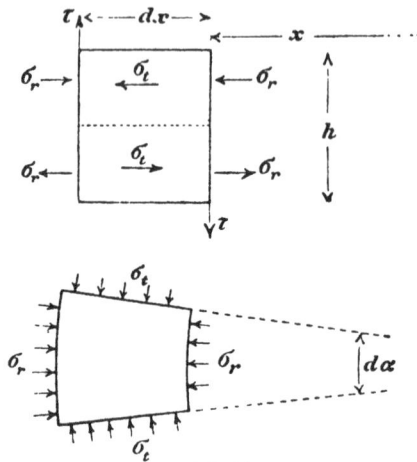

Abb. 79.

Zu diesem Zwecke denke
ich mir durch die Symme-
trieachse zwei Meridian-
ebenen gelegt, die einen
beliebigen unendlich kleinen Winkel $d\alpha$ miteinander bilden. Zwischen
beiden Ebenen lege ich
ferner zwei zylindrische
Schnitte mit den Radien
x und $x + dx$. Hierdurch
wird das in Abb. 79 in
Aufriß und Grundriß ge-
zeichnete Plattenelement
abgegrenzt. An den vier
Schnittflächen treten zu-
nächst die Spannungen σ_r und σ_t auf, die sich an jeder Schnittfläche zu einem Kräftepaare zusammensetzen lassen. Außerdem
kommen aber an den zylindrischen Schnittflächen noch die
Schubspannungen τ vor durch die die Last vom mittleren Teile
der Platte nach dem Auflager übertragen wird. Wir haben
eine Gleichung aufzustellen, durch die die Bedingung für das
Gleichgewicht aller dieser Kräfte an dem Plattenelemente zum
Ausdruck gebracht wird.

Zunächst fasse ich die Spannungen σ_t ins Auge. Zu jedem
Flächenelemente dF des einen Meridianschnittes gehört ein

Flächenelement des anderen, in dem die Spannung σ_t ebenso groß ist. Die Richtungslinien beider Kräfte $\sigma_t dF$ schneiden sich in der Symmetrieebene des Plattenelementes, und ich will mir beide an diesem Angriffspunkte zu einer Resultierenden vereinigt denken. Diese fällt selbst in die Symmetrieebene, und sie hat die Größe $\sigma_t dF \cdot d\alpha$. In der Symmetrieebene lassen sich alle diese Kräfte, die zu den verschiedenen Flächenelementen dF eines Meridianschnittes gehören, zu einem resultierenden Kräftepaare vereinigen, dessen Moment leicht festgestellt werden kann. Für einen auf der Mittelebene gelegenen Momentenpunkt hat nämlich die Kraft $\sigma_t dF d\alpha$ das Moment $\sigma_t z dF d\alpha$, und im ganzen ist daher, mit Berücksichtigung von Gl. (150),

$$\text{Mom. der } \sigma_t = d\alpha \int \sigma_t z\, dF = d\alpha \frac{mE}{m^2-1}\left(m\frac{\varphi}{x} + \frac{d\varphi}{dx}\right)\int z^2 dF.$$

Das hier noch vorkommende Integral ist das Trägheitsmoment der Meridianschnittfläche und daher

$$\int z^2 dF = dx\frac{h^3}{12}.$$

Damit erhalten wir schließlich

$$\text{Mom. der } \sigma_t = \frac{mE}{m^2-1}\cdot\frac{h^3}{12}\left(m\frac{\varphi}{x} + \frac{d\varphi}{dx}\right)dx\,d\alpha. \qquad (151)$$

Hier muß noch eine Bemerkung über das Vorzeichen beigefügt werden. Die Ordinaten z rechnete ich nach abwärts positiv Wenn φ und $\frac{d\varphi}{dx}$ positiv sind, treten im unteren Teile Zugspannungen σ_t auf, und die Resultierende solcher Zugspannungen in beiden Meridianschnitten hat in der Symmetrieebene des Plattenelementes den Pfeil nach der Plattenmitte hin gerichtet, wie er im Aufrisse von Abb. 79 eingetragen ist. Oben, d. h. bei negativem z, kehren sich die Richtungen um, und das aus den Spannungen σ_t resultierende Kräftepaar sucht das Plattenelement entgegengesetzt dem Uhrzeigersinne zu drehen. Daher ist der in Gl. (151) festgestellte Wert des Momentes später mit negativem Vorzeichen in die Momentengleichung einzuführen.

Jetzt komme ich zu den Spannungen σ_r. In der Schnittfläche, die zum Radius x gehört, bilden die Spannungen σ_r ein Kräftepaar, dessen Moment sich mit Rücksicht auf Gl. (150) zu

$$\int \sigma_r dF z = \frac{mE}{m^2-1}\left(m\frac{d\varphi}{dx} + \frac{\varphi}{x}\right)\int z^2 dF$$

berechnet. Das Integral ist das Trägheitsmoment eines Rechteckes von der Breite $x\,d\alpha$ und der Höhe h; der vorige Ausdruck geht daher über in

$$\frac{mE}{m^2-1}\cdot\frac{h^3}{12}\left(mx\frac{d\varphi}{dx} + \varphi\right)d\alpha.$$

Dazu kommt das Kräftepaar der Spannungen σ_r an der gegenüberliegenden Schnittfläche, das den entgegengesetzten Drehsinn hat. Es kommt also nur auf den Unterschied zwischen beiden Momenten an. Dieser Unterschied ist das Differential des vorausgehenden Ausdrucks, das einem Anwachsen des Abstandes x um dx entspricht. Durch Ausführung der Differentiation finden wir

$$\text{Mom. aller } \sigma_r = \frac{mE}{m^2-1}\cdot\frac{h^3}{12}\left(mx\frac{d^2\varphi}{dx^2} + m\frac{d\varphi}{dx} + \frac{d\varphi}{dx}\right)dx\,d\alpha. \quad (152)$$

In bezug auf das Vorzeichen ist zu bemerken, daß bei positivem φ und $\frac{d\varphi}{dx}$ die Spannungen σ_r in der unteren Hälfte Zugspannungen sind und daß das Kräftepaar im Schnitte x daher entgegengesetzt dem Uhrzeigersinne dreht. Im Schnitte $x + dx$ dreht es also im Uhrzeigersinne. Wenn das vorher berechnete Differential positiv ist, gibt es demnach ein im positiven Sinne drehendes Moment an, d. h. Mom. aller σ_r ist ohne Vorzeichenwechsel in die Momentengleichung einzuführen.

Endlich führen auch noch die Schubspannungen zu einem Kräftepaare, dessen Moment berechnet werden muß. Hier müssen wir nun eine nähere Bestimmung darüber treffen, für welche Belastung die Rechnung weiter durchgeführt werden soll, während alle vorausgehenden Betrachtungen bei jeder symmetrisch verteilten Belastung in Gültigkeit bleiben. Wir wollen jetzt annehmen, daß die Belastung in einem gleichförmig über die Fläche der Platte ver-

teilten Drucke p auf die Flächeneinheit bestehe. Dieser Fall
liegt z. B. vor, wenn ein Zylinderdeckel einem Flüssigkeitsdrucke
ausgesetzt ist. — Zur Berechnung der übertragenen Scherkraft
denken wir uns einen ringförmigen Schnitt mit dem Halbmesser x geführt. Der dadurch nach innen hin abgegrenzte
Teil der Platte trägt dann eine Belastung von der Größe

$$\pi x^2 p$$

und ihr muß durch die Scherkräfte im Ringschnitte das Gleichgewicht gehalten werden. Auf den zwischen die beiden
Meridianschnitte mit dem Zentriwinkel $d\alpha$ fallenden Teil des
Ringschnittes kommt davon der Bruchteil $\dfrac{d\alpha}{2\pi}$, so daß also an
dem Plattenelemente im Schnitte x die Scherkraft

$$\frac{x^2 p}{2} d\alpha$$

übertragen wird. Im Schnitte $x + dx$ ist die übertragene
Scherkraft um ein Differential größer, so daß der Unterschied
der auf das Plattenelement selbst kommenden Belastung entspricht. Bei Feststellung des Momentes kommt es aber auf
den von höherer Ordnung unendlich kleinen Unterschied nicht
an, und wir haben

$$\text{Mom. der } \tau = \frac{x^2 p}{2} d\alpha\, dx. \tag{153}$$

Das Vorzeichen dieses Momentes ist, wie schon ein Blick
auf Abb. 79 lehrt, positiv.

Das Gleichgewicht des Plattenelementes gegen Drehung
erfordert, daß die algebraische Summe aller dieser Momente
gleich Null ist, also

$$\text{Mom. der } \sigma_t + \text{Mom. aller } \sigma_r + \text{Mom. der } \tau = 0,$$

oder wenn wir die dafür berechneten Werte einführen und zugleich auf die Bemerkungen über die Vorzeichen achten,

$$-\frac{mE}{m^2-1}\cdot\frac{h^3}{12}\left(m\frac{\varphi}{x}+\frac{d\varphi}{dx}\right)+\frac{mE}{m^2-1}\cdot\frac{h^3}{12}\left(mx\frac{d^2\varphi}{dx^2}+m\frac{d\varphi}{dx}+\frac{d\varphi}{dx}\right)$$
$$+\frac{px}{2}=0.$$

Die gemeinsamen Faktoren $d\alpha$ und dx sind hier schon fort-
gehoben. Die Gleichung vereinfacht sich weiter zu

$$\frac{m^2 E}{m^2-1} \cdot \frac{h^3}{12}\left(x\frac{d^2\varphi}{dx^2} + \frac{d\varphi}{dx} - \frac{\varphi}{x}\right) + \frac{px^2}{2} = 0.$$

Zur Abkürzung beim Anschreiben der folgenden Formeln
setzen wir

$$N = \frac{6(m^2-1)}{m^2 Eh^3}\,p, \tag{154}$$

so daß also N einen konstanten Wert bezeichnet, der als gegeben
zu betrachten ist. Die vorige Gleichung geht dann über in

$$x^2\frac{d^2\varphi}{dx^2} + x\frac{d\varphi}{dx} - \varphi + Nx^3 = 0. \tag{155}$$

Man kennt die allgemeine Lösung dieser Differentialgleichung;
sie lautet

$$\varphi = -\frac{N}{8}x^3 + Bx + \frac{C}{x}, \tag{156}$$

worin B und C die beiden willkürlichen Integrationskonstanten
sind. Durch Einsetzen des angegebenen Ausdrucks in Gl. (155)
überzeugt man sich leicht, daß er diese Gleichung befriedigt,
und daß er die allgemeinste Lösung bildet, folgt daraus, daß
er zwei unbestimmte Konstanten umfaßt.

Zur Bestimmung der Integrationskonstanten aus den Grenzbedingungen dient zunächst die Bemerkung, daß φ für $x = 0$
verschwinden muß. Daher ist $C = 0$ zu setzen. Die Konstante B hängt von der Bedingung ab, der die Platte am Rande
unterworfen ist. Wir wollen zunächst annehmen, daß
die Platte eingespannt sei, daß also die elastische Fläche
längs des Kreises $x = r$ von der horizontalen Ebene, mit der
die Mittelebene ursprünglich zusammenfiel, berührt wird. Dann
muß φ auch für $x = r$ verschwinden, und aus

$$0 = -\frac{N}{8}r^3 + Br$$

folgt $B = \frac{N}{8}r^2$. Wir kennen jetzt φ vollständig, nämlich

$$\varphi = \frac{N}{8}(r^2 x - x^3) = \frac{3(m^2-1)}{4m^2 Eh^3}p(r^2 x - x^3). \tag{157}$$

Nach den Gl. (147) und (148) findet man hiermit auch die elastischen Dehnungen und damit die Beanspruchung des Materials. Durch Einsetzen erhält man

$$\varepsilon_t = \frac{N}{8}\,(r^2 - x^2)z; \quad \varepsilon_r = \frac{N}{8}\,(r^2 - 3x^2)z. \tag{158}$$

In der Mitte der Platte, also für $x = 0$, werden ε_r und ε_t einander gleich, und zwar gleich $\frac{N}{8}\,r^2 z$. Dies war auch von vornherein zu erwarten, denn dieselbe Dehnung, die für einen Meridianschnitt als ε_t zu bezeichnen ist, d. h. die zu dieser Meridianebene senkrecht steht, gilt hier für einen anderen Meridianschnitt, der in der Richtung der Dehnung gelegt ist, als ε_r. Nach außen zu (bei wachsendem x) nehmen sowohl ε_t als ε_r ab; am Rande wird ε_t zu Null und $\varepsilon_r = -\frac{N}{4}\,r^2 z$, also dem Absolutbetrage nach doppelt so groß als in der Mitte. Am Rande tritt also die größte Beanspruchung des Materials auf; man hat zu erwarten, daß der Bruch der Platte durch die Bildung eines ringförmigen Risses längs des Auflagers eingeleitet wird. Betrachtet man, wie es gewöhnlich geschieht, die reduzierte Spannung als Maß für die Beanspruchung des Materials, so findet man für diese aus ε_r, nachdem darin $x = r$ und $z = \frac{h}{2}$ gesetzt ist, durch Multiplikation mit dem Elastizitätsmodul E

$$\sigma_{\text{red}} = E\,\frac{Nr^2}{4}\cdot\frac{h}{2} = \frac{3(m^2-1)}{4\,m^2}\cdot\frac{r^2}{h^2}\,p = 0{,}68\,p\,\frac{r^2}{h^2} \text{ für } m = \frac{10}{3}\cdot \tag{159}$$

Die Spannungen σ_t und σ_r kann man nach den Gl. (149) oder (150) ebenfalls sofort anschreiben, nachdem φ und hiermit auch die Dehnungen ε_t und ε_r ermittelt sind.

Nur die Frage nach der Gestalt der elastischen Fläche bleibt jetzt noch zu beantworten. Dazu bemerke ich, daß φ zugleich den Neigungswinkel angibt, den die Tangente an die Meridianlinie der elastischen Fläche mit der Richtung der X-Achse bildet. Mit Rücksicht auf die aus Abb. 78 einzusehenden Festsetzungen über die positiven Richtungen hat man daher

$$\frac{dy}{dx} = -\operatorname{tg}\varphi.$$

Da der Winkel φ klein ist, kann an Stelle der Tangente auch der Winkel selbst gesetzt werden; mit Rücksicht auf Gl. (157) hat man daher

$$\frac{dy}{dx} = \frac{N}{8}(x^3 - r^2 x). \tag{160}$$

Durch Integration erhält man daraus

$$y = \frac{N}{8}\left(\frac{x^4}{4} - r^2 \frac{x^2}{2}\right) + C,$$

und die Integrationskonstante C bestimmt sich aus der Bedingung, daß für $x = r$ die Einsenkung y zu Null werden muß. Dies liefert

$$C = \frac{Nr^4}{32}$$

und daher schließlich

$$y = \frac{N}{32}(x^4 - 2r^2 x^2 + r^4) = \frac{N}{32}(x^2 - r^2)^2. \tag{161}$$

Von besonderer Wichtigkeit ist die Einsenkung, die die Platte in der Mitte erfährt, also die Ordinate y für $x = 0$. Wir wollen sie, wie früher beim Balken, den Biegungspfeil f nennen und erhalten

$$f = \frac{Nr^4}{32}.$$

Nach Einsetzen des Wertes von N aus Gl. (154) und mit $m = \frac{10}{3}$ geht dies über in

$$f = \frac{3(m^2 - 1)}{16\,m^2\,Eh^3}\,pr^4 = 0.17\,\frac{pr^4}{Eh^3}. \tag{162}$$

§ 51. Fortsetzung für den Fall einer Einzellast P in der Mitte.

Die Entwickelungen des vorigen Paragraphen bleiben gültig bis nach Gl. (152) Die Scherkraft, die in einem ringförmigen Schnitte übertragen wird, ist aber hier gleich P und auf den zu dem Plattenelemente gehörigen Teil dieses Schnittes kommt davon $P\frac{d\alpha}{2\pi}$. Für das Moment des aus den Scher-spannungen gebildeten Kräftepaares hat man daher

$$\text{Mom. der } \tau = \frac{P}{2\pi}\,d\alpha\,dx \qquad (163)$$

an Stelle von Gl. (153). Die Momentengleichung, die die Be-dingung für das Gleichgewicht des Plattenelementes gegen Drehen ausspricht, lautet daher hier

$$-\frac{mE}{m^2-1}\cdot\frac{h^3}{12}\left(m\,\frac{\varphi}{x}+\frac{d\varphi}{dx}\right)+\frac{mE}{m^2-1}\cdot\frac{h^3}{12}\left(mx\,\frac{d^2\varphi}{dx^2}+m\,\frac{d\varphi}{dx}+\frac{d\varphi}{dx}\right)$$
$$+\frac{P}{2\pi}=0,$$

woraus man, wie früher, nach Einführung der abkürzenden Bezeichnung

$$Q=\frac{6(m^2-1)P}{\pi m^2 E h^3} \qquad (164)$$

für φ die Differentialgleichung zweiter Ordnung

$$x^2\,\frac{d^2\varphi}{dx^2}+x\,\frac{d\varphi}{dx}-\varphi+Qx=0 \qquad (165)$$

erhält. Auch die allgemeine Lösung dieser Differentialgleichung ist bekannt; sie lautet

$$\varphi=-\frac{Q}{2}x\lg x+Bx+\frac{C}{x}, \qquad (166)$$

wie man sich durch Einsetzen leicht überzeugt. Die Integra-tionskonstante C muß wieder gleich Null gesetzt werden, da-mit φ in der Mitte zu Null wird, und für B erhält man, falls die Platte am Rande eingespannt ist, aus der Bedingung $\varphi=0$ für $x=r$

$$B=\frac{Q}{2}\lg r.$$

Damit geht Gl. (166) über in

$$\varphi=\frac{Q}{2}\,x\lg\frac{r}{x}. \qquad (167)$$

Aus den Gl. (147) und (148) erhält man für die bezogenen Dehnungen

$$\varepsilon_t = \frac{Q}{2}\, z \lg \frac{r}{x}; \quad \varepsilon_r = \frac{Q}{2}\, z \left(\lg \frac{r}{x} - 1 \right). \tag{168}$$

Für $x = 0$ werden diese Ausdrücke unendlich groß. Das kann nicht überraschen, wenn man bedenkt, daß auch der auf die Flächeneinheit der Druckübertragungsfläche entfallende Druck $\frac{P}{F}$ unendlich groß ausfiele, wenn es möglich wäre, die Last P in einem Punkte zu vereinigen, womit F zu Null würde. Jedenfalls sind daher die Gleichungen (168) nicht brauchbar, um die Beanspruchung des Stoffes in der Plattenmitte danach zu berechnen. Zu diesem Zwecke muß man vielmehr darauf achten, daß sich die Last P tatsächlich über eine kleine Fläche verteilt. Für das Verhalten der Platte am Rande ist es dagegen gleichgültig, ob die Last genau oder nur angenähert in der Mitte zusammengedrängt ist; wir können also die Formeln zur Berechnung der Beanspruchung am Umfange benutzen. Mit $x = r$ erhalten wir $\varepsilon_t = 0$ und $\varepsilon_r = -\frac{Q}{2}\, z$, also ist dort mit $z = \frac{h}{2}$ und $m = \frac{10}{8}$

$$\sigma_{\mathrm{red}} = \frac{3\,(m^2 - 1)}{2\,\pi\,m^2} \cdot \frac{P}{h^2} = 0{,}43\, \frac{P}{h^2}. \tag{169}$$

Die Beanspruchung am Rande ist also ganz unabhängig vom Radius der Platte.

Für die Berechnung der Beanspruchung in der Plattenmitte nehmen wir dagegen an, daß sich die Last P über einen kleinen Kreis vom Halbmesser a gleichförmig verteile. Die Meridianlinie der elastischen Fläche setzt sich aus zwei Ästen zusammen, von denen der eine von $x = 0$ bis $x = a$ reicht und der Gl. (156) entspricht, während für den anderen von $x = a$ bis $x = r$ Gl. (166) gilt. Für den ersten Ast hat man also

$$\varphi = -\frac{N}{8}\, x^3 + Bx$$

und für den zweiten Ast, wenn man jetzt die Integrationskonstanten mit anderen Buchstaben bezeichnet,

$$\varphi = -\frac{Q}{2}\, x \lg x + Dx + \frac{F}{x}.$$

Beide Äste müssen sich ohne Knick aneinanderschließen; zwischen den Konstanten B, D, F besteht daher die erste der beiden Gleichungen

$$-\frac{N}{8}a^3 + Ba = -\frac{Q}{2}a\lg a + Da + \frac{F}{a},$$

$$-\frac{3N}{8}a^2 + B = -\frac{Q}{2}\lg a - \frac{Q}{2} + D - \frac{F}{a^2}.$$

Die zweite Gleichung folgt daraus, daß zu beiden Seiten des ringförmigen Schnittes $x = a$ die Spannung σ_r nach dem Wechselwirkungsgesetze von gleicher Größe sein muß. Dazu gehört aber nach Gl. (150), daß auch $\frac{d\varphi}{dx}$ an der Anschlußstelle für beide Äste gleich groß ist.

Man erhält durch Auflösen nach F und D

$$F = \frac{a^2}{8}(Na^2 - 2Q),$$

$$D = B - \frac{Na^2}{4} + \frac{Q}{4} + \frac{Q}{2}\lg a.$$

Dann muß noch beim zweiten Aste $\varphi = 0$ sein für $x = r$, also

$$0 = -\frac{Q}{2}r\lg r + Dr + \frac{F}{r}.$$

Setzt man hier die Werte von F und D ein und löst dann die Gleichung nach B auf, so erhält man

$$B = \frac{Q}{2}\lg\frac{r}{a} + \frac{Na^2}{4} + \frac{a^2}{8r^2}(2Q - Na^2) - \frac{Q}{4}.$$

Nun ist noch auf die Beziehung zu achten, die hier zwischen N und Q besteht. Der Ausdruck N in Gl. (154) geht hier, weil $p = \frac{P}{\pi a^2}$ zu setzen ist, über in

$$N = \frac{6(m^2-1)}{m^2 E h^3}\cdot\frac{P}{\pi a^2},$$

und der Vergleich mit dem Ausdrucke Q in Gl. (164), der hier keine Änderung erleidet, zeigt, daß

$$Na^2 = Q$$

ist. Für die Integrationskonstante B hat man daher auch

$$B = \frac{Q}{8}\left(4\lg\frac{r}{a} + \frac{a^2}{r^2}\right) \tag{170}$$

und schließlich für den ersten Ast (von $x = 0$ bis $x = a$)

$$\varphi = \frac{Q}{8}x\left(4\lg\frac{r}{a} + \frac{a^2}{r^2} - \frac{x^2}{a^2}\right). \tag{171}$$

Damit sind wir in den Stand gesetzt, auch die Dehnungen und die Beanspruchung des Materials in dem kleinen Mittelstücke anzugeben. Nach den Gl. (147) und (148) wird nämlich

$$\left.\begin{aligned}
\varepsilon_t &= \frac{Q}{8}z\left(4\lg\frac{r}{a} + \frac{a^2}{r^2} - \frac{x^2}{a^2}\right)\\
\varepsilon_r &= \frac{Q}{8}z\left(4\lg\frac{r}{a} + \frac{a^2}{r^2} - \frac{3x^2}{a^2}\right).
\end{aligned}\right\} \tag{172}$$

Beide Dehnungen nehmen den größten und zwischen beiden übereinstimmenden Wert an der Stelle $x = 0$ an. Die reduzierte Spannung in der Mitte ist daher

$$\sigma_{red} = \frac{EQ}{8}z\left(4\lg\frac{r}{a} + \frac{a^2}{r^2}\right)$$

oder nach Einführung des Wertes von Q und mit $z = \frac{h}{2}$

$$\sigma_{red} = \frac{3(m^2-1)}{8\pi m^2}\cdot\frac{P}{h^2}\left(4\lg\frac{r}{a} + \frac{a^2}{r^2}\right).$$

Das letzte Glied in der Klammer kann gegen das erste vernachlässigt werden, wenn a in der Tat klein gegen r ist; hiermit und nach Einführung von $m = \frac{10}{3}$ wird

$$\sigma_{red} = 0{,}43\,\frac{P}{h^2}\lg\frac{r}{a}. \tag{173}$$

Mit der Spannung am Rande würde dies übereinstimmen, wenn $r = 2{,}718..a$ wäre; wenn a kleiner ist, wird aber das Material am meisten in der Mitte beansprucht. Für $a = 0{,}1r$ z. B. wird

$$\sigma_{red} = 1{,}00\,\frac{P}{h^2} \quad\text{und für}\quad a = 0{,}01r \quad \sigma_{red} = 1{,}98\,\frac{P}{h^2}.$$

Da der ganzen Betrachtung die Annahme zugrunde liegt, daß die Plattendicke h klein sei gegen den Radius r der Platte, erscheint es genügend, a so klein zu wählen, daß es mit h von derselben Größenordnung ist. Am einfachsten geschieht dies, indem wir $a = h$ annehmen und daher an Stelle von Gl. (173)

$$\sigma_{red} = 0.43 \, \frac{P}{h^2} \lg \frac{h}{r}$$

schreiben. Bei Festigkeitsversuchen, die ich mit Glasplatten anstellte, hat sich diese Formel in der Tat nicht schlecht bewährt.

Eine genauere Untersuchung über die Biegungsbeanspruchung einer Platte durch Einzellasten wurde, wie hier noch bemerkt werden möge, in „Drang und Zwang", Bd. I, § 30 durchgeführt. Dabei hat sich herausgestellt, daß die Spannung etwas größer ausfällt als nach der vorhergehenden Formel. Mit den hier gebrauchten Bezeichnungen erhält man für die größte Biegungsspannung σ_{max}

$$\sigma_{max} = \frac{P}{h^2} \left(0.60 \lg \frac{h}{r} + 0.27 \right).$$

Zunächst bezieht sich dies auf eine am Rande frei aufliegende Platte, die in der Mitte belastet ist. Es empfiehlt sich aber, diese Formel für die Festigkeitsberechnung auch dann zugrunde zu legen, wenn die Platte am Rande eingespannt ist oder wenn die Last nicht genau in der Mitte angreift.

Schließlich sei noch die Gestalt der elastischen Fläche und der Biegungspfeil ermittelt. Dabei ist es nicht nötig, den inneren Ast der Meridianlinie besonders zu berücksichtigen, da das Gesetz der Meridianlinie längs dieses kleinen Abschnitts nicht von merklichem Einflusse auf den Biegungspfeil sein kann. Aus Gl. (167) schließen wir, wie im vorigen Paragraphen

$$\frac{dy}{dx} = -\frac{Q}{2} x \lg \frac{r}{x}. \tag{174}$$

Durch Integration folgt daraus

$$y = -\frac{Qx^2}{4} \lg r + \frac{Qx^2}{4} \lg x - \frac{Qx^2}{8} + C. \tag{175}$$

Die Integrationskonstante bestimmt sich durch die Bedingung, daß y am Rande verschwinden muß. Daraus folgt

$$C = \frac{Qr^2}{8},$$

und man hat

$$y = Q \frac{r^2 - x^2}{8} - \frac{Qx^2}{4} \lg \frac{r}{x}. \tag{176}$$

Diese Gleichung lassen wir aus dem vorher angegebenen Grunde bis zur Mitte hin gelten. Für $x = 0$ nimmt das zweite Glied der rechten Seite die unbestimmte Form $0 \cdot \infty$ an; der richtige Wert ist aber, wie man leicht einsieht, Null, denn ein Logarithmus wächst viel langsamer als der Numerus, zu dem er gehört. Darum wird schon $x \lg x$ zu Null für $x = 0$ und $x^2 \lg x$ um so mehr. Für den Biegungspfeil f erhalten wir demnach aus Gl. (176)

$$f = \frac{Q r^2}{8} = \frac{3 (m^2 - 1)}{4 \pi m^2} \cdot \frac{P r^2}{E h^3} = 0{,}22 \frac{P r^2}{E h^3}, \qquad (177)$$

wenn $m = \frac{10}{3}$ gesetzt wird. Der Vergleich von Gl. (177) mit Gl. (162) lehrt, daß der Biegungspfeil viermal so groß wird, wenn die Last P in der Mitte vereinigt ist, als wenn sie sich gleichmäßig über die ganze Fläche der Platte verteilt.

§ 52. Fortsetzung für den Fall, daß die Platte am Rande frei aufliegt.

Für den Fall einer gleichförmig verteilten Belastung bleiben hier alle Betrachtungen von § 50 bis nach Gl. (156) gültig. Die Integrationskonstante C von Gl. (156) ist auch hier gleich Null zu setzen; dagegen nimmt die Integrationskonstante B in

$$\varphi = - \frac{N}{8} x^3 + B x \qquad (178)$$

einen anderen Wert an als dort. Vorausgesetzt, daß die Platte am Rande nur knapp übersteht, muß dort σ_r zu Null werden, und diese Bedingung gestattet uns, B zu ermitteln. Im anderen Falle, wenn die Platte um ein größeres Stück über den Auflagerkreis hinausreicht, muß noch der äußere Ast der Meridiankurve der elastischen Fläche näher untersucht und zuletzt die Bedingung eingeführt werden, daß am Rande der Platte die Spannungen in radialer Richtung zu Null werden. Daß σ_r hier verschwindet, folgt daraus, daß der ringförmige Schnitt die Grenze des Körpers bildet und daß der Voraussetzung zufolge äußere Kräfte an dieser Stelle nicht einwirken.

Die hier angedeutete Rechnung bietet nun zwar an und für sich keine besonderen Schwierigkeiten, vielmehr kann das Gesetz des äußeren Meridianastes leicht aus den Formeln für den inneren Ast entnommen werden, wenn man darin $N = 0$ setzt. Immerhin erfordert aber die Durchführung einige Zeit,

da man außer B in Gl. (178) auch noch zwei Integrationskonstanten für den äußeren Ast aus den Grenzbedingungen
ermitteln muß. (Zu diesen Grenzbedingungen gehört natürlich auch der stetige Übergang aus dem inneren Aste in den
äußeren.) Ich sehe deshalb von dieser umständlicheren Betrachtung ab und nehme an, daß σ_r schon für $x = r$ (oder
schon unmittelbar nach $x = r$) verschwinden muß, weil die
Platte dort zu Ende ist und die ringförmige Schnittfläche frei
von Kräften ist.

Für σ_r hat man nach Gl. (150)

$$\sigma_r = \frac{mE}{m^2 - 1} z \left(m \frac{d\varphi}{dx} + \frac{\varphi}{x} \right).$$

Der Klammerwert muß also für $x = r$ verschwinden. Nun ist
nach Gl. (178)

$$m \frac{d\varphi}{dx} + \frac{\varphi}{x} = -(3m + 1) \frac{Nx^2}{8} + (m + 1)B.$$

Für $x = r$ hat man daher die Bedingungsgleichung

$$B = \frac{3m + 1}{m + 1} \cdot \frac{Nr^2}{8}, \tag{179}$$

womit die Konstante B ermittelt ist. Hiermit geht Gl. (178)
über in

$$\varphi = \frac{N}{8} \left(\frac{3m + 1}{m + 1} r^2 x - x^3 \right). \tag{180}$$

Für die Dehnungen ε_r und ε_t erhält man

$$\varepsilon_t = \frac{N}{8} z \left(\frac{3m + 1}{m + 1} r^2 - x^2 \right); \quad \varepsilon_r = \frac{N}{8} z \left(\frac{3m + 1}{m + 1} r^2 - 3x^2 \right). \tag{181}$$

Die größte Dehnung tritt in der Mitte auf; man hat dort

$$\varepsilon_r = \varepsilon_t = \frac{N}{8} z \frac{3m + 1}{m + 1} r^2,$$

und daraus folgt für die reduzierte Spannung, wenn man den
Wert von N aus Gl. (154) einführt, $z = \frac{h}{2}$ und schließlich noch
$m = \frac{10}{3}$ setzt:

$$\sigma_{red} = \frac{3(m^2 - 1)(3m + 1)}{8 m^2 (m + 1)} \cdot \frac{r^2}{h^2} p = 0{,}87 \frac{r^2}{h^2} p. \tag{182}$$

Im Gegensatze zu der Platte mit eingeklemmtem Rande wird hier das Material in der Mitte am meisten angestrengt; der Bruch wird also von hier aus beginnen. Die Beanspruchung wird hier im Verhältnisse $87 : 68 = 1{,}28$ mal größer an der ungünstigsten Stelle als im früheren Falle.

Um noch den Biegungspfeil zu berechnen, setze ich wieder

$$\frac{dy}{dx} = -\varphi = \frac{N}{8}\left(x^3 - \frac{3m+1}{m+1}\,r^2 x\right), \qquad (183)$$

woraus durch Integration folgt

$$y = \frac{N}{8}\left(\frac{x^4}{4} - \frac{3m+1}{m+1}\cdot\frac{r^2 x^2}{2}\right) + C. \qquad (184)$$

Für $x = r$ muß y verschwinden; daraus erhält man die Integrationskonstante C

$$C = \frac{N}{8}\left(\frac{3m+1}{m+1}\cdot\frac{r^4}{2} - \frac{r^4}{4}\right).$$

Wenn in Gl. (184) $x = 0$ gesetzt wird, erhält man $y = C$, d. h. die Integrationskonstante C gibt zugleich den Biegungspfeil f an. Setzt man den Wert von N ein und später auch noch $m = \frac{10}{3}$, so wird daher

$$f = \frac{3}{16}\cdot\frac{m^2-1}{m^2 E h^3}\cdot p\cdot\frac{5m+1}{m+1}\,r^4 = 0{,}70\,\frac{p}{E}\cdot\frac{r^4}{h^3}. \qquad (185)$$

Der Biegungspfeil wird also hier, wie ein Vergleich mit Gl. (162) lehrt, etwas mehr als viermal so groß als bei eingeklemmtem Rande. Bei Versuchen über das Verhalten kreisförmiger Platten bei gleichförmiger Belastung kann die Wirksamkeit einer Einspannung am Rande am besten dadurch beurteilt werden, daß man den Biegungspfeil mißt und ihn mit den Formeln (162) und (185) vergleicht.

Schließlich soll auch noch eine frei aufliegende Platte betrachtet werden, die eine Einzellast in der Mitte trägt. Dabei will ich mich aber auf die Ermittelung der Gestalt der elastischen Fläche und die Berechnung des Biegungspfeiles beschränken, da im anderen Falle die etwas weitläufige Untersuchung von § 51 wiederholt werden müßte, ohne daß ein besonderer Gewinn dabei herauskäme.

Daß die Platte am Rande eingespannt sei, setzte ich in § 51 erst nach der Ableitung von Gl. (166) voraus, um die Konstante B zu ermitteln. Ich habe also hier auszugehen von der Gl. (166)

$$\varphi = - \frac{Q}{2}\, x \lg x + Bx,$$

denn C ist auch hier gleich Null zu setzen. Wie im Eingange dieses Paragraphen haben wir zur Bestimmung von B die Bedingung zu benutzen, daß für $x = r$ der Ausdruck

$$m \frac{d\varphi}{dx} + \frac{\varphi}{x}.$$

verschwinden muß. Setzt man den hier gültigen Wert von φ ein, so erhält man

$$m \frac{d\varphi}{dx} + \frac{\varphi}{x} = - (m+1) \frac{Q}{2} \lg x + (m+1)\, B - m\, \frac{Q}{2},$$

und die Grenzbedingung liefert

$$B = \frac{Q}{2} \lg r + \frac{m}{m+1} \cdot \frac{Q}{2}.$$

Damit wird nun

$$\varphi = \frac{Q}{2}\, x \lg \frac{r}{x} + \frac{m}{m+1} \cdot \frac{Q}{2}\, x. \tag{186}$$

Das Negative davon ist gleich $\frac{dy}{dx}$ zu setzen, und die Integration liefert

$$y = - \frac{Q}{2} \left\{ \frac{x^2}{2} \lg \frac{r}{x} + \frac{x^2}{4} + \frac{m}{m+1} \cdot \frac{x^2}{2} \right\} + C. \tag{187}$$

Für $x = r$ muß y wieder zu Null werden; daraus folgt für die Integrationskonstante C

$$C = \frac{Q}{2} \left(\frac{r^2}{4} + \frac{m}{m+1} \cdot \frac{r^2}{2} \right).$$

Dies ist zugleich der Wert von y für $x = 0$; also der Biegungspfeil. Nach Einsetzen von Q aus Gl. (164) und mit $m = \frac{10}{3}$ erhält man daher

$$f = \frac{3(m-1)(3m+1)}{4\pi m^2} \cdot \frac{Pr^2}{Eh^3} = 0{,}55\, \frac{Pr^2}{Eh^3}. \tag{188}$$

Der Biegungspfeil wird also bei dieser Belastung für die frei aufliegende Platte, wie ein Vergleich mit Gl. (177) lehrt, etwa $2^1/_2$ mal so groß als bei unwandelbar fest eingespanntem Rande.

Anmerkung.. Nachdem durch Gl. (187) die Einsenkung y an jeder Stelle für eine in der Mitte angreifende Last dargestellt ist, kann man nach dem Maxwellschen Satze von der Gegenseitigkeit der Verschiebungen umgekehrt auch den Biegungspfeil in der Mitte für jede beliebige Lastverteilung, die nicht symmetrisch zu sein braucht, angeben. Man hat dafür

$$f = \int \frac{q\,d\,F\,y}{Q}$$

zu bilden, wo q die beliebig gegebene Flächendichte der Last an dem Flächenelemente dF und die Integration über die ganze Plattenfläche auszudehnen ist. Für y ist der aus Gl. (187) zu entnehmende Ausdruck einzusetzen.

§ 53. Bachsche Näherungstheorie für kreisförmige Platten.

Dieselbe Aufgabe, die in den vorhergehenden Paragraphen eine genauere Untersuchung erfahren hat, soll jetzt noch einmal auf einfachere Art behandelt werden. Bei vielen Aufgaben über die Festigkeit von Platten wird nämlich eine genauere Untersuchung nach dem Muster der vorhergehenden, falls sie überhaupt durchführbar ist, zu verwickelt, als daß man für den praktischen Gebrauch darauf zurückgreifen könnte. Man ist dann auf eine mehr schätzungsweise Berechnung angewiesen. Wie man zu diesem Zwecke vorzugehen hat, erkennt man aber am besten, wenn man das Näherungsverfahren zuerst für einen Fall entwickelt, mit dessen Einzelheiten man sich vorher schon durch eine eingehende Betrachtung bekannt gemacht hat.

Wir wollen uns die Platte als frei aufliegend vorstellen. Dies rechtfertigt sich dadurch, daß bei dieser Auflagerung, wie wir uns vorher überzeugten, eine größere Anstrengung des Materials zustande kommt, als bei einer Einspannung am Rande. Da man nun gewöhnlich im Zweifel sein wird, bis zu welchem Grade sich die Einspannung als wirksam erweist, ist es zweckmäßig, bei der Berechnung den ungünstigeren Fall zugrunde zu legen. Man nimmt auch in der Tat bei der Berechnung von Balken, die an den Enden eingespannt sind, sehr häufig keine Rücksicht auf diesen Umstand, weil man unsicher darüber ist, ob die getroffenen Vorkehrungen wirklich ausreichen, um ganz kleine Winkeldrehungen der Stabenden zu verhüten.

Durch die frei aufliegende Platte (Abb. 80) denke man sich einen Meridianschnitt AB gezogen und betrachte das Gleichgewicht der in dem Schnitte übertragenen Spannungen mit den an der linken Hälfte der Platte angreifenden äußeren Kräften. Schubspannungen sind der Symmetrie wegen in dem Meridianschnitte nicht zu erwarten, und die Normalspannungen sind die in den vorausgehenden Paragraphen mit σ_t bezeichneten. Alle Normalspannungen für die ganze Schnittfläche lassen sich zu einem Kräftepaare zusammenfassen, gerade so, wie etwa die Spannungen in dem Querschnitte eines auf Biegung beanspruchten Balkens. Nehmen wir ferner an, daß die Platte eine gleichförmig verteilte Belastung zu tragen hat, so läßt sich die davon auf die eine **Plattenhälfte** entfallende zu einer Resultierenden R zusammensetzen, die durch den Schwerpunkt der Halbkreisfläche geht, von der Größe

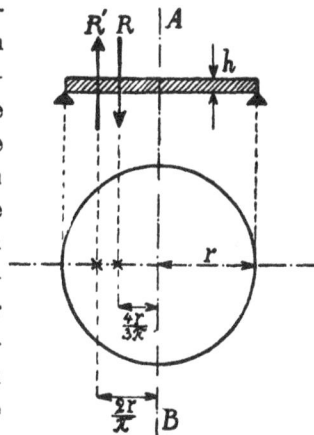

Abb. 80.

$$R = \frac{\pi r^2}{2}\,p,$$

wenn die Buchstaben die frühere Bedeutung behalten. Von äußeren Kräften kommen dann noch die längs des Auflagerkreises übertragenen Auflagerkräfte in Betracht. Der vollständigen Symmetrie wegen müssen diese gleichförmig über den ganzen Umfang verteilt sein. Die an der einen Plattenhälfte angreifenden Auflagerkräfte denken wir uns ebenfalls zu einer Resultierenden R' vereinigt. Diese geht dann der gleichförmigen Verteilung wegen durch den Schwerpunkt des Halbkreisbogens, und sie ist ebenso groß, aber entgegengesetzt gerichtet wie die von der Plattenhälfte aufgenommene Belastung. Alle äußeren Kräfte des einen Plattenstücks sind damit auf ein Kräftepaar zurückgeführt, das mit dem Kräftepaare der Spannungen im Gleichgewichte stehen muß. Das Moment des Kräftepaares der äußeren Kräfte wollen wir, wie früher bei der Untersuchung des Balkens, als das Biegungsmoment M bezeichnen. Es ist gleich dem vorher festgestellten Werte der Belastung der Plattenhälfte multipliziert mit dem Abstande der beiden Schwerpunkte, die als Angriffspunkte der beiden Kräfte des Paares dienen.

Der Schwerpunkt eines Halbkreisbogens hat den Abstand $\frac{2r}{\pi}$ und der Schwerpunkt der Halbkreisfläche den Abstand $\frac{4r}{3\pi}$ von dem Durchmesser. Der Abstand beider Schwerpunkte voneinander ist daher gleich $\frac{2r}{3\pi}$; mit r ist der Radius der Platte bezeichnet. Demnach ist das Biegungsmoment

$$M = \frac{\pi r^2}{2} p \cdot \frac{2r}{3\pi} = \frac{p r^3}{3}, \qquad (189)$$

und ebenso groß muß das Moment der Spannungen σ_t, oder wie wir sie hier der Kürze halber nennen wollen, der Spannungen σ sein.

Bis dahin ist die Betrachtung durchaus streng und einwandfrei; man kann sie aber in dieser strengen Weise nicht zu Ende führen, weil man von vornherein nicht wissen kann, nach welchem Gesetze sich die Spannungen σ mit der Entfernung x von der Plattenmitte ändern. Die früheren Untersuchungen sollen zur Ergänzung dieser Lücke nicht benutzt werden, da die Bachsche Näherungstheorie ganz selbständig vorgeht. Jedenfalls kann man aber eine untere Grenze für die größte Kantenspannung finden, die mindestens erreicht werden muß. Man setze nämlich willkürlich voraus, daß die Spannungen σ unabhängig von x seien. Die Verteilung der Spannungen über den Meridianschnitt gleicht dann vollständig jener die für den Querschnitt eines auf Biegung beanspruchten Balkens gilt. Daher kann auch zur Ableitung der Kantenspannung aus dem Biegungsmomente unmittelbar die für den Balken mit rechteckigem Querschnitte bekannte Formel

$$\sigma = \frac{6M}{bh^2}$$

benutzt werden. An Stelle von b tritt hier der Durchmesser $2r$ der Platte, während h stehenbleiben kann, da wir mit diesem Buchstaben ohnehin schon die Dicke der Platte bezeichnet hatten. Nach Einsetzen von M aus Gl. (189) folgt daher

$$\sigma = p\,\frac{r^2}{h^2}. \tag{190}$$

Dies ist nun freilich nur eine untere Grenze für die in Wirklichkeit zu erwartende größte Spannung σ, denn wenn die Kantenspannungen in verschiedenen Entfernungen von der Mitte verschieden groß sind, müssen sie notwendig an einigen Stellen größer, an anderen kleiner sein als der berechnete Durchschnittswert. Ehe man in die Anwendung von Gl. (190) hinreichendes Vertrauen setzen kann, muß man sich daher auf irgendeine Art ein Urteil darüber verschaffen, ob der Überschuß des größten Wertes über den Durchschnittswert nicht so erheblich ist, daß die Berechnung nach Gl. (190) zu ganz groben Fehlern führt. Es ist ganz gerechtfertigt, wenn man dazu Versuche über die Festigkeit solcher Platten zu Hilfe nimmt. Man kann dann etwa so vorgehen, daß man an Stelle von Gl. (190)

$$\sigma = \eta p\,\frac{r^2}{h^2}$$

schreibt, wo nun η ein Erfahrungskoeffizient ist, von dem von vornherein bekannt ist, daß er jedenfalls größer als 1 sein muß. Herr v. Bach hat in der Tat die Anwendbarkeit seiner Formel auf dem Wege des Versuches nachgewiesen, und es zeigte sich, daß es genügt, η gleich 1 zu setzen, die Abweichung von diesem kleinsten Werte, der überhaupt in Frage kommen kann, also zu vernachlässigen.

Natürlich bleibt ein solcher Versuch immer nur für solche Bedingungen beweiskräftig, die mit den Bedingungen des Versuches ganz oder nahezu übereinstimmen. Unter anderen Ver-

hältnissen, die nicht besonders geprüft sind, könnten die Abweichungen leicht größer werden. Es ist daher angenehm, daß
wir hier in der Lage sind, die Bachsche Formel (190) mit der
aus der genaueren Theorie abgeleiteten zu vergleichen. In
§ 52 ist die Spannung σ_t nicht berechnet; wir können dies
aber leicht nachträglich tun. Nach den Gl. (150) ist nämlich

$$\sigma_t = \frac{m E}{m^2 - 1} \varepsilon \left(m \frac{\varphi}{x} + \frac{d\varphi}{dx} \right)$$

und nach Gl. (180) werden in unserem Falle φ und sein Differentialquotient durch die Ausdrücke

$$\varphi = \frac{N}{8} \left(\frac{3m+1}{m+1} r^2 x - x^3 \right),$$

$$\frac{d\varphi}{dx} = \frac{N}{8} \left(\frac{3m+1}{m+1} r^2 - 3x^2 \right)$$

dargestellt. Setzt man dies ein und macht $x = 0$, um die
größte Spannung σ_t in der Mitte zu erhalten, ebenso $\varepsilon = \frac{h}{2}$,
so findet man

$$\sigma_t = \frac{m E}{m^2 - 1} \cdot \frac{h}{2} \cdot \frac{N}{8} (3m + 1) r^2.$$

Mit dem Werte von N aus Gl. (154) und schließlich mit
$m = \frac{10}{3}$ geht dies über in

$$\sigma_t = \frac{3(3m+1)}{8m} p \frac{r^2}{h^2} = 1,24\, p \frac{r^2}{h^2}. \tag{191}$$

Damit ist die Größe der Abweichung des Wertes aus
Gl. (190) von der genaueren Formel für die größte Spannung σ_t
festgestellt.

Geht man von der Annahme aus, daß die Bruchgefahr
von der reduzierten Spannung abhänge, so ist übrigens die
Näherungsformel (190), nach der die Beanspruchung des Materials unmittelbar bemessen werden soll, nicht mit Gl. (191),
sondern mit Gl. (182)

$$\sigma_{red} = 0,87\, p \frac{r^2}{h^2}$$

zu vergleichen, und es zeigt sich, daß die Anstrengung des
Materials sogar noch kleiner ist, als sie von der Näherungsformel angegeben wird.

Freilich ist nach der „Schubspannungstheorie" (siehe § 14), die mit den Erfahrungstatsachen besser übereinstimmt als die Bemessung nach den reduzierten Spannungen, die Bruchgefahr hier, wo es sich um ein Zusammenwirken von Spannungen des gleichen Vorzeichens handelt, unmittelbar nach dem Werte von σ_t zu beurteilen. Andererseits ist aber auch von der Berücksichtigung einer Einspannung am Rande ganz abgesehen, während sich bei den gewöhnlichen Befestigungsarten wenigstens eine teilweise Einspannung geltend machen wird. In der Regel wird es daher gar keinem Bedenken unterliegen, nach Gl. (190) zu rechnen.

Falls die frei aufliegende Platte eine Einzellast P in der Mitte trägt, hat man für das Biegungsmoment

$$M = \frac{P}{2} \cdot \frac{2r}{\pi} = \frac{Pr}{\pi},$$

und die Spannung σ wird nach dem Näherungsverfahren

$$\sigma = \frac{3P}{\pi h^2}, \tag{192}$$

wenn man den Berichtigungskoeffizient η, der eigentlich ebenso wie im vorigen Falle noch beizufügen ist, ebenfalls gleich 1 annimmt.

§ 54. Näherungstheorie für die gleichförmig belastete elliptische Platte.

Hier wird die Aufgabe schwieriger, weil man nicht von vornherein anzugeben vermag, wie sich der Auflagerdruck längs des Umfangs verteilt. Um einen Anhaltspunkt dafür zu gewinnen, denke man sich die elliptische Öffnung durch zwei sich rechtwinklig kreuzende Stäbe AB und CD (Abb. 81) von gleichem Querschnitte überdeckt. In der Mitte sollen diese Stäbe miteinander verbunden sein, oder man kann sich anstatt dessen auch das Kreuz $ABCD$ aus der Platte selbst ausgeschnitten denken, wie es in der Zeichnung angedeutet ist. Nach den Lehren des dritten Abschnitts kann man leicht berechnen, wie groß die Auflagerkräfte sind, die an den vier Stützpunkten *A*, *B*, *C*, *D* übertragen werden, wenn die Stäbe irgendwie gegebene, also z. B. gleichförmig verteilte Lasten tragen. (Man vergleiche z. B. Aufgabe 22.) Auch ohne diese Rechnung durchzuführen, erkennt man bereits, daß der Auflagerdruck bei *C* und *D* größer sein muß als bei *A* und *B*, weil der Stab *AB* der größeren Spannweite wegen viel biegsamer ist als der kürzere Stab *CD*. Wenn eine Einzellast im Kreuzungspunkte der Stäbe aufgebracht wäre, müßten sich z. B. die Anteile, die von beiden Stäben aufgenommen würden, wie aus der Lösung von Aufgabe 22 hervorgeht, umgekehrt wie die dritten Potenzen der Stablängen oder der Halbachsen *a* und *b* verhalten. Nicht so groß ist der Unterschied zwischen den Auflagerkräften bei der gleichförmig verteilten Belastung, die von der Platte in Wirklichkeit getragen wird.

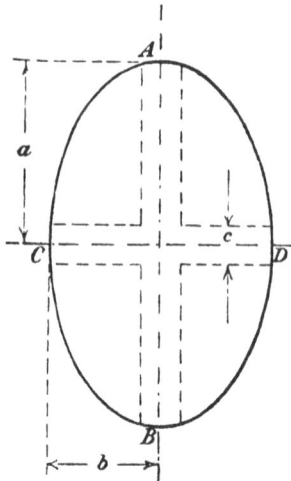

Abb. 81.

Freilich kann diese Betrachtung nicht dazu dienen, das Verhältnis der Auflagerkräfte, die bei der elliptischen Platte an den Enden der Durchmesser *AB* und *CD* übertragen werden, genauer zu berechnen. Bei der Platte wird der Streifen *AB* nicht nur von dem mittleren Querstreifen *CD* gestützt, sondern auch noch von einer Reihe anderer, die man sich zu beiden Seiten von *CD* und parallel zu *CD* hinzugefügt denken muß. Andererseits sind auch diese Querstreifen *CD* nicht von dem Längsstreifen *AB* allein belastet, sondern auch von anderen, die neben diesem parallel zu ihm gezogen sind. Die genaue Lösung kann daher nur durch eine verwickelte Betrachtung, und zwar durch Integration einer partiellen Differentialgleichung gefunden werden. Im 5. Bande ist dies näher besprochen; hier genügt es aber, wenn man sich nur klar darüber geworden ist, daß der Auflagerdruck der gleichförmig belasteten elliptischen Platte jedenfalls am kleinsten an den Enden der großen Achse ausfallen muß und daß er von da aus nach den Endpunkten der kleinen Achse hin zunehmen wird.

Wir wollen jetzt annehmen, daß die Ellipse sehr langgezogen, die Achse AB also sehr viel größer sei, als die kleine Achse CD. Dann kann in dem Streifen CD und den sich beiderseits an ihn anschließenden mittleren Teilen der Platte die Steifigkeit oder der Biegungswiderstand der Platte in der Längsrichtung AB gegen den in der Querrichtung CD vernachlässigt werden. Die Platte wird sich, wenigstens in diesen mittleren Teilen, nahezu so verhalten, als wenn sie durch eine Reihe von Schnitten parallel zur kleinen Achse in eine Schicht nebeneinander liegender Balken CD usf. getrennt wäre. Für diesen Fall läßt sich daher die Beanspruchung in der Platte ohne weiteres auf die eines einzelnen Balkens CD zurückführen, der ohne Zusammenhang mit den übrigen Teilen der Platte steht und die auf ihn treffende Last selbständig aufzunehmen hat. In der Tat macht sich hier nur insofern ein Unterschied geltend, als der Balken CD an jenen Stellen seines Querschnitts, die gezogen sind, gleichzeitig eine Verkürzung der Quere nach, an den gedrückten dagegen eine Querdehnung erfahren würde, die in der Platte durch den Zusammenhang mit den benachbarten Streifen verhindert oder wenigstens erschwert wird. Dies kann aber nur zur Folge haben, daß die Platte widerstandsfähiger ist als der einzelne Balken, und da es uns jetzt nur darauf ankommt, die Beanspruchung unter den ungünstigsten Voraussetzungen zu ermitteln, wollen und dürfen wir von diesem Unterschiede absehen.

Bezeichnet man die willkürlich gewählte Breite des Balkens CD mit c, so trifft auf ihn die Oberfläche $2bc$ der Platte und daher die Last $2bcp$. Das Biegungsmoment in der Mitte ist

$$M = 2bcp \cdot \frac{2b}{8} = cp\frac{b^2}{2}.$$

Die Biegungsformel für den Balken liefert daher die Kantenspannung

$$\sigma = \frac{6M}{ch^2} = 3p\frac{b^2}{h^2}. \qquad (193)$$

Die Streifenbreite c ist aus der Formel wieder fortgefallen, wie man von vornherein erwarten mußte. — Zugleich ist auch klar, daß man hiermit in der Tat die größte in der Platte zu erwartende Spannung gefunden hat, denn ein Streifen, der in der Richtung AB herausgeschnitten wäre, würde zwar in der Mitte denselben Biegungspfeil aufweisen wie CD; wegen der größeren Spannweite wäre er aber viel weniger gekrümmt als CD. Von dem Krümmungshalbmesser hängen aber die bezogenen Längenänderungen der äußersten Fasern ab, und daher sind auch die Spannungen in CD am größten. Diese sind also jedenfalls am größten im mittelsten Querschnitte des Balkens CD, oder mit anderen Worten in dem längs der großen Achse AB gezogenen Querschnitte der Platte. Längs der Linie AB muß man daher auch den Bruch der Platte bei entsprechender Steigerung der Belastung erwarten. Dies wurde auch durch Versuche v. Bachs bestätigt.

Wenn die Ellipse weniger langgestreckt ist, als bisher angenommen wurde, kommt eine· Entlastung der Balken CD durch die Längssteifigkeit der Platte und hiermit eine Verminderung der Spannung σ zustande. Im allgemeinen gibt daher Gl. (193) die Spannung und damit die Bruchgefahr zu groß an. Geht die Ellipse in einen Kreis über, so können wir nach den vorigen Paragraphen

$$\sigma = p\frac{r^2}{h^2} = p\frac{b^2}{h^2} \qquad (194)$$

setzen, und je mehr sich die Ellipse dem einen oder dem anderen Grenzfalle nähert, um so mehr wird sich auch die in Wirklichkeit auftretende größte Spannung dem einen oder anderen der durch die Gleichungen (193) und (194) gegebenen Werte nähern.

Im allgemeinen Falle wird man daher setzen können

$$\sigma = \alpha \cdot p\frac{b^2}{h^2}, \qquad (195)$$

wo nun α ein Faktor ist, von dem man zunächst nur weiß, daß er gleich 1 wird für

$$\frac{b}{a} = 1$$

und gleich 3 für $\frac{b}{a} = 0$.

Man denke sich für jedes andere Achsenverhältnis $\frac{b}{a}$ das zugehörige α gefunden und α als Funktion von $\frac{b}{a}$ durch eine Kurve dargestellt. Solange man nichts Näheres über die wirkliche Gestalt dieser Kurve weiß, von der wir nur die beiden Endpunkte kennen, liegt es für den Zweck einer ersten ungefähren Abschätzung am nächsten, sie zwischen diesen Punkten als geradlinig vorauszusetzen. Die lineare Funktion von $\frac{b}{a}$, die den beiden Bedingungen an den Grenzen genügt, lautet

$$\alpha = 3 - 2\,\frac{b}{a},$$

und wenn man dies in Gl. (195) einsetzt, erhält man als Näherungsformel für die gleichförmig belastete elliptische Platte

$$\sigma = \frac{3\,a - 2\,b}{a} \cdot p\,\frac{b^2}{h^2}. \tag{196}$$

Mehr als eine ungefähre Schätzung bietet diese Formel freilich nicht; gewöhnlich verlangt man aber auch nur eine Abschätzung, wenn die Festigkeit elliptischer Platten in Frage kommt, und dafür wird die Formel, wie aus der Art ihrer Ableitung hervorgeht, immerhin brauchbar sein. Für die beiden Grenzfälle ist sie ohnehin schon verbürgt.

Anmerkung 1. Einige Versuche mit gußeisernen elliptischen Platten, die bis zum Bruche belastet wurden, sind von v. Bach ausgeführt worden. Berechnet man aus diesen die Bruchspannung nach Gl. (196), so erhält man Werte, die bis auf 5200 atm hinaufreichen, während die an Stäben aus demselben Gußeisen durch einen Biegungsversuch ermittelte und nach der gewöhnlichen Biegungsformel berechnete Bruchspannung nur 2760 atm betrug. Bei diesem Vergleiche ist indessen zu berücksichtigen, daß bei der vorhergehenden Ableitung die Einspannung des Randes ganz vernachlässigt wurde, während bei jenen Versuchen durch die Art der Auflagerung und Abdichtung bis zu einem gewissen Grade eine Einspannung bewirkt wurde.

Anmerkung 2. Für eine am Rande eingespannte elliptische Platte mit gleichförmig verteilter Belastung kann man auch eine strenge Lösung angeben. Näheres darüber findet man in Band V dieser Vorlesungen oder ausführlicher in Band I von „Drang und Zwang".

§ 55. Näherungstheorie für quadratische und rechteckige Platten.

Die quadratische Platte hat vier Symmetrieebenen, von denen zwei parallel zu den Seiten und zwei in diagonaler Richtung durch die Plattenmitte gehen. Auch die Lastverteilung wird als symmetrisch zu diesen vier Ebenen vorausgesetzt. Dann können in diesen Ebenen nirgends Schubspannungen auftreten. In der Plattenmitte gilt daher für vier verschiedene Schnittrichtungen, daß sie im Sinne der Untersuchungen über die allgemeinen Eigenschaften eines Spannungszustandes Hauptschnittrichtungen sein müssen. Das ist aber nur möglich, wenn die Spannungen auch noch für alle übrigen Schnittrichtungen Hauptspannungen und unter sich gleich groß sind.

Da sich voraussehen läßt, daß bei der frei aufliegenden Platte die größte Beanspruchung in der Plattenmitte eintreten wird, schließen wir demnach, daß der erste kleine Riß, mit dem der Bruch beginnt, gleich gut in jeder Richtung durch die Mitte gehen kann. Wie sich der Riß nachher weiter fortsetzt, ist eigentlich gleichgültig für den Zweck unserer Betrachtung. Nach den Versuchen von Bach verlief er in diagonaler Richtung.

Zur Berechnung der größten Spannung, die der Rißbildung vorausgeht, können wir einen Schnitt in beliebiger Richtung durch die Plattenmitte legen; am einfachsten gestaltet sich aber die Betrachtung für einen Schnitt in diagonaler Richtung. Abb. 82 zeigt die Platte im Grundriß, wobei die Plattenhälfte, deren Gleichgewicht untersucht werden soll, schraffiert ist. Die Quadratseite ist $2\,a$, die Diagonale $= 2\,a\sqrt{2}$ sei mit d bezeichnet. Für den Fall einer gleichförmigen Lastverteilung, den wir hier voraussetzen wollen, ist die Belastung der ganzen Platte $4\,a^2p$, die der Plattenhälfte daher $2\,a^2p$, und auf jeden der vier Ränder kommt ein Auflagerdruck a^2p. Dieser ist jedenfalls

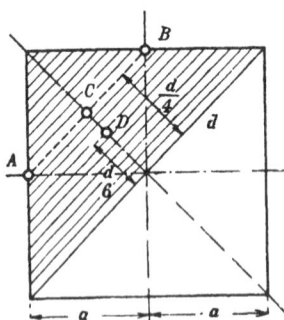
Abb 82.

symmetrisch über den Plattenrand verteilt, so nämlich, daß die
Resultierende aller Auflagerkräfte für einen Plattenrand durch die
Mitten bei A oder B in Abb. 82 hindurchgeht. Beide Auflagerkräfte lassen sich dann noch weiter zu einer Resultierenden zusammenfassen, die im Punkte C in Abb. 82 angreift. Die Resultierende aller Lasten geht dagegen durch den mit D bezeichneten
Schwerpunkt des Dreiecks. Alle äußeren Kräfte an der Plattenhälfte lassen sich daher zu einem Kräftepaare zusammenfassen,
dessen Moment

$$M = 2p\,a^2 \cdot \frac{d}{12} = \frac{p\,a^2 d}{6}$$

gefunden wird. Die Biegungsspannung σ erhält man nach der
gewöhnlichen Biegungsformel für einen Balken, wenn man von
der Zufügung eines Berichtigungskoeffizienten absieht zu

$$\sigma = \frac{6M}{d\,h^2} = p\,\frac{a^2}{h^2}, \qquad (197)$$

also ebenso groß wie bei einer kreisförmigen Platte vom Halbmesser a.

Trägt die Platte eine Einzellast P in der Mitte (Abb. 83),
so kommt auf jede Kante der Auflagerdruck $\frac{1}{4}\,P$, und an dem
durch eine Diagonale abgeschnittenen Dreieck
lassen sich die Auflagerkräfte in A und B wieder zu einer Resultierenden $\frac{1}{2}\,P$ im Punkte C
zusammenfassen. Das Biegungsmoment M im
Diagonalschnitt wird daher

$$M = \frac{P}{2} \cdot \frac{d}{4}$$

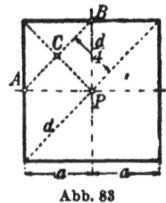

Abb. 83

und die Biegungsspannung σ ergibt sich, wenn man es auch
hier als zulässig ansieht, von der Beifügung eines Berichtigungs-
faktors abzusehen,

$$\sigma = \frac{6M}{d\,h^2} = \frac{3}{4}\,\frac{P}{h^2},$$

also etwas kleiner als nach Gl. (190) für den eingeschriebenen
Kreis, indessen wie dort unabhängig von der Größe der Platte.
Der Unterschied ist darauf zurückzuführen, daß die Zipfel der
Platte an den Ecken, von denen in der vorstehenden Formel

vorausgesetzt wird, daß sie zur Tragfähigkeit ebenso beitragen, wie die mittleren Teile des Plattenquerschnitts, in Wirklichkeit ziemlich spannungslos bleiben werden, so daß man nach dieser Formel zu günstig rechnet. Man tut daher besser, die Spannung anstatt dessen ebenso groß anzunehmen wie nach Gl. (190) bei der kreisförmigen Platte.

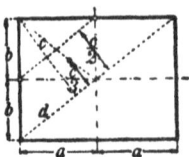

Auch für rechteckige Platten, die von der quadratischen Form nicht viel abweichen, wollen wir einen in der Richtung der Diagonale geführten Schnitt als den gefährlichen Bruchquerschnitt betrachten. Die Rechteckseiten bezeichnen wir mit $2a$ und $2b$ (vgl. Abb. 84), die Diagonale mit d und die zu d gehörige Höhe des Dreiecks, das die eine Hälfte des Rechtecks bildet, mit c. Wie sich nun auch der Auflagerdruck über die Rechteckseiten verteilen mag, jedenfalls kommt auf die beiden Katheten des Dreiecks der Auflagerdruck $2pab$ und die Resultierende hat den Abstand $\frac{c}{2}$ von der Diagonale. Der Abstand des Dreiecksschwerpunkts ist $\frac{c}{3}$ und daher das Biegungsmoment

Abb. 84.

$$M = \frac{pabc}{3}.$$

Die Biegungsspannung wird daher

$$\sigma = \frac{6M}{dh^2} = 2p\frac{abc}{dh^2}.$$

Da $cd = 4ab$, und $d^2 = 4a^2 + 4b^2$ ist, geht dies über in

$$\sigma = 2p\frac{a^2}{a^2+b^2}\cdot\frac{b^2}{h^2} = p\frac{c^2}{2h^2}. \tag{198}$$

Eine rechteckige Platte, deren Langseite weit größer ist als die Schmalseite, verhält sich so wie eine elliptische Platte von demselben Achsenverhältnisse. Wir können daher Gleichung (193)

$$\sigma = 3p\frac{b^2}{h^2}$$

auch für die Berechnung der sehr langgestreckten rechteckigen Platte benutzen.

§ 55ª. Schlußbemerkungen zur Plattentheorie.

Im vorigen Jahrhundert und hiermit auch noch zu der Zeit, als dieses Buch zuerst abgefaßt wurde, haben sich die Mathematiker mehr mit der Plattenbiegung beschäftigt als die Techniker. In den meisten Fällen erschien damals für praktische Zwecke eine ungefähre Abschätzung von der Art, wie sie in den letzten Paragraphen besprochen wurde, vollkommen ausreichend. Nur für den Fall der kreisförmigen Platte machte sich zuweilen ein Bedürfnis nach einer genaueren Untersuchung bemerklich, um außer der Spannung auch den Biegungspfeil berechnen zu können.

Inzwischen hat sich dies aber geändert und zwar hauptsächlich infolge des Aufkommens und der weiteren Verbreitung der Eisenbetonbauweise. Solche Bauten sollten mit möglichst sparsamem Materialaufwand durchgeführt werden, und wer sich mit ihrem Entwurf und der dazu erforderlichen Festigkeitsberechnung zu beschäftigen hatte, sah sich vielfach vor neue Aufgaben gestellt oder wurde zu neuen Fragestellungen geführt, die früher wenig beachtet worden waren. Man kann ganz allgemein bemerken, daß die Bauingenieure seitdem der Festigkeitslehre eine erheblich erhöhte Aufmerksamkeit zugewendet haben. Besonders erstreckte sich diese auch auf die Biegungstheorie der Platten.

Auf diese Weise sind im letzten Jahrzehnt viele kleinere und auch einige größere Bearbeitungen dieses Gegenstandes teils in der Fachpresse, teils als selbständige Schriften oder als Doktordissertationen erschienen. In Band I von „Drang und Zwang" kann man eine ziemlich ausführliche Darstellung des gegenwärtigen Standes der Plattentheorie finden. Hier kann darauf nicht weiter eingegangen werden, als es vorher schon geschehen ist. Dagegen möge hier noch auf eine Arbeit besonders hingewiesen werden, die im ersten Bande von „Drang und Zwang" nicht mehr berücksichtigt werden konnte.

In verschiedenen Nummern von Jahrgang 1919 der Zeitschrift
„Armierter Beton" hat nämlich Dr. Ing. H. Marcus unter dem
Titel „Die Theorie elastischer Gewebe und ihre Anwendung auf
die Berechnung elastischer Platten" eine sehr bemerkenswerte
Abhandlung veröffentlicht, die als ein Gegenstück zu der bekannten Theorie von Mohr über die Ermittelung der elastischen
Linie eines gebogenen Balkens mit Hilfe einer Seilkurve zu betrachten ist. Marcus geht dabei von der Differentialgleichung
der Fläche aus, nach der sich eine Flüssigkeitshaut, also etwa
eine Seifenblase, die eine Gefäßmündung überdeckt, unter dem
Einflusse eines einseitigen Luftüberdruckes ausbaucht. In einer
solchen Flüssigkeitshaut werden Kapillarspannungen übertragen,
die nach allen Richtungen hin von gleicher Größe sind. So
kommt es, daß die Flüssigkeitshaut für die Ermittelung der
elastischen Fläche der gebogenen Platte dieselbe Rolle spielt
wie ein biegsames Seil für die elastische Linie des gebogenen
Balkens.

Für die wirkliche Durchführung des Verfahrens, das be-
greiflicherweise erheblich umständlicher ist als beim Balken,
ersetzt Marcus die Flüssigkeitshaut durch ein Seilgewebe mit
Maschen, die im Grundrisse entweder rechteckig oder sechseckig,
ähnlich wie Bienenzellen angeordnet sind. Diese Bemerkungen
dürften genügen, um wenigstens einen Begriff davon zu geben,
auf welchem Wege die Aufgabe gelöst wurde, und ich nehme
an, daß mancher Leser, der die Mohrsche Theorie zu schätzen
weiß, die Mühe nicht scheuen wird, sich auch mit der freilich
recht umfangreichen Abhandlung von Marcus bekannt zu
machen.

Aufgaben.

*48. Aufgabe. Eine frei aufliegende kreisförmige, guß-
eiserne Platte von beliebigem Durchmesser hat 2 cm Stärke. Wie
groß darf eine auf eine kleine Fläche in der Mitte verteilte Belastung sein, wenn man eine nach dem Näherungsverfahren in
§ 53 berechnete Biegungsspannung des Gußeisens von 200 atm als
zulässig ansieht?*

Lösung. Man braucht nur die Zahlenwerte in Gl. (192) einzusetzen. Man findet

$$P = \frac{\pi h^2 \sigma}{3} = \frac{\pi}{3} \cdot 2^2 \cdot 200 = 837 \text{ kg.}$$

Auf den ersten Blick erscheint es vielleicht auffällig, daß der
Durchmesser der Platte gleichgültig ist, denn bei einem Stabe spielt
die Größe der Spannweite eine Hauptrolle. Bei der Platte ist es
aber deshalb anders, weil in demselben Verhältnisse, in dem bei
größerer Öffnung die Hebelarme wachsen, auch die Breite des Querschnitts zunimmt, über den sich die Biegungsspannungen verteilen.

Bei gleichförmiger Verteilung über die ganze Platte dürfte die
Last dreimal so groß sein, wie aus dem Vergleiche von Gl. (192)
mit Gl. (190) hervorgeht.

Anmerkung. Da die Größe des Auflagerkreises gleichgültig
ist, kann es auch nichts ausmachen, wenn sich der Auflagerdruck
auf mehrere konzentrische Auflagerkreise verteilt. Wenn die Platte
auf einen nachgiebigen Boden gelegt ist, bleibt daher die ˙zulässige
Belastung *P* ebenso groß als vorher. Auch die Tragfähigkeit der
Eisdecke eines Teiches oder Flusses kann nach derselben Formel
berechnet werden, falls man die zulässige Spannung σ des Eis-
materials kennt.

*49. Aufgabe. Eine Platte von großer Ausdehnung trägt (wie
z. B. die Feuerbüchsenplatte eines Lokomotivkessels) eine gleichförmig
verteilte Belastung p und ist in gleich weit voneinander entfernten
Reihen von Stützpunkten aufgelagert. Man soll die Biegungsbeanspruchung der Platte abschätzen!*

Lösung. In Abb. 85 ist ein Teil
der Platte gezeichnet; die Stützpunkte
sind durch kleine Kreise hervorgehoben.
Auf eine Stütze trifft die Belastung

$$p a^2,$$

und ebenso groß ist daher auch der Auflagerdruck auf jede Stütze. Man kann
nun auch umgekehrt diesen Stützen-
druck als die Belastung des zugehörigen
Plattenstücks und die gleichförmig verteilten Lasten als die dadurch hervorgerufenen Auflagerkräfte ansehen. Dann
gleicht der Fall innerhalb des Bezirks,
der auf eine einzelne Stütze trifft, dem
in der vorhergehenden Aufgabe behan-

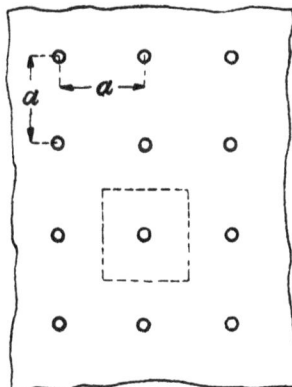

Abb. 85.

delten. Mit Rücksicht auf die Ausführungen in der Anmerkung kann daher die Biegungsbeanspruchung der Platte nach Gl. (192) zu

$$\sigma = \frac{3pa^2}{\pi h^2}$$

eingeschätzt werden. — Es mag noch bemerkt werden, daß diese Schätzung eher zu niedrig als zu hoch gegriffen ist, was ich gegenüber einer anderen Einschätzung, die noch viel niedriger ist, besonders betonen möchte. Dies geht nämlich aus einer genaueren Untersuchung hervor, die man in Band I von „Drang und Zwang" § 31 finden kann.

Anmerkung. Ein Kohlenbunker, der im Grundrisse ein langgestrecktes schmales Rechteck bildet, bestehe aus Seitenwänden in Mauerwerk und eisernen Ankern, die in gewissen Abständen verteilt sind, um die Längswände zusammenzuhalten. Nachdem der Seitendruck der in dem Bunker aufgeschütteten Kohlen gegen die Wände berechnet oder eingeschätzt ist, handelt es sich bei der weiteren Berechnung um eine Aufgabe von derselben Art, wie sie hier besprochen wurde. Die gegebene Lösung kann daher ebenfalls benutzt werden. Durch einen praktischen Fall dieser Art, über den ich ein Gutachten abgeben mußte, wurde ich darauf aufmerksam gemacht, daß ein Hinweis auf diese Anwendung manchem Leser recht nützlich werden könnte.

50. Aufgabe. Eine quadratische Platte von 2 m Seitenlänge und 10 cm Dicke ist an allen vier Seiten gleichmäßig gestützt. Wie groß ist nach der Näherungstheorie die Biegungsbeanspruchung durch eine Belastung von 12 000 kg, die über die Fläche proportional mit den Ordinaten einer über der Platte errichteten regelmäßigen Pyramide verteilt ist?

Lösung: Eine Diagonalebene zerlegt die Pyramide in zwei Tetraeder. Der Schwerpunktsabstand eines Tetraeders von einer Seitenfläche ist gleich $\frac{1}{4}$ der dazu gehörigen Höhe. Bezeichnet man die ganze Belastung mit P und die Diagonale des Quadrats mit d, so wird das statische Moment der Belastung der einen Plattenhälfte in bezug auf die Diagonale des Quadrats gleich

$$\frac{P}{2} \cdot \frac{d}{8}.$$

Das statische Moment des Auflagerdrucks ist ebenso groß, als wenn die Last gleichmäßig über die Platte verteilt wäre, also gleich $\frac{P}{2} \cdot \frac{d}{4}$, und das Biegungsmoment wird

$$M = \frac{Pd}{16},$$

womit die Biegungsbeanspruchung zu

$$\sigma = \frac{3}{8}\frac{P}{h^2} = 45 \frac{\text{kg}}{\text{cm}^2}$$

gefunden wird.

51. Aufgabe. Eine kreisförmige Eisenplatte von 80 cm Durchmesser und 2 cm Dicke liegt am Rande frei auf und ist außerdem in der Mitte durch einen Stab unterstützt, der unter einem Drucke von 1000 kg eine Zusammendrückung um 1 mm erfährt. Die Platte trägt eine gleichförmig verteilte Belastung von 2 kg auf jeden qcm. Wie groß ist der Druck P, der von der federnden Mittelstütze · aufgenommen wird, wenn der Elastizitätsmodul des Eisens gleich 2.10^6 atm und die Poissonsche Verhältniszahl m gleich $3^1/_3$ angenommen wird? Wie hoch ist die Beanspruchung des Materials nach der Näherungstheorie einzuschätzen?

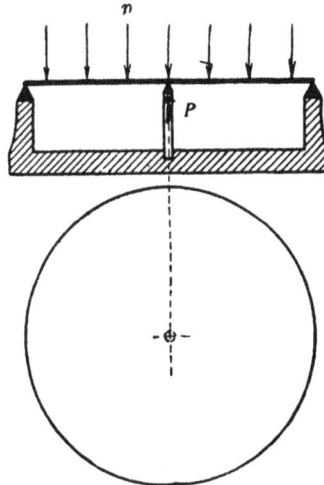

Abb. 86

Lösung. Der Biegungspfeil der Platte unter einer gleichförmig verteilten Belastung p ist beim Fehlen der Mittelstütze nach Gl. (185) gleich

$$0,70 \frac{p}{E} \frac{r^4}{h^3}$$

zu setzen. Eine nach oben gekehrte Last P bringt dagegen nach Gl. (188) eine Durchbiegung nach oben im Betrage von

$$0,55 \frac{Pr^2}{Eh^3}$$

hervor. Wirken beide zusammen, so entsteht eine nach abwärts gerichtete Durchbiegung, die gleich der Zusammendrückung der Mittelstütze sein muß. Diese Bedingung liefert die Gleichung

$$0,70 \frac{pr^4}{Eh^3} - 0,55 \frac{Pr^2}{Eh^3} = \frac{P \cdot 1 \text{ mm}}{1000 \text{ kg}}.$$

Durch Einsetzen der Zahlenwerte und Auflösen nach P erhält man

$$P = 1445 \text{ kg}.$$

Für die Biegungsbeanspruchung findet man nach dem Näherungsverfahren durch Verbindung der Gleichungen (190) und (192)

$$\sigma = p \frac{r^2}{h^3} - \frac{3P}{\pi h^2} = 455 \frac{\text{kg}}{\text{cm}^2}.$$

52. Aufgabe. In Abb. 87 ist in Aufriß und Grundriß eine ringförmige Platte gezeichnet von 6 m äußerem und etwas weniger als 2 m innerem Durchmesser. Um das an 2 m fehlende Maß greift die Platte in eine zylindrische Säule von 2 m Durchmesser ein und ist

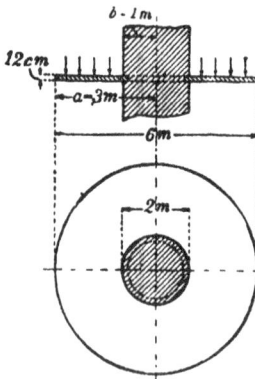

Abb 87.

dort gestützt, während sie nach außen hin frei vorkragt. Man soll zuerst nach Art des Bachschen Näherungsverfahrens die Biegungsbeanspruchung berechnen, die durch eine gleichförmig über die ganze Platte verteilte Belastung von 600 kg/qm hervorgebracht wird, wenn die Plattendicke 12 cm beträgt. Dann soll noch die Senkung berechnet werden, die der äußere Plattenrand bei der elastischen Formänderung unter dieser Last erfährt, wenn der innere Rand dabei als eingespannt betrachtet wird; die Elastizitätskonstanten sind hierbei m = 4 und E = 200 000 kg/cm² zu setzen.

Lösung. Beim Näherungsverfahren vernachlässigen wir die Einspannung am inneren Rande und betrachten das Gleichgewicht einer Plattenhälfte. Die halbringförmige Fläche trägt eine Belastung von

$$\tfrac{1}{2}\pi\,(3^2 - 1^2)\cdot 600 = \text{rund } 7500 \text{ kg}.$$

Ebenso groß ist auch der am inneren Rand übertragene Auflagerdruck. Den Schwerpunktsabstand der Halbringfläche vom Kreismittelpunkt findet man nach der Guldinschen Regel (Band I, § 28) zu 1,38 m und den Schwerpunktsabstand des Auflagerhalbkreises ebenso zu 0,64, so daß der Hebelarm des biegenden Kräftepaares 0,74 m beträgt. Die Biegungsspannung σ erhält man dann nach der gewöhnlichen Biegungsformel

$$\sigma = \frac{6\,M}{4\,\mathrm{m}\cdot h^2} = \frac{6\cdot 7500 \text{ kg}\cdot 74 \text{ cm}}{400 \text{ cm}\cdot 144 \text{ cm}^2} = 58\,\frac{\text{kg}}{\text{cm}^2}.$$

Zur Untersuchung der elastischen Formänderung können wir uns an die Ableitungen in § 50 anschließen. Die Gl. (151) und (152) für die Momente der Normalspannungen am Plattenelement können wir unverändert übernehmen, wobei nur zu beachten ist, daß sich der mit φ bezeichnete Winkel in unserem Falle negativ ergeben muß. Die in einem ringförmigen Schnitt vom Halbmesser x übertragenen Schubspannungen müssen der Belastung des äußeren Plattenteils Gleichgewicht halten, und daraus folgt für das Moment der Schubspannungen an Stelle von Gl. (153)

$$\text{Mom. der}\quad \tau = -\,\frac{(a^2 - x^2)\,p}{2}\,d\alpha\,dx,$$

wobei das Minuszeichen des entgegengesetzten Drehsinnes wegen beizufügen war. Die Momentengleichung für das Plattenelement lautet hiermit

$$-\frac{mE}{m^2-1}\cdot\frac{h^3}{12}\left(m\frac{\varphi}{x}+\frac{d\varphi}{dx}\right)+\frac{mE}{m^2-1}\cdot\frac{h^3}{12}\left(mx\frac{d^2\varphi}{dx^2}+m\frac{d\varphi}{dx}+\frac{d\varphi}{dx}\right)$$
$$-\frac{ph^2}{2}+\frac{px^2}{2}=0$$

und sie unterscheidet sich demnach von der früheren nur durch das Hinzutreten des konstanten Gliedes $-p\,\dfrac{a^2}{2}$. Mit Beibehaltung derselben Abkürzungen wie früher erhalten wir demnach für die Unbekannte φ die Differentialgleichung

$$x^2\frac{d^2\varphi}{dx^2}+x\frac{d\varphi}{dx}-\varphi+Nx^3-Na^2x=0.$$

Die allgemeine Lösung dieser Gleichung lautet

$$\varphi=-\frac{N}{8}x^3+\frac{Na^2}{2}x\lg x+Bx+\frac{C}{x},$$

wobei wieder B und C die Integrationskonstanten sind und das logarithmische Glied gegenüber Gl. (156) neu hinzugetreten ist, während sich sonst nichts geändert hat.

Für die Ermittelung der Integrationskonstanten hat man am inneren Rande, d. h. für $x=b$, die Bedingungsgleichung, daß der Winkel $\varphi=0$ sein muß, wenn die Platte eingespannt sein soll. Wäre sie als frei aufliegend zu betrachten, so würde dafür die andere Bedingung an die Stelle treten, daß die nach Gl. (150) berechnete Spannung σ_r gleich Null zu setzen wäre. Jedenfalls gilt die Bedingung $\sigma_r=0$ für den äußeren Rand, also für $x=a$. Die Gleichungen lauten $\left(\text{mit } m=4\right)$

$$-\frac{N}{8}b^2+\frac{Na^2}{2}\lg b+B+\frac{C}{b^2}=0$$

$$\frac{3N}{8}a^2+5\frac{Na^2}{2}\lg a+5B-3\frac{C}{a^2}=0.$$

Löst man die Gleichungen nach B und C auf und setzt die Werte in die Gleichung für φ ein, so muß diese homogen in den Dimensionen sein und dazu gehört, daß sich alle mit Logarithmen behafteten Glieder so zusammenziehen lassen müssen, daß nur noch die Logarithmen der Verhältniszahlen der Längen a, b und x darin vorkommen. Ich sehe davon ab, diese Rechnung vorzuführen.

Wie in § 50 hat man auch hier

$$\frac{dy}{dx}=-\varphi$$

zu setzen, und die Ausführung der Integration liefert

$$y = \frac{N}{32} x^4 - \frac{Na^2}{4} \left(x^2 \lg x - \frac{x^2}{2} \right) - B \frac{x^2}{2} - C \lg x + D.$$

Die neue Integrationskonstante D folgt aus der Bedingung, daß y für $x = b$ zu Null werden muß. Die Senkung des äußern Plattenrandes f, nach der in der Aufgabe gefragt ist, ergibt sich daraus mit $x = a$, nämlich

$$f = \frac{N}{32} (a^4 - b^4) - \frac{Na^2}{4} \left(a^2 \lg a - \frac{a^2}{2} - b^2 \lg b + \frac{b^2}{2} \right) - B \frac{a^2 - b^2}{2} - C \lg \frac{a}{b} \cdot$$

Für die weitere Durchführung der Rechnung setze ich die Zahlenwerte $a = 3$, $b = 1$ ein; für B und C erhält man dann aus den dafür aufgestellten Bedingungsgleichungen

$$B = - 5{,}2597 N; \quad C = + 5{,}3847 N.$$

Hiermit findet man nach der vorhergehenden Formel

$$f = 4{,}3766 N.$$

Für N haben wir nach Gl. (154) zu setzen

$$N = \frac{6 (m^2 - 1)}{m^2 E h^3} p = \frac{6 \cdot 15}{16 \cdot 2 \cdot 10^5 \frac{\text{kg}}{\text{cm}^2} \cdot 12^3 \, \text{cm}^3} \cdot \frac{600 \, \text{kg}}{\text{m}^2}$$

$$= \frac{1}{102400 \, \text{cm} \cdot \text{m}^2} = 0{,}98 \cdot 10^{-3} \cdot \frac{1}{\text{m}^3} \cdot$$

Man muß nämlich zuletzt N in m ausdrücken, weil vorher schon alle Maße in m eingeführt waren Hiermit ergibt sich

$$f = 4{,}29 \cdot 10^{-3} \, \text{m} = 4{,}29 \, \text{mm}.$$

Nachdem die Lösung für φ aufgestellt ist, kann man übrigens die Spannungen auch nach den Formeln der genaueren Theorie für σ_r und σ_t berechnen, wovon aber jetzt abgesehen werden mag.

Achter Abschnitt.

Die Festigkeit von Gefäßen unter innerem oder äußerem Überdrucke.

§ 56. Kugelkessel und zylindrische Kessel unter innerem Überdrucke.

Ich betrachte zunächst einen kugelförmigen Kessel, dessen Wandstärke h als klein gegenüber dem innern Halbmesser r betrachtet werden kann. Eine Durchmesserebene zerlegt ihn in zwei Halbkugeln. Als Belastung treten an der Halbkugel die Druckkräfte der eingeschlossenen Flüssigkeit auf die Kesselwand auf. Diese setze ich zu einer Resultierenden zusammen. Schon bei der Lösung von Aufg. 35 wurde darauf hingewiesen, daß man die Resultierende von hydrostatischen Druckkräften, die gleichmäßig über einen Teil einer geschlossenen Fläche verteilt sind, durch die Resultierende für den Rest dieser geschlossenen Fläche ersetzen kann. Der Rest ist hier die kreisförmige Fläche des Schnittes durch den Innenraum des Kessels. Wenn der Flüssigkeitsdruck, in atm ausgedrückt, mit p bezeichnet wird, bildet demnach die Resultierende der Belastung eine Kraft, die durch den Mittelpunkt geht, senkrecht zur Schnittebene steht und die Größe

$$\pi r^2 p$$

hat. Dabei ist vorausgesetzt, daß der Druck in der Tat überall gleich groß ist, daß also die Druckunterschiede, die durch das Gewicht der Flüssigkeit in verschiedenen Höhen bedingt sind, vernachlässigt werden können. Bei den praktisch vorkommenden Fällen ist dies fast immer zulässig.

Mit dieser äußeren Kraft müssen die in der Schnittfläche übertragenen Wandspannungen im Gleichgewichte stehen. Der Symmetrie wegen sind die Wandspannungen Normalspannungen σ und längs des Umfanges sind sie gleichmäßig verteilt. Aber auch in der Richtung des Radius müssen sich die Spannungen σ nahezu gleichförmig über die Blechdicke verteilen. Um dies zu erkennen, bedenke man, daß sich der

Kessel unter dem Einflusse des inneren Überdruckes etwas ausdehnt; der Radius wächst also etwa von r auf $r + \varDelta r$. Durch diese elastische Dehnung werden erst die Spannungen σ hervorgerufen. Nun kann sich aber der äußere Kesselradius nicht merklich weniger dehnen als der innere, denn der etwaige Unterschied würde gleich der elastischen Verkürzung der Wandstärke h sein, und diese ist sicher sehr gering, da schon h selbst klein war. Freilich lehrt diese Überlegung zugleich, daß bei Wandstärken, die nicht klein im Vergleiche zum Radius r sind, eine gleichförmige Spannungsverteilung über die ganze Wanddicke nicht zu erwarten ist und daß daher die hier abzuleitenden Formeln immer nur auf dünnwandige Gefäße angewendet werden dürfen.

Für diese aber gestaltet sich die Gleichgewichtsbedingung sehr einfach. Der Schnitt durch die Wand hat den Inhalt $2\pi r h$, wenn man auf den kleinen Unterschied zwischen dem mittleren Radius und dem Innenradius keine Rücksicht nimmt. Daraus folgt

$$2\pi r h \sigma = \pi r^2 p \quad \text{oder} \quad \sigma = \frac{pr}{2h} \qquad (199)$$

Durch einen gegebenen Punkt einer Kugelfläche kann man sehr viele Durchmesserebenen legen, und jeder dieser Schnittrichtungen entspricht dieselbe Normalspannung σ. Nach der Mohrschen Theorie der Bruchgefahr gibt der Wert von σ unmittelbar die Anstrengung des Materials an. Nach der gewöhnlichen Annahme wird diese dagegen durch die reduzierte Spannung gemessen, die sich zu

$$\sigma_{red} = \frac{m-1}{m}\,\sigma = \frac{m-1}{m}\cdot\frac{pr}{2h} = 0{,}35\,\frac{pr}{h}\left(\text{für } m = \frac{10}{8}\right) \qquad (200)$$

berechnet. — Wo Nietungen vorkommen, muß natürlich bei der Berechnung des Kessels auf die dadurch veranlaßte Schwächung Rücksicht genommen werden; ebenso auf die etwa in Aussicht zu nehmende Verminderung der Wandstärke durch Rosten usw. Aus diesen Gründen liefern die für die Bemessung der Kesselstärke in der Praxis gebräuchlichen Formeln größere Werte, als sie aus Gl. (200) hervorgehen würden.

Von dem zylindrischen Kessel setze ich voraus, daß er
nicht zu kurz im Vergleiche zum Durchmesser sei. Die an die
Kesselböden stoßenden Teile des Mantels sind nämlich mehr oder
weniger gegen eine Ausdehnung gestützt, und sie nehmen daher

geringere Wand-
spannungen auf als
die in der Mitte ge-
legenen Teile. Die-
ser Einfluß kann
sich aber nur auf
eine geringe Strek-
ke hin bemerklich
machen, da sich das
dünne Blech leicht
um so viel abbiegt,

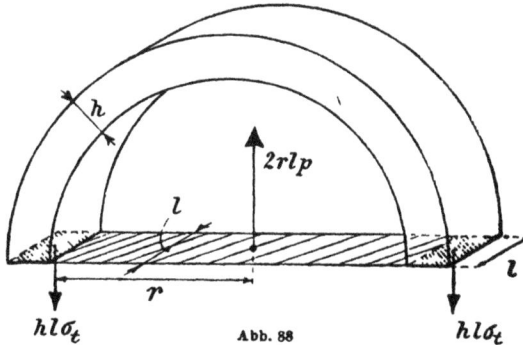
Abb. 88

als dem Unterschiede zwischen den Dehnungen Δr in der Mitte und
am Ende entspricht. Ich betrachte jetzt nur einen aus der Mitte
herausgegriffenen Streifen von der Länge l in der Richtung der
Zylinderachse. Diesen zerlege ich noch durch einen Längsschnitt
in zwei Halbzylinder.

An einem dieser Halbzylinder (Abb. 88) greifen zunächst
Kräfte an, die parallel zur Achse gehen, nämlich in den beiden
Querschnitten. Diese stehen unter sich im Gleichgewichte, und
es ist vorerst nicht nötig, auf sie zu achten. Außerdem müssen
die in dem Längsschnitte übertragenen Wandspannungen, die sich
auf zwei rechteckige Streifen vom Flächeninhalte hl verteilen, im
Gleichgewichte mit dem Flüssigkeitsdrucke auf die Innenwand
stehen. Dieselbe Überlegung wie beim Kugelkessel liefert die
Gleichgewichtsbedingung

$$2hl\sigma_t = 2rlp \quad \text{oder} \quad \sigma_t = \frac{pr}{h}. \tag{201}$$

Die Wandspannung σ_t in der Richtung der Tangente an den
Kreisumfang ist daher beim zylindrischen Kessel doppelt so groß
als beim Kugelkessel von demselben Durchmesser.

Für die Spannungen σ_a in der Richtung der Zylinderachse,
die in einem Querschnitte übertragen werden, gilt dagegen die-

selbe Gleichgewichtsbedingung (199) wie für den Kugelkessel. Für die reduzierte Spannung hat man daher

$$\sigma_{red} = \sigma_t - \frac{1}{m}\sigma_a = \frac{2m-1}{2m}\cdot\frac{pr}{h} = 0{,}85\,\frac{pr}{h}\Big(\text{für}\ \ m = \frac{10}{3}\Big). \quad (202)$$

Wenn die Kesselböden Halbkugeln bilden, ist ihre Berechnung schon durch jene des Kugelkessels erledigt. In anderen Fällen wird man sie als Kugelhauben ansehen können, und man berechnet dann die Wandspannung in ihnen so, als wenn sie Bestandteile eines ganzen Kugelkessels von dem betreffenden Halbmesser wären. Unter Umständen käme auch, wenn die Böden etwa durch ebene gußeiserne Platten gebildet sein sollten, die Berechnung nach den Lehren des vorigen Abschnitts in Betracht.

Anmerkung. Hierzu muß jedoch bemerkt werden, daß an den Übergangsstellen des zylindrischen Kesselteils in die Kesselböden, die etwa als Kugelhauben ausgebildet sind, unter dem Einflusse der Belastung nicht nur Dehnungen, die sich gleichmäßig über die ganze Blechdicke erstrecken, sondern außerdem auch Verbiegungen auftreten, die eine erheblich höhere Materialbeanspruchung herbeiführen können. Die Übergangsstelle bildet daher, namentlich wenn der unendlich große Krümmungshalbmesser des geradlinigen Teiles des Kessellängsschnittes plötzlich in einen sehr kleinen Krümmungshalbmesser bei der Umbördelung des Kesselbodens übergeht, den schwächsten Punkt des Kessels. Bei den Dampfkesseln üblicher Ausführung tritt natürlich noch eine besondere Schwächung durch die Nietung hinzu, mit der der getrennt hergestellte Boden an dem zylindrischen Teil befestigt ist. Dagegen bestehen die Druckluftbehälter, die z. B. für den Betrieb von Dieselmaschinen verwendet werden, in der Regel aus einem zylindrischen Teil mit angepreßtem Halbkugelkessel. Auf sie kann also die vorstehende Berechnung streng angewendet werden.

In der Zeitschr. d. Vereins D. Ing. 1920, S. 157 findet man einen Versuchsbericht von C. Diegel über zylindrische Gefäße mit gewölbten Böden, die in der Blechschweißerei von Jul. Pintsch in Fürstenwalde a. d. Spree auf ihre Widerstandsfähigkeit gegen inneren Flüssigkeitsdruck geprüft wurden. Bei diesen Versuchen ergab sich ebenfalls, daß die gefährlichste Stelle eines solchen Behälters die Bodenkrempe ist, also die Übergangsstelle vom Zylinder zur Bodenwölbung. Der Verfasser des Berichtes gelangt auf Grund sorgfältiger Messungen der bei Innendruck auftretenden Verbiegungen zu dem Schlusse, daß ein abgeplattetes

Umdrehungsellipsoid die günstigste Bodenform für ein solches Gefäß
darstelle. Die Firma Jul. Pintsch A. G. hat sich daher diese elliptische
Bodenform durch Patent schützen lassen.

Man kann die in solchen elliptischen Kesselböden auftretenden Spannungen nach denselben Formeln berechnen, die bei der
Lösung der 55. Aufgabe am Schlusse dieses Abschnitts abgeleitet
sind. Dort ist zwar in Abb. 93 ein verlängertes Rotationsellipsoid
angenommen, während es sich bei den Kesselböden von Pintsch um
ein abgeplattetes Ellipsoid handelt; aber das hindert nicht, daß man
dieselbe Lösung auch auf diesen Fall anwenden kann.

Der wesentliche Grund für das bessere Verhalten der patentierten
Kesselböden ist wohl nicht in der elliptischen Form, sondern in der Vermeidung eines zu kleinen Krümmungshalbmessers an der Übergangsstelle
zu suchen. Ersetzt man die Ellipse im Längsschnitt durch den Kessel-
boden durch einen Korbbogen aus drei Kreisbögen, von denen der
mittlere einen Halbmesser hat, der den in diesem Paragraphen gegebenen Lehren entsprechend doppelt so groß ist als der Radius des
zylindrischen Kesselteils, während die äußeren Bögen, die den Übergang in den gradlinigen Teil des Kessellängsschnittes vermitteln, zwar
einen kleineren Halbmesser haben dürfen, der aber jedenfalls nicht zu
klein gewählt werden darf, so erhält man einen Kessel, der dem mit
elliptischen Böden an Widerstandsfähigkeit gegen Innendruck aller
Voraussicht nach nichts nachgeben wird.

§ 57. Röhren von ovalem Querschnitte und Röhren von kreis-förmigem Querschnitte unter äußerem Überdrucke.

Eine Röhre von ovalem Querschnitte kann genau so berechnet
werden, wie es im fünften Abschnitte für einen Ring auseinandergesetzt wurde. Der durch Abb. 57, S. 235 dargestellte Fall entspricht
fast vollständig dem hier vorliegenden; man muß sich nur die Lasten
gleichförmig über den ganzen Umfang verteilt denken. Die Durchführung der Rechnungen bietet auch keine besonderen Schwierigkeiten. Es wäre daher nicht nötig, hier noch näher darauf einzugehen — um so weniger, als Röhren von ovalem Querschnitte, wegen
des geringen Widerstandes, den sie einer Verbiegung entgegensetzen,
zur Herstellung von Gefäßen, die einem größeren Flüssigkeitsdrucke
ausgesetzt sind, nur ganz selten verwendet werden — wenn nicht
eine Frage von ganz eigener Art dazu führte. Man denke sich nämlich ein ursprünglich genau kreisrundes Rohr durch einen zufälligen
Umstand in der einen Richtung etwas elastisch zusammengedrückt, so
daß der Querschnitt eine längliche Gestalt annimmt. Wenn die Ver-

anlassung zur Verbiegung wegfällt, geht das Rohr ohne Zweifel wieder
in seine ursprüngliche Gestalt zurück, wenn es einem inneren Überdrucke
ausgesetzt ist. Man kann aber im Zweifel sein, ob dies auch zutrifft,
wenn das Rohr unter einem
äußeren Überdrucke steht.
Denn ohne jede Rechnung sieht
man schon ein, daß ein äußerer
Überdruck die vorher bewirkte
Abplattung aufrechtzuhalten
und noch zu vergrößern sucht.
Es fragt sich also, ob diese
Wirkung des äußeren Über-
drucks oder ob die elastischen
Kräfte, die dem Rohre die
ursprüngliche Gestalt zurück-
zugeben suchen, die Ober-
hand behalten. Diese praktisch recht wichtige Frage

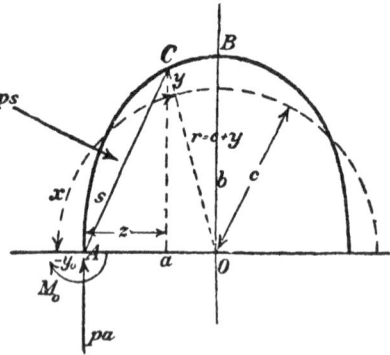
Abb. 89.

(Flammröhren von Dampfkesseln oder Unterseeboot) erfordert zu
ihrer Beantwortung eine eingehende Rechnung.

In Abb. 89 ist eine Hälfte des Rohrquerschnitts gezeichnet, von
dem ich annehme, daß er nur wenig von der gleichfalls gestrichelt
eingetragenen ursprünglichen Kreisform abweiche. Ich nehme ferner
an, daß der Rohrumriß nach der Formänderung zwei zueinander senkrechte Symmetrieachsen besitze, so daß es genügt, die Betrachtung
auf den einen Quadranten AB zu beschränken. Über die besondere
Gestalt des Rohrumrisses wird dagegen im übrigen keine nähere Annahme gemacht; vielmehr wird sie sich aus der weiteren Untersuchung
von selbst ergeben. Ich betrachte einen Streifen von der Länge 1 in
der Richtung der Rohrachse, um die Mitschleppung eines konstanten
Faktors in allen Gliedern der Gleichungen, der sich nachher doch
wieder weghebt, von vornherein zu vermeiden.

Die an der Schnittstelle A übertragenen Spannungen lassen sich
genau so wie bei der bereits in § 43 durchgeführten Berechnung eines
(nur in etwas anderer Weise belasteten) Ringes durch eine zentrisch
angreifende Druckkraft pa und ein Biegungsmoment M_0 ersetzen, das
vorläufig unbekannt ist. Auch das Biegungsmoment M an der Stelle
C erhält man in der schon von früher bekannten Weise zu

$$M = M_0 + paz - p\frac{s^2}{2}.$$

Hierbei ist der Flüssigkeitsdruck auf den Bogenumfang AC durch
den auf die zugehörige Sehne s ersetzt; p gibt den äußeren Überdruck
auf die Flächeneinheit an. Aus dem Dreiecke ACO folgt.

$$r^2 = s^2 + a^2 - 2az, \quad \text{also} \quad \frac{s^2}{2} - az = \frac{r^2 - a^2}{2}.$$

Setzt man dies ein, so geht der Wert von M über in

$$M = M_0 - p\,\frac{r^2 - a^2}{2}.$$

Nun kann $r = c + y$ und $a = c + y_0$ gesetzt werden, wobei zu beachten ist, daß alle y kleine Größen sind gegenüber dem Kreishalbmesser c und daß ferner y positiv zählen soll, wenn es über den Kreis hinaus reicht (so daß also die Strecke y_0 in der Zeichnung einen negativen Wert bedeutet). Die vorige Gleichung geht damit über in

$$M = M_0 - p\,\frac{2cy + y^2 - 2cy_0 - y_0{}^2}{2} = M_0 - pc\,(y - y_0), \tag{203}$$

wenn y gegenüber c vernachlässigt wird.

Für y besteht nach Gl. (114), S. 217 die Beziehung

$$EJ\left(\frac{d^2y}{dx^2} + \frac{y}{c^2}\right) = \pm\,M.$$

Das früher unbestimmt gelassene Vorzeichen von M richtet sich nach den Festsetzungen, die über die Vorzeichen der Momente M und der Strecken y getroffen sind. Man erkennt aus Abb. 89, daß y mit wachsendem x innerhalb des ganzen Quadranten fortwährend zunimmt, daß also $\frac{dy}{dx}$ überall positiv ist; nur an den Enden des Quadranten bei A und bei B hat $\frac{dy}{dx}$ den Wert Null, weil die Biegungslinie an diesen Stellen eine zur Kreistangente parallele Tangente hat. Hiernach nimmt $\frac{dy}{dx}$ von A aus mit wachsendem x zunächst zu und später wieder ab. Solange x nicht zu groß wird, ist daher $\frac{d^2y}{dx^2}$ jedenfalls positiv. An diesen Stellen ist aber auch M positiv, da ein rechtsdrehendes Moment als positiv angesehen wurde. Wir haben daher in Gl. (114) in diesem Falle das positive Vorzeichen zu wählen. Setzen wir außerdem den vorher festgestellten Wert von M ein, so erhalten wir

$$EJ\left(\frac{d^2y}{dx^2} + \frac{y}{c^2}\right) = M_0 - pcy + pcy_0,$$

wofür auch

$$EJ\,\frac{d^2y}{dx^2} = M_0 + pcy_0 - \left(pc + \frac{EJ}{c^2}\right)y \tag{204}$$

gesetzt werden kann.

Diese Differentialgleichung spricht das Gesetz aus, nach dem sich eine Formänderung des ursprünglich kreisförmigen Rohrquerschnittes vollzogen haben muß, wenn die neue Form unter der Einwirkung der vorhandenen Lasten eine Gleichgewichtsfigur bilden soll

Die allgemeine Lösung von Gl. (204) lautet

$$y = \frac{M_0 + p\,c\,y_0}{p\,c + \dfrac{E\,J}{c^2}} + A \sin \alpha x + B \cos \alpha x. \qquad (205)$$

in der A und B die beiden willkürlichen Integrationskonstanten sind, während α eine Konstante ist, die so ermittelt werden muß, daß die Lösung richtig ist. Durch Einsetzen in die Differentialgleichung findet man, daß diese durch den angegebenen Ausdruck identisch befriedigt wird, sofern man der Konstanten α den Wert

$$\alpha = \sqrt{\frac{p\,c}{E\,J} + \frac{1}{c^2}} \qquad (206)$$

beilegt. Die Integrationskonstanten sind aus den Grenzbedingungen zu bestimmen. Am Anfange des Quadranten, also für $x = 0$, muß $\frac{dy}{dx} = 0$ und $y = y_0$ werden. Die erste Bedingung liefert $A = 0$ und aus der zweiten folgt

$$B = \frac{\dfrac{E\,J}{c^2}\,y_0 - M_0}{p\,c + \dfrac{E\,J}{c^2}},$$

womit Gl. (205) übergeht in

$$y = \frac{M_0 + p\,c\,y_0 + \left(\dfrac{E\,J}{c^2}\,y_0 - M_0\right)\cos \alpha x}{p\,c + \dfrac{E\,J}{c^2}}. \qquad (207)$$

Außerdem muß auch noch am anderen Ende des Quadranten, also für $x = \frac{\pi c}{2}$ der Differentialquotient $\frac{dy}{dx}$ zu Null werden. Diese Bedingung liefert

$$\sin \frac{\pi \alpha c}{2} = 0 \quad \text{oder} \quad \alpha c = 2. \qquad (208)$$

Der Wert von α hängt nämlich, wie aus Gl. (206) hervorgeht, vom äußeren Flüssigkeitsdrucke p ab. Wenn dieser allmählich steigt, nimmt auch α zu. Anfänglich ist der Druck nicht ausreichend, um die verbogene Form des Rohrquerschnittes aufrechtzuerhalten. Wir sehen jetzt aus Gl. (208), wie groß α und daher auch p geworden sein muß, damit die verbogene Form eine Gleichgewichtsfigur bilden kann. Die Fälle $\alpha c = 4$ usf., bei denen der Sinus ebenfalls verschwinden würde, kommen daher nicht in Betracht. Nach Einsetzen von α aus Gl. (206) und Auflösen nach p findet man aus Gl. (208) den kritischen Überdruck p_k

$$p_k = \frac{3\,E\,J}{c^3}. \qquad (209)$$

Ist p kleiner als p_k, so kann sich die deformierte Gestalt des Rohrquerschnittes nicht aufrechterhalten, sondern die Verbiegung wird, sobald die störende Ursache entfernt ist, von selbst wieder rückgängig. Umgekehrt wird bei größerem p die Abplattung von selbst weiter fortschreiten und zu einem Zusammenbruche des Rohres führen. — Für das Trägheitsmoment J ist noch der Wert einzusetzen. Da es sich auf einen Streifen von der Länge 1 in der Richtung der Rohrachse bezieht, ist es gleich $\frac{h^3}{12}$, wenn die Wandstärke des Rohres mit h bezeichnet wird, und daher

$$p_k = \frac{E}{4}\left(\frac{h}{c}\right)^3. \tag{210}$$

Der hier behandelte Fall ist der erste, bei dem ein labiles elastisches Gleichgewicht zu besprechen war; ähnliche Fälle werden uns später noch begegnen, der wichtigste unter allen ist jener, der bei der Knickfestigkeit vorliegt. In Anknüpfung daran bezeichnet man die hier untersuchte Erscheinung, die jener bei der Knickfestigkeit genau gleicht, als ein Ausknicken der Rohrwand.

Wenn das Rohr nur kurz und an den Enden durch Böden oder in anderer Weise versteift ist, gilt Gl. (210) nicht mehr. In der Zeitschr. d. Vereins D. Ing., 1914, S. 750 hat R. v. Mises den Einbeulungsdruck p_k auch für diesen Fall berechnet, indem er die Versteifung an den Rohrenden berücksichtigte.

Bei langen Rohren sucht man eine größere Steifigkeit der Rohrwand öfters dadurch herbeizuführen, daß man in gewissen Abständen Ringe aus Winkeleisen usw. herumlegt. In solchen Fällen muß man sich zur Berechnung an Stelle von Gl. (210) der Gl. (209) bedienen, indem man den Zuwachs des Trägheitsmomentes durch den Ring auf einen Streifen von der Länge 1 ausschlägt.

§ 58. Dickwandige Rohre.

Als einfache Beispiele hierfür sind ein Geschützrohr oder der Zylinder einer Wasserdruckpresse anzuführen. Um dem großen Innendrucke widerstehen zu können, der bei ihnen vorkommt, müssen diese Rohre Wandstärken erhalten, die nicht mehr als klein gegenüber dem Innendurchmesser angesehen werden können.

Aus Symmetriegründen folgt, daß von den drei Hauptachsen des Spannungszustandes für jede Stelle der Rohrwand eine (Z) parallel zur Rohrachse geht, eine zweite (R) in die Richtung des Radius und eine dritte (T) in die Richtung der Tangente an den Kreis fällt, der durch den gegebenen Punkt von der Rohrachse aus gelegt werden kann. Um die Spannungen und Dehnungen in der Richtung der Rohrachse wollen wir uns nicht kümmern. Aus den vorausgehenden Überlegungen wissen wir schon, daß die größte Spannung in Richtung der Tangente auftritt (σ_s). Von ihr hängt die Bruchgefahr in erster Linie ab.

Wir nehmen an, daß σ_s vernachlässigbar klein sei. Zur Begründung für diese Annahme können wir anführen, daß σ_t eine Zugspannung und σ_r eine Druckspannung ist. Beide haben Querverformungen ε_s in Richtung der Rohrachse zur Folge, die verschiedenes Vorzeichen haben. Der strenge Ansatz müßte nun lauten, daß ε_s über eine Querschnittsfläche, die bei einem langen Rohr genügend weit von beiden Enden entfernt ist, unveränderlichen Wert hat, und daß $\int_0^F \sigma_s \cdot dF$ Null ist. ε_s ist mit Rücksicht auf die verschiedenen Vorzeichen von σ_r und σ_t weniger als $\frac{1}{m}$ so groß als das absolut größere der beiden Werte ε_r und ε_t. Wir können deshalb in erster Annäherung σ_s gegenüber dem größeren Wert von den in Flächenrichtung auftretenden Spannungen σ_r und σ_t vernachlässigen.

Unter dem Einflusse des inneren Druckes erweitert sich das Rohr, und die elastische Vergrößerung, die ein Radius x erfährt (Abb. 90), sei mit u bezeichnet. Wenn u als Funktion von x bekannt wäre, könnte man daraus die Dehnungen ε_t und ε_r in der Richtung der Tangente und des Radius und hiermit auch die zugehörigen Spannungen σ_t und σ_r berechnen: die Aufgabe wäre also gelöst. Es wird sich also vor allen Dingen darum handeln, diese Funktion u zu bestimmen.

In Abb. 90 ist ein Querschnitt des Rohres gezeichnet, und durch zwei Radien, die den Zentriwinkel $d\alpha$ miteinander bilden, sowie durch zwei Kreisbögen mit den Halbmessern x und $x + dx$ ist ein Flächenelement abgegrenzt. Diesem Flächenelemente entspricht ein Volumenelement des Rohres, für das wir nachher die Bedingung für das Gleichgewicht der daran angreifenden Spannungen anschreiben werden.

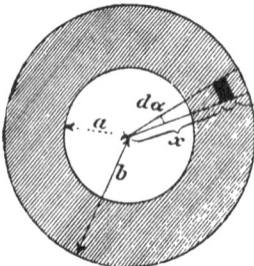

Abb. 90.

In Abb. 91 ist das Volumelement noch besonders herausgezeichnet mit der Angabe der daran angreifenden Spannungen.

Zunächst ist zu bemerken, daß die bezogene Dehnung in der Richtung der Tangente

$$\varepsilon_t = \frac{u}{x} \tag{211}$$

gesetzt werden kann, denn die Länge eines Kreisumfangs wächst proportional mit dem Radius. Für die bezogene Dehnung in der Richtung des Radius erhält man dagegen

$$\varepsilon_r = \frac{du}{dx}, \tag{212}$$

denn aus dx wird nach der Formänderung $dx + \frac{du}{dx} \cdot dx$. Man sieht sofort ein, daß in Wirklichkeit in der Richtung des Radius eine Verkürzung eintreten, daß also du und hiermit ε_r negativ werden muß; das wird die weitere Untersuchung ganz von selbst ergeben. Wenn nicht ausdrücklich etwas anderes verabredet wird, haben wir die vorkommenden Span-

nungen zunächst im-
mer als Zugspannun-
gen und die Längen-
änderungen als Deh-
nungen zu betrachten
und als solche positiv
in die Rechnung ein-

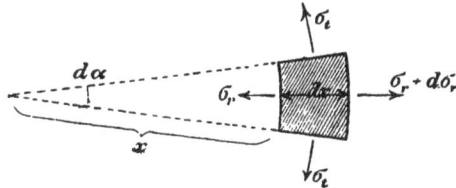

Abb 91.

zuführen. Das Ergebnis der Rechnung gibt dann durch das schließlich herauskommende Vorzeichen zu erkennen, welche der vorkommenden Spannungen in Wirklichkeit Druckspannungen sind.

Wie schon früher bei der Theorie der Platten in § 50 sind auch hier wieder die Spannungen in den Dehnungen auszudrücken. Nach dem Elastizitätsgesetze ist nämlich

$$\varepsilon_t = \frac{1}{E}\Big(\sigma_t - \frac{1}{m}\,\sigma_r\Big); \quad \varepsilon_r = \frac{1}{E}\Big(\sigma_r - \frac{1}{m}\,\sigma_t\Big)$$

und durch Auflösen nach σ_t und σ_r erhält man daraus

$$\sigma_t = \frac{mE}{m^2-1}\,(m\,\varepsilon_t + \varepsilon_r); \quad \sigma_r = \frac{mE}{m^2-1}\,(m\,\varepsilon_r + \varepsilon_t),$$

oder, wenn man die Werte der Dehnungen aus den Gl. (211) und (212) einsetzt,

$$\sigma_t = \frac{mE}{m^2-1}\Big(m\,\frac{u}{x} + \frac{du}{dx}\Big); \quad \sigma_r = \frac{mE}{m^2-1}\Big(m\,\frac{du}{dx} + \frac{u}{x}\Big).$$

Die Spannungen σ_t in Abb. 91 fassen wir zu einer Resultierenden zusammen. Auf jeder der beiden Seitenflächen haben

wir $dx \cdot \sigma_t$, und wenn wir diese beiden Kräfte mit Hilfe eines Kraftdreiecks zu einer Resultierenden vereinigen, erhält diese die Größe $\qquad dx \sigma_t d\alpha$.

Nun betrachten wir die Spannungen σ_r. Auf der inneren Fläche haben sie die Größe $\qquad \sigma_r x d\alpha$,

denn der zum Radius x und zum Zentriwinkel $d\alpha$ gehörende Bogen ist gleich $x d\alpha$. Gegenüber liegt die Spannung $\sigma_r + d\sigma_r$, die sich über die Fläche $(x + dx) d\alpha$ erstreckt. Beide Kräfte gehen in entgegengesetzter Richtung; es kommt also nur auf ihren Unterschied an, der auch unmittelbar als Differential des vorausgehenden Ausdruckes, also in der Form

$$\frac{d}{dx} (\sigma_r x)\, dx\, d\alpha$$

angeschrieben werden kann. Wenn σ_r und der Differentialquotient positiv sind, bedeutet dies eine Resultierende, deren Pfeil nach außenhin geht. Die Resultierende der σ_t geht dagegen bei positivem Werte von σ_t nach innen. Das Gleichgewicht gegen Verschieben in der Richtung des Radius erfordert daher, daß

$$\sigma_t = \frac{d}{dx} (\sigma_r x) \qquad (213)$$

ist. Durch Einsetzen der vorher für die σ aufgestellten Werte geht diese Gleichung zunächst über in

$$m \frac{u}{x} + \frac{du}{dx} = \frac{d}{dx}\left(m x \frac{du}{dx} - u\right),$$

und nach Ausführung der Differentiation auf der rechten Seite vereinfacht sie sich weiter zu

$$x^2 \frac{d^2 u}{dx^2} + x \frac{du}{dx} - u = 0. \qquad (214)$$

Diese Gleichung stimmt fast genau überein mit der Differentialgleichung (155) für die Meridiankurve der elastischen Fläche einer kreisförmigen Platte, und in der Tat gleicht auch die vorausgehende Entwickelung in vielen Punkten und namentlich in dem ganzen Plane der Untersuchung der damals durchgeführten. Man braucht in Gl.(155) nur $N=0$ zu setzen und die unabhängige Veränderliche mit u anstatt φ zu bezeichnen, um sie in Gl.(214) überzuführen. Daher gilt hier auch das frühere Integral, Gl.(156), in der Form

$$u = Bx + \frac{C}{x}. \qquad (215)$$

Es fehlt jetzt nur noch die Ermittelung der Integrationskonstanten B und C. Für u selbst sind hier gar keine Grenzbedingungen vorgeschrieben, wohl aber für σ_r. Für $x = a$ muß nämlich σ_r mit dem Innendrucke p des Rohres übereinstimmen, also mit Berücksichtigung des Vorzeichens $\sigma_r = -p$ sein und an der Außenwand muß $\sigma_r = 0$ werden. Um diese Bedingungen zur Berechnung der Integrationskonstanten verwerten zu können, muß man zunächst den Ausdruck für σ_r aufstellen. Durch Einsetzen von u aus Gl. (215) geht dieser über in

$$\sigma_r = \frac{mE}{m-1} B - \frac{mE}{m-1} \cdot \frac{C}{x^2}.$$

Zur Abkürzung wollen wir dafür

$$\sigma_r = B' - \frac{C'}{x^2} \tag{216}$$

schreiben. Für die neuen Konstanten B' und C' hat man nun die Gleichungen

$$-p = B' - \frac{C'}{a^2}; \quad 0 = B' - \frac{C'}{b^2},$$

aus denen durch Auflösen folgt

$$B' = p\frac{a^2}{b^2 - a^2}; \quad C' = p\frac{a^2 b^2}{b^2 - a^2}. \tag{217}$$

Für u hat man daher jetzt

$$u = p\frac{a^2}{mE(b^2 - a^2)}\left((m-1)x + (m+1)\frac{b^2}{x}\right). \tag{218}$$

Ferner folgt für σ_r und σ_t

$$\left.\begin{aligned}\sigma_r &= p\frac{a^2}{b^2 - a^2} \cdot \frac{x^2 - b^2}{x^2} \\ \sigma_t &= p\frac{a^2}{b^2 - a^2} \cdot \frac{x^2 + b^2}{x^2}\end{aligned}\right\} \tag{219}$$

Je kleiner x ist, desto größere Werte nehmen beide Hauptspannungen an. Das Material wird also am meisten an der Innenseite des Rohres beansprucht, was sich übrigens schon auf Grund einer einfachen Überlegung, die in § 56 angestellt wurde, voraussehen ließ. Die Gleichungen (219) zeigen uns, daß der Absolutwert von σ_t an allen Stellen größer ist als der Absolutwert von σ_r. Eine reduzierte Beanspruchung aufzustellen ist nicht angängig, da wir ja die Spannung σ_s vernachlässigt haben, von der wir nur wissen, daß sie dem Absolutbetrag nach wesentlich kleiner als σ_t ist. Die größte im Rohre auftretende Spannung erhalten wir, wenn wir in die zweite der Gleich. (219) für x den kleinsten möglichen Wert (a) einsetzen:

$$\sigma_{mx} = [\sigma_t]_{r=a} = p\frac{b^2 + a^2}{b^2 - a^2}. \tag{220}$$

Aufgaben

53. Aufgabe. *Eine biegsame Haut verschließt eine kreisförmige Öffnung und ist einem Überdrucke von der einen Seite her ausgesetzt. Man soll die entstehende Ausbauchung und die Spannung berechnen.*

Lösung. Die Mittelebene geht in eine Kugelhaube über, deren Pfeil f als klein gegenüber dem Halbmesser r der Öffnung angesehen werden kann (vgl. Abb. 92). Wenn man den Radius der Kugelhaube mit R bezeichnet, hat man nach dem pythagoreischen Satze

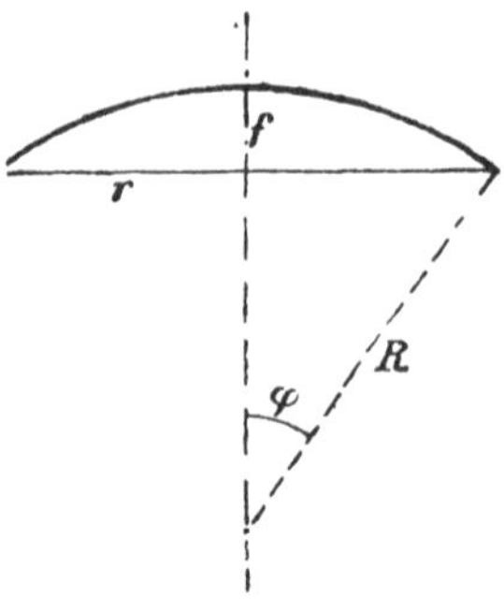

$$R^2 = r^2 + (R - f)^2,$$

woraus genau genug $f = \dfrac{r^2}{2R}$ folgt. Der Winkel, den der äußerste Radius der Kugelhaube mit der Symmetrieachse bildet, sei mit φ bezeichnet, dann ist auch, da φ klein ist,

$$r = R \sin \varphi = R\varphi \quad \text{und daher} \quad f = \frac{r}{2}\varphi.$$

Der zu φ und zum Radius R gehörige Bogen ist gleich $R\varphi$; ursprünglich war die Länge gleich r, also gleich $R \sin \varphi$. Hier dürfen wir nicht $\sin \varphi$ mit φ vertauschen, weil es gerade darauf ankommt, die kleine Dehnung, die die Haut bei der Formänderung erfährt, zu berechnen. Bezeichnen wir die bezogene Dehnung mit ε, so wird

$$\varepsilon = \frac{R\varphi - R\sin\varphi}{R\varphi} = \frac{\varphi - \sin\varphi}{\varphi} = \frac{\varphi^2}{6}.$$

Den letzten Wert erhält man durch Entwicklung der Sinusreihe, von der es genügt, die beiden ersten Glieder beizubehalten. Aus der Dehnung folgt die Spannung σ in der Richtung des Meridians. Es genügt, wenn wir setzen

$$\sigma = E\varepsilon = \frac{E\varphi^2}{6}.$$

Andererseits müssen aber die Spannungen im Gleichgewichte mit den Druckkräften stehen, denen die Haut ausgesetzt ist. Dazu können wir uns der Gl. (199) bedienen, da es hierfür keinen Unterschied macht, ob die Kugelhaube zu einer ganzen Kugel gehört oder ob sie in anderer Weise gestützt ist. Wir haben also auch

$$\sigma = \frac{pR}{2h},$$

und die Gleichsetzung beider Ausdrücke liefert, wenn wir vorher noch beiderseits mit φ multiplizieren,

$$\frac{pr}{2h} = \frac{E\varphi^3}{6},$$

woraus

$$\varphi = \sqrt[3]{\frac{3pr}{Eh}}$$

Abb 92.

folgt. Man braucht diesen Wert nur in die vorher schon aufgestellten Formeln für f und σ einzusetzen, um die Aufgabe zu lösen und erhält

$$f = \frac{r}{2} \sqrt[3]{\frac{3\,pr}{Eh}}\,; \qquad \sigma = \sqrt[3]{\frac{p^2 E}{24} \cdot \frac{r^2}{h^2}}\,.$$

Die Lösung ist freilich nicht streng richtig, weil σ nicht nur von der Dehnung ε in der Richtung des Meridians, sondern auch von der in der Richtung des Parallelkreises' abhängt, über die sich nur aussagen läßt, daß sie am Umfange gleich Null ist. Ebenso ist auch nicht sicher, ob die Dehnung ε in der Tat über die ganze Fläche hin gleich groß ist, wie es bei der Berechnung angenommen wurde.

Anmerkung. Die vorstehende Lösung ist ein erster Versuch für eine Berechnung von dieser Art gewesen. Später habe ich dann im 5. Bande die Differentialgleichungen aufgestellt, von deren Integration eine strengere Lösung der Aufgabe abhängt, ohne jedoch die Lösung selbst daraus abzuleiten. Das ist dann für den Fall der kreisförmigen Haut von H. Hencky in der Zeitschr. für Math. und Physik Bd. 63, S. 311, 1915 nachgeholt worden. Die Schlußformeln mögen hier mitgeteilt werden. Es zeigte sich, daß die Spannung in der Mitte σ_m etwas größer ausfällt als die am Umfange σ_u, nämlich

$$\sigma_m = 0{,}423 \sqrt[3]{Ep^2\,\frac{r^2}{h^2}}\,; \qquad \sigma_u = 0{,}328 \sqrt[3]{Ep^2\,\frac{r^2}{h^2}}\,,$$

während die vorher gefundene Spannung σ in weiterer Ausrechnung

$$\sigma = 0{,}347 \sqrt[3]{Ep^2\,\frac{r^2}{h^2}}$$

geschrieben werden kann. Bei der Näherungslösung wird also die Beanspruchung der Haut etwas unterschätzt, worauf man von vornherein gefaßt sein mußte; aber doch nicht allzuviel.

Für den Biegungspfeil f lautet die Henckysche Formel

$$f = 0{,}662\,r \sqrt[3]{\frac{pr}{Eh}}\,,$$

während vorher

$$f = 0{,}721\,r \sqrt[3]{\frac{pr}{Eh}}$$

gefunden war.

54. Aufgabe. Eine möglichst dünnwandige Hohlkugel wird aus Stahl hergestellt, der mit 3000 atm auf Druck beansprucht werden darf. In welchem Verhältnis steht das Eigengewicht der Hohlkugel zu dem Auftriebe, den die luftleer gemachte Kugel in einer Luft erfährt, von der ein cbm ein Gewicht von 1,3 kg hat?

Lösung. Aus Gl. (199)

$$\sigma = \frac{pr}{2h}$$

erhält man mit $p = 1$ atm, $\sigma = 3000$ atm für die mindestens erforderliche Wanddicke $h = \dfrac{r}{6000}$. Das Gewicht Q einer Hohlkugel von dieser Dicke ist.

$$Q = 4\,\pi r^2 h\gamma = \frac{\pi r^3}{1500}\,\gamma = \frac{\pi r^3}{1500} \cdot 7800\,\frac{\text{kg}}{\text{m}^3},$$

wenn man das Gewicht von 1 cbm Stahl zu 7800 kg annimmt. Andererseits beträgt der Auftrieb, wenn man die Kugel als vollständig luftleer ansieht,

$$A = \frac{4\,\pi r^3}{3} \cdot 1{,}3\,\frac{\text{kg}}{\text{m}^3},$$

und hiernach ist das Verhältnis

$$\frac{Q}{A} = 3{,}0\,.$$

Anmerkung. Die vorausgehende Rechnung lehrt, daß es nicht möglich ist, ein Luftschiff dadurch herzustellen, daß man aus einem metallischen Gefäß die Luft einfach auspumpt. Auch unter den günstigsten Umständen kann man die Wand nicht so stark machen, daß sie dem äußeren Luftdruck zu widerstehen vermag und zugleich so leicht, daß der Auftrieb gleich oder größer wird als das Eigengewicht. An diesem Ergebnis würde auch nichts geändert werden können, wenn man als Baustoff für die Hohlkugel Leichtmetall (etwa Duraluminium) verwenden würde, das zwar geringeres bezogenes Gewicht, aber auch geringere Festigkeit als Stahl hat. Der Auftriebsgewinn, den man erzielt, wenn man den sonst für Luftschiffe verwendeten Wasserstoff durch Vakuum ersetzt, ist überdies nur gering.

55. Aufgabe. Ein dünnwandiges Gefäß hat die Gestalt eines Rotationsellipsoides und ist einem inneren Überdrucke ausgesetzt; man soll den Spannungszustand der Gefäßwand untersuchen.

Anmerkung. Ein Ellipsoid und überhaupt jedes Gefäß von überall endlicher Krümmung (bei dem also an keiner Stelle einer der Hauptkrümmungsradien unendlich groß wird) kann einem inneren oder äußeren Überdrucke widerstehen, wenn die Wand auch so dünn ist, daß sie keinen merklichen Widerstand gegen Biegung leisten kann, während z. B. ein elliptischer Zylinder dazu nicht imstande ist.

Lösung. In Abb. 93 ist ein Meridianschnitt durch das Ellipsoid gezeichnet; die X-Achse sei die Rotationsachse. Ich lege zu-

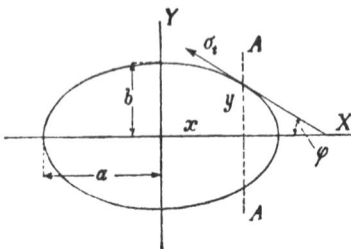

Abb. 93

nächst einen Parallelkreisschnitt AA und betrachte das Gleichgewicht
der dadurch abgegrenzten Haube. Der Symmetrie wegen sind die
Spannungen σ_t (wie ich sie nennen will) dem ganzen Umfange nach
gleichförmig verteilt. Bezeichnet man den Winkel, den die Tangente
an den Meridianschnitt bei dem betreffenden Parallelkreise mit der
Rotationsachse bildet, mit φ, so ist

$$\sigma_t \cdot 2\pi y h \cdot \cos\varphi = \pi y^2 p$$

die Gleichgewichtsbedingung, aus der sich σ_t zu

$$\sigma_t = \frac{py}{2h\cos\varphi}$$

berechnet.

So weit gleicht also das Verfahren vollständig dem bei der Berechnung des Kugelkessels angewendeten. Um aber auch die Ringspannungen σ_r zu finden, die in einem Meridianschnitte übertragen
werden, genügt es nicht, das Gleichgewicht der einen Hälfte des Gefäßes ins Auge zu fassen, weil man nicht wissen kann, wie sich die
Ringspannungen über
den Umfang des Meri-
dianschnittes verteilen.
Man grenze daher (vgl.
Abb. 94) aus der Kessel-
wand ein Element ab,
das zwischen zwei Meri-
dianschnitten, die den
Winkel $d\alpha$ miteinander
bilden, und zwischen
zwei Parallelkreis-
schnitten, im Abstande
dx voneinander, liegt.
An den vier Umfangs-
seiten des Elementes
wirken die Spannungen

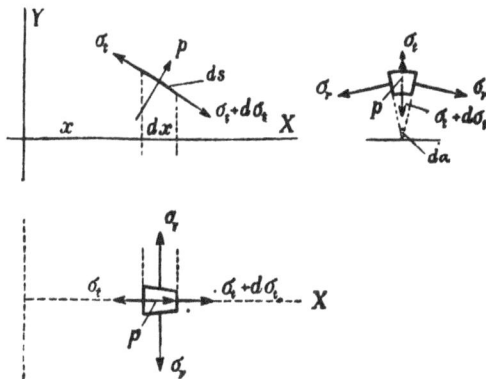

Abb. 94.

σ_r und σ_t, und dazu kommt der Flüssigkeitsdruck auf die Fläche des
Elementes. Die fünf Kräfte müssen im Gleichgewichte miteinander
stehen; wir brauchen dabei nur auf die Gleichgewichtsbedingung
gegen Verschieben in der Richtung der Y-Achse zu achten, denn die
Gleichgewichtsbedingung gegen Verschieben parallel zur Rotationsachse ist zur Berechnung von σ_t schon verwendet worden.

Das zwischen beiden Parallelkreisen liegende Element des Meri-
dians (also das Bogenelement der Ellipse) sei mit ds bezeichnet. Die
Spannungen σ_r an beiden Meridianschnittflächen geben zusammen die
Resultierende

$$\sigma_r h ds \cdot d\alpha$$

mit dem Pfeile nach unten zu gerichtet. Die Spannung σ_t im ersten Parallelkreisschnitte (vom Radius y) hat die Größe $\sigma_t hy d\alpha$ und die Komponente ist gleich $\sigma_t hy d\alpha \sin\varphi$; der Pfeil ist nach oben gerichtet. Entgegengesetzt gerichtet ist aber die Komponente am zweiten Parallelkreisschnitte. Der Unterschied zwischen beiden Komponenten ist das Differential des vorhergehenden Ausdruckes, also

$$\frac{d}{dx}\left(\sigma_t y \sin\varphi\right) h d\alpha dx,$$

und bedeutet eine nach abwärts gekehrte Kraft. Der Flüssigkeitsdruck auf die Fläche endlich hat die Komponente

$$p\,ds\,y\,d\alpha \cos\varphi \quad \text{oder} \quad p\,y\,d\alpha\,dx,$$

die nach außenhin gewendet ist. Die Gleichgewichtsbedingung lautet demnach, wenn man mit $d\alpha \cdot dx$ dividiert und vorher den Wert von σ_t einsetzt,

$$\sigma_r h \frac{ds}{dx} - py + \frac{d}{dx}\left(p\,\frac{y^2 \operatorname{tg}\varphi}{2}\right) = 0,$$

woraus man mit $dx = ds \cos\varphi$

$$\sigma_r = \frac{p}{h}\cos\varphi\left(y - \frac{d}{dx}\left(\frac{y^2}{2}\operatorname{tg}\varphi\right)\right)$$

erhält. — Bis dahin gilt die Betrachtung für jede beliebige Gestalt des Meridianschnittes. Nachträglich kann man aus der Ellipsengleichung

$$\frac{x^2}{a^2} + \frac{y^2}{b^2} = 1$$

den Winkel φ mit Hilfe der Beziehung

$$\operatorname{tg}\varphi = -\frac{dy}{dx}$$

in den Koordinaten ausdrücken und durch Einsetzen in den vorhergehenden Ausdruck σ_r als Funktion von x darstellen.

Anmerkung. Die ganze Berechnung bleibt auch für den Fall eines abgeplatteten Rotationsellipsoids gültig, worauf schon im Zusatze zu § 56, S. 326 hingewiesen wurde. Die hier durchgeführte Betrachtung wird gewöhnlich unter dem Titel „Theorie der Schalen" behandelt.

56. Aufgabe. Die Berechnung der Spannungen eines dünnwandigen ringförmigen Gefäßes von kreisförmigem Querschnitte, das unter einem inneren Überdrucke steht, soll in allgemeinen Umrissen angegeben werden.

Lösung. Ein Schnitt *mm* (Abb. 95) senkrecht zur Rotationsachse trifft die Gefäßwand nach zwei Kreisen. Wenn man nun aber auch aus Symmetriegründen schließen kann, daß die Spannungen σ_t längs des Umfanges jedes dieser Kreise gleichförmig verteilt sind, so

sind sie doch sicher im inneren Kreise verschieden von denen längs
des äußeren Kreises, und man kommt daher mit der Betrachtung des
Gleichgewichtes des oben abgeschnittenen Teils nicht aus. Deshalb
denken wir uns den oberen Teil noch durch einen Ringschnitt *nn* in
zwei Hälften geteilt. In diesem Ringschnitte treten nur horizontal
gerichtete Kräfte auf; wir können daher eine Gleichgewichtsbedingung
für Verschieben jeder Hälfte in vertikaler Richtung aufstellen, in der
das zugehörige σ_t als einzige Unbekannte auftritt. So hat man für

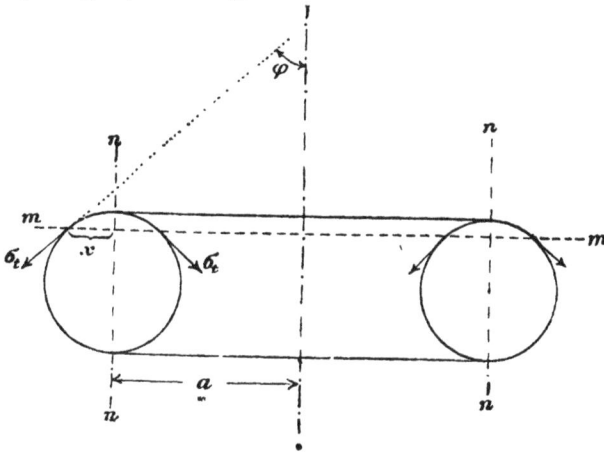

Abb 95.

den nach außenhin liegenden Teil unter Benutzung der in die Abbildung eingeschriebenen Bezeichnungen

$$\sigma_t 2\pi(x+a)h \cos\varphi = p\pi\big((a+x)^2 - a^2\big),$$

woraus mit Berücksichtigung der Beziehung $\cos\varphi = \dfrac{x}{r}$

$$\sigma_t = p\frac{r}{h}\cdot\frac{2a+x}{2a+2x}$$

folgt. Nachdem die Spannungen σ_t bekannt sind, können die Ringspannungen genau auf die Art wie bei der Lösung der vorigen Aufgabe ermittelt werden.

57. **Aufgabe.** *Wie stark muß die Wand eines Flammrohres
von 80 cm Durchmesser gewählt werden, wenn der äußere Überdruck
10 atm beträgt und fünffache Sicherheit gegen Ausknicken verlangt wird?*

Lösung. Der kritische Überdruck ist nach Gl. (210)

$$p_k = \frac{E}{4}\left(\frac{h}{r}\right)^3.$$

Wir setzen in diese Gleichung, der verlangten fünffachen Sicherheit wegen, $p_k = 50$ atm, $r = 40$ cm und $E = 2 \cdot 10^6$ (für Schweißeisen) ein und lösen sie nach h auf; wir erhalten

$$h = r \sqrt[3]{\frac{4 p_k}{E}} = 40 \sqrt[3]{\frac{200}{2 \cdot 10^6}} = 1{,}856 \text{ cm.}$$

Bei Anwendung von Versteifungsringen kann h schwächer gewählt werden; es muß nur dafür gesorgt werden, daß die Ringe nicht zu weit auseinander sitzen und daß das Trägheitsmoment des Versteifungsringes das Trägheitsmoment des Blechs von der berechneten Stärke h auf eine Länge, die gleich dem Abstande der Versteifungsringe voneinander ist, mindestens ersetzt.

58. *Aufgabe. Man soll die in § 58 für die dickwandigen Rohre gegebene Rechnung auf den Fall eines kugelförmigen Gefäßes von größerer Wandstärke übertragen.*

Lösung. Abb. 90, S. 332, bedeute jetzt den Querschnitt durch die Kugel; in diesem Sinne verwenden wir alle dort eingeschriebenen Bezeichnungen. Die Gl. (210) und (211) für die Dehnungen bleiben bestehen. Das Element, an dem das Gleichgewicht der Kräfte betrachtet wird, gehöre zu einem Kreiskegel mit dem Winkel $d\alpha$ an der Spitze   Die Komponente der σ_t in der Richtung des Radius ist dann

$$\frac{1}{2} \sigma_t \pi x \, dx \, d\alpha^2.$$

Die Spannungen σ_r an der zum Radius x gehörigen Basisfläche betragen zusammen $\sigma_r \frac{\pi}{4} (x \, d\alpha)^2$, und das Differential davon ist

$$\frac{\pi}{4} \cdot \frac{d}{dx} (x^2 \sigma_r) \, dx \, d\alpha^2.$$

An Stelle von Gl. (213) erhalten wir daher

$$\sigma_t \cdot x = \frac{1}{2} \cdot \frac{d}{dx} (x^2 \sigma_r).$$

Die beiden Unbekannten σ_r und σ_t sind jetzt in u auszudrücken. Dabei ist zu beachten, daß hier

$$\varepsilon_t = \frac{1}{E} \left(\frac{m-1}{m} \sigma_t - \frac{1}{m} \sigma_r \right); \quad \varepsilon_r = \frac{1}{E} \left(\sigma_r - \frac{2}{m} \sigma_t \right)$$

ist, weil die Spannungen σ_t hier von allen Seiten her wirken (d. h. zwei der drei Hauptspannungen sind gleich σ_t). Die Auflösung liefert

$$\sigma_t = \frac{mE}{m^2 - m - 2} (m \varepsilon_t + \varepsilon_r); \quad \sigma_r = \frac{mE}{m^2 - m - 2} \big((m-1) \varepsilon_r + 2 \varepsilon_t \big)$$

oder mit Rücksicht auf die Gl. (211) und (212)

$$\sigma_t = \frac{mE}{m^2 - m - 2}\left(m\,\frac{u}{x} + \frac{du}{dx}\right); \quad \sigma_r = \frac{mE}{m^2 - m - 2}\left((m-1)\frac{du}{dx} + \frac{2u}{x}\right).$$

Die Differentialgleichung geht nach Einführen dieser Werte über in

$$2x\left(m\,\frac{u}{x} + \frac{au}{dx}\right) = \frac{d}{dx}\left((m-1)x^2\frac{du}{dx} + 2ux\right)$$

oder nach Ausführung der Differentiation, Wegheben der Glieder, die gegeneinander fortfallen und Division mit $(m-1)$

$$x^2\frac{d^2u}{dx^2} + 2x\frac{du}{dx} - 2u = 0.$$

Die allgemeine Lösung dieser Differentialgleichung ist

$$u = Bx + \frac{C}{x^2}.$$

Damit folgt für σ_r

$$\sigma_r = \frac{mE}{m^2 - m - 2}\left((m+1)B - (m-2)\frac{2C}{x^3}\right)$$

$$= \frac{mE}{m-2}B - \frac{2mE}{m+1}\cdot\frac{C}{x^3}.$$

Wenn der Überdruck von innen her wirkt (im entgegengesetzten Falle wäre ganz ähnlich zu verfahren) ist $\sigma_r = 0$ für $x = b$ und $\sigma_r = -p$ für $x = a$, also

$$\frac{B}{m-2} - \frac{2C}{(m+1)b^3} = 0; \quad \frac{B}{m-2} - \frac{2C}{(m+1)a^3} = -\frac{p}{mE}$$

und hieraus

$$B = \frac{m-2}{m}\cdot\frac{a^3}{b^3 - a^3}\cdot\frac{p}{E};$$

$$C = \frac{m+1}{2m}\cdot\frac{a^3 b^3}{b^3 - a^3}\cdot\frac{p}{E}.$$

Nachdem die Integrationskonstanten bestimmt sind, findet man alle Spannungen und die Anstrengung des Materials genau so wie bei den dickwandigen Röhren in § 58.

59. Aufgabe. Ein aus dünnem Eisenblech hergestellter zylindrischer Wasserbehälter sei oben irgendwie gestützt und hänge frei herab. Unten ist er durch einen kegelförmigen Boden geschlossen (Abb. 96); man soll die darin durch eine Wasser-

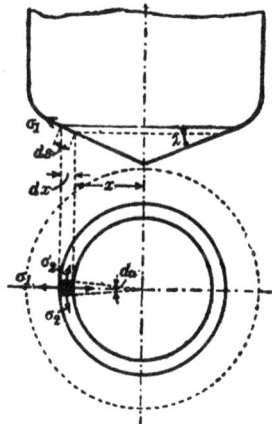

Abb. 96.

füllung hervorgerufenen Spannungen ermitteln, wobei die Höhe H des Wasserspiegels als groß angesehen werden kann gegenüber der Höhe des Kegels.

Lösung. Wir legen einen horizontalen Schnitt durch den kegelförmigen Boden und berechnen die in diesem Schnitte übertragenen Spannungen σ_1, die am unteren Teile Gleichgewicht mit dem Gewichte der darüber stehenden Wassersäule halten müssen. Das liefert die Gleichgewichtsbedingung

$$2\pi x h \sigma_1 \sin \lambda = \pi x^2 H \gamma,$$

wenn γ das Gewicht der Raumeinheit der Flüssigkeit, h wie früher die Wandstärke und λ den Winkel zwischen den Kegelerzeugenden und der horizontalen Schnittfläche bedeuten. Daraus folgt

$$\sigma_1 = x \frac{H\gamma}{2h \sin \lambda}.$$

Dann grenzen wir weiter das im Grundrisse hervorgehobene Wandelement des Kegelbodens ab, das zwischen zwei Meridianebenen eingeschlossen ist, die den Winkel $d\alpha$ miteinander bilden. Die in den Meridianebenen übertragenen Spannungen σ_2 sind der Symmetrie wegen Hauptspannungen und beiderseits gleich. Sie liefern eine horizontal auf die Kegelachse gerichtete Resultierende von der Größe

$$\sigma_2 \, ds \, h \, d\alpha.$$

Die Gleichgewichtsbedingung gegen Verschieben in der Richtung der Normalen zum Flächenelement lautet

$$\sigma_2 \, ds \, h \, d\alpha \sin \lambda = x \, d\alpha \, ds \, H\gamma,$$

wobei die rechte Seite den Wasserdruck auf das Wandelement angibt. Hieraus folgt

$$\sigma_2 = x \frac{H\gamma}{h \sin \lambda}.$$

Man sieht daraus, daß beim kegelförmigen Boden (und bei hinreichend großem H) die Ringspannung σ_2 überall doppelt so groß ist, als die in der Meridianebene liegende Spannung σ_1. Beide wachsen mit x, sind also am größten am Übergang des Kegels in die den Anschluß an den zylindrischen Teil der Gefäßwand vermittelnde Fläche.

Anmerkung. Eine ausführliche Untersuchung über die Spannungen in kegelförmigen Gefäßwandungen, wobei auch die Biegungen berücksichtigt sind, die entstehen, wenn die Wandstärke nicht mehr als sehr klein angesehen werden kann, findet man in der Züricher Doktorarbeit von F. Dubois „Über die Festigkeit der Kegelschale", Zürich 1917. Ein Auszug daraus ist auch in „Drang und Zwang" Bd. II gegeben.

Neunter Abschnitt.

Die einfachsten Fälle der Verdrehungsfestigkeit.

§ 59. Wellen von kreisförmigem Querschnitte.

Ein Stab, der auf Verdrehen beansprucht wird, heißt im Maschinenbau eine Welle. Wenn der Querschnitt ein Kreis ist, kann man von vornherein erwarten, daß alle Punkte, die vorher auf einer Querschnittsebene enthalten waren, nach der Formänderung auch noch in einer zur Achse senkrechten Ebene liegen. In der Tat lehrt auch die Erfahrung, daß die auf Grund dieser Annahme abgeleiteten Formeln in guter Übereinstimmung mit den Ergebnissen der Verdrehungsversuche mit Stäben von kreisförmigem Querschnitte stehen. Es muß jedoch sofort hinzugefügt werden, daß dies nur für den kreisförmigen Querschnitt gilt. Wenn der Querschnitt eine andere Gestalt hat, bleibt er bei der Torsion des Stabes nicht eben. Darauf wird später zurückgekommen werden.

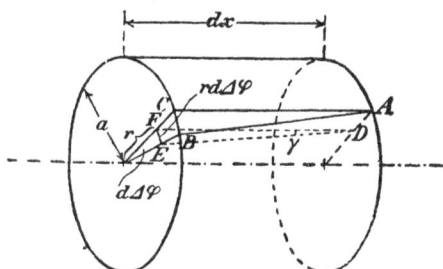

Abb. 97.

Bei der Verdrehung einer Welle von kreisförmigem Querschnitte geht jede zur Achse parallel gezogene Gerade in ein Stück einer Schraubenlinie über. Zwei Halbmesser, die in zwei um die Länge l voneinander entfernten Querschnitten parallel zueinander gezogen waren, bilden nach der Verdrehung einen Winkel miteinander, den man den Verdrehungswinkel heißt, und den wir mit $\varDelta\varphi$ bezeichnen. In Abb. 97 ist ein Wellenelement von der Länge dx gezeichnet. AB ist das Element der Schraubenlinie, das ursprünglich mit der Zylinder-

erzeugenden zusammenfiel. Der Verdrehungswinkel für die
Länge dx sei $d\varDelta\varphi$, dann ist

$$d\varDelta\varphi = \varDelta\varphi\,\frac{dx}{l}.$$

Die Schraubenlinie AB bildet jetzt einen spitzen Winkel mit der Querschnittsebene, während die durch dieselben
Teilchen vor der Formänderung gezogene Linie AC rechtwinklig zum Querschnitte stand. Einer solchen Winkeländerung
entspricht eine Schubspannung τ im Querschnitte, die nach
dem Elastizitätsgesetze daraus berechnet werden kann.

Wir finden die relative Verschiebung von zwei im Abstande r von der Achse in benachbarten Querschnitten ursprünglich einander gegenüberliegenden Punkten D und F, wenn wir
den Winkel, um den sich die Querschnitte gegeneinander drehen,
mit dem Halbmesser r multiplizieren, also gleich

$$r\,d\varDelta\varphi \quad\text{oder}\quad r\,\varDelta\varphi\,\frac{dx}{l}.$$

Um soviel ist der eine Endpunkt der Strecke dx, die die
gleich gelegenen Punkte beider Querschnitte verbindet, gegen
den anderen, und zwar in der Richtung senkrecht zum Radius
r verschoben worden. Der ursprünglich rechte Winkel zwischen
dx und der Querschnittsfläche hat sich dabei um einen Betrag
γ geändert, und zwar so, daß $\gamma\,dx$ ebenfalls ein Ausdruck für
die relative Verschiebung ist. Ein Vergleich beider Ausdrücke
liefert

$$\gamma = \frac{r\,\varDelta\varphi}{l}.$$

Nach dem Elastizitätsgesetze folgt aber die Schubspannung aus
γ durch Multiplikation mit dem Schubelastizitätsmodul, also

$$\tau = G\gamma = \frac{G\,r\,\varDelta\varphi}{l}. \tag{221}$$

Daß τ senkrecht zum Radius gerichtet ist, folgt daraus, daß
auch die elastische Verschiebung in diesem Sinne erfolgte.

Aus Gl. (221) erkennen wir, daß die Schubspannungen τ
nach einem Geradliniengesetze über den Querschnitt verteilt
sind, daß sie nämlich proportional mit den Abständen r von

der Mitte zunehmen. In der Mitte wird τ zu Null und die größte Beanspruchung des Materials findet am Umfange statt. Bezeichnen wir die Spannung am Rande mit τ' und den Halbmesser des Querschnitts mit a, so ist nach Gl. (221)

$$\tau = \frac{\tau' r}{a}, \tag{222}$$

und zur Berechnung von τ' steht uns eine Momentengleichung zur Verfügung. Alle Schubspannungen, die sich über den Querschnitt verteilen, lassen sich zu einem Kräftepaare zusammensetzen, dessen statisches Moment gleich dem von den äußeren Kräften herrührenden Verdrehungsmomente sein muß. Bezeichnen wir das Torsionsmoment mit M, so ist

$$M = \int \tau \, dF r = \frac{\tau'}{a} \int r^2 dF = \frac{\tau'}{a} J_p.$$

Hier ist mit J_p das polare Trägheitsmoment des kreisförmigen Querschnittes bezeichnet, also $J_p = \frac{\pi a^4}{2}$. Durch Auflösen nach τ' erhält man

$$\tau' = \frac{M}{J_p} \cdot a \tag{223}$$

oder auch nach Einsetzen des Wertes von J_p

$$\tau' = \frac{2 M}{\pi a^3}. \tag{224}$$

Man gibt häufig der Form (223) den Vorzug, weil sie sich genau an die Formel für die Biegung anschließt. Früher freilich, als man noch glaubte, daß auch die Querschnitte von anderer Gestalt bei der Verdrehung eben blieben, bezog man die ganze Entwickelung, die hier nur für kreisförmige Querschnitte abgeleitet ist, sofort auch auf jene, und Gl. (223) galt als die allgemeine Formel für die Berechnung der Torsionsspannungen. Da man jetzt weiß, daß Gl. (223) nur für den kreisförmigen Querschnitt gültig ist, hat es keinen Zweck, J_p in dieser allgemeinen Form stehen zu lassen, sondern man tut besser, sofort den Wert dafür einzusetzen, also Gl. (224) zu benutzen.

Für den Verdrehungswinkel $\varDelta\varphi$ erhält man nach Gl. (221)

$$\varDelta\varphi = \frac{\tau l}{Gr} = \frac{\tau' l}{Ga} = \frac{2Ml}{\pi a^4 G}.\tag{225}$$

Die einzige weitere Ausdehnung, die diese Formeln zulassen, ist die auf Wellen von kreisringförmigem Querschnitte. Wenn die beiden Querschnitthalbmesser der hohlen Welle mit a und b bezeichnet werden $(a > b)$, erhält man

$$\tau' = \frac{2Ma}{\pi(a^4 - b^4)}; \qquad \varDelta\varphi = \frac{2Ml}{\pi(a^4 - b^4)G}.$$

Hierbei ist vorausgesetzt, daß die Mittelpunkte beider Kreise zusammenfallen. Im anderen Falle ist die Aufgabe weit schwieriger zu lösen und die Querschnitte bleiben dann auch nicht eben.

§ 60.   Wellen von elliptischem Querschnitte.

Daß der Querschnitt einer solchen Welle bei der Verdrehung nicht eben bleiben kann, erkennt man am einfachsten daraus, daß in diesem Falle die Entwickelungen des vorigen Paragraphen auch für sie gültig blieben und daß daher τ überall rechtwinklig zum Radiusvektor stehen müßte, der nach der betreffenden Stelle von der Mitte aus gezogen ist. Am Umfange ist dies aber nicht möglich, indem dort nach den allgemeinen Gleichgewichtsbedingungen, die wir im ersten Abschnitte untersuchten und die zu den Gl. (4) führten, die Schubspannung keine Komponente in der Richtung senkrecht zum Umfange haben kann. Die Schubspannung muß vielmehr überall am Umfange in die Richtung der Tangente fallen. Diesen Satz muß man bei allen Betrachtungen über die Torsionsfestigkeit in die vorderste Stelle rücken; eine Abweichung davon könnte nur dann eintreten, wenn die Welle am Umfange nicht frei, sondern durch irgendeinen anderen Körper so gestützt wäre, daß Kräfte, also etwa Reibungen, am Umfange auf sie übertragen würden, die parallel zur Achse gerichtet wären. Selbstverständliche Voraussetzung bei Untersuchung der verdrehten Welle ist indessen, daß die Welle am Umfange frei sein soll. Wenn das Ende der Welle z. B. in der Einspannvorrichtung einer Festigkeitsmaschine steckt, trifft für dieses Ende die Voraussetzung allerdings nicht zu; wie sich die Spannungen an der Einspannstelle verteilen, kann also aus unseren Betrachtungen nicht geschlossen werden. Auf solche Fälle sollen sie sich aber auch gar nicht beziehen.

Die Gleichung der Ellipse, die den Querschnittsumriß bildet (Abb. 98), sei

$$\frac{y^2}{a^2} + \frac{z^2}{b^2} = 1.$$

Für den Punkt mit den Koordinaten y und z hat man dann

$$\frac{dz}{dy} = -\frac{b^2}{a^2} \cdot \frac{y}{z},$$

und weil die Schubspannung τ den Umfang berührt, muß die Gleichung bestehen

$$\frac{\tau_{xz}}{\tau_{xy}} = \frac{dz}{dy} = -\frac{b^2 y}{a^2 z}. \quad (226)$$

Abb. 98.

Diese Bedingung wird durch die Annahme erfüllt, daß die Schubspannungskomponenten in der Form

$$\tau_{xy} = k a^2 z; \quad \tau_{xz} = -k b^2 y \quad (227)$$

dargestellt werden können. An und für sich könnte der hierbei eingeführte Faktor k an verschiedenen Stellen des Querschnittes und selbst an verschiedenen Stellen des Umfanges verschiedene Werte annehmen, d. h. er ist zunächst selbst als eine unbekannte Funktion der Querschnittskoordinaten anzusehen. Unsere Absicht geht aber hier darauf hinaus, eine möglichst einfache Theorie des ganzen Vorganges abzuleiten, selbst auf die Gefahr hin, daß sie nicht völlig genau mit den Tatsachen übereinstimmen sollte. Der Vergleich mit der Erfahrung bleibt uns immer offen, und er würde uns bald belehren, wenn wir uns erheblich geirrt haben sollten. In der Tat ist auch die ältere Theorie der Verdrehungsfestigkeit, die von der Annahme

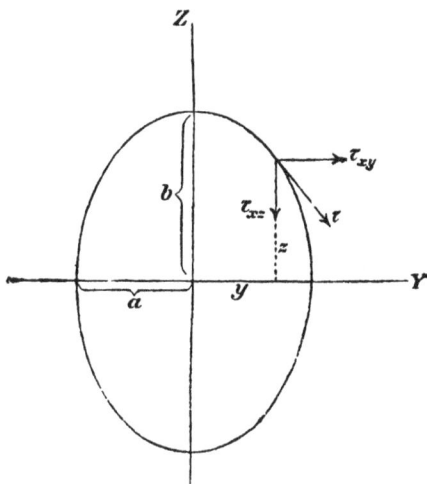

ausging, die Querschnitte blieben eben, bald widerlegt worden,
und nur wegen des Widerspruchs, in dem ihre Folgerungen
mit den Beobachtungstatsachen standen, ließ man sie fallen;
der Widerspruch mit der Saint-Venantschen Theorie allein
würde keinen Techniker gestört haben. Der Widerspruch mit
der Erfahrung aber bewies, daß jene ältere Betrachtung eine
Bedingung außer acht ließ, deren Vernachlässigung zu den
gröbsten Irrtümern führte. Durch die Gl. (227) haben wir
diese Bedingung weiterhin als verbindlich für unsere Betrachtungen anerkannt. Nachdem dieser unerläßliche Schritt geschehen ist, wollen wir uns aber im übrigen möglichst eng an
die einfachen Betrachtungen der älteren Theorie anlehnen, indem wir uns der Hoffnung hingeben, die Beobachtungstatsachen hinreichend genau wiedergeben zu können, nachdem
wenigstens der gröbste Fehler der älteren Betrachtung gehoben ist.

In diesen Sätzen habe ich wenigstens die Auffassung ge-
schildert, mit der man — meiner eigenen Meinung nach — an
diese Untersuchungen herantreten sollte. Es ist ganz unerheblich, wenn ich noch hinzufüge, daß die Theorie, zu der man
so gelangt, bei der Welle mit elliptischem Querschnitte mit
der im letzten Abschnitte dieses Bandes besprochenen strengen
Theorie der Torsion in den Resultaten völlig übereinstimmt.

Ich nehme also jetzt willkürlich an, daß es genüge, den
Faktor k in den Gl. (227) als eine Konstante zu betrachten.
Dann wächst die Schubspannung τ, wenn wir von der Mitte
aus längs eines Halbmessers nach dem Umfange hin weiter
gehen, immer noch in demselben Verhältnisse wie der Abstand
von der Mitte, und sie behält in allen Punkten des Halbmessers
dieselbe Richtung. Für Punkte, die auf verschiedenen Halbmessern in gleichem Abstande von der Mitte liegen, ist τ jetzt
allerdings verschieden groß, und auch der Winkel, den die
Richtung von τ mit der Richtung des Halbmessers bildet,
wechselt mit dem Halbmesser. Darin liegt die einzige Abweichung von den Annahmen der älteren Theorie, zu der wir
uns notgedrungen entschließen mußten.

Es bleibt uns jetzt nur noch übrig, die Konstante k in den Gl. (227) zu berechnen. Natürlich hängt deren Größe von dem Werte des Verdrehungsmomentes M ab, und zu ihrer Ermittelung wird uns daher eine Momentengleichung verhelfen. Für den Mittelpunkt als Momentenpunkt ist das statische Moment der in einem Flächenelemente dF übertragenen Spannung $\tau\, dF$ gleich

$$\tau_{xy}\, dF \cdot z - \tau_{xz}\, dF \cdot y,$$

und nach Einsetzen der Werte aus den Gl. (227) erhält man daher die Momentenbedingung

$$M = k a^2 \int z^2 dF + k b^2 \int y^2 dF. \tag{228}$$

Die Integrale sind über den ganzen Querschnitt auszudehnen und stellen die Trägheitsmomente für die Koordinatenachsen dar. Man kennt die Trägheitsmomente für die Ellipse (vgl. § 22, S. 103), nämlich

$$\int y^2 dF = \pi\, \frac{b a^3}{4}; \quad \int z^2 dF = \pi\, \frac{a b^3}{4}.$$

Setzt man diese Werte in Gl. (228) ein und löst diese dann nach k auf, so erhält man

$$k = \frac{2M}{\pi a^3 b^3}. \tag{229}$$

Hiermit sind wir in den Stand gesetzt, die Spannung τ an jeder Stelle nach Größe und Richtung anzugeben. Es fragt sich jetzt noch, wo τ seinen größten Wert annimmt. Jedenfalls muß dies irgendwo am Umfange geschehen, denn τ wächst, je weiter wir auf einem gegebenen Halbmesser von der Mitte abrücken. Am nächsten liegt wohl die Vermutung, daß τ am Ende der großen Achse den größten Wert erreiche, und nach der älteren Theorie nahm man dies früher in der Tat allgemein an. Die Vermutung ist aber irrig. Um uns davon zu überzeugen, setzen wir nach dem Pythagoräischen Satze und nach der Gl. (227)

$$\tau^2 = \tau_{xy}^2 + \tau_{xz}^2 = k^2 (a^4 z^2 + b^4 y^2).$$

Da nur die Spannungen am Umfange in Frage kommen, können wir z nach der Ellipsengleichung in y ausdrücken und erhalten

$$\tau^2 = k^2 b^2 (a^4 + y^2 [b^2 - a^2]).$$

Wenn b größer als a ist, wie in Abb. 98 angenommen wurde, müssen wir y möglichst groß annehmen, um den größten Wert von τ^2 zu erhalten. Der größte Wert von y ist aber a, d. h. die größte Spannung tritt am Ende der kleinen Achse auf. Wir erhalten

$$\tau_{\text{max}} = k a b^2$$

oder nach Einsetzen von k aus Gl. (229)

$$\tau_{\text{max}} = \frac{2 M}{\pi a^2 b}. \tag{230}$$

Am Ende der großen Halbachse, also für $y = 0$, wird

$$\tau = k a^2 b = \frac{2 M}{\pi a b^2},$$

also im Verhältnisse $a : b$ kleiner.

Anmerkung. Wie man auch eine Formel für den Verdrehungs-winkel ableiten kann, wenn die Schubspannungen im Querschnitt bereits überall ermittelt sind, ist in Aufgabe 60 am Schlusse des Abschnitts gezeigt.

§ 61. Wellen von rechteckigem Querschnitte.

Auch für diesen Querschnitt soll eine Näherungstheorie nach denselben Grundsätzen wie im vorigen Paragraphen ent-wickelt werden; ich bemerke aber sofort, daß die Formel, auf die man hierbei geführt wird, in der Tat nur eine Näherungs-formel bleibt und nicht nachträglich durch die genauere Unter-suchung nach den Methoden der mathematischen Elastizitäts-theorie bestätigt wird.

Zunächst müssen wir hier unser Augenmerk auf die Symmetrieeigenschaften lenken, die dem rechteckigen Quer-schnitte zukommen. Wenn die Pfeile der Schubspannungs-komponenten τ_{xy} und τ_{xz} für ein im ersten Quadranten liegen-des Flächenelement die in Abb. 99 angenommene Richtung haben, müssen die Pfeile in den drei anderen Quadranten die ebenfalls dort eingetragenen Richtungen annehmen, da die Ver-drehung in allen Quadranten überall in derselben Drehrichtung vor sich geht. Außerdem folgt, daß bei spiegelbildlich zueinander liegenden Flächenteilen die Absolutbeträge der in derselben Achsenrichtung gehenden Komponenten einander gleich sind. Wir können dies dahin ausdrücken, daß τ_{xy} eine gerade Funktion von y und eine ungerade Funktion von z ist, während umgekehrt τ_{xz} eine ungerade Funktion von y und eine gerade von z sein muß.

Ein lineares Gesetz für die Verteilung der Spannungskomponenten über den Querschnitt ist hier nicht möglich, da z. B. τ_{xy} sowohl für $y = a$ als im Koordinatenursprunge verschwinden muß. Wir wollen aber, indem wir diesen Grenzbedingungen am Umfange vollständig

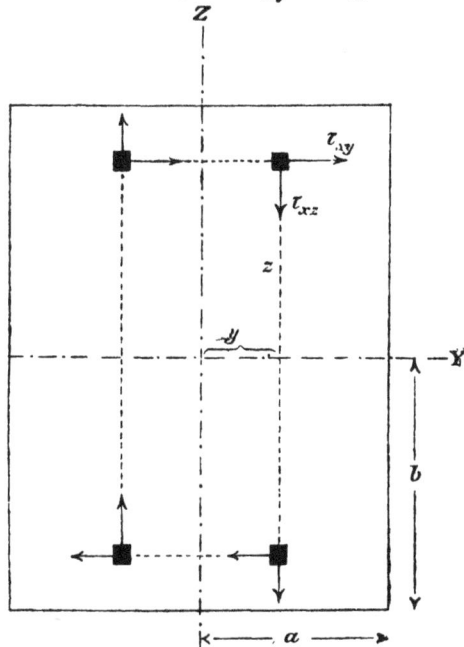

Abb. 99.

Rechnung tragen, das damit noch verträgliche, sonst aber möglichst einfach gestaltete Spannungsverteilungsgesetz zugrunde legen. Vor allem wollen wir also annehmen, daß die Spannungskomponenten hinreichend genau durch algebraische Funktionen der Querschnittskoordinaten y und z dargestellt werden können, und wir wollen ferner den Grad dieser Funktionen so niedrig annehmen, als es möglich ist, ohne die Grenzbedingungen zu verletzen. Dazu reicht eine Funktion dritten Grades aus. Mit Rücksicht darauf, daß τ_{xy} gerade in Beziehung auf y und ungerade in Beziehung auf z sein soll, setzen wir daher zunächst

$$\tau_{xy} = c_1 z + c_2 z y^2 + c_3 z^3.$$

Nun muß an den zur Z-Achse parallelen Querschnittsseiten, also für $y = \pm a$ dieser Ausdruck identisch, d. h. für jedes z, verschwinden. Dies liefert die Bedingungsgleichung

$$0 = c_1 z + c_2 a^2 z + c_3 z^3 ,$$

aus der, weil sie identisch erfüllt sein muß,

$$c_3 = 0; \quad c_2 = -\frac{c_1}{a^2}$$

folgt. Damit ist τ_{xy} bis auf eine Konstante bestimmt, nämlich

$$\tau_{xy} = c_1 z - \frac{c_1}{a^2} z y^2. \tag{231}$$

Ähnlich verfahren wir mit τ_{xz}; wir setzen zunächst

$$\tau_{xz} = k_1 y + k_2 y z^2 + k_3 y^3.$$

Für $z = \pm b$ muß dies verschwinden, also

$$0 = k_1 y + k_2 y b^2 + k_3 y^3$$

und hieraus

$$k_3 = 0; \quad k_2 = -\frac{k_1}{b^2}.$$

Setzt man dies ein, so erhalten wir den mit den aufgestellten Bedingungen verträglichen, möglichst einfachen Ausdruck für τ_{xz}

$$\tau_{xz} = k_1 y - \frac{k_1}{b^2} y z^2. \tag{232}$$

Zwischen den Konstanten c_1 und k_1 in (231) und (232) muß aber außerdem noch eine Bedingungsgleichung erfüllt sein, um das Gleichgewicht zwischen den Spannungen an irgendeinem Volumenelemente zu sichern. Die erste der Gleichungen (5), durch die die allgemeinen Gleichgewichtsbedingungen am starren Körper ausgedrückt wurden, lautete

$$\frac{\partial \sigma_x}{\partial x} + \frac{\partial \tau_{yx}}{\partial y} + \frac{\partial \tau_{zx}}{\partial z} + X = 0.$$

Hier ist sowohl X als σ_x gleich Null zu setzen, denn zum Auftreten einer Normalspannung im Querschnitte der Welle ist kein Anlaß gegeben, wenn neben der Torsion der Welle

nicht eine Biegung oder eine achsiale Belastung nebenher läuft
Von einer solchen zusammengesetzten Beanspruchung der Welle
sollte aber hier nicht die Rede sein. Beachtet man noch, daß
$\tau_{yz} = \tau_{zy}$ und $\tau_{sz} = \tau_{zs}$ zu setzen ist, so vereinfacht sich jene
Gleichgewichtsbedingung hier zu

$$\frac{\partial \tau_{xy}}{\partial y} = - \frac{\partial \tau_{xs}}{\partial z}$$

Nach Eintragen der Werte aus den Gl. (231) und (232)
geht sie über in

$$- 2yz\frac{c_1}{a^2} = 2yz\frac{k_1}{b^2}.$$

Sie wird also in der Tat identisch erfüllt, falls man

$$k_1 = - \frac{c_1 b^2}{a^2} \tag{233}$$

setzt, und dies zeigt uns zugleich, daß das in dieser Weise
näher bestimmte System der Spannungen vom Gesichtspunkte
der Statik starrer Körper aus möglich ist. Eine andere Frage
wäre es natürlich, ob dieses Spannungssystem zugleich mit
den elastischen Eigenschaften eines bestimmten Materials, z. B.
mit dem Hookeschen Gesetze in Übereinstimmung stehe. Auf
eine solche Untersuchung haben wir aber hier, in der Absicht
zu einem möglichst einfachen, wenn auch nur näherungsweise
richtigen Resultate zu gelangen, von vornherein verzichtet.
Mit Rücksicht auf Gl. (233) geht jetzt Gl. (232) über in

$$\tau_{zs} = - \frac{c_1 b^2}{a^2}y + \frac{c_1}{a^2}yz^2. \tag{234}$$

Es bleibt jetzt nur noch die Bestimmung der einzigen, bisher
unbekannt gebliebenen Konstanten c_1 übrig, und man sieht leicht
ein, daß diese aus der Momentengleichung, ganz wie früher
bei dem elliptischen Querschnitte, berechnet werden kann. Die
Momentengleichung lautet

$$M = \int dF(\tau_{xy} \cdot z - \tau_{zs} \cdot y)$$

oder nach Einsetzen der Werte aus (231) und (234)

$$M = c_1 \int \left(z^2 - 2\frac{z^2 y^2}{a^2} + \frac{b^2}{a^2}y^2\right) dF.$$

Die rechte Seite zerfällt in drei Glieder, von denen das erste
und das letzte ohne weiteres angegeben werden können, da
die Trägheitsmomente des Rechtecks darin auftreten. Das
zweite Glied führt auf ein Moment vierten Grades des Querschnittes und muß besonders berechnet werden. Wir dehnen
die Integration zunächst auf den im ersten Quadranten liegenden Teil des Querschnittes aus und finden dafür

$$\int y^2 z^2 dF = \int_0^b dz \cdot z^2 \int_0^a y^2 dy = \frac{a^3 b^3}{9}.$$

Für den ganzen Querschnitt liefert das Integral den vierfachen
Wert. — Die Momentengleichung geht hiermit über in

$$M = c_1\left(\frac{4 a b^3}{3} - \frac{8 a b^3}{9} + \frac{4 a b^3}{3}\right) = c_1 \cdot \frac{16 a b^3}{9}.$$

Daraus folgt für die Konstante c_1

$$c_1 = \frac{9 M}{16 a b^3}. \tag{235}$$

Die Spannungskomponenten sind hiermit vollständig bestimmt;
wir schreiben dafür

$$\tau_{xy} = \frac{9 M}{16 a b^3} z\left(1 - \frac{y^2}{a^2}\right)\Bigg|$$
$$\tau_{xz} = -\frac{9 M}{16 a^3 b} y\left(1 - \frac{z^2}{b^2}\right)\Bigg| \tag{236}$$

Längs der beiden Symmetrieachsen stehen demnach die
Spannungen τ rechtwinklig zu dem vom Ursprunge gezogenen
Radiusvektor, und sie wachsen proportional mit diesem. Am
Umfange sind die Spannungen parallel mit den Umfangsseiten
gerichtet und die Spannungsverteilung ist eine parabolische;
in den Ecken werden die Spannungen zu Null, und sie wachsen
von da nach den Mitten der Umfangsseiten hin, wo sie ein
Maximum erreichen. Längs einer Diagonale sind die Spannungen überall parallel zur anderen Diagonale gerichtet, und
das Spannungsverteilungsdiagramm ist eine kubische Parabel.
Für einen anderen Radiusvektor, der vom Ursprunge aus gezogen wird, ändert die Spannung τ fortwährend ihre Richtung,
wenn man weiter nach außenhin geht.

Es fragt sich jetzt noch, an welcher Stelle τ den absolut größten Wert annimmt.

Am Umfange nimmt, wie wir schon fanden, τ seinen größten Wert in den Mitten der Rechteckseiten an, und zwar wird, wenn wir $y = a$ und $z = 0$ setzen,

$$\tau = \frac{9\,M}{16\,a^2 b} \cdot \tag{237}$$

Den Wert von τ in der Mitte der anderen Rechteckseite erhält man daraus durch Vertauschung von a mit b. Hieraus folgt, daß τ an jener Stelle des Umfanges am größten wird, die dem Mittelpunkte des Rechtecks am nächsten liegt. Dieses Ergebnis stimmt mit jenem überein, das schon für den elliptischen Querschnitt gefunden war. **Bei der Anwendung von Gl. (237) zur Berechnung der Beanspruchung einer Welle ist daher unter a die kleinere Rechteckhalbseite zu verstehen.**

Führt man an Stelle der halben Rechteckseiten die ganzen Seiten $a_1 = 2a$ und $b_1 = 2b$ ein, so geht Gl. (237) über in

$$\tau = \frac{9\,M}{2\,a_1^2 b_1} \cdot \tag{238}$$

Es bleibt noch zu zeigen, daß τ an keiner Stelle im Innern des Querschnittes einen größeren Wert annehmen kann. Aus den Gleichungen (236) erhält man nach dem Pythagoräischen Satze

$$\tau^2 = \left(\frac{9\,M}{16\,a^2 b}\right)^2 \cdot \left[\frac{a^2 z^2}{b^4}\left(1 - \frac{y^2}{a^2}\right)^2 + \frac{y^2}{a^2}\left(1 - \frac{z^2}{b^2}\right)^2\right]. \tag{239}$$

Es fragt sich daher, ob der Wert in der eckigen Klammer, der zur Abkürzung mit K bezeichnet sei, irgendwo im Innern gleich oder größer werden kann als Eins. Da nun im Innern $z < b$ und $y < a$, ferner auch $a < b$ ist, wird jedenfalls

$$K < \left(1 - \frac{y^2}{a^2}\right)^2 + \frac{y^2}{a^2},$$

denn K unterscheidet sich von dem rechtsstehenden Ausdrucke da durch, daß zu den beiden Gliedern noch Faktoren hinzutreten, die echte Brüche sind. Die Ungleichung läßt sich aber auch schreiben

$$K < 1 - \frac{y^2}{a^2}\left(1 - \frac{y^2}{a^2}\right),$$

und daraus folgt, daß K ein echter Bruch, daß also τ im Innern nirgends so groß sein kann, wie der in Gl. (237) angegebene Wert am Umfange. (Dieser Beweis rührt von Prof. Wernicke in Braunschweig her.)

§ 62. Berechnung der Torsionsfedern.

Die Mittellinie eines Drahtes besitze im spannungslosen Zustande eine schraubenförmige Gestalt (Abb. 100). Durch zwei Kräfte P, deren Richtungslinien mit der Zylinderachse zusammenfallen, soll die Feder — wie wir den Draht nennen wollen — entweder auseinandergezogen oder zusammengedrückt werden. Dabei stellen sich verschiedene Fragen ein: zunächst will man wissen, wie groß die Belastung P der Feder werden darf, ohne daß die zulässige Beanspruchung des Materials überschritten wird, ferner um wieviel sich die Feder unter der Belastung streckt oder zusammendrückt und im Zusammenhange damit endlich, wieviel Formänderungsarbeit in ihr aufgespeichert werden kann.

Abb. 100.

Man denke sich die Feder an irgendeiner Stelle durchschnitten und betrachte das Gleichgewicht des oberen Federteiles. Die an diesem angreifende Last P muß dann im Gleichgewichte stehen mit den im Querschnitte übertragenen Spannungen. Bei der Verlegung der Kraft P nach dem Schwerpunkte des Querschnittes tritt ein Kräftepaar auf, dessen Ebene durch den Schwerpunkt und die Zylinderachse hindurchgeht. Gewöhnlich ist die Steigung der Schraubenlinie nur gering, und in diesem Falle, den wir der weiteren Untersuchung zugrunde legen wollen, steht die Ebene des Kräftepaares nahezu senkrecht zur Schraubenlinie. Der Momentenvektor des Kräftepaares fällt daher nahezu mit dieser Linie zusammen. Ein solches Kräftepaar bewirkt eine Beanspruchung auf Verdrehung. Denkt man sich das Kräftepaar in zwei andere zerlegt, von denen die Ebene des einen genau senkrecht steht zur Schraubenlinie, während die des zweiten durch diese Linie hindurchgeht, so wird durch diese

zweite Komponente außerdem noch eine Beanspruchung auf
Biegung hervorgerufen. Gewöhnlich ist aber diese Biegungsbeanspruchung unerheblich gegenüber der Beanspruchung auf
Verdrehen, und ich sehe daher davon ab, sie hier zu berechnen,
obschon dies leicht auszuführen wäre. Auch die nach dem
Schwerpunkte des Querschnittes verlegte Kraft P bringt, für
sich genommen, Spannungen hervor, und zwar vorwiegend
Schubspannungen. Auch diese sind aber, wenn der Halbmesser
des Zylinders, auf dem die Schraubenlinie liegt, einigermaßen
groß ist gegen die Querschnittsabmessungen des Drahtes, gering
gegenüber den Spannungen, die dem Verdrehungsmomente entsprechen. Es genügt daher für die Zwecke, die man mit einer
Festigkeitsberechnung verfolgt, vollständig, wenn man nur auf
die Hauptbeanspruchung auf Verdrehen achtet.

Bezeichnet man den Zylinderhalbmesser mit r, so kann das
Verdrehungsmoment M

$$M = Pr$$

gesetzt werden. Wenn der Querschnitt der Feder ein Kreis
vom Halbmesser a ist, folgt für τ nach Gl. (224)

$$\tau = \frac{2\,Pr}{\pi\,a^3}, \qquad (240)$$

und daraus ergibt sich die Tragkraft der Feder. Außer dem
kreisförmigen kommt gewöhnlich nur noch der rechteckige
Querschnitt in Betracht, für den man nach Gl. (238)

$$\tau = \frac{9\,Pr}{2\,a_1{}^2 b_1} \qquad (241)$$

erhält, worin a_1 die kleinere und b_1 die größere Rechteckseite
bedeuten.

Oft genug ist die Mittellinie der Feder nicht nach einer
gewöhnlichen, sondern nach einer Kegelschraubenlinie gekrümmt, z. B. bei den allgemein bekannten Pufferfedern der
Eisenbahnwagen. In diesem Falle ist unter r die Entfernung
jenes Querschnittes von der Achse zu verstehen, auf den sich a_1
und b_1 beziehen, oder wenn etwa a_1 und b_1 konstant wären,
der größte Wert von r. Sind a_1 und b_1 veränderlich, so muß
man τ für verschiedene Querschnitte berechnen und die un-

günstigste Stelle aufsuchen. Man kann auch die Aufgabe umkehren und den Querschnitt so verändern, daß die Beanspruchung überall die gleiche bleibt. Dann müßte also z. B.,
wenn die Dicke a_1 konstant gewählt wird, die Höhe b_1 des
rechteckigen Querschnittes der Pufferfeder mit der Entfernung r
proportional zunehmen. Diese Andeutungen mögen genügen.

Um die Streckung oder Zusammendrückung zu berechnen,
die die Feder unter der Belastung erfährt, müssen wir uns
auf die Formel für den Verdrehungswinkel stützen. Diese ist
bisher nur für den kreisförmigen Querschnitt abgeleitet worden,
und ich werde mich daher auch an dieser Stelle auf die Behandlung dieses Falles beschränken. Indessen mache ich darauf
aufmerksam, daß bei den nachfolgenden Aufgaben die Berechnung des Verdrehungswinkels für den elliptischen und für den
rechteckigen Querschnitt ausgeführt ist und daß man diese
Ergebnisse ohne weiteres auf die hier durchzuführende Untersuchung übertragen kann.

Für ein Längenelement ds der Feder (gemessen längs der
Schraubenlinie) sei der Verdrehungswinkel $d\Delta\varphi$. Wir wollen
uns zunächst vorstellen, daß nur das eine Element ds die
Verdrehung $d\Delta\varphi$ erfahre, während alle übrigen Teile der
Feder ihre Gestalt ungeändert beibehalten sollen. Denken wir
uns dann etwa den unteren Teil der Feder festgehalten, so
wird der jenseits ds liegende obere Teil eine Drehung um ds
und um den Winkel $d\Delta\varphi$ ausführen. Die Achse des oberen
Teils wird dadurch aus ihrer Richtung abgelenkt, und der
ganze obere Teil steht nun etwas schief. Darauf brauchen wir
aber nicht weiter zu achten, denn wenn ein dem ds diametral
gegenüber liegendes Element der Feder später ebenfalls die
Verdrehung $d\Delta\varphi$ erfährt, stellt sich der obere Teil wieder gerade. Die Achse bleibt daher bei der ganzen Formänderung
ohne Ablenkung. Dagegen summieren sich die Verschiebungen
in der Richtung der Achse, die bei den Verdrehungen der einzelnen Elemente ds vorkommen, einfach zueinander, und die
Summe dieser Verschiebungen ergibt die ganze Streckung, die
wir an der belasteten Feder beobachten.

Der mit ds in gleicher Höhe liegende Punkt der Achse des oberen Federteiles beschreibt bei der Verdrehung einen Kreisbogen vom Halbmesser r und dem Zentriwinkel $d\varDelta\varphi$ in einer Richtung, die nahezu mit der Achsenrichtung zusammenfällt. Wir können daher die Verschiebung in der Richtung der Achse gleich

$$r\, d\varDelta\varphi$$

setzen. Um ebensoviel verschiebt sich auch jeder andere Punkt der Achse des oberen Federteiles in der Richtung der Achse, wie aus Abb 101 sofort hervorgeht. Darin bedeutet nämlich AA die Achse, und in P soll sich das Element ds projizieren, das die Verdrehung $d\varDelta\varphi$ ausführte. In der Abbildung ist angenommen, daß die Feder durch die Lasten P zusammengedrückt wird; im anderen Falle würde der Drehsinn umzukehren sein und der Punkt B würde sich heben. Da die Steigung der Schraubenlinien gering, ds also nahezu senkrecht zur Achse sein sollte, projiziert sich ds in Abb. 101 nahezu als Punkt, und so ist es daher auch gezeichnet. Ein Punkt B der Achse führt eine Drehung um P aus, und der dabei beschriebene Bogen ist gleich

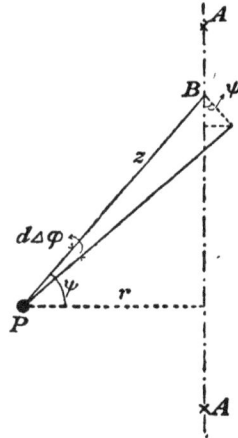

Abb. 101.

$z\, d\varDelta\varphi$. Die Projektion des Bogens auf die Achse wird daraus durch Multiplikation mit $\cos\psi$, also gleich $z \cdot d\varDelta\varphi \cdot \cos\psi$ gefunden. Mit Rücksicht auf $z\cos\psi = r$ geht dies aber in $r \cdot d\varDelta\varphi$ über, woraus man sieht, daß sich in der Tat alle Punkte der Achse um gleich viel in der Achsenrichtung verschieben.

Die ganze Streckung oder Zusammendrückung w der Feder ist gleich der über die ganze Länge der Schraubenlinie ausgedehnten Summe dieser Glieder, also

$$w = \int r\, d\varDelta\varphi$$

Für $d\varDelta\varphi$ schreiben wir nach Gl. (225)

$$d\varDelta\varphi = \frac{2\,P r\, ds}{\pi a^4 G} \qquad\qquad \text{und daher}$$

$$w = \frac{2Pr^2}{\pi a^4 G} \int ds = P \frac{4nr^3}{a^4 G}. \tag{242}$$

Unter n ist hier die Zahl der Umläufe zu verstehen, die die Schraubenlinie macht, und die Länge eines Umlaufes konnte genau genug gleich dem Umfange eines Kreises vom Radius r genommen werden.

Beachtet man, daß beim Belasten der Feder die Last proportional mit w wächst, so erhält man für die aufgespeicherte Formänderungsarbeit A das halbe Produkt aus der Last und dem zurückgelegten Wege w, also

$$A = P^2 \frac{2nr^3}{a^4 G}. \tag{243}$$

§ 63. Zusammengesetzte Beanspruchung auf Biegung und Verdrehung.

Wenn ein Stab zugleich auf Biegen und auf Verdrehen beansprucht ist, berechnet man zuerst nach den dafür früher aufgestellten Formeln die durch das Biegungsmoment M_b in einem bestimmten Querschnitte hervorgebrachte Biegungsspannung σ_x sowie die durch das Verdrehungsmoment M_d hervorgebrachte Schubspannung τ. In der Regel wird man finden, daß der größte Wert der Schubspannung mit dem größten Werte der Biegungsspannung an derselben Stelle des Querschnitts zusammentrifft. Namentlich trifft dies stets zu bei Stäben von kreisförmigem Querschnitte.

Die Bruchgefahr wird dann durch das Zusammenwirken der aus den Formeln hervorgehenden größten Werte von σ_x und τ hervorgebracht. Um ein Maß dafür zu erhalten, muß man sich auf eine der Annahmen stützen, die dafür aufgestellt wurden und die in § 13 besprochen sind. Im deutschen Maschinenbau bemißt man die Bruchgefahr gewöhnlich nach der größten vorkommenden Dehnung oder, was auf dasselbe hinauskommt, nach der auf Grund dieser Annahme berechneten reduzierten Spannung. Nach Gl. (37), S. 62, erhält man dafür

$$\sigma_{\text{red}} = \frac{m-1}{2\,m}\,\sigma_x + \frac{m+1}{2\,m}\,\sqrt{4\tau^2 + \sigma_x^2},$$

womit die Frage bereits entschieden ist.

Für den gewöhnlich bei der Anwendung vorliegenden Fall eines Stabs von kreisförmigem Querschnitt soll die Rechnung noch etwas weiter durchgeführt werden. Man hat dann, wenn der Querschnittshalbmesser mit r bezeichnet wird,

$$\sigma_x = \frac{4\,M_b}{\pi\,r^3}, \quad \tau = \frac{2\,M_d}{\pi\,r^3},$$

und für die reduzierte Spannung findet man daher

$$\sigma_{\text{red}} = \frac{4}{\pi\,r^3}\left(\frac{m-1}{2\,m}\,M_b + \frac{m+1}{2\,m}\,\sqrt{M_b^2 + M_d^2}\right).$$

Man kann dieses Ergebnis noch etwas anders ausdrücken, indem man den Stab mit einem anderen vergleicht, der nur gebogen und dadurch ebenso stark beansprucht wird. Das zugehörige Biegungsmoment M_{red} kann man als das durch das Hinzukommen von M_d zu M_b erhöhte Moment bezeichnen. Man hat dafür

$$M_{\text{red}} = \frac{m-1}{2\,m}\,M_b + \frac{m+1}{2\,m}\,\sqrt{M_b^2 + M_d^2}$$

oder, wenn man $m = 4$ setzt,

$$M_{\text{red}} = \tfrac{3}{8}\,M_b + \tfrac{5}{8}\,\sqrt{M_b^2 + M_d^2}. \tag{243a}$$

Nach diesen Formeln rechnet man in der deutschen Technik gewöhnlich. Die Engländer haben dagegen bei der Berechnung der zugleich auf Biegung beanspruchten Wellen früher gewöhnlich die Annahme zugrunde gelegt, daß die Bruchgefahr von der größten Hauptspannung abhinge, die mit σ_{I} bezeichnet werde. Wie schon in § 14 auseinandergesetzt wurde, erhält man dafür

$$\sigma_{\mathrm{I}} = \tfrac{1}{2}\bigl(\sigma_x + \sqrt{4\tau^2 + \sigma_x^2}\bigr) = \frac{2}{\pi\,r^3}\bigl(M_b + \sqrt{M_b^2 + M_d^2}\bigr).$$

Das reduzierte Biegungsmoment stellte sich daher nach der älteren englischen Annahme auf

$$M_{\text{red}} = \tfrac{1}{2}\bigl(M_b + \sqrt{M_b^2 + M_d^2}\bigr). \tag{243b}$$

Heute wird aber in England auf Grund der Versuche von Guest in der Regel nach der Annahme gerechnet, daß die Bruchgefahr von der größten Schubspannung oder, was auf dasselbe hinauskommt, von der Differenz der beiden Hauptspannungen des ebenen Spannungszustandes abhänge. Für $\sigma_I - \sigma_{II}$ hat man

$$\sigma_I - \sigma_{II} = \sqrt{4\tau^2 + \sigma_x^2} = \frac{4}{\pi r^3}\sqrt{M_b^2 + M_d^2},$$

und das reduzierte Biegungsmoment ist daher nach dieser Annahme

$$M_{red} = \sqrt{M_b^2 + M_d^2} \qquad (243\,c)$$

zu setzen. Diese Annahme dürfte für den gewöhnlichen Wellenstahl der Wahrheit am nächsten kommen, so daß die Anwendung von Gl. (243c) mehr empfohlen werden kann als die der Gl. (243a). Nachdem aber die in Deutschland üblichen Handbücher allgemein die Gl. (243a) ausschließlich oder doch hauptsächlich bringen, mußte diese Gleichung entgegen besserer Einsicht auch hier in den Vordergrund gestellt werden.

Die Formeln (243a) bis (243c) sind natürlich auch auf den Fall anwendbar, daß die Welle nur verdreht wird, indem man darin $M_b = 0$ setzt. Der Vergleich von (243c) mit (243b) lehrt dann, daß nach der sich neuerdings in England durchsetzenden Anschauung eine auf Verdrehen beanspruchte Welle doppelt so stark im Vergleich zu einer gebogenen Welle angestrengt ist als nach der früher dort verbreiteten Ansicht.

Aufgaben.

60. Aufgabe. Man soll den Verdrehungswinkel $\Delta\varphi$ für eine Welle von elliptischem Querschnitte berechnen.

Lösung. Das Verdrehungsmoment sei M; dann ist die von den äußeren Kräften zur Verwindung der Welle geleistete Arbeit gleich $\frac{1}{2} M\Delta\varphi$ und ebenso groß muß die Summe der in den einzelnen Volumenelementen aufgespeicherten Arbeiten sein, die nach Gl. (42) berechnet werden können. Man erhält also

$$\tfrac{1}{2} M\Delta\varphi = \int \frac{\tau^2}{2\,G}\,dv,$$

wenn mit dv ein Volumenelement der Welle bezeichnet wird, das auch gleich $dF \cdot dl$, wo dl ein Element der Länge l der Welle ist, gesetzt werden kann. Die Integration nach l kann sofort ausgeführt werden, da τ für alle Querschnitte an der entsprechenden Stelle gleich groß ist. Für τ^2 setzen wir $\tau_{xy}^2 + \tau_{xz}^2$, und für diese beiden Glieder führen wir ihre in Gl. (227), S. 349, berechneten Werte ein. So erhalten wir

$$M \varDelta \varphi = \frac{l}{G} \int k^2 (a^4 z^2 + b^4 y^2) dF$$

oder mit Benutzung von k aus Gl. (229)

$$M \varDelta \varphi = \frac{l}{G} \cdot \frac{4 M^2}{\pi^2 a^6 b^6} \left\{ a^4 \int z^2 dF + b^4 \int y^2 dF \right\}.$$

Die Integrale in der Klammer sind die Trägheitsmomente der Ellipse. Setzt man diese ein, so wird

$$\varDelta \varphi = \frac{l}{G} \cdot \frac{4 M}{\pi^2 a^6 b^6} \left\{ \frac{\pi a^5 b^3}{4} + \frac{\pi a^3 b^5}{4} \right\}$$

oder nach entsprechender Vereinfachung

$$\varDelta \varphi = \frac{l M (a^2 + b^2)}{\pi a^3 b^3 G}.$$

Mit $b = a$ liefert dies wieder den schon aus Gl. (225) bekannten Wert des Verdrehungswinkels für die kreisförmige Welle.

Anmerkung. Ebenso kann auch der Verdrehungswinkel für die Welle mit rechteckigem Querschnitte berechnet werden. Führt man τ^2 aus Gl. (239) ein, so wird

$$M \varDelta \varphi = \frac{l}{G} \left[\frac{9 M}{16 a^3 b^3} \right]^2 \cdot \int \left\{ z^2 (a^2 - y^2)^2 + y^2 (b^2 - z^2)^2 \right\} dF.$$

Die Ausführung der Integrationen liefert

$$\int z^2 (a^2 - y^2)^2 dF = \frac{32}{45} a^5 b^3; \qquad \int y^2 (b^2 - z^2)^2 dF = \frac{32}{45} a^3 b^5$$

und hiermit

$$\varDelta \varphi = \frac{9}{40} \cdot \frac{l}{G} \cdot \frac{M (a^2 + b^2)}{a^3 b^3}.$$

Will man mit den ganzen Seiten a_1 und b_1 an Stelle der Halbseiten a und b rechnen, so geht dies über in

$$\varDelta \varphi = 3,6 \frac{l}{G} \cdot \frac{M (a_1^2 + b_1^2)}{a_1^3 b_1^3}.$$

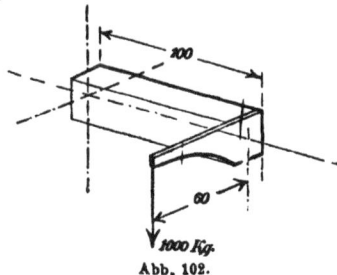

Abb. 102.

Natürlich ist aber auch diese Formel nur als eine Näherungsformel zu betrachten, der keine strenge Gültigkeit zukommt, wie allen Untersuchungen von § 61, auf die sie sich stützt.

61. Aufgabe. *Ein Holzbalken mit quadratischem Querschnitte (vgl. Abb. 102) von 20 cm Seite ist am einen Ende in eine Mauer eingelassen und ragt um 100 cm vor. Am freien Ende ist ein horizontaler Arm angeschraubt, der rechtwinklig zum Balken, also parallel zur Mauerfläche, um 60 cm vorsteht. Am freien Ende dieses Armes ist eine Last von 1000 kg aufgehängt. Wie groß ist die Anstrengung des Holzes?*

Lösung. Der Holzbalken wird gleichzeitig auf Biegung und auf Verwindung beansprucht. Das Verdrehungsmoment ist für alle Querschnitte des Balkens gleich groß, nämlich gleich $1000 \times 60 = 60000$ cmkg. Das Biegungsmoment ist dagegen am größten am Einspannquerschnitte, wo es sich auf 100000 cmkg stellt. Dort tritt daher auch die größte Anstrengung des Materiales ein. Wir berechnen zunächst die Biegungsspannungen für sich; dafür erhalten wir

$$\sigma = \frac{6\,M}{b\,h^2} = \frac{6 \cdot 100000}{20^3} = 75 \text{ atm.}$$

Für die durch das Verdrehungsmoment hervorgerufene größte Schubspannung finden wir nach Gl. (238)

$$\tau = \frac{9\,M}{2\,a_1{}^2 b_1} = \frac{9 \cdot 60000}{2 \cdot 20^3} = 33,75 \text{ atm.}$$

Das größte σ und das größte τ treten an derselben Stelle auf, nämlich in den Mitten der horizontalen Seiten des Einspannquerschnitts. — Außer den jetzt berechneten Spannungen kommen auch noch Schubspannungen vor, die sich wegen der Biegung über den Querschnitt verteilen und deren Resultierende $= P = 1000$ kg ist. Wir sahen aber früher, daß die Schubspannungen im gebogenen Balken am größten in der Nullinie werden und nach den stärker beanspruchten Querschnittsteilen hin abnehmen. Dort, wo die größte Biegungs- mit der größten Torsionsspannung zusammenfällt, wird die Beanspruchung auf gewöhnliche Scherfestigkeit zu Null, und wir brauchen daher in der Tat nur auf die soeben berechneten Werte von σ und τ zu achten.

Nach der gewöhnlichen Annahme, die freilich gerade bei einem so wenig isotropen Körper wie Holz sehr willkürlich ist, wird die Beanspruchung des Materials nach der reduzierten Spannung an der gefährlichsten Stelle bemessen. Nach Gl. (37) finden wir dafür mit $m = \frac{10}{3}$

$$\sigma_{red} = 0{,}35\,\sigma + 0{,}65\,\sqrt{4\,\tau^2 + \sigma^2},$$

also nach Einsetzen der Zahlenwerte

$$\sigma_{\mathrm{red}} = 0,35 \cdot 75 + 0,65 \sqrt{67,5^2 + 75^2} = \text{rund } 92 \text{ atm.}$$

62. Aufgabe. *Eine Torsionsfeder ist aus 20 mm starkem Rundstahle gefertigt und hat 10 Windungen von 100 mm Radius. Wie groß ist die Tragkraft und die aufgespeicherte Energie, wenn τ gleich 2000 atm gewählt wird?*

Lösung. Aus Gl. (240) folgt

$$P = \frac{\pi a^3 \tau}{2r} = \frac{3{,}14 \cdot 1^3 \cdot 2000}{2 \cdot 10} = 314 \text{ kg.}$$

Für die aufgespeicherte Arbeit liefert Gl. (243), wenn man darin P aus Gl. (240) entnimmt und $G = 900000$ atm setzt,

$$A = P^2 \frac{2nr^3}{a^4 G} = \frac{\pi^2 a^2 r n \tau^2}{2G} = 2220 \text{ cmkg.}$$

Anmerkung. In diesem Abschnitte konnten nur die einfachsten Fälle der Verdrehungsbeanspruchung eines Stabes auf Grund willkürlicher Annahme behandelt werden. Für alle anderen Fälle und namentlich auch für die praktisch sehr wichtigen Walzeisenträger reicht man aber damit nicht aus. Um solche Aufgaben lösen zu können, muß man sich auf die Anfangsgründe der höheren Elastizitätstheorie stützen. Wie dies zu geschehen hat, ist im letzten Abschnitte dieses Bandes auseinandergesetzt.

Zehnter Abschnitt.

Die Knickfestigkeit.[1])

§ 64. Ableitung der Eulerschen Formel für Stäbe mit Spitzenlagerung.

Zunächst nehme ich an, der Stab, der einer Druckbelastung ausgesetzt werden soll, sei vorher genau gerade gewesen. Es ist freilich nicht möglich, einen Stab vollkommen gerade zu richten und von den kleinen unvermeidlichen Abweichungen von der Geraden hängt das Verhalten des Stabes bei der Beanspruchung auf Zerknicken im Gegensatze zu den anderen Belastungsarten wesentlich ab. Ich werde indessen nachher auf diesen Umstand besonders eingehen und will einstweilen davon absehen. Dagegen soll von vornherein darauf Rücksicht genommen werden, daß es auch nicht möglich ist, die Belastung so aufzubringen, daß die gemeinschaftliche Richtungslinie der an beiden Enden angreifenden Druckkräfte, oder, wie man dafür auch sagt, die „Kraftachse" genau mit der Stabachse zusammenfiele. Immerhin sollen aber die Abweichungen beider Linien voneinander als klein gegenüber den Querschnittsabmessungen angesehen werden; ich setze also mit anderen Worten voraus, daß man sich bemüht hatte, die Belastung möglichst genau zentrisch aufzubringen, daß dies aber nicht völlig gelungen ist und daß man daher auch nicht wissen kann, nach welcher Richtung und in welcher Größe Abweichungen vorgekommen sind. Darin unterscheidet sich der Fall der Knickfestigkeit von dem früher behandelten Falle der gewöhnlichen exzentrischen Druckbelastung.

Für jeden Querschnitt des Stabes kann man sich die Kraft P nach dem Schwerpunkte verlegt denken. Bei dieser

---

1) Die Lehren dieses Abschnitts beziehen sich nur auf Stäbe, die aus einem Stücke bestehen, und auch auf diese nur unter der Voraussetzung, daß die Querschnitte beim Ausbiegen des Stabes eben und ihrer Gestalt nach unverändert bleiben. Wenn diese Voraussetzungen nicht zutreffen, ist eine gesonderte Betrachtung erforderlich, die nicht hierher gehört.

Parallelverlegung tritt aber noch ein kleines Kräftepaar auf,
das neben der gleichförmig verteilten Druckbelastung auch
eine Verteilung von Biegungsspannungen zur Folge hat. Hierdurch wird die vorher gerade Stabachse etwas gekrümmt und
die Entfernung zwischen dem Querschnittsschwerpunkte und
der Richtungslinie von P vergrößert sich dadurch ein wenig.
Bei der gewöhnlichen exzentrischen Druckbelastung braucht
man darauf keine Rücksicht zu nehmen, weil dort angenommen
wird, daß die Exzentrizität von vornherein verhältnismäßig
groß war, so daß die geringe Vergrößerung durch die kleine
Ausbiegung des Stabes dagegen nicht in Betracht kommt. Hier
aber, wo die ursprüngliche Exzentrizität schon sehr gering war,
kann es leicht vorkommen, daß die Änderung, die sie durch
die Ausbiegung erfährt, von gleicher Größenordnung mit ihr
ist oder sie selbst noch übertrifft.

Der Einfachheit wegen will ich annehmen, daß man durch
die Kraftangriffslinie der P und durch die vorher gerade Stabachse AA eine Ebene legen kann. Abb. 103 möge dann, freilich

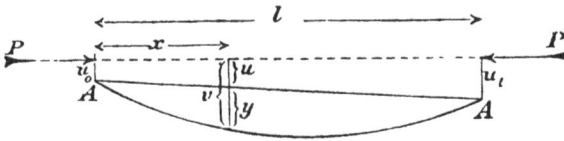

Abb 103.

in sehr starker Verzerrung, die Lage beider Linien gegeneinander angeben. Die zwischen A und A gezogene krumme
Linie gebe die Gestalt an, in die die vorher gerade Stabachse
durch die Biegung übergeht. Die ursprüngliche Exzentrizität
u des Kraftangriffs im Querschnitte x geht in $u + y$ über, und für
das Biegungsmoment M in diesem Querschnitte findet man daher
nach Eintritt des Gleichgewichts

$$M = P(u + y).$$

Die Gleichung der geraden Linie AA lautet

$$u = u_0 \cdot \frac{l - x}{l} + u_l \cdot \frac{x}{l}$$

und für die krumme Linie AA gilt die Differentialgleichung der elastischen Linie

$$EJ \frac{d^2 y}{dx^2} = - P(u + y).$$

Setzt man noch

$$v = u + y,$$

so kann diese auch geschrieben werden

$$EJ \frac{d^2 v}{dx^2} = - Pv. \tag{244}$$

Die allgemeine Lösung dieser Differentialgleichung zweiter Ordnung ist von der Form

$$v = A \sin \alpha x + B \cos \alpha x, \tag{245}$$

in der A und B die beiden Integrationskonstanten sind, während α, wie man sich durch Einsetzen des angegebenen Ausdrucks in die Differentialgleichung überzeugt,

$$\alpha = \sqrt{\frac{P}{EJ}} \tag{246}$$

gewählt werden muß, damit die Differentialgleichung identisch erfüllt wird. Die Integrationskonstanten sind mit Hilfe der Grenzbedingungen zu bestimmen. Für $x = 0$ muß $v = u_0$ und für $x = l$ muß $v = u_l$ werden. Daraus folgt

$$B = u_0 \quad \text{und} \quad A \sin \alpha l + u_0 \cos \alpha l = u_l.$$

Löst man die letzte Gleichung nach A auf und setzt die Werte beider Konstanten in Gl. (245) ein, so geht sie über in

$$v = \frac{\sin \alpha x}{\sin \alpha l}(u_l - u_0 \cos \alpha l) + u_0 \cos \alpha x. \tag{247}$$

Damit ist die Gestalt der elastischen Linie vollständig bekannt. Wir wollen jetzt zusehen, unter welchen Umständen es vorkommen kann, daß v erheblich größer wird, als die ursprüngliche Exzentrizität u. Der in der Gleichung für v vorkommende Klammerwert und das letzte Glied $u_0 \cos \alpha x$ sind immer von derselben Größenordnung wie die u selbst, da ein Kosinus ein echter Bruch ist. Wenn also v viel größer als die u werden soll, kann dies nur dadurch geschehen, daß der Faktor $\frac{\sin \alpha x}{\sin \alpha l}$ vor der Klammer sehr groß wird: Denkt man sich zunächst die Belastung P sehr klein, so daß auch α nach Gl. (246) sehr klein ist, so kann $\sin \alpha x = \alpha x$ und $\sin \alpha l = \alpha l$ gesetzt werden, und der Faktor vor der Klammer ist gleich $\frac{x}{l}$, also überall ein echter Bruch. Dies trifft auch so lange jedenfalls noch zu, als der Winkel αl kleiner als ein Rechter, d. h. αl kleiner als $\frac{\pi}{2}$ ist. Sobald aber P und damit α noch weiter wächst, nimmt nun $\sin \alpha l$ wieder ab, während $\sin \alpha x$ z. B. in der Mitte vorläufig noch weiter zunimmt. Zu sehr großen Werten wird der Faktor aber erst dann gelangen können, wenn sich beim weiteren Anwachsen von P der Winkel αl einem gestreckten, sein Sinus also sich der Null nähert, während $\sin \alpha x$ dann immer noch größere Werte hat und sich für $x = \frac{l}{2}$ sogar dem größten Werte nähert, den ein Sinus annehmen kann. Zuletzt, wenn

$$\alpha l = \pi \qquad (248)$$

geworden ist, liefert Gl. (247) sogar einen unendlich großen Wert für v. Dies ist so zu verstehen, daß kurz vorher schon v so groß wird, daß sich der Stab dauernd verbiegt, womit die Gültigkeitsgrenze unserer Betrachtungen überschritten ist. Setzt man α aus Gl. (246) in Gl. (248) ein und löst nach P auf, so erhält man

$$P_E = \pi^2 \frac{EJ}{l^2} . \qquad (249)$$

Diese Formel wurde zuerst von Euler abgeleitet. Der Wert P_E gibt die kritische Belastung an, die nicht ganz erreicht werden darf, ohne den Stab zum Bruche oder zu einer bleibenden seitlichen Ausbiegung zu bringen.

Von Wichtigkeit ist die Bemerkung, daß die ursprünglichen Exzentrizitäten u in Gl. (249) gar nicht mehr vorkommen. Solange die u überhaupt nur klein sind, ist es ganz gleichgültig, wie groß sie nun im einzelnen Falle sind; die kritische Belastung P_E wird davon nicht berührt. Freilich sieht man nach Gl. (247) auch ein, daß, je größer die *u* ursprünglich waren, um so eher jene Ausbiegungen *v* erreicht werden, die schon vor dem vollständigen Ausknicken zu einer Überanstrengung des Materials führen. Wenn die *u* klein waren, wird dies aber immer erst kurz vor der Erreichung des kritischen Wertes P_E eintreffen. Vorausgesetzt wird dabei, daß die durch die Druckbelastung von vornherein, ohne die durch die Ausbiegung bewirkte Vergrößerung hervorgebrachte Spannung erheblich unter der Proportionalitätsgrenze liegt, daß also selbst P_E noch kleiner als die zulässige Druckbelastung eines kurzen Stabes von demselben Querschnitte F, nämlich

$$P_D = F \cdot \sigma_{zul} \tag{250}$$

ist. Es hängt von der Länge l ab, ob dies zutrifft, und bei gegebenem Querschnitte wird das Ausknicken um so eher eintreten, je länger der Stab ist. Kurze Stäbe sind daher nur auf einfache Druckbelastung, längere auf Ausknicken zu berechnen. Von welcher Grenze ab die Knickgefahr in Frage kommt, ist durch einen Vergleich der Formeln (249) und (250) leicht zu entscheiden; unter den Aufgaben wird ein solcher Fall erörtert werden.

Anmerkung. Man kann die Knickfestigkeit, sowohl in dem vorausgehenden einfachsten Falle, als in den weiterhin zu behandelnden (oder auch noch verwickelteren) Fällen auch auf graphischem Wege untersuchen, wie Herr Luigi Vianello (Zeitschr. d. V. D. Ing. 1898, S. 1436) gezeigt hat. Das Verfahren schließt sich eng an das in § 48 auseinandergesetzte an. Man nimmt zunächst nach Gutdünken irgendeine Form der elastischen Linie an, von der man erwarten kann, daß sie sich von der tatsächlich zustande kommenden nicht allzusehr unterscheidet. Damit werden die Hebelarme der Knicklast und hiermit die Biegungsmomente für diese Form der Ausbiegung bekannt. Man kann dann die zu diesen Biegungsmomenten gehörige elastische Linie nach dem aus der graphischen Statik bekannten Verfahren konstruieren. Der Vergleich mit der zuerst willkürlich angenommenen Form dieser Linie führt zur Lösung der Aufgabe. Sind beide ihrem allgemeinen Verlaufe nach (abgesehen also von dem absoluten Werte der Ausbiegungen) zu weit voneinander verschieden, so kann man die erste Annahme entsprechend verbessern und die Konstruktion hiermit noch einmal wiederholen. Auf jeden Fall kommt es nachher auf das Verhältnis der absoluten Größe der Ordinaten für die gewählte und für die nach dieser Annahme konstruierte elastische Linie an. Das Verhältnis zwischen beiden liefert die Knicksicherheit, denn man müßte die Last in diesem Verhältnisse vergrößern, um beide zur Deckung zu bringen. Im übrigen verweise ich auf die angegebene Quelle.

§ 65. Stab mit einer ursprünglichen Krümmung.

Ich werde jetzt noch zeigen, daß auch eine anfängliche Krümmung des Stabes, wenn der zugehörige Pfeil nur überhaupt klein gegen die Querschnittsabmessungen ist, keinen merklichen Unterschied herbeiführt. Dazu soll jetzt von der Exzentrizität der Kraftangriffslinie abgesehen und vorausgesetzt werden, daß die Stabmittellinie anfänglich eine sehr flache Kurve von dem Pfeile f_0 bildete. Diesen flachen Bogen kann man genau genug als Bogen einer Sinuslinie ansehen, also

$$u = f_0 \sin \pi \frac{x}{l} \qquad (251)$$

setzen. Die Differentialgleichung der elastischen Linie lautet wie vorher

$$EJ \frac{d^2 y}{dx^2} = - P(u + y)$$

óder nach Einsetzen von u

$$\frac{d^2 y}{dx^2} = - \frac{P}{EJ}\left(y + f_0 \sin \pi \frac{x}{l}\right). \qquad (252)$$

Die schon den Grenzbedingungen ($y = 0$ für $x = 0$ und für $x = l$) angepaßte Lösung dieser Differentialgleichung lautet

$$y = f \sin \pi \frac{x}{l}, \qquad (253)$$

wenn mit f zur Abkürzung der Wert

$$f = \frac{f_0}{\pi^2 \dfrac{EJ}{Pl^2} - 1} \qquad (254)$$

bezeichnet wird. Die geometrische Bedeutung von f geht aus Gl. (253) ohne weiteres hervor; es ist der größte Wert, den y annehmen kann, und dieser tritt ein, wenn $\frac{\pi x}{l}$ einen rechten Winkel angibt, also für $x = \frac{l}{2}$, d. h. f ist die elastische Ausbiegung nach der Seite hin, die die Mitte des Stabes unter der Belastung P erfährt. Mit Rücksicht auf Gl. (249) kann man f auch in der Form

$$f = \frac{f_0}{\dfrac{P_E}{P} - 1} \qquad (255)$$

schreiben, und man erkennt, daß auch in diesem Falle, wenn der ursprüngliche Krümmungspfeil f_0 klein war, eine größere Ausbiegung f, also eine Bruchgefahr durch Ausknicken erst dann ·eintritt, wenn sich P dem Eulerschen Werte P_E nähert.

Der Winkel, um den sich die Endtangente der elastischen Linie beı der Formänderung dreht, sei mit φ bezeichnet. Solange φ klein ist, kann der Bogen gleich der trigonometrischen Tangente gesetzt werden, und man hat daher

$$\varphi = \left[\frac{dy}{dx}\right]_{x=0}$$

oder mit Rücksicht auf Gl. (253)

$$\varphi = \pi \frac{f}{l}. \qquad (256)$$

Denkt man sich bei einem Knickversuche mit einem Stabe, dessen anfänglicher Krümmungspfeil f_0 einige mm, also merklich mehr beträgt als die unvermeidliche Exzentrizität der Kraftangriffslinie, die Lasten P als Abszissen und die zugehörigen Biegungspfeile f, die man mit einer geeigneten Vorrichtung gemessen hat, als Ordinaten aufgetragen, so muß man nach Gl. (255) — abgesehen natürlich von unvermeidlichen Versuchsfehlern — eine Hyperbel erhalten. Der Winkel, um den sich die Stabenden drehen, wächst nach Gl. (256) proportional mit f. Wenn man also auch φ mißt, was mit einer Spiegelablesung leicht möglich ist, und es in derselben Weise aufträgt, so muß gleichfalls eine Hyperbel entstehen. Die senkrechten Asymptoten beider Hyperbeln entsprechen dem Eulerschen Werte $P = P_E$.

Diese Folgerungen der Theorie habe ich vor längeren Jahren durch den Versuch geprüft und sie gut bestätigt gefunden.

§ 66. Die wirkliche Knickbelastung P_K.

Schon in § 64 ist darauf hingewiesen worden, daß der Stab schon etwas früher, als der Eulersche Wert P_E erreicht ist, zum Bruche oder zu bleibenden Formänderungen gelangt.

Wieviel eher dies geschieht, hängt von dem anfänglichen Krümmungspfeile f_0 in Verbindung mit der anfänglichen Exzentrizität der Kraftangriffslinie ab. Um eine ungefähre Vorstellung davon zu geben, wie groß die aus diesem Grunde zu erwartenden Abweichungen sind, führe ich die Rechnung für den Fall durch, daß der Stab anfänglich etwas gekrümmt war, während von einer Berücksichtigung der anfänglichen Exzentrizität abgesehen werden soll, um die Rechnung nicht zu weitläufig zu machen.

Die größte Anstrengung des Materiales tritt im Mittelquerschnitte auf. Man hat dort für irgendeine Belastung P

$$\sigma = \frac{P}{F} \pm \frac{P(f + f_0)}{J} \cdot a,$$

wenn a den Abstand der betreffenden Faser von der zur Nulllinie parallelen Schwerlinie angibt. Für f kann man den Wert aus Gl. (255) einsetzen. Die wirkliche Knickbelastung P_K wird schon dann nahezu erreicht, wenn die größte im Querschnitte vorkommende Spannung σ die Proportionalitätsgrenze überschreitet, denn sobald dies geschehen ist, wachsen die Ausbiegungen schneller als nach den vorausgehenden Formeln, und der Bruch wird dadurch alsbald herbeigeführt. Wir erhalten daher P_K durch Auflösung der Gleichung

$$F\sigma' = P + \frac{PaF}{J}\left(f_0 + f_0\frac{P}{P_E - P}\right)$$

nach P, wenn wir darin unter σ' die Proportionalitätsgrenze des Materiales gegen Druck und unter a den Abstand der äußersten Kante von der Schwerlinie verstehen. Für $F\sigma'$ sei zur Abkürzung wieder P_D geschrieben, also jene Belastung unter diesem Zeichen verstanden, die bei einfacher Druckbelastung eines kurzen Abschnittes des Stabes zur Überschreitung der Proportionalitätsgrenze führt. Die Gleichung ist vom zweiten Grade für P, und ihre Auflösung liefert, wenn wir zur Abkürzung die absolute Zahl

$$\frac{aFf_0}{J} = \eta$$

setzen, für P_K

$$P_K = \frac{P_D + (\eta + 1)P_E}{2} \pm \sqrt{\left(\frac{P_D + (\eta + 1)P_E}{2}\right)^2 - P_D P_E}. \quad (257)$$

Von den beiden Werten ist immer der kleinere zu nehmen, das Wurzelvorzeichen also stets so zu wählen, daß das Wurzelglied negativ wird. Mit $f_0 = 0$, also bei einem ursprünglich geraden Stabe, wird $\eta = 0$ und $P_K = P_E$, vorausgesetzt, daß $P_D > P_E$ ist. Sollte dagegen $P_D < P_E$ sein, also bei einem kurzen Stabe, so erhält man nach der Bemerkung über das Wurzelvorzeichen $P_K = P_D$. Auf diese Weise unterscheidet die Formel auch zwischen dem Falle der Knickfestigkeit und der bloßen Druckbelastung. Um eine Vorstellung davon zu geben, wie groß der Unterschied zwischen P_K und P_E werden kann, führe ich folgende Zahlen an.

Der Stab sei ein gleichschenkliges Winkeleisen von 70 mm Schenkellänge und 9 mm Schenkelstärke, der Elastizitätsmodul sei gleich 2 110 000 atm und die Proportionalitätsgrenze gleich 2000 atm. Der anfängliche Krümmungspfeil f_0 sei zu 1 mm angenommen. Dann erhält man für die Länge von 2 m:

$$P_D = 23,6\,t, \quad P_E = 11,8\,t, \quad P_K = 10,4\,t,$$

für die Länge von 3 m:

$$P_D = 23,6\,t, \quad P_E = 5,2\,t, \quad P_K = 5,0\,t,$$

im ersten Falle also schon ziemlich erheblich verschiedene Werte von P_E und P_K. Der Unterschied zwischen beiden wächst schnell, wenn man f_0 vergrößert. Bei dem längeren Stabe ist bei dem gewählten f_0 der Unterschied geringer; man muß aber beachten, daß es um so schwieriger ist, einen Stab hinreichend genau gerade zu richten, je länger er ist.

Unter der Voraussetzung, daß η ein kleiner Bruch ist (daß also f_0 klein ist gegenüber dem Trägheitshalbmesser des Querschnittes), kann man den unter dem Wurzelzeichen in Gl. (257) stehenden Ausdruck mit Vernachlässigung des mit η^2 behafteten Gliedes näherungsweise ersetzen durch

$$\frac{1}{4}\left(P_D^2 + 2(\eta + 1)P_D P_E + (2\eta + 1)P_E^2 - 4 P_D P_E\right)$$

$$= \frac{1}{4}\left((P_D - P_E)^2 + 2\eta P_E(P_D + P_E)\right).$$

Wenn ferner P_D erheblich größer als P_E ist, also bei einem recht schlanken Stabe, kann man genau genug

$$\sqrt{(P_D - P_E)^2 + 2\eta P_E(P_D + P_E)} = P_D - P_E + \eta \frac{P_E(P_D + P_E)}{P_D - P_E}$$

setzen, und Gl. (257) geht damit näherungsweise über in

$$P_K = P_E - \eta \frac{P_E^2}{P_D - P_E}. \qquad (258)$$

Diese Gleichung gestattet einen bequemen Überschlag über die ungefähr zu erwartende Abweichung der wirklichen Knickbelastung P_K von dem Eulerschen Werte P_E. Wenn P_D nicht erheblich größer als P_E ist, muß man aber natürlich auf die ursprüngliche Gl. (257) zurückgehen.

Wie ich schon erwähnte, kann Gl. (257) auch dann angewendet werden, wenn ein eigentliches Ausknicken gar nicht zu erwarten, wenn also P_D kleiner ist als P_E. Der unmittelbaren Anwendung steht aber die Schwierigkeit im Wege, daß man in der Regel im ungewissen darüber ist, welchen Wert von f_0 oder von η man im gegebenen Falle als den wahrscheinlichsten anzusehen hat. Außerdem ist bei der Ableitung von Gl. (257) auch noch nicht auf die unvermeidliche Exzentrizität des Kraftangriffes Rücksicht genommen. Die Anwendung einer Erfahrungsformel, die Herr v. Tetmajer aus zahlreichen Versuchen mit Stäben aus verschiedenen Stoffen abgeleitet hat, ist daher in solchen Fällen mehr zu empfehlen. Bezeichnet man den kleinsten Trägheitshalbmesser des Querschnittes mit i, so kann nach v. Tetmajer für $P_D > P_E$

$$P_K = aF - b\frac{l}{i}F \qquad (259)$$

gesetzt werden. Die Konstanten a und b sind nach den Versuchen ermittelt, und zwar für

Schweißeisen	$a = 3030$ atm,	$b = 12{,}90$ atm
Weiches Flußeisen . .	$a = 3100$ „	$b = 11{,}40$ „
Härteres Flußeisen . .	$a = 3210$ „	$b = 11{,}60$ „
Lufttrocknes Nadelholz .	$a = 293$ „	$b = 1{,}94$ „

Für Gußeisen reicht Gl. (259) mit zwei Konstanten nicht aus. Für Stäbe mit Längenverhältnissen $\frac{l}{i} = 5$ bis 80 setzt

Herr v. Tetmajer nach seinen Versuchen

$$\frac{P_K}{F} = \left(0,53\left(\frac{l}{i}\right)^2 - 120\frac{l}{i} + 7760\right)\text{atm.} \qquad (260)$$

Für schlankere Stäbe wird die Anwendung der Eulerschen Formel empfohlen. Bei allen diesen Formeln wird vorausgesetzt, daß die Enden um Spitzen drehbar gelagert sind.

In den Bauvorschriften, die bei der Vergebung von Aufträgen vereinbart werden, wird gewöhnlich vorgeschrieben, bis zu welchem Längenverhältnis die Eulersche Knickformel verwendet bzw. welche Konstanten in die Annäherungsformeln (258) oder (259) eingesetzt werden sollen.

§ 67. Stab mit Einspannung an einem oder an beiden Enden.

Wir betrachten zunächst einen Stab, der an beiden Enden derart festgehalten ist, daß er als beiderseits fest eingespannt betrachtet werden kann. Freilich ist es schwer möglich, diese Voraussetzung genau zu verwirklichen, die Anordnung an den Stabenden also so zu treffen, daß in der Tat jede kleine Drehung der Endtangenten der elastischen Linie verhindert wird. Es ist aber immerhin nützlich, sich Rechenschaft darüber zu geben, wie groß die Knicklast in diesem Falle würde. Bei den meisten Festigkeitsberechnungen zu praktischen Zwecken wird man freilich besser daran tun, der Sicherheit halber auf die genaue Erfüllung der Einspannbedingung nicht zu rechnen, sondern die voraussichtliche Tragfähigkeit des Stabes entsprechend niedriger einzuschätzen. Diese Einschätzung muß dem Ermessen des Konstrukteurs im einzelnen Falle überlassen bleiben; sie wird sich in erster Linie nach dem Vertrauen zu richten haben, das man im gegebenen Falle in die Güte der Einspannung setzen kann. Wenn z. B. ein Stab einfach mit stumpfen Enden zwischen die Druckplatten einer Festigkeitsmaschine eingespannt wird, wird man bedenken müssen, daß eine geringe Unebenheit der Endquerschnitte eine Drehung trotzdem ermöglichen kann oder daß sich auch die Druckplatten selbst unter Umständen etwas schief stellen können, wenn sie nicht ganz besonders gut geführt sind. Bei der Ausführung eines Knickversuches dieser Art kann man sich von der Wirksamkeit der Einspannung übrigens leicht dadurch überzeugen, daß man an dem Stabende einen kleinen Spiegel anbringt, auf den man ein Fernrohr richtet, um das Spiegelbild eines festen Maßstabes darin zu beobachten. Bei genauer Einspannung darf sich der Spiegel nicht drehen.[1])

Bei der folgenden Rechnung nehme ich indessen an, daß die feste Einspannung genau verwirklicht sei. Die beiden Endtangenten der elastischen Linie in Abb. 104 fallen dann

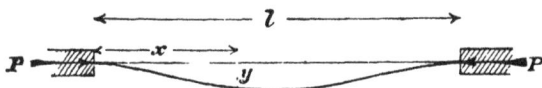

Abb. 104.

miteinander und mit der ursprünglichen Lage der Stabachse oder auch mit der Richtungslinie der Kräfte P zusammen, wenn wir jetzt der Einfachheit wegen von der Berücksichtigung der anfänglichen Exzentrizität der Kraftangriffslinie ebenso wie von der ursprünglichen Krümmung des Stabes absehen. Wir fragen also jetzt nicht danach, wie das Ausknicken allmählich zustande kommt, sondern nur wie groß P sein muß, um den durch Abb. 104 beschriebenen Gleichgewichtszustand dauernd aufrecht zu erhalten.

Für den Querschnitt mit der Abszisse x haben wir links vom Schnitte außer der Kraft P noch ein Kräftepaar, das auf das Stabende übertragen werden muß, um eine Drehung zu verhindern. Das Moment dieses Kräftepaares heißt das Einspannmoment oder auch das Anfangsmoment und soll mit M_0 bezeichnet werden. Das Biegungsmoment für den Querschnitt x ist dann

$$M = M_0 + Py \qquad (261)$$

und die Gleichung der elastischen Linie liefert

---

1) Einen Belastungsversuch mit einer großen gußeisernen Säule habe ich auf diese Art ausgeführt. Die Belastung wurde auf ¹/₃ der zu erwartenden Knicklast gesteigert. Es zeigte sich, daß sich die Stabenden fast um dasselbe Maß drehten, das man bei einer Spitzenlagerung der Enden hätte erwarten können. Dieses Resultat bestätigt von neuem, wie wenig man sich auf die durch eine stumpfe Auflagerung der Kopf- und der Fußplatte bewirkte Einspannung verlassen kann (Mitteilungen des Mech. Labor. in München, Heft 27).

$$EJ \frac{d^2y}{dx^2} = -(M_0 + Py). \tag{262}$$

Das allgemeine Integral dieser Gleichung lautet

$$y = A \sin \alpha x + B \cos \alpha x - \frac{M_0}{P}, \tag{263}$$

wenn unter α, wie schon früher, zur Abkürzung der Wert

$$\alpha = \sqrt{\frac{P}{EJ}}$$

verstanden wird, während A und B die beiden Integrationskonstanten sind. Für $x = 0$ muß y verschwinden, daher ist

$$B = \frac{M_0}{P}$$

zu setzen. Ferner muß wegen der Einspannung der Differentialquotient $\frac{dy}{dx}$ sowohl für $x = 0$ als für $x = l$ verschwinden.
Man hat

$$\frac{dy}{dx} = A\alpha \cos \alpha x - B\alpha \sin \alpha x,$$

und daher zunächst $A = 0$ und ferner

$$B\alpha \sin \alpha l = 0.$$

In der letzten Gleichung ist sowohl der Faktor B als der
Faktor α von Null verschieden, daher muß $\sin \alpha l = 0$ sein.
Der Winkel αl ist nicht Null; damit der angenommene Gleichgewichtszustand bestehen kann, muß daher die Last P so weit
gesteigert werden, bis $\alpha l = \pi$ oder ein Vielfaches von π geworden ist. Wollte man $\alpha l = \pi$ setzen, so wäre zwar die
eine Grenzbedingung erfüllt, aber nicht zugleich die noch ausstehende, daß auch y für $x = l$ verschwinden muß. Diese
Lösung würde daher für den von dem vorliegenden verschiedenen Fall passen, daß sich das rechte Ende des Stabes zwar
nicht drehen, wohl aber frei in der Richtung der Y-Achse verschieben könnte. Um der letzten Grenzbedingung zu genügen,
muß vielmehr auch

$$B \cos \alpha l - \frac{M_0}{P} = 0$$

oder $\cos \alpha l = +1$ sein und nicht gleich -1, wie für $\alpha l = \pi$. Um den zur Untersuchung gestellten Fall zu verwirklichen, müssen wir daher die Last P noch weiter wachsen lassen, bis $\alpha l = 2\pi$ geworden ist. Setzt man in diese Gleichung den Wert von α ein und löst nach P auf, so erhält man

$$P = 4\pi^2 \cdot \frac{EJ}{l^2}. \tag{264}$$

Der kritische Wert der Belastung ist also bei unwandelbar eingespannten Enden viermal so groß als bei frei drehbaren Enden. Wenn P kleiner ist, kann der angenommene Gleichgewichtszustand nicht bestehen bleiben, und der Stab streckt sich, wenn er sich selbst überlassen wird, wieder gerade. Bei größerem P schreitet dagegen die Biegung immer weiter fort, bis sie zum Zusammenbruche führt.

Natürlich wird durch die anfängliche Exzentrizität des Kraftangriffs usf. der Bruch noch etwas beschleunigt, und die darüber in den früheren Paragraphen durchgeführten Betrachtungen lassen sich fast ohne Änderung auf den vorliegenden Fall übertragen; hier ist nur deshalb davon abgesehen worden, um die Untersuchung nicht zu weitläufig zu gestalten.

Ferner sei hier der Fall untersucht, daß der Stab nur am einen Ende als eingespannt, am anderen aber als frei drehbar befestigt angenommen werden kann. Die Untersuchung ist ganz ähnlich der vorigen. Man muß beachten, daß an dem drehbar befestigten Ende auch eine quer zur Stabachse gerichtete Kraft V übertragen werden muß, um dieses Ende gegen eine Verschiebung im Sinne der y-Achse zu schützen. Für das Biegungsmoment M im Querschnitte x erhält man (vgl. Abb. 105)

$$M = Py - Vx, \tag{265}$$

woraus der Reihe nach folgt

$$EJ \frac{d^2 y}{dx^2} = -Py + Vx, \tag{266}$$

$$y = A \sin \alpha x + B \cos \alpha x + \frac{V}{P}x, \tag{267}$$

wenn α die frühere Bedeutung hat. Wegen $y = 0$ für $x = 0$ folgt $B = 0$ und wegen $y = 0$ für $x = l$

$$A = -\frac{Vl}{P \sin \alpha l}$$

Damit sind die Integrationskonstanten bestimmt. Dagegen ist V noch unbekannt, während zugleich noch die Grenzbedingung $\frac{dy}{dx} = 0$ für $x = l$ zur Verfügung steht. Mit $B = 0$ hat man durch Differentiieren

$$\frac{dy}{dx} = A\alpha \cos \alpha x + \frac{V}{P},$$

also muß die Gleichung

$$0 = -\frac{V\alpha l \cos \alpha l}{P \sin \alpha l} + \frac{V}{P},$$

erfüllt sein. Die Auflösung nach V würde $V = 0$, hiermit aber auch $A = 0$ und schließlich auch $y = 0$ liefern. Das ist natürlich ein möglicher Gleichgewichtszustand, nämlich jener, bei dem der Stab unter der Belastung geradlinig bleibt. Auf diesen kommt es aber hier nicht an, und in der Tat wird die vorstehende Gleichung bei einem beliebigen Werte von V auch dann noch erfüllt, wenn

$$\frac{\alpha l \cos \alpha l}{\sin \alpha l} = 1 \quad \text{oder} \quad \alpha l = \text{tg } \alpha l$$

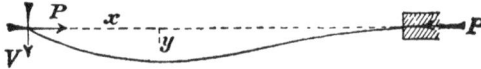

Abb. 105.

ist. Dies ist eine transzendente Gleichung für αl, die unendlich viele Wurzeln hat; für uns kommt aber nur die kleinste auf $\alpha l = 0$ folgende in Betracht, da es sich nur darum handelt, wie weit wir P wachsen lassen müssen, um eine Ausbiegung, wie sie in Abb. 105 gezeichnet ist, eben noch aufrechterhalten zu können. Man sieht leicht ein, daß αl jedenfalls größer als π werden muß, um die Tangente des Winkels gleich dem Bogen zu machen und durch Probieren findet man, daß ungefähr

$$\alpha l = 4{,}49$$

die gesuchte Wurzel der Gleichung ist. Das Quadrat von 4,49 kann gleich 20 gesetzt werden und mit Rücksicht auf die Bedeutung von α erhält man daher

$$P = 20\frac{EJ}{l^2}, \tag{268}$$

also ziemlich genau das Doppelte der Knickkraft für den Stab
mit frei drehbaren Enden oder die Hälfte des für den Stab
mit beiderseits eingespannten Enden gefundenen Wertes. Anstatt
dessen kann man Gl. (268) auch dahin aussprechen, daß der
am einen Ende eingespannte und am anderen drehbar ge-
lagerte Stab dieselbe Knickfestigkeit hat, als wenn er beiderseits drehbar gelagert wäre, falls zugleich an Stelle der Länge l
die Länge $\dfrac{l}{\sqrt{2}}$ genommen wird.

Endlich wird sich ein Stab, der an einem Ende eingespannt,
am anderen Ende aber frei beweglich ist, beim Ausknicken in
der Art ausbiegen, wie es in Abb. 106 angegeben ist.
Um die Größe der Knicklast für diesen Befestigungs-
fall zu ermitteln, genügt es, darauf hinzuweisen, daß
sich der Stab in derselben Lage befindet, wie die
eine Hälfte eines Stabes von der doppelten Länge, der
zwischen Spitzen drehbar gelagert ist. Durch die
punktiert angegebene Fortsetzung der Stabmittellinie
nach untenhin ist dies in Abb. 106 angedeutet. Dieselbe Last P, die erforderlich ist, um die in der Figur
angegebene Ausbiegung des Stabs von der Länge $2l$
aufrechtzuhalten, genügt auch für den durch die ausgezogene Linie allein angegebenen Stab von der Länge
l. Aus Gleichung (249), in der man nur l durch $2l$
zu ersetzen hat, erhält man daher

$$P_E = \tfrac{1}{4}\pi^2\frac{EJ}{l^2}. \tag{268a}$$

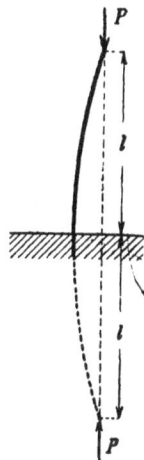

Abb 106.

§ 68. Knicken bei gleichzeitiger Biegungsbelastung.

Der Stab möge neben den Drucklasten P an beiden Enden außerdem in der Mitte noch eine Biegungslast Q tragen. Wie aus Abb. 107
hervorgeht, folgt dann für das Biegungsmoment M im Querschnitte x

$$M = \frac{Q}{2}x + Py$$

und hieraus

$$EJ \frac{d^2y}{dx^2} = -\left(\frac{Q}{2}x + Py\right),$$

$$y = A \sin \alpha x + B \cos \alpha x - \frac{Q}{2P}x.$$

Die elastische Linie zerfällt in zwei Äste, die sich in der Mitte aneinander schließen. Für jeden Ast sind die Konstanten A und B gesondert zu bestimmen; hier genügt es indessen der Symmetrie

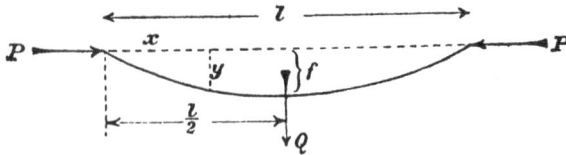

Abb. 107.

wegen, nur einen Ast näher ins Auge zu fassen. Wir wählen den linken; für $x = 0$ muß $y = 0$ und für $x = \frac{l}{2}$ muß $\frac{dy}{dx} = 0$ sein. Die erste Grenzbedingung liefert $B = 0$, und aus der zweiten folgt

$$A = \frac{Q}{2P\alpha \cos \frac{\alpha l}{2}}.$$

Setzt man dies in die Gleichung für y ein und wählt darin nachträglich $x = \frac{l}{2}$, um die größte Ausweichung, nämlich den Biegungspfeil f zu erhalten, so wird

$$f = \frac{Q}{2P\alpha}\left\{\operatorname{tg} \frac{\alpha l}{2} - \frac{\alpha l}{2}\right\}. \tag{269}$$

Die Formel liefert einen unendlich großen Wert für f, wenn $\frac{\alpha l}{2}$ zu einem rechten Winkel, αl also $= \pi$ und daher $P = \pi^2 \frac{EJ}{l^2}$ wird. Die Biegungsbelastung ändert also in diesem Sinne nichts an der kritischen Belastung auf Zerknicken, die ebenso groß bleibt, als wenn Q nicht vorhanden wäre. Dieser Schluß ist aber mit Vorsicht aufzunehmen, denn er bezieht sich ja nur auf die rein elastischen Erscheinungen und nimmt auf die schon vor der Erreichung der kritischen Belastung eintretende Überschreitung der Proportionalitätsgrenze keine Rücksicht. So wie wir schon früher fanden, daß P_K wegen der Exzentrizität des Kraftangriffs usf. kleiner ist als P_E, muß auch hier die wirkliche Knickbelastung kleiner ausfallen als der Eulersche Wert, und zwar um so mehr, je größer Q ist.

Für die Spannung in einer Faser des mittleren Querschnittes erhält man bei Benutzung derselben Bezeichnungen wie bei der ähnlichen Untersuchung in § 66

$$\sigma = \frac{P}{F} \pm \left(\frac{Ql}{4} + Pf\right) \frac{a}{J}.$$

In diese Gleichung ist f nach Gl. (269) einzuführen, ebenso für a der Wert einzusetzen und hierauf die Gleichung nach P aufzulösen, womit man ebenso wie in § 66 P_K erhält. Dabei tritt freilich die Schwierigkeit auf, daß die Gleichung transzendent ist; um darüber leichter hinweg zu kommen, ersetze ich Gl. (269) noch durch eine Näherungsformel, indem ich von der Reihenentwicklung

$$\operatorname{tg} x = x + \frac{x^3}{3} + \frac{2x^5}{15} + \frac{17x^7}{315} + \frac{62x^9}{2835} + \cdots$$

Gebrauch mache, die konvergent ist bis $x = \frac{\pi}{2}$. Bei Festigkeitsberechnungen wird es sich meistens um Lasten handeln, die erheblich unter der Bruchbelastung bleiben, da man noch eine gewisse Sicherheit nötig hat. Jedenfalls ist daher auch $\frac{al}{2}$ bei einem Falle der praktischen Anwendung erheblich kleiner als $\frac{\pi}{2}$ und selbst noch kleiner als die Einheit. In diesem Falle konvergiert die Reihe ziemlich schnell, und für eine Annäherung wird es genügen, die drei ersten Glieder zu berücksichtigen. Man erhält dann an Stelle von Gl. (269)

$$f = \frac{Q\,a^2 l^3}{48\,P} \left(1 + \frac{a^2 l^2}{10}\right)$$

oder, wenn man noch den Wert von a einsetzt,

$$f = \frac{Ql^3}{48\,EJ} \left(1 + \frac{Pl^2}{10\,EJ}\right). \tag{270}$$

Das erste Glied in der Klammer entspricht dem Biegungspfeile für $P = 0$ und stimmt auch in der Tat mit dem früher für die Biegungsbelastung Q gefundenen Pfeile (Gl. (82)) genau überein. Schreiben wir für diesen Anteil, also auch für den Faktor vor der Klammer, f_0 und beachten wir, daß im zweiten Gliede der Faktor 10 im Nenner nahezu mit π^2 übereinstimmt und daß sich dieses Glied daher in der Form $\frac{P}{P_E}$ schreiben läßt, so vereinfacht sich Gl. (270) noch weiter zu

$$f = f_0 \cdot \frac{P_E + P}{P_E}; \tag{271}$$

Die Gleichung für σ geht jetzt, nach Multiplikation mit F und mit $F\sigma = P_D$ über in

$$P_D = P + \left(\frac{Ql}{4} + P \cdot \frac{P_E + P}{P_E} f_0\right)\frac{aF}{J}, \qquad (272)$$

die ohne weiteres nach P aufgelöst werden kann und damit P_K liefert. Solange P erheblich kleiner bleibt als P_E, erkennt man übrigens schon aus Gl. (271), daß der Biegungspfeil durch die Zufügung von P gegenüber f_0 nur wenig geändert wird. Daraus ist zu schließen, daß die Biegungsspannungen auch nur ungefähr in demselben Verhältnisse wachsen, wozu dann freilich noch die gleichförmig über den Querschnitt verteilte Belastung $\frac{P}{F}$ kommt.

§ 69. Knickformel von Navier, Schwarz, Rankine.

Die Zuverlässigkeit der Eulerschen Theorie der Knickfestigkeit wurde lange Zeit hindurch angezweifelt. Aus genauen Versuchen, die in den letzten Jahrzehnten des vorigen Jahrhunderts angestellt wurden, ergab sich jedoch, daß die Eulersche Theorie mit dem tatsächlichen Verhalten schlanker Stäbe beim Knickvorgange im allgemeinen sehr gut übereinstimmt. Voraussetzung dafür ist nur, daß die Stäbe schlank genug sind und daß sie aus einem Stücke bestehen oder genauer gesagt, daß die einzelnen Teile des Querschnitts hinreichend fest miteinander zusammenhängen, um eine Gestaltänderung des Querschnitts bei der Ausbiegung zu verhüten.

Vorher waren für die Berechnung auf Knickfestigkeit andere Formeln im Gebrauch, von denen die in der Überschrift genannte am meisten angewendet wurde. Sie hat aber auch jetzt noch viele Anhänger und muß daher hier ebenfalls besprochen werden. Diese Formel wurde in den verschiedenen Ländern von verschiedenen Urhebern mit verschiedener Begründung aufgestellt und sie wird daher bald als die Naviersche, bald als die Schwarzsche, bald als die Rankinesche bezeichnet. Man geht bei ihrer Ableitung am einfachsten von der an sich ganz berechtigten Annahme aus, daß die Kraft P wegen zufälliger Abweichungen der Stabachse von der geraden Linie und wegen der unvermeidlichen Exzentrizität des Kraftangriffes von vornherein an einem Hebelarme p wirkt Für diesen Hebelarm setze man hypothetisch

$$p = \varkappa \frac{l^2}{a},\tag{273}$$

worin $\varkappa$ eine absolute Zahl ist, die aus Versuchen zu bestimmen ist. Zur Rechtfertigung für den Ansatz (273) kann man anführen, daß Abweichungen der genannten Art um so eher eintreten, je größer die Länge l im Vergleiche zu dem Abstande a der äußersten Faser von der in Frage kommenden Schwerlinie ist. Freilich ließe sich diese Überlegung auch noch auf andere Art zum Ausdrucke bringen und Gl. (273) haftet daher eine ·Willkür an, die nur durch die nachträgliche Bestätigung durch die Erfahrung gehoben werden könnte. Nimmt man Gl. (273) aber an, so ist damit der Fall der Knickfestigkeit auf den der gewöhnlichen exzentrischen Druck·belastung zurückgeführt. Für die Spannung an der äußersten Faser erhält man

$$\sigma = \frac{P}{F} + \frac{Pp}{J}\, a = \frac{P}{F}\left(1 + \varkappa \frac{l^2}{i^2}\right),\tag{274}$$

wenn mit i der Trägheitsradius bezeichnet wird.

Der zulässige Wert der Druckbelastung folgt daraus

$$P_{zul} = \frac{F\sigma_{zul}}{1 + \varkappa \frac{l^2}{i^2}},\tag{275}$$

und das ist die Formel, um deren Ableitung es sich handelte.

Ein Unterschied zwischen frei drehbaren und eingespannten Stabenden wird bei ihr nicht gemacht. Vielmehr wird stillschweigend angenommen, daß die Befestigung der Stabenden der gewöhnlichen Ausführung entspreche, die es zweifelhaft erscheinen läßt, ob und bis zu welchem Grade wenigstens eine teilweise Einspannung erwartet werden darf. Als einen Vorzug der Formel darf man bezeichnen, daß sie die gewöhnliche Druckbeanspruchung für kleine Stablängen l zugleich mit umfaßt. Sie trägt hierbei dem Umstande Rechnung, daß eine zunehmende Exzentrizität des Kraftangriffes bei wachsender Stablänge in der Regel auch dann schon zu erwarten ist, wenn ein Ausknicken überhaupt noch nicht in Frage kommt. Für jene Längenverhältnisse l/i, bei denen die Knickgefahr eintritt, stimmt sie dagegen mit den Versuchsergebnissen weniger gut überein als die Eulersche Formel.

Natürlich ist es immer möglich, Gl. (275) zur Übereinstimmung mit irgendeinem bestimmten Versuchsergebnisse zu bringen, wenn man die Konstante ϰ passend wählt. In dieser Hinsicht haben alle Formeln, in die man einen aus den Versuchen selbst erst zu bestimmenden Koeffizienten einführt, einen Vorsprung vor anderen, die auf rationellerem Wege abgeleitet sind, wie die Eulersche Formel, die schon durch einen einzigen Versuch widerlegt werden könnte, wenn sie auf einer falschen Grundlage beruhte. Es ist auch klar, daß man Gl. (275) ohne Besorgnis auf eine ganze Gruppe verwandter Fälle anwenden kann, wenn man ϰ aus einem Knickversuche entnimmt, der unter ganz ähnlichen Umständen angestellt wurde. Bei Festigkeitsberechnungen dieser Art handelt es sich ja ohnehin mehr um eine ungefähre Abschätzung als um die Gewinnung genau richtiger Werte. Eine allgemeinere Bedeutung könnte man Gl. (275) aber nur dann zusprechen, wenn die Konstante ϰ nur von dem Baustoffe abhängig wäre und bei allen Längenverhältnissen des Stabes wirklich als konstant betrachtet werden dürfte. Das trifft aber, wie namentlich aus den Versuchen v. Tetmajers hervorgeht, keineswegs zu. In jedem anderen Falle der Anwendung müßte man, um ganz sicher zu gehen, einen anderen Wert von ϰ einführen, und die Brauchbarkeit des Ergebnisses hängt davon ab, ob man den im gegebenen Falle zutreffenden Wert von ϰ richtig eingeschätzt hat.

Schließlich läßt sich auch noch ein unmittelbarer Vergleich mit der Eulerschen Formel durchführen, indem man Gl. (275) auf den Fall eines sehr schlanken Stabes anwendet. Wenn l groß genug ist, überwiegt nämlich das zweite Glied im Nenner das erste so erheblich, daß man genau genug

$$P_{zul} = \frac{F \sigma_{zul}}{\varkappa \frac{l^2}{i^2}}$$

dafür schreiben kann. Andererseits beträgt nach Euler die Knicklast

$$P_E = \alpha \cdot \pi^2 \frac{E J}{l^2}$$

wenn man unter α einen Zahlenwert versteht, der dem durch die Art der Befestigung des Stabes an den Enden bedingten Einspannungsgrade entspricht, der also für frei drehbare Stabenden gleich 1 und für beiderseits vollkommen eingespannte gleich 4 zu setzen ist. Bezeichnet man ferner den Sicherheitsgrad, den man bei der Berechnung auf Knickgefahr zugrunde legen will, mit n, so folgt nach der Eulerschen Formel

$$P_{\text{zul}} = \frac{1}{n} \alpha \pi^2 \cdot \frac{EJ}{l^2} = \frac{\alpha \pi^2}{n} \cdot EF \cdot \frac{i^2}{l^2}.$$

Sollen nun beide Berechnungsweisen zu demselben Ergebnisse führen, so muß, wie der Vergleich der Formeln lehrt,

$$\varkappa = \frac{n \, \sigma_{\text{zul}}}{\alpha \pi^2 E}$$

angenommen werden. Für Walzeisen wird man z. B.

$$\sigma_{\text{zul}} = 1000 \text{ atm}, \quad E = 22 \cdot 10^5 \text{ atm} \quad \text{und} \quad n = 5$$

setzen können, womit man

$$\varkappa = \frac{23 \cdot 10^{-5}}{\alpha}$$

findet. Es fragt sich jetzt noch, wie groß man α annehmen soll. Für Stäbe mit Spitzenlagerung wäre $\alpha = 1$ und $\varkappa = 23 \cdot 10^{-5}$; schätzte man dagegen $\alpha = 2$ ein, um einer teilweisen Einspannung an den Stabenden Rechnung zu tragen, so hätte man rund $\varkappa = 11 \cdot 10^{-5}$ zu setzen. — Man kann auch umgekehrt verfahren und den etwa in einer Bauordnung für einen bestimmten Baustoff behördlich vorgeschriebenen Wert von $\varkappa$ in die Formel einsetzen, um daraus zu entnehmen, welcher Wert von α im Einklang mit dieser Vorschrift ist. Käme dabei ein nicht annehmbarer Wert für α heraus, so wäre darin der Beweis zu erblicken, daß die Formel wenigstens für schlanke Stäbe nicht zutrifft, denn daß die Eulersche Formel gerade im Falle sehr schlanker Stäbe in bester Übereinstimmung mit den Beobachtungstatsachen steht, kann nicht bezweifelt werden.

Aufgaben.

63. Aufgabe. *Bei welchem Verhältnisse der Querschnittseite a zur Länge l beginnt die Knickgefahr für einen quadratischen Stab nach der Eulerschen Formel?*

Lösung. Man setze

$$\frac{\pi^2 EJ}{l^2} = F\sigma$$

und verstehe unter σ die Proportionalitätsgrenze für Druck. Da $J = \frac{a^4}{12}$ und $F = a^2$ ist, erhält man durch Auflösung der Gleichung nach l

$$l = a\pi\sqrt{\frac{E}{12\,\sigma}}.$$

Wenn z. B. für Flußeisen $E = 2\,100\,000$, $\sigma = 2000$ atm gesetzt wird, liefert dies

$$\frac{l}{a} = 29,4.$$

Bei der Ableitung ist vorausgesetzt, daß die Stabenden frei dreh bar sind.

64. Aufgabe. *Wie groß ist die Last, die eine gußeiserne Säule von 20 cm äußerem Durchmesser und 2 cm Wandstärke bei 6 m Höhe a) nach der Eulerschen, b) nach der Schwarzschen Formel mit Sicherheit tragen kann, wenn $E = 1\,000\,000$ atm, $\sigma_{zul} = 700$ atm, $\varkappa = 0,0002$ gesetzt wird?*

Lösung. Die Querschnittsfläche F ist

$$F = \pi(10^2 - 8^2) = 113 \text{ cm}^2.$$

Das Trägheitsmoment J ist

$$J = \frac{\pi}{4}(10^4 - 8^4) = 4630 \text{ cm}^4 \quad \text{und} \quad i^2 = \frac{4630}{113} = 41 \text{ cm}^2$$

Bei Anwendung der Eulerschen Formel setzen wir voraus, daß das obere Ende der Säule durch das Gebälk, das sie trägt, gegen eine Verschiebung in horizontaler Richtung gestützt sei. Gewöhnlich wird dies zutreffen; natürlich ist aber im gegebenen Falle sorgfältig darüber nachzudenken, ob die Voraussetzung wirklich berechtigt ist. Sonst ist die doppelte Länge in die Formel einzuführen. Dagegen sehen wir von der Berücksichtigung einer etwaigen Einspannung der Enden der Sicherheit wegen ab. Die Knicklast wird dann nach der Eulerschen Formel

$$P_E = \pi^2 \frac{EJ}{l^2} = 10 \cdot \frac{10^6 \cdot 4630}{600^2} = 128\,600 \text{ kg.}$$

Man pflegt bei Gußeisen eine sechsfache Sicherheit gegen Ausknicken zu verlangen, daher setzen wir

$$P_{zul} = \tfrac{1}{6} P_E = 21\,400 \text{ kg.}$$

Nach der Schwarzschen Formel wird dagegen

$$P_{zul} = \frac{F \cdot \sigma_{zul}}{1 + \varkappa \frac{l^2}{i^2}} = \frac{113 \cdot 700}{1 + 2 \cdot 10^{-4} \cdot \frac{600^2}{41}} = 28\,600 \text{ kg.}$$

Ich selbst würde dem ersten Werte den Vorzug geben, hätte aber auch gegen die Belastung mit 28 600 kg nicht viel einzuwenden, da der Sicherheitsgrad im ersten Falle ziemlich willkürlich eingeschätzt ist.

Anmerkung. Mit Einsetzen der in der Aufgabe für die Schwarzsche Formel vorgeschriebenen Zahlenwerte in die am Schlusse von § 69 für $\varkappa$ aufgestellte Formel und mit $n = 6$ erhält man

$$2 \cdot 10^{-4} = \frac{6 \cdot 700}{\alpha \, \pi^2 \cdot 10^6},$$

woraus $\alpha = 2,1$, also ein ganz annehmbarer Wert folgt. Daß die Eulersche Formel hier auf einen kleineren Wert von P_{zul} führt als die Schwarzsche, kommt davon her, daß bei ihr auf eine Einspannung der Enden gar nicht gerechnet, sondern $\alpha = 1$ gesetzt wurde.

Nach der alten Münchener Bauordnung war für gußeiserne Säulen $\varkappa = 0,0006$ und $\sigma_{zul} = 1000$ atm vorgeschrieben. Damit käme man auf $P_{zul} = 18\,000$ kg und beim Einsetzen der Werte in die für $\varkappa$ aufgestellte Formel findet man $\alpha = 1$, d. h. bei dieser Vorschrift war auf eine Einspannung der Enden ebenfalls nicht gerechnet.

65. Aufgabe. *Ein aufrecht stehender Stab ist am unteren Ende fest eingespannt. Das obere Ende ist frei drehbar und kann sich zugleich in horizontaler Richtung etwas verschieben. Dabei soll aber ein elastischer Widerstand auftreten, der der Größe der Ausweichung proportional ist. Man denke sich etwa das obere Ende durch horizontale Zugstangen gehalten, die bei einer Ausweichung des Befestigungspunktes in Spannung geraten. Man soll die Knickfestigkeit des Stabes berechnen.*

Lösung Die Ausweichung des oberen Endes sei y_0 und von diesem Ende aus seien die Abszissen x gerechnet. Am oberen Ende tritt eine horizontale Kraft H auf, die

$$H = c y_0$$

gesetzt werden kann. Der Faktor c hängt von der Elastizität der Zugstangen ab, die das obere Ende halten, und ist hier als gegeben zu betrachten. Für den Querschnitt mit der Abszisse x hat man

$$M = Hx + P(y - y_0),$$

und die Gleichung der elastischen Linie lautet

$$EJ \frac{d^2 y}{dx^2} = -c y_0 x - Py + Py_0.$$

Die allgemeine Lösung ist

$$y = A \sin \alpha x + B \cos \alpha x - \frac{c}{P} y_0 x + y_0,$$

wenn α dieselbe Bedeutung wie früher hat Für $x = 0$ muß $y = y_0$

sein; daraus folgt $B = 0$. Ferner ist für $x = l$ sowohl x als $\dfrac{dy}{dx}$ gleich Null. Dies liefert die Gleichungen

$$0 = A \sin \alpha l - \frac{c y_0 l}{P} + y_0,$$

$$0 = \alpha A \cos \alpha l - \frac{c y_0}{P}.$$

Löst man beide nach A auf, so erhält man

$$A = y_0 \cdot \frac{c l - P}{P \sin \alpha l}; \qquad = y_0 \cdot \frac{c}{P \alpha \cos \alpha l}.$$

Damit diese Gleichungen miteinander bestehen können, muß

$$\frac{c l - P}{\sin \alpha l} = \frac{c}{\alpha \cos \alpha l}$$

sein. In anderer Form läßt sich diese Bedingungsgleichung auch schreiben

$$\operatorname{tg} \alpha l = \alpha l - \frac{\alpha P}{c}.$$

oder, wenn man P in α ausdrückt,

$$\operatorname{tg} \alpha l = \alpha l - (\alpha l)^3 \cdot \frac{E J}{c l^3}.$$

Die kleinste Wurzel dieser transzendenten Gleichung, die im einzelnen Falle durch Probieren aufzulösen ist, liefert αl und hiermit die Knicklast P.

Setzt man $c = \infty$, so ist der Stab oben ganz festgehalten, und wir kommen damit auf den schon in § 67 ausführlich behandelten Fall. Wenn umgekehrt $c = 0$ gesetzt wird, ist das obere Stabende in horizontaler Richtung frei beweglich, und die Gleichung geht über in $\operatorname{tg} \alpha l = \pm \infty$. Diese liefert die Lösung $\alpha l = \dfrac{\pi}{2}$ und daher

$$P = \frac{\pi^2}{4} \cdot \frac{E J}{l^2},$$

in Übereinstimmung mit Gl. 268a, S. 383.

66. **Aufgabe.** *Der Querschnitt eines Stabes, der an beiden Enden in Spitzen gelagert ist, sei in der Stabmitte auf eine Strecke l', die klein gegenüber der ganzen Stablänge ist, durch Einschnitte verschwächt, so daß das kleinste Trägheitsmoment des Querschnittes dadurch von J auf J' herabgesetzt wird. Man soll die Knickfestigkeit des verschwächten Stabes mit der des unverschwächten vergleichen.*

Lösung. Der Winkel, um den sich die Endquerschnitte des kurzen mittleren Stückes bei gegebenem Biegungsmomente gegeneinander verdrehen, ist in dem Verhältnisse $\frac{J}{J'}$ größer, als wenn der Querschnitt unverändert durchginge. Man denke sich nun einen zweiten Stab von überall gleichem Trägheitsmomente J, aber von etwas größerer Länge, so nämlich, daß das Mittelstück von der Länge l' durch ein solches von der Länge $l' + l''$ ersetzt ist, wenn

$$ l'' = \frac{J - J'}{J'}\, l' $$

genommen wird. Dann würden sich die Endquerschnitte des Mittelstückes dieses Stabes bei gegebenem Biegungsmomente um denselben Winkel gegeneinander verdrehen wie beim verschwächten Stabe. Falls nun das Mittelstück an und für sich kurz·ist, wird auch der Biegungspfeil in der Mitte beim zweiten Falle nicht merklich größer sein als im ersten Falle, wenn die Biegungslinien in den äußeren Stababschnitten in beiden Fällen miteinander übereinstimmen. Man erkennt daraus, daß die Querschnittverschwächung in der Mitte so wirkt, als wenn der Querschnitt unverändert geblieben, die Stablänge aber um den vorher berechneten Betrag l'' vergrößert wäre. Danach kann die Knicklast leicht berechnet werden.

Zur Prüfung des hier erörterten Falles habe ich eine größere Versuchsreihe angestellt, worüber im 25. Hefte des Münchener Laboratoriums, 1897 berichtet ist. Dabei zeigte sich indessen, daß man für l' einen etwas größeren Wert als die Länge einzusetzen hat, auf die sich die Verschwächung des Stabquerschnittes erstreckt. Auch in den unmittelbar an das Mittelstück angrenzenden Teilen des Stabes kann sich nämlich nicht sofort der volle Querschnitt wirksam erweisen; die an die Lücke angrenzenden Kanten müssen vielmehr ebenfalls zunächst noch spannungslos sein. Bei meinen Versuchen zerknickte ich Winkeleisen, bei denen der Querschnitt durch beiderseitige Einschnitte von 2,5 bis 60 mm Länge (in der Richtung der Stabachse gemessen) so geschwächt war, daß J' nur $\frac{1}{4}$ bis $\frac{1}{5}$ von J war   Dabei mußte man die Einschnittlänge um 2 bis 4 cm vermehren, um die vorausgehende Rechnung in Übereinstimmung mit den Versuchsergebnissen zu bringen.

67. Aufgabe. *Ein zwischen Spitzen gelagerter Stab von 1,5 m Länge und rechteckigem Querschnitt von 3 cm und 5 cm Seitenlänge wird durch die Lasten P an den Enden A und B (Abb. 108) gedrückt. Außerdem greifen an den Punkten C und D noch Lasten Q an, die den mittleren Teil des Stabes auf Zug beanspruchen. Man*

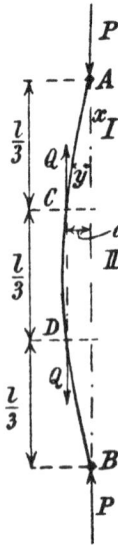

*soll die Knicklast P für den Fall berechnen, daß $Q = \frac{1}{2}\,P$
und $E = 2.10^6$ atm gesetzt werden kann.*

Lösung. Für den zwischen A und C liegenden
Ast I der elastischen Linie des ausgebogenen Stabes hat
man die Differentialgleichung

$$EJ\,\frac{d^2y}{dx^2} = -\,Py,$$

woraus, wie in § 64,

$$y_I = A\sin\alpha x$$

folgt. Die eine Integrationskonstante ist hierbei schon
der Grenzbedingung $y = 0$ für $x = 0$ angepaßt. Bezeichnen wir die Ordinate an der Stelle C mit a, so ist

$$a = A\sin\frac{\alpha l}{3}\cdot$$

Für Ast II nehmen wir die Linie CD als X-Achse
und C als Koordinatenursprung an. Die Differentialgleichung dieses Astes lautet dann

$$EJ\,\frac{d^2y}{dx^2} = -\,P(y + a) + Qy,$$

Abb. 108.

deren allgemeine Lösung sofort in der Form

$$y = C\sin\beta x + D\cos\beta x - \frac{P}{P - Q}\,a$$

angegeben werden kann. Dabei hat die Konstante β den Wert

$$\beta = \sqrt{\frac{P - Q}{EJ}}\cdot$$

Die Integrationskonstanten C und D bestimmen wir aus den Bedingungen, daß für den zweiten Ast y zu Null wird für $x = 0$ und
für $x = \dfrac{l}{3}\cdot$ Daraus folgt

$$D = \frac{P}{P - Q}\,a;\qquad C = \frac{P}{P - Q}\,a\,\frac{1 - \cos\dfrac{\beta l}{3}}{\sin\dfrac{\beta l}{3}}\cdot$$

Schreiben wir jetzt zum Unterschiede vom ersten Ast y_{II} für y, so
haben wir

$$y_{II} = \frac{P}{P - Q}\,a\left(\left(1 - \cos\frac{\beta l}{3}\right)\frac{\sin\beta x}{\sin\dfrac{\beta l}{3}} + \cos\beta x - 1\right).$$

Außerdem haben wir aber noch die Bedingung, daß sich beide
Äste ohne Knick aneinander schließen müssen, daß also

$$\left(\frac{dy_I}{dx}\right)_{x = \frac{l}{3}} = \left(\frac{dy_{II}}{dx}\right)_{x = 0}$$

sein muß. Setzen wir die Werte ein, so geht diese Gleichung nach
einfacher Umformung über in

$$\frac{\alpha}{\beta}\cos\frac{\alpha l}{3} = \frac{P}{P-Q}\left(1 - \cos\frac{\beta l}{3}\right)\frac{\sin\dfrac{\alpha l}{3}}{\sin\dfrac{\beta l}{3}},$$

aus der a herausgefallen ist. Da β von α in einfacher Weise abhängt, kann sie nach α aufgelöst werden, womit man auch die ver-
langte Knicklast P findet.

Bisher konnte Q noch irgendeinen Wert haben, der kleiner als P ist.
Setzen wir $Q = 0$, so entspricht dies dem einfachsten Falle der Knickfestig-
keit, was wir zur Prüfung der Richtigkeit der Rechnung verwenden können.
Die Gleichung geht dann, da in diesem Falle $\beta = \alpha$ wird, über in

$$\cos\frac{\alpha l}{3} = 1 - \cos\frac{\alpha l}{3}, \quad \text{woraus} \quad \frac{\alpha l}{3} = \frac{\pi}{3} \text{ (oder } = 60^0\text{)}$$

folgt. Für P folgt daraus in der Tat der Eulersche Wert in
Gl. (249).

Setzen wir dagegen, wie es die Aufgabe verlangt, $Q = \frac{1}{2}P$, so
wird $\beta = \frac{\alpha}{\sqrt{2}}$, und die Gleichung für α lautet

$$\sqrt{2}\cdot\cos\frac{\alpha l}{3} = 2\left(1 - \cos\frac{\alpha l}{3\sqrt{2}}\right)\frac{\sin\dfrac{\alpha l}{3}}{\sin\dfrac{\alpha l}{3\sqrt{2}}},$$

die nun durch Probieren aufzulösen ist. Zur Abkürzung der Rechnung dient dabei die Bemerkung, daß die Knicklast P, wenn Q hinzu-
tritt, jedenfalls größer ausfallen muß, als wenn Q fehlt. Daher ist
der Winkel $\frac{\alpha l}{3}$ jedenfalls größer als 60^0. Schreiben wir die Gleichung
in der Form

$$\frac{1 - \cos\dfrac{\alpha l}{3\sqrt{2}}}{\cos\dfrac{\alpha l}{3}}\,\frac{\sin\dfrac{\alpha l}{3}}{\sin\dfrac{\alpha l}{3\sqrt{2}}} = \frac{1}{\sqrt{2}} = 0{,}707,$$

so wird die linke Seite zu Null für $\alpha l = 0$ Für $\alpha l = \pi$ nimmt sie,
wie die Zahlenrechnung lehrt, den Wert 0,672 an, für $\frac{\alpha l}{3} = 65^0$ den
Wert 0,909 und für $\frac{\alpha l}{3} = 61^0$ den Wert 0,713. Es genügt daher,
$\frac{\alpha l}{3} = 60{,}85^0$ zu setzen.

Hiernach wird durch die Mitwirkung von Q die Konstante α
im Verhältnisse $60{,}85 : 60 = 1{,}014$ vergrößert und die Knicklast im

Verhältnisse 1,028, da sie nach Gl. (246) mit dem Quadrate von α wächst.

Mit $l = 150\,\text{cm}$, $J = \dfrac{5 \cdot 3^3}{12} = 11,25\ \text{cm}^4$ und $E = 2 \cdot 10^6$ wird die Eulersche Knicklast beim Fehlen von Q nach Gl. (249)

$$P_E = 9870\ \text{kg}.$$

Wirkt Q in der Größe von $\frac{1}{2}P$ mit, so erhöht sich dies um 2,8 %, also auf

$$P_E' = 10150\ \text{kg}.$$

Anmerkung. Wenn Q entgegengesetzt gerichtet sein sollte, läßt sich die Lösung. ebenfalls bis zu der Stelle benutzen, an der man den besonderen Wert von Q einsetzte; man muß dann nur das Vorzeichen von Q umkehren.

Elfter Abschnitt.

Grundzüge der mathematischen Elastizitätstheorie.

§ 70. Ableitung der Grundgleichungen.

Zwischen den Spannungskomponenten an irgendeiner Stelle des Körpers bestehen nach den Gleichgewichtsbedingungen gegen Drehen und gegen Verschieben zunächst die im ersten Abschnitte abgeleiteten Gleichungen (4) und (5). Durch die Gleichungen (4) werden die neun Spannungskomponenten auf sechs zurückgeführt, und diese sind dann nur noch durch die drei Gleichungen (5) miteinander verbunden. Aus drei Gleichungen kann man aber sechs unbekannte Größen unter keinen Umständen eindeutig bestimmen; die Aufgabe, die Spannungsverteilung zu ermitteln, ist daher, wie wir schon früher geschlossen haben, statisch unbestimmt, solange keine weiteren Angaben hinzutreten. Diese Unbestimmtheit zu heben, haben wir in den vorausgehenden Abschnitten verschiedene Annahmen zugrunde gelegt, die nur durch Berufung auf die Übereinstimmung der aus ihnen gezogenen Folgerungen mit der Erfahrung gerechtfertigt werden konnten. Wenn nun auch ein solches Verfahren den Ansprüchen, die man vom Standpunkte der praktischen Anwendung an die technische Mechanik stellen kann, ganz wohl genügt, so befriedigt es doch nach anderer Richtung nicht vollständig. Unser Erkenntnisdrang verlangt eine Zurückführung der zusammengesetzteren Erscheinungen auf die einfachsten und möglichst einwandfrei feststellbaren Erfahrungstatsachen. Diesem Verlangen sucht die mathematische Theorie der Elastizität zu entsprechen. Sie stellt sich die Aufgabe, die Formänderung und den Spannungszustand eines von gegebenen äußeren Kräften beanspruchten elastischen Körpers ohne Zuhilfenahme besonderer Hypothesen zu berechnen, indem sie sich dabei außer auf die allgemeinen Gleichgewichtsbedingungen nur noch auf das Elastizitätsgesetz stützt. Freilich wird zwar das Elastizitätsgesetz, wie im zweiten Abschnitte näher besprochen wurde, nicht für alle festen Körper durch dieselbe Aussage wiedergegeben. Bei den Körpern, für die man Festigkeitsaufgaben zu lösen hat, genügt es aber gewöhnlich, den Stoff, aus dem sie bestehen, als isotrop anzusehen und das Hookesche Gesetz auf ihn anzuwenden. Auf solche Fälle allein beziehen sich die Entwicklungen der mathematischen Elastizitätstheorie, von denen hier die Rede sein soll.

Daß es überhaupt möglich ist, die gestellte Aufgabe zu lösen, ergibt sich aus folgender Betrachtung. Die elastischen Verschiebungen, die ein Punkt des Körpers mit den Koordinaten x, y, z unter dem Einflusse der Belastung erfährt, seien für die Richtungen der Koordinatenachsen mit ξ, η, ζ bezeichnet. Da es nicht auf die Bewegungen ankommt, die der Körper etwa als Ganzes erfährt, sondern nur auf die relativen Verschiebungen einzelner Teile des Körpers gegeneinander, wird es sich empfehlen, das Koordinatensystem, auf das die x, y, z und die ξ, η, ζ bezogen sind, auf dem Körper selbst festzulegen, also etwa so, daß der Ursprung stets mit einem beliebig ausgewählten Punkte des Körpers zusammenfällt, die X-Achse stets durch einen zweiten und die X Y-Ebene durch einen dritten Punkt des Körpers geht. Wenn sich der Körper ohne Formänderung nur als Ganzes bewegt, bleiben dann ξ, η, ζ in jeder Lage gleich Null; die drei Größen sind also bei diesen näheren Festsetzungen sehr geeignet, die elastische Formänderung zu beschreiben. Häufig ist es am bequemsten, den zweiten und dritten der vorher angeführten drei Punkte, die nicht in einer Geraden liegen dürfen, deren Auswahl aber sonst beliebig getroffen werden kann, unendlich nahe bei dem ersten anzunehmen.

Nach dem Elastizitätsgesetze sind die Spannungskomponenten von den Formänderungen an der betreffenden Stelle des Körpers abhängig. Wenn ξ, η, ζ als Funktionen von x, y, s bekannt und hiermit die elastische Formänderung, die der Körper erfährt, in allen Einzelheiten gegeben wäre, könnte man nach dem Elastizitätsgesetze auch die Spannungskomponenten an jeder Stelle des Körpers berechnen. Jedenfalls ist es also möglich, alle Spannungskomponenten in den drei unbekannten Verschiebungskomponenten ξ, η, ζ auszudrücken. Damit werden aber die sechs unbekannten Größen des Problems auf drei zurückgeführt, zu deren Ermittelung die durch die drei Gleichungen (5) ausgesprochenen Gleichgewichtsbedingungen im Zusammenhange mit den Grenzbedingungen an der Oberfläche des Körpers gerade hinreichen.

In einem Falle haben wir von diesem Verfahren schon Gebrauch gemacht, nämlich bei der Untersuchung der dickwandigen Röhren in § 58. In der Tat handelte es sich dort nur um einen besonders einfachen Fall, der nach den Methoden der mathematischen Elastizitätstheorie, ohne daß von diesen bis dahin die Rede war, sofort vollständig gelöst werden konnte. Dasselbe Verfahren ist jetzt ganz allgemein auszuarbeiten, und wer sich mit jener früheren Untersuchung hinreichend vertraut gemacht hat, wird nun mit geringer Mühe den Erweiterungen der dort durchgeführten Betrachtung, um die es sich hier handelt, folgen können.

Die elastischen Verschiebungen ξ, η, ζ sollen als sehr klein im Vergleiche zu den Abmessungen des Körpers im natürlichen Zustande, also gegenüber den Koordinaten x, y, s, vorausgesetzt werden. Wir wollen zunächst die bezogenen Dehnungen ε_x, ε_y, ε_s in den Richtungen der Koordinatenachsen ausdrücken. Zu diesem Zwecke betrachten wir zwei Punkte, die ursprünglich um dx auseinander lagen. Die Koordinaten dieser beiden Punkte im natürlichen Zustande sollen also

$$x,\ y,\ s \quad \text{und} \quad x+dx,\ y,\ s$$

gewesen sein. Nach der Formänderung gehen sie über in

$$x+\xi,\ y+\eta,\ s+\zeta$$

und

$$x+dx+\xi+\frac{\partial \xi}{\partial x}dx,\quad y+\eta+\frac{\partial \eta}{\partial x}dx,\quad s+\zeta+\frac{\partial \zeta}{\partial x}dx,$$

wobei darauf zu achten war, daß sich ξ, η, ζ um die angegebenen Differentiale ändern, wenn man zum Nachbarpunkte weiter rückt.

Aus der Strecke dx ist also durch die Formänderung die Strecke $dx + \dfrac{\partial \xi}{\partial x} dx$ geworden. Unter Benutzung unserer früheren Schreibweise haben wir also für die elastische Änderung $\varDelta dx$ der Strecke dx

$$\varDelta dx = \frac{\partial \xi}{\partial x} dx.$$

Die bezogene Dehnung ε_x ist aber das Verhältnis zwischen $\varDelta dx$ und der ursprünglichen Länge dx, also finden wir die erste der drei folgenden Gleichungen

$$\varepsilon_x = \frac{\partial \xi}{\partial x}, \quad \varepsilon_y = \frac{\partial \eta}{\partial y}, \quad \varepsilon_z = \frac{\partial \zeta}{\partial z}. \tag{276}$$

Die beiden anderen folgen auf demselben Wege, wenn man die Schicksale einer in der Richtung der Y-Achse gezogenen Strecke dy oder einer in der Richtung der Z-Achse gezogenen Strecke dz verfolgt.

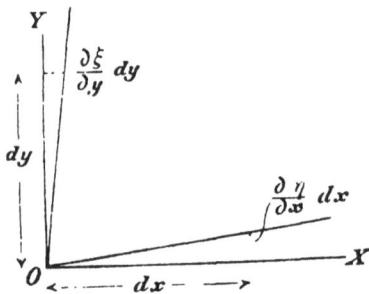

Abb. 109.

Eine ganz ähnliche Betrachtung liefert uns auch den Ausdruck für die kleine elastische Änderung γ_{xy}, die der ursprünglich rechte Winkel zwischen zwei Strecken dx und dy erfährt, die von dem Punkte xyz in den Richtungen der X- und Y-Achse gezogen wurden. Um die Größe dieses Winkels nach der Formänderung mit der ursprünglichen zu vergleichen, denke ich mir den einen Winkel parallel verschoben, so daß beide Scheitel zusammenfallen. So sind sie in Abb. 109. gezeichnet. Wir brauchen dabei nur auf die kleinen Abweichungen jedes Schenkels in der Richtung des anderen Schenkels zu achten, denn wenn auch ein Schenkel in einer Richtung senkrecht zur Ebene der Abb. 109 ein wenig abgelenkt wird, so trägt dies zur Winkeländerung nichts bei; eine solche Ablenkung, die etwa der in der Richtung der X-Achse verlaufende Schenkel erfährt,

kommt nämlich auf eine Drehung des Winkels um die Y-Achse
hinaus, die zu keiner Änderung der Größe des Winkels führt.
Auch die Dehnung in der Richtung der X-Achse kann keinen
Beitrag zur Winkeländerung γ_{xy} liefern. Wir brauchen also
nur darauf zu achten, daß sich der Endpunkt der Strecke dx
relativ zum Anfangspunkte um eine kleine Strecke in der Richtung der Y-Achse verschoben hat, die wir schon vorher zu
$\frac{\partial \eta}{\partial x} dx$ berechnet haben, und daß sich ebenso der Endpunkt von
dy um $\frac{\partial \xi}{\partial y} dy$ gegen den Winkelscheitel in der Richtung der
X-Achse verschoben hat. Die Beträge beider Ablenkungen
sind in Abb. 109 eingeschrieben. Zugleich sehen wir noch, daß
der ursprünglich rechte Winkel in einen spitzen übergeht, wenn
beide Differentialquotienten positiv sind.

Die Richtungsänderungen sind sehr klein; wir können daher die zugehörigen Winkel im Bogenmaß gleich ihren trigonometrischen Tangenten setzen. Die Richtungsänderung von dx
trägt daher $\frac{\partial \eta}{\partial x}$ zu γ_{xy} bei, und ähnlich ist es mit dy. Im
ganzen haben wir daher

$$\gamma_{xy} = \frac{\partial \xi}{\partial y} + \frac{\partial \eta}{\partial x},$$

und diese Formel ist als streng richtig zu betrachten, falls ξ,
η, ζ unendlich klein gegenüber x, y, z sind. Diese Voraussetzung trifft nun freilich bei der wirklichen Formänderung
eines elastischen Körpers nicht genau zu; sie ist aber in der
Regel nahezu erfüllt, und man sieht ein, daß ein Fehler, der
etwa hieraus entspringen könnte, gewöhnlich gar nicht in Betracht kommen wird. — Natürlich läßt sich dieselbe Betrachtung auch für die Winkeländerungen zwischen den Richtungen
von dx und dz und von dy und dz wiederholen. Es ist aber
gar nicht nötig, dies wirklich auszuführen, da keine Koordi-
natenrichtung vor der anderen etwas voraus hat, so daß sich
das vorige Resultat ohne weiteres auch auf γ_{xz} und γ_{yz} übertragen läßt. Mit Wiederholung der vorigen Formel haben wir
daher den Gleichungssatz

$$\gamma_{xy} = \frac{\partial \xi}{\partial y} + \frac{\partial \eta}{\partial x}; \ \ \gamma_{zx} = \frac{\partial \xi}{\partial z} + \frac{\partial \zeta}{\partial x}; \ \ \gamma_{yz} = \frac{\partial \eta}{\partial z} + \frac{\partial \zeta}{\partial y}. \quad (277)$$

Außerdem soll noch die bezogene Volumenänderung berechnet werden, die der Körper an der betrachteten Stelle erfährt. Man denke sich ein rechtwinkliges Parallelepiped von den Kantenlängen dx, dy, dz. Mit diesem denken wir uns zuerst die Winkeländerungen γ_{xy} usf. zwischen den Kanten vorgenommen. Wenn γ_{xy} endliche Größen wären, würde dadurch das Volumen geändert. So würde z. B. die Rechteckfläche $dx \cdot dy$ in ein Parallelogramm von der Fläche

$$dx \cdot dy \cdot \cos \gamma_{xy}$$

übergehen. Wenn γ_{xy} klein von der ersten Ordnung ist, weicht aber der Kosinus dieses Winkels nur um eine Größe zweiter Ordnung von der Einheit ab. Die Änderung des Volumens durch diese Richtungsänderungen kann daher vernachlässigt werden; streng ist dies freilich auch wieder nur dann zulässig, wenn ξ, η, ζ wirklich unendlich klein sind.

Hierauf sollen die Kantenlängen um $\varDelta dx$ usf. geändert werden. Dadurch tritt eine Änderung des Volumens ein, die im Vergleiche zum ursprünglichen Volumen nur von der ersten Ordnung klein ist. Diese Änderung kommt daher allein in Betracht. Das Volumen nach der Streckung der Kanten ist

$$dx(1 + \varepsilon_x)dy(1 + \varepsilon_y)dz(1 + \varepsilon_z)$$

oder, wenn wir ausmultiplizieren und die kleinen Größen höherer Ordnung fortlassen

$$dx\,dy\,dz(1 + \varepsilon_x + \varepsilon_y + \varepsilon_z).$$

Als bezogene Volumenänderung e bezeichnen wir das Verhältnis zwischen der Änderung des Volumens und dem ursprünglichen Volumen, und wir haben daher

$$e = \varepsilon_x + \varepsilon_y + \varepsilon_z$$

oder nach den Gl. (276)

$$e = \frac{\partial \xi}{\partial x} + \frac{\partial \eta}{\partial y} + \frac{\partial \zeta}{\partial z}. \tag{278}$$

Nach diesen Vorbereitungen können wir jetzt auch die Spannungskomponenten in ξ, η, ζ ausdrücken. Am einfachsten gelingt dies mit den Schubspannungen, denn nach Gl. (12), die wegen des Superpositionsgesetzes ohne weiteres auf unseren Fall übertragen werden kann, ist z. B.

$$\gamma_{xy} = \frac{\tau_{xy}}{G},$$

und mit Rücksicht auf die Gl. (277) erhalten wir daher

$$\tau_{xy} = \tau_{yx} = G\left(\frac{\partial \xi}{\partial y} + \frac{\partial \eta}{\partial x}\right); \ \tau_{xz} = \tau_{zx} = G\left(\frac{\partial \xi}{\partial z} + \frac{\partial \zeta}{\partial x}\right);$$

$$\tau_{yz} = \tau_{zy} = G\left(\frac{\partial \eta}{\partial z} + \frac{\partial \zeta}{\partial y}\right). \tag{279}$$

Nach dem Hookeschen Elastizitätsgesetze bestehen zwischen den Dehnungen und den Normalspannungen die Gleichungen

$$\left.\begin{aligned}
E\varepsilon_x &= \sigma_x - \frac{1}{m}(\sigma_y + \sigma_z)\\
E\varepsilon_y &= \sigma_y - \frac{1}{m}(\sigma_x + \sigma_z)\\
E\varepsilon_z &= \sigma_z - \frac{1}{m}(\sigma_x + \sigma_y)
\end{aligned}\right\} \tag{280}$$

Wenn wir sie addieren und für die Summe der bezogenen Dehnungen die bezogene Volumenänderung e einführen, erhalten wir daraus

$$\sigma_x + \sigma_y + \sigma_z = \frac{m}{m-2} E e. \tag{281}$$

Die erste der vorausgehenden Gleichungen läßt sich aber schreiben

$$E\varepsilon_x = \frac{m+1}{m}\sigma_x - \frac{1}{m}(\sigma_x + \sigma_y + \sigma_z) = \frac{m+1}{m}\sigma_x - \frac{E e}{m-2},$$

und deren Auflösung nach σ_x liefert

$$\sigma_x = \frac{mE}{m+1}\left(\varepsilon_x + \frac{e}{m-2}\right). \tag{282}$$

26*

Man kann diesen Ausdruck noch etwas vereinfachen, wenn man sich erinnert, daß nach Gl. (32)

$$G = \frac{mE}{2(m+1)}$$

gesetzt werden kann. — Die Gl. (280) waren für σ_x, σ_y, σ_z ganz symmetrisch gebaut; wir können daher die Lösung (282) ohne weitere Bemühungen sofort auch auf die beiden anderen Unbekannten σ_y und σ_z übertragen. Mit Benutzung der angeführten Vereinfachung und mit Rücksicht auf die Gl. (276) erhalten wir daher die Ausdrücke für die Normalspannungskomponenten

$$\left.\begin{aligned}
\sigma_x &= 2\,G\left(\frac{\partial\xi}{\partial x} + \frac{e}{m-2}\right) \\
\sigma_y &= 2\,G\left(\frac{\partial\eta}{\partial y} + \frac{e}{m-2}\right) \\
\sigma_z &= 2\,G\left(\frac{\partial\zeta}{\partial z} + \frac{e}{m-2}\right)
\end{aligned}\right\} \tag{283}$$

Damit ist die Aufgabe, die wir uns zunächst gestellt hatten, gelöst. Wir haben jetzt die unbekannten Spannungskomponenten auf nur noch drei unbekannte Größen ξ, η, ζ zurückgeführt, und es bleibt uns nur noch übrig, diese Ausdrücke in die allgemeinen Gleichgewichtsbedingungen, die durch die Gl. (5) ausgesprochen werden, einzusetzen.

Die Gl. (5) lauteten

$$\frac{\partial\sigma_x}{\partial x} + \frac{\partial\tau_{yx}}{\partial y} + \frac{\partial\tau_{zx}}{\partial z} + X = 0,$$

$$\frac{\partial\sigma_y}{\partial y} + \frac{\partial\tau_{xy}}{\partial x} + \frac{\partial\tau_{zy}}{\partial z} + Y = 0,$$

$$\frac{\partial\sigma_z}{\partial z} + \frac{\partial\tau_{xz}}{\partial x} + \frac{\partial\tau_{yz}}{\partial y} + Z = 0.$$

Durch Einsetzen der durch die Gl. (279) und (283) gegebenen Werte geht die erste von ihnen über in

$$2\,G\left(\frac{\partial^2\xi}{\partial x^2} + \frac{1}{m-2}\cdot\frac{\partial e}{\partial x}\right) + G\left(\frac{\partial^2\xi}{\partial y^2} + \frac{\partial^2\eta}{\partial x\,\partial y}\right)$$
$$+ G\left(\frac{\partial^2\xi}{\partial z^2} + \frac{\partial^2\zeta}{\partial x\,\partial z}\right) + X = 0.$$

Um diese auf eine übersichtlichere Form zu bringen, nehmen wir noch einige kleine Änderungen mit ihr vor. Zunächst erhält man durch Division mit G und etwas geänderte Zusammenfassung der einzelnen Glieder

$$\left(\frac{\partial^2\xi}{\partial x^2}+\frac{\partial^2\xi}{\partial y^2}+\frac{\partial^2\xi}{\partial z^2}\right) + \left(\frac{\partial^2\xi}{\partial x^2}+\frac{\partial^2\eta}{\partial x\partial y}+\frac{\partial^2\zeta}{\partial x\partial z}\right) + \frac{2}{m-2}\cdot\frac{\partial e}{\partial x} + \frac{X}{G} = 0.$$

Für die drei in der ersten Klammer zusammengefaßten Glieder benutzen wir eine in der mathematischen Physik sehr häufig gebrauchte Bezeichnung. Es macht sich nämlich fast in allen physikalischen Theorien nötig, von den Funktionen der Koordinaten, die in ihnen auftreten, die Summe der drei zweiten Differentialquotienten nach den drei Achsenrichtungen zu nehmen. Zuerst geschah dies in der Potentialtheorie von Laplace. Man bezeichnet daher die Rechenvorschrift, die Summe dieser drei zweiten Differentialquotienten nach den Achsenrichtungen zu bilden, als die **Laplacesche Operation**. Um diese Rechenvorschrift anzugeben, setzen wir vor die Funktion, auf die sie Anwendung finden soll, das Zeichen ∇^2. Oft wird dafür auch nur einfach Δ geschrieben; wegen des Zusammenhanges mit anderen Lehren, auf die es hier nicht weiter ankommt, entscheide ich mich aber für das zuerst genannte Zeichen. Um kurz anzudeuten, was ich eben ausführlicher auseinandersetzte, kann man

$$\nabla^2 = \frac{\partial^2}{\partial x^2} + \frac{\partial^2}{\partial y^2} + \frac{\partial^2}{\partial z^2} \qquad (284)$$

schreiben. Natürlich ist dies in solcher Form noch keine Gleichung im eigentlichen Sinne; man hat vielmehr in Gedanken überall hinter die Operationszeichen die Veränderliche zu setzen, auf die sich die Operationen beziehen sollen.

Ich komme jetzt zu den in der zweiten Klammer zusammengefaßten Gliedern der vorausgehenden Gleichung. Jedes dieser Glieder ist ein Differentialquotient nach x, und ihre Summe kann daher gleich

$$\frac{\partial}{\partial x}\left(\frac{\partial\xi}{\partial x}+\frac{\partial\eta}{\partial y}+\frac{\partial\zeta}{\partial z}\right) \text{ oder gleich } \frac{\partial e}{\partial x}$$

gesetzt werden. Diese Summe kann daher mit dem nächst-
folgenden Gliede der Gleichung zusammengefaßt werden. Hiermit nimmt die Gleichung, die die Gleichgewichtsbedingung
zwischen den Spannungen gegen ein Verschieben nach der
X-Richtung ausspricht, die übersichtlichere Form an

$$\left.\begin{array}{c} \nabla^2\xi + \dfrac{m}{m-2}\cdot\dfrac{\partial e}{\partial x} + \dfrac{X}{G} = 0, \\[2mm] \nabla^2\eta + \dfrac{m}{m-2}\cdot\dfrac{\partial e}{\partial y} + \dfrac{Y}{G} = 0, \\[2mm] \nabla^2\zeta + \dfrac{m}{m-2}\cdot\dfrac{\partial e}{\partial z} + \dfrac{Z}{G} = 0. \end{array}\right\} \qquad (285)$$

Ich habe sofort die für die beiden anderen Koordinatenrichtungen geltenden Gleichungen hinzugefügt, die genau auf
dieselbe Weise gefunden werden wie die erste.

Die Gl. (285) bilden die Ausgangsgleichungen für alle
ferneren Untersuchungen der mathematischen Elastizitätstheorie.
Ich möchte noch einmal betonen, daß sie nichts anderes sind
als die Gleichgewichtsbedingungen gegen Verschieben, die früher
in den Gl. (5) ihren Ausdruck gefunden hatten. In der neuen
Form sieht man den Gl. (285) ihre physikalische Bedeutung
nicht so leicht an; es ist aber durchaus nötig, daß man sich
diesen Sinn der Gleichungen stets vor Augen hält, und es ist
daher sehr anzuraten, daß man sich die vorausgegangene Ableitung so lange genau im einzelnen überlegt, bis man nicht
mehr darüber im Zweifel sein kann.

Schließlich bemerke ich noch, daß man die drei Komponenten-
gleichungen (285) auch zu einer einzigen Gleichung zwischen gerichteten Größen zusammenfassen kann, deren physikalische Bedeutung dann darauf hinausläuft, daß die geometrische Summe aller an
dem Umfange eines Körperelementes auftretenden Spannungen gleich
Null sein muß. Wird nämlich die Verschiebung des Punktes xyz
der Größe und Richtung nach mit $\mathfrak{v}$ bezeichnet, so also, daß ξ, η, ζ
die Komponenten von $\mathfrak{v}$ sind, ferner die äußere Kraft mit $\mathfrak{P}$, so
gehen die Gl. (285) über in

$$\nabla^2\mathfrak{v} + \frac{m}{m-2}\nabla e + \frac{\mathfrak{P}}{G} = 0. \qquad (286)$$

Ich mache von dieser Form in der Folge nicht Gebrauch und
will mich daher nicht damit aufhalten, die Bedeutung des Zeichens

∇ noch näher, als schon aus dem Zusammenhange hervorgeht, zu erklären. In der Dynamik wird dies geschehen. Auch nur ganz gelegentlich erwähne ich für Leser, die schon näher mit der mathematischen Physik auf anderen Gebieten (namentlich mit der Elektrizitätslehre) vertraut sind, daß Gl. (286) auch noch

$$\nabla^2 \mathfrak{v} + \frac{m}{m-2} \nabla \operatorname{div} \mathfrak{v} + \frac{\mathfrak{P}}{G} = 0 \qquad (287)$$

geschrieben werden kann.

§ 71. Wellenbewegungen in elastischen Körpern.

Bei den meisten Aufgaben der Festigkeitslehre spielt die auf die Masse des Körpers übertragene Fernkraft $\mathfrak{P}$ mit den Komponenten X, Y, Z gar keine Rolle. Gewöhnlich besteht sie nur aus dem Gewichte des Körpers, und häufig genug würde sich der Spannungszustand kaum merklich ändern, wenn der Körper ganz gewichtslos wäre und nur die an der Oberfläche übertragenen äußeren Kräfte als Lasten an ihm wirkten. In solchen Fällen vereinfachen sich die Gl. (285) entsprechend, indem die letzten Glieder auf der linken Seite fortfallen. Mit derartigen Fällen werde ich mich in den folgenden Paragraphen ausschließlich beschäftigen; hier soll aber auf eine Anwendung der Gl. (285) aufmerksam gemacht werden, bei der diese Glieder beibehalten werden müssen.

Wenn der Körper nicht im Gleichgewichte, sondern in ungleichförmiger Bewegung begriffen ist, müssen sich die an dem Umfange eines Körperelementes übertragenen Spannungen samt dem Gewichte des Elementes zu einer Resultierenden zusammensetzen, die nach dem dynamischen Grundgesetze aus der Beschleunigung des Elementes berechnet werden kann. Ein rechtwinkliges Parallelepiped von den Kantenlängen dx, dy, dz hat die Masse

$$\mu \, dx \, dy \, dz,$$

wenn mit μ die spezifische Masse (das spezifische Gewicht, geteilt durch die Beschleunigung der Schwere) bezeichnet wird. Die elastischen Verschiebungen $\xi; \eta, \zeta$ sollen jetzt nicht nur

Funktionen des Ortes, sondern auch Funktionen der Zeit t sein. Die Komponenten der Beschleunigung, die das Körperelement in einem gegebenen Augenblicke erfährt, werden durch die Differentialquotienten

$$\frac{\partial^2 \xi}{\partial t^2}, \quad \frac{\partial^2 \eta}{\partial t^2}, \quad \frac{\partial^2 \zeta}{\partial t^2}$$

dargestellt, und die Resultierende aller an dem Körperelemente angreifenden Kräfte muß nach dem dynamischen Grundgesetze die Komponenten

$$\mu \frac{\partial^2 \xi}{\partial t^2} dx dy dz, \quad \mu \frac{\partial^2 \eta}{\partial t^2} dx dy dz, \quad \mu \frac{\partial^2 \zeta}{\partial t^2} dx dy dz,$$

haben. Anstatt die Aussage in dieser Form zu machen, kann man sich auch eine Kraft an jedem Körperelemente zugefügt denken, deren Komponenten den soeben angegebenen entgegengesetzt sind. Die wirklich vorhandenen Kräfte mit Einschluß dieser willkürlich zugefügten müssen dann im Gleichgewichte stehen. Das ist die Überlegung, nach der man jeden Fall der Bewegung auf einen Gleichgewichtsfall zurückführen kann. In der Dynamik wird davon weiter die Rede sein; ich will aber jetzt schon erwähnen, daß man eine solche Schlußweise mit dem Namen des d'Alembertschen Prinzips bezeichnet.

Die willkürlich zugefügte Kraft, durch die wir die Bewegungsaufgabe auf einen Gleichgewichtsfall zurückführen, ist wie das Gewicht und wie andere Fernkräfte dem Volumen des Körperelementes proportional. Es ist daher am einfachsten, wenn wir sie unmittelbar mit $\mathfrak{P}$, oder ihre Komponenten mit X, Y, Z vereinigen. Man hat dann nur den Faktor $dx dy dz$ von den vorausgehenden Ausdrücken zu streichen, um die Kraft auf die Volumeneinheit zu beziehen und die zurückbleibenden Faktoren mit gewechselten Vorzeichen zu X bzw. Y oder Z zu addieren.

Gegenüber diesen nach dem d'Alembertschen Prinzip zugefügten Massenkräften, die bei schnellen Schwingungen sehr groß werden können, ist das Eigengewicht des Körperelements gewöhnlich unbedeutend. Dieses hat übrigens ohnehin auf die elastischen Schwingungen, die wir untersuchen wollen, keinen

Einfluß, da es keinem periodischen Wechsel unterworfen ist, sondern stets unter den gleichen Bedingungen und in gleicher Richtung und Größe auf den Körper einwirkt. Wir können uns daher den Körper ebensogut auch als gewichtslos — aber nicht als masselos! — denken, d. h. wir können uns ihn etwa auf den Mond oder an eine andere Stelle mit noch kleinerer Beschleunigung der Schwere versetzt denken, ohne daß sich an den elastischen Bewegungen etwas ändern würde, vorausgesetzt, daß nur alle übrigen Bedingungen ungeändert blieben.

Dann bleibt als Massenkraft nur die Kraft $-\mu \frac{\partial^2 \xi}{\partial t^2}$ in der Richtung der X-Achse usf. zurück, und die Gl. (285) nehmen die Form an

$$
\left.
\begin{aligned}
\nabla^2 \xi + \frac{m}{m-2} \cdot \frac{\partial e}{\partial x} &= \frac{\mu}{G} \cdot \frac{\partial^2 \xi}{\partial t^2} \\
\nabla^2 \eta + \frac{m}{m-2} \cdot \frac{\partial e}{\partial y} &= \frac{\mu}{G} \cdot \frac{\partial^2 \eta}{\partial t^2} \\
\nabla^2 \zeta + \frac{m}{m-2} \cdot \frac{\partial e}{\partial z} &= \frac{\mu}{G} \cdot \frac{\partial^2 \zeta}{\partial t^2}
\end{aligned}
\right\}
\qquad (288)
$$

Diese Gleichungen sprechen das Gesetz aus, nach dem sich eine elastische Formänderung im Verlaufe der Zeit innerhalb eines dem Hookeschen Elastizitätsgesetze unterworfenen isotropen Körpers ausbreiten muß. Wir wissen schon aus der Erfahrung, daß dies in Form einer Welle geschieht; eine besondere Art dieser Wellen kennen wir als die Schallwellen. Wir wollen zunächst sehen, was aus den Gl. (288) über die Schallwellen zu schließen ist.

Betrachten wir eine ebene Schallwelle, die sich in der Richtung der X-Achse ausbreitet, und erinnern wir uns, daß nach den Lehren der Experimentalphysik die Schallbewegung als eine periodische Bewegung aufzufassen ist, die bei einem einfachen Tone als eine Sinusfunktion der Zeit dargestellt werden kann, so werden wir zu der Ansicht geführt, daß

$$
\xi = A \sin 2\pi \left(\frac{x}{\lambda} - \frac{t}{\tau} \right); \quad \eta = 0, \quad \zeta = 0 \qquad (289)
$$

eine mögliche Schwingungsform des elastischen Körpers darstellen müsse. Wenn ich vorher sagte, daß eine Sinusfunktion
aus den Versuchen zu entnehmen wäre, so ist damit natürlich
nur gemeint, daß sich die Versuchsergebnisse ungefähr so darstellen lassen. Ob der gewählte Ansatz genau richtig ist,
kann erst geschlossen werden, indem man prüft, ob er die
Gl. (288) erfüllt. Im übrigen bemerke ich noch zu den Konstanten, die in den Ausdruck für ξ aufgenommen wurden, daß
A den größten Wert darstellt, den ξ während der Schwingung
erreicht; man nennt A die Amplitude oder den Ausschlag der
Schwingung. Die Konstante λ hat die Bedeutung der Wellenlänge der Schwingung, denn wenn man x um λ vermehrt,
ohne die Zeit zu ändern, vergrößert sich der Winkel, von dem
der Sinus genommen werden soll, um 2π, die frühere Wert-
reihe des Sinus wiederholt sich also von diesem Punkte an
wieder, wenn wir darüber hinausgehen. Ebenso hat τ die Bedeutung der Dauer einer vollen Schwingung, da die Änderung
von t um τ oder um ein Vielfaches davon nichts an dem Sinus
oder an ξ ändert. Denkt man sich gleichzeitig x und t ein
wenig vermehrt, so kann ξ denselben Wert beibehalten; man
sagt dann, die Welle habe sich in der Zeit $\varDelta t$ um die Strecke
$\varDelta x$ fortbewegt. In der Tat finden sich nach $\varDelta t$ alle Zustände
(alle Phasen, wie man zu sagen pflegt) in derselben Aufeinanderfolge, aber um die Strecke $\varDelta x$ in der Richtung der
X-Achse verschoben, falls nur.

$$\frac{\varDelta x}{\lambda} - \frac{\varDelta t}{\tau} = 0$$

ist. Man kann nun auch von der Geschwindigkeit reden, mit
der sich die Welle fortpflanzt. Dabei muß man nur beachten,
daß hier nicht, wie sonst in der Mechanik, darunter die Bewegung eines Körpers, also etwa die Bewegung gemeint ist,
die das Volumenelement im gegebenen Augenblicke ausführt,
sondern nur die Geschwindigkeit, mit der ein gewisser genau
definierbarer Zustand fortschreitet. Bezeichnet man die Fortpflanzungsgeschwindigkeit der Schallbewegung mit v, so ist v
bestimmt durch

$$v = \frac{\Delta x}{\Delta t}$$

oder, wenn man das Verhältnis der Werte Δx und Δt aus der vorausgehenden Gleichung entnimmt,

$$v = \frac{\lambda}{\tau} \cdot \tag{290}$$

Nach diesen Vorbemerkungen müssen wir prüfen, ob der durch die akustischen Erscheinungen nahegelegte Ansatz (289) die Gl. (288) befriedigt. Dabei ist wohl zu bedenken, daß diese Gleichungen auf allgemeinen Gesetzen der Mechanik, an deren strenger Gültigkeit kein Zweifel bestehen kann, und außerdem nur noch auf dem Hookeschen Elastizitätsgesetze beruhen. Sofern auch dieses letzte bei dem betreffenden Stoffe erfüllt ist, können wir den Ergebnissen der Gleichungen (288) unbedingtes Vertrauen entgegenbringen. — Wir bilden zunächst die bezogene Volumenänderung e. Durch Einsetzen der Werte (289) in Gl. (278) finden wir

$$e = A \frac{2\pi}{\lambda} \cos 2\pi \left(\frac{x}{\lambda} - \frac{t}{\tau} \right),$$

und hiermit werden die Differentialquotienten von e

$$\frac{\partial e}{\partial x} = - A \left(\frac{2\pi}{\lambda} \right)^2 \sin 2\pi \left(\frac{x}{\lambda} - \frac{t}{\tau} \right); \quad \frac{\partial e}{\partial y} = 0; \quad \frac{\partial e}{\partial z} = 0.$$

Die zweite und dritte der Gleichungen (288) sind erfüllt, da sich jedes der in ihnen vorkommenden Glieder auf Null reduziert. Ferner ist nach (289)

$$\frac{\partial \xi}{\partial x} = A \frac{2\pi}{\lambda} \cos 2\pi \left(\frac{x}{\lambda} - \frac{t}{\tau} \right); \quad \frac{\partial \xi}{\partial y} = 0; \quad \frac{\partial \xi}{\partial z} = 0.$$

Daher vereinfacht sich in diesem Falle $\nabla^2 \xi$ zu

$$\nabla^2 \xi = \frac{\partial^2 \xi}{\partial x^2} = - A \left(\frac{2\pi}{\lambda} \right)^2 \sin 2\pi \left(\frac{x}{\lambda} - \frac{t}{\tau} \right),$$

d. h. auf denselben Wert wie $\frac{\partial e}{\partial x}$. Auch nach t läßt sich ξ ohne weiteres differentiieren, und wenn man alle diese Werte in die erste der Gl. (288) einsetzt, geht sie über in

$$-\frac{2\,m-2}{m-2}\,A\left(\frac{2\,\pi}{\lambda}\right)^2 \sin 2\,\pi\left(\frac{x}{\lambda}-\frac{t}{\tau}\right) = -\frac{\mu}{G}\,A\left(\frac{2\,\pi}{\tau}\right)^2 \sin 2\,\pi\left(\frac{x}{\lambda}-\frac{t}{\tau}\right).$$

Man sieht, daß diese Gleichung in der Tat identisch erfüllt ist, ohne Rücksicht auf den Wert der Amplitude A, d. h. der Stärke des Schalls, falls nur die Bedingungsgleichung

$$\frac{2\,m-2}{m-2}\,\left(\frac{1}{\lambda}\right)^2 = \frac{\mu}{G}\cdot\left(\frac{1}{\tau}\right)^2$$

zwischen Wellenlänge λ und Schwingungsdauer τ befriedigt ist. Beide müssen notwendig voneinander abhängen, und zwar so, daß das Verhältnis $\frac{\lambda}{\tau}$ oder die Fortpflanzungsgeschwindigkeit v unabhängig von der Wellenlänge und nur von den physikalischen Eigenschaften des Stoffes abhängig ist. Durch Auflösen der Gleichung nach $\frac{\lambda}{\tau}$ erhält man

$$v = \frac{\lambda}{\tau} = \sqrt{\frac{G}{\mu}\cdot\frac{2\,m-2}{m-2}}\,. \tag{291}$$

Diese Folgerung der Theorie ist nun in der Tat in bester Übereinstimmung mit der Erfahrung; namentlich der Schluß, daß lange und kurze Wellen ebenso wie schwache oder starke Wellen mit derselben Geschwindigkeit fortgepflanzt werden müssen, hat sich bisher vollständig bewährt.

Natürlich gilt diese ganze Ableitung nur für die Schallwellen in den elastischen festen Körpern; für die Schallwellen in der Luft läßt sich eine ähnliche Entwicklung anstellen, die ebenfalls zu einer mit Gl. (291) verwandten Gleichung für die Fortpflanzungsgeschwindigkeit v führt, die aber nicht hierher gehört. — Nimmt man für Flußeisen $m = \frac{10}{3}$, $G = 850000$ atm und das spezifische Gewicht $= 7{,}7$, d. h. die spezifische Masse

$$\mu = \frac{0{,}0077\ \text{kg}}{1\ \text{cm}^3 \cdot 981\ \frac{\text{cm}}{\text{sec}^2}} = 785\cdot 10^{-8}\ \frac{\text{kg}\,\text{sec}^2}{\text{cm}^4}\,,$$

so wird

$$v = \sqrt{\frac{850\,000\,\frac{kg}{cm^2}}{785 \cdot 10^{-8}\frac{kg\,sec^2}{cm^4}} \cdot 3{,}5} = 616 \cdot 10^3 \frac{cm}{sec} = 6160 \frac{m}{sec}\,.$$

Die Schallgeschwindigkeit in der Luft ist bekanntlich unter gewöhnlichen Umständen ungefähr 333 $\frac{m}{sec}$. Die im Flußeisen haben wir fast 20 mal so groß berechnet. In der Tat zeigt aber auch der Versuch, daß die Fortpflanzungsgeschwindigkeit des Schalles in festen Körpern viel größer ist als in der Luft.

Der Umstand, daß die Fortpflanzungsgesetze für den Schall auch bei Steinen, Mauerwerk usf. ganz gut mit den aus dem Hookeschen Gesetze abgeleiteten Folgerungen übereinstimmen, gibt den stärksten Grund für die Vermutung ab, daß auch diese Körper bei sehr kleinen elastischen Formänderungen, wie sie bei Schallschwingungen vorkommen, ziemlich genau dem Hookeschen Gesetze gehorchen, obschon sie bei größeren Formänderungen erheblich davon abweichen.

Setzt man in Gl. (291) $m = 2$, so liefert sie $v = \infty$. Wir sahen schon früher (siehe S. 50), daß m nie kleiner als 2 werden kann, und daß bei $m = 2$ der Körper keine Volumenänderungen unter dem Einflusse des Spannungszustandes erfährt, daß er also unzusammendrückbar ist. In einem unzusammendrückbaren (raumbeständigen) Körper würde sich also eine longitudinale Welle, wie wir sie jetzt behandelten, mit unendlich großer Geschwindigkeit fortpflanzen, d. h. von einer eigentlichen Wellenbewegung könnte gar nicht mehr die Rede sein, sondern nur von einer augenblicklichen Übertragung der an einer Stelle hervorgebrachten Störung über den ganzen Raum, den der Körper einnimmt.

Außer den longitudinalen kommen in der Physik noch die transversalen Wellenbewegungen vor. Um eine Transversalwelle analytisch darzustellen, setze ich

$$\xi = A \sin 2\pi \left(\frac{y}{\lambda} - \frac{t}{\tau}\right); \quad \eta = 0; \quad \zeta = 0. \tag{292}$$

Die Schwingungen erfolgen hier immer noch, wie bei den Gl. (289), in der Richtung der X-Achse; dagegen fällt der Wellenzug jetzt in die Richtung der Y-Achse. Weil die Schwingungsrichtung senkrecht zur Fortpflanzungsrichtung der Welle steht, wird die Welle als Transversalwelle bezeichnet. Für die Konstanten A, λ und τ gelten dieselben Bemerkungen wie vorher; namentlich ist auch hier immer noch die Fortpflanzungsgeschwindigkeit v

$$v = \frac{\Delta y}{\Delta t} = \frac{\lambda}{\tau} \, .$$

Wir überzeugen uns, ob der Ansatz (292) die Gleichungen (288) erfüllt. Für e erhalten wir hier

$$e = \frac{\partial \xi}{\partial x} + \frac{\partial \eta}{\partial y} + \frac{\partial \zeta}{\partial s} = 0.$$

Die Transversalwellen haben also die Eigentümlichkeit, daß sie ohne Änderung des Volumens vor sich gehen. Die longitudinalen Wellen werden daher im Gegensatze zu ihnen auch als Kompressionswellen bezeichnet. Ein unzusammendrückbarer Körper, wie man sich bei der Elastizitätstheorie des Lichtes den Lichtäther dachte, kann daher wohl transversale, aber keine longitudinalen Wellen fortpflanzen. Damit stimmte überein, daß das Licht aus den Polarisationserscheinungen als transversale Wellenbewegung erkannt wurde. Im Sinne dieser älteren theoretischen Optik beschreiben die Gleichungen (292) einen einfarbigen, eben polarisierten Lichtstrahl; einfarbig, weil nur Schwingungen von derselben Wellenlänge λ vorkommen, und eben polarisiert, weil die Schwingungen nur in der Richtung der X-Achse, oder, wie man auch sagen kann, in der XY-Ebene erfolgen. Als Polarisationsebene wurde nach der Theorie von Fresnel die XZ-Ebene, nach der Neumannschen dagegen die XY-Ebene selbst angesehen. Mit Rücksicht auf $e = 0$ vereinfachen sich für die Transversalwellen die Gleichungen (288) zu

$$\nabla^2 \xi = \frac{\mu}{G} \cdot \frac{\partial^2 \xi}{\partial t^2}; \quad \nabla^2 \eta = \frac{\mu}{G} \cdot \frac{\partial^2 \eta}{\partial t^2}; \quad \nabla^2 \zeta = \frac{\mu}{G} \cdot \frac{\partial^2 \zeta}{\partial t^2}, \quad (293)$$

und diese bilden die Grundlage der theoretischen Optik, und zwar nicht nur der älteren, sondern auch der neueren elektromagnetischen Lichttheorie. Merkwürdigerweise führt nämlich die letztgenannte Theorie von ganz verschiedenen Ausgangspunkten doch zu fast genau denselben Gleichungen wie die Elastizitätstheorie. Die Gleichungen (293) sind daher auch allgemein unter dem Namen der Wellengleichungen bekannt.

Durch den Ansatz (292) sind die beiden letzten der Wellen-

gleichungen ohne weiteres befriedigt. Für die in der ersten vor·
kommende Größe $\nabla^2 \xi$ erhalten wir

$$\nabla^2 \xi - \frac{\partial^2 \xi}{\partial y^2} = - A \left(\frac{2\pi}{\lambda}\right)^2 \sin 2\pi \left(\frac{y}{\lambda} - \frac{t}{\tau}\right)$$

und ebenso

$$\frac{\partial^2 \xi}{\partial t^2} = - A \left(\frac{2\pi}{\tau}\right)^2 \sin 2\pi \left(\frac{y}{\lambda} - \frac{t}{\tau}\right).$$

Die Wellengleichungen sind also identisch erfüllt, wenn

$$\left(\frac{2\pi}{\lambda}\right)^2 = \frac{\mu}{G} \left(\frac{2\pi}{\tau}\right)^2$$

gesetzt wird, und daraus folgt für die Fortpflanzungsgeschwindigkeit
v_t der Transversalwellen

$$v_t = \sqrt{\frac{G}{\mu}} \, . \tag{294}$$

Diese ist also immer kleiner als die Fortpflanzung der Schallwellen. Flüssigkeiten können keine Transversalwellen, sondern nur
longitudinale Wellen fortleiten; so kommt es, daß die Transversal-
schwingungen der gewöhnlichen festen elastischen Körper zu keinen
Sinnesempfindungen Anlaß geben, weil sie durch die Luft nicht zu
den Sinnesorganen (also etwa zum Ohre) fortgepflanzt werden

§ 72. Die Eindeutigkeit der Lösung des Problems.

Bei allen folgenden Untersuchungen nehme ich an, daß die
Körper in Ruhe sind und daß das Eigengewicht jenes Körpers, dessen
Spannungs- und Formänderungszustand untersucht werden soll, unerheblich gegenüber den Lasten ist, die an seiner Oberfläche auf ihn
übertragen werden. Diese Lasten sind außerdem überall als gegeben
zu betrachten.

Man nehme nun an, daß irgendein System von Verschiebungen
ξ, η, ζ vorgeschlagen sei, von dem sich nachweisen läßt, daß es die
Grundgleichungen befriedigt. Diese Grundgleichungen selbst lassen
sich hier übrigens mit Rücksicht auf die ausgesprochene Voraussetzung in der einfacheren Form

$$\left.\begin{aligned}
\nabla^2 \xi + \frac{m}{m-2} \cdot \frac{\partial e}{\partial x} &= 0 \\[4pt]
\nabla^2 \eta + \frac{m}{m-2} \cdot \frac{\partial e}{\partial y} &= 0 \\[4pt]
\nabla^2 \zeta + \frac{m}{m-2} \cdot \frac{\partial e}{\partial z} &= 0
\end{aligned}\right\} \tag{295}$$

anschreiben. Wir wollen der kürzeren Ausdrucksweise wegen ein solches System von Verschiebungen, das diese Gleichungen befriedigt, ein mögliches nennen. Damit wird nur gesagt, daß dieses System nicht gegen die allgemeinen Gleichgewichtsbedingungen verstößt, die zwischen den Spannungen an jedem Körperelemente bestehen müssen, — unter der Voraussetzung natürlich, daß der Stoff, aus dem der Körper besteht, dem Hookeschen Elastizitätsgesetze gehorcht. Die wirklichen Verschiebungen müssen also jedenfalls zu den möglichen gehören; es fragt sich aber noch, ob die vorgeschlagenen Werte von ξ, η, ζ mit den wirklichen übereinstimmen.

Um dies zu prüfen, erinnern wir uns, daß nach den Gl. (279) und (283) zu jedem Zwangszustande — wie wir den durch die Verschiebungen ξ, η, ζ beschriebenen Zustand nennen können — ein eindeutig bestimmter Spannungszustand gehört. Mit der Annahme eines Zwangszustandes ξ, η, ζ erhalten wir daher auch überall an der Oberfläche des Körpers Spannungen, die dort mit den von außenher übertragenen Lasten im Gleichgewichte stehen müssen. Diese Gleichgewichtsbedingungen an der Körperoberfläche werden durch die Gleichungen (6) ausgesprochen, und sie müssen ebenfalls an jeder Stelle des Umfanges erfüllt sein, wenn der mögliche Spannungszustand mit dem wirklichen, der der besonderen Art der Belastung entspricht, übereinstimmen soll. Wir wollen jetzt annehmen, daß der aus dem vorgeschlagenen Zwangszustande abgeleitete Spannungszustand auch dieser Bedingung überall genüge. Dann läßt sich in der Tat behaupten, daß der vorgeschlagene Zwangszustand mit dem wirklichen übereinstimmt. Mit anderen Worten heißt dies, daß es nur ein einziges System von Verschiebungen ξ, η, ζ gibt, das die Grundgleichungen (295) befriedigt und zugleich zu Spannungen führt, die an der Oberfläche des Körpers den dort bestehenden Grenzbedingungen genügen.

Um dies zu beweisen, wollen wir zunächst annehmen, es wäre noch ein zweites System von Verschiebungen ξ', η', ζ' möglich, das alle Bedingungen ebenfalls erfüllte. Dann geben auch die Differenzen

$$\xi'' = \xi - \xi'; \quad \eta'' = \eta - \eta'; \quad \zeta'' = \zeta - \zeta'$$

ein mögliches System von Verschiebungen an, wie man durch Einsetzen dieser Werte in die Grundgleichungen (295) erkennt. Denn man hätte z. B.

$$e'' = e - e' \quad \text{und} \quad \nabla^2 \xi'' = \nabla^2 \xi - \nabla^2 \xi',$$

und die erste der Grundgleichungen würde für das neue Verschiebungssystem übergehen in

$$\nabla^2 \xi - \nabla^2 \xi' + \frac{m}{m-2} \cdot \frac{\partial e}{\partial x} - \frac{m}{m-2} \cdot \frac{\partial e'}{\partial x} = 0.$$

Nach der Voraussetzung, daß schon ξ und ξ' mögliche Verschiebungen waren, muß aber für sich

$$\nabla^2\xi + \frac{m}{m-2}\cdot\frac{\partial e}{\partial x} = 0 \quad \text{und} \quad \nabla^2\xi' + \frac{m}{m-2}\cdot\frac{\partial e'}{\partial x} = 0$$

sein. In der Tat ist also dann auch

$$\nabla^2\xi'' + \frac{m}{m-2}\cdot\frac{\partial e''}{\partial x} = 0$$

und ebenso bei den beiden anderen Gleichungen. Der Grund für die Möglichkeit dieser Superposition liegt darin, daß die Grundgleichungen linear sind.

Dem möglichen Verschiebungssysteme ξ'', η'', ζ'' entspricht nun auch ein bestimmter Spannungszustand des Körpers. Auch diese Spannungen folgen aus den früheren, für beide Fälle bestehenden durch Bildung der Differenzen, wie aus den Gleichungen (279) und (283) hervorgeht. Man hat also z. B

$$\sigma_x'' = \sigma_x - \sigma_x'$$

usf. Wir nahmen ferner an, daß ξ, η, ζ und ξ', η', ζ' auch allen Grenzbedingungen genügen sollten. An jeder Stelle der Körperoberfläche bilden also sowohl die Spannungen σ_x usf. als die σ_x' usf. ein Gleichgewichtssystem mit den von außenher übertragenen Druckkräften. Die Spannungen σ_x'' usf. verlangen daher, wenn sie an der Oberfläche des Körpers auftreten sollen, daß dort gar keine Druckkräfte von außenher übertragen werden. Gehörte zu den Grenzbedingungen, daß ein bestimmter Punkt des Körpers festgehalten sei, so mußte dort sowohl $\xi = 0$ als $\xi' = 0$ usf. und daher auch $\xi'' = \xi - \xi' = 0$ sein.

Wir haben also in dem Zwangs- und Spannungszustande, der durch die Werte ξ'' usf. und σ_x'' usf. beschrieben ist, einen Zustand des Körpers vor uns, bei dem gar keine äußeren Kräfte auf diesen übertragen werden; mit anderen Worten, dieser Zustand entspricht dem natürlichen Zustände des Körpers. Nun habe ich freilich schon früher einmal darauf aufmerksam gemacht, daß selbst im unbelasteten Zustande des Körpers unter Umständen Spannungen bestehen können, z. B. die sogenannten Gußspannungen. Diese hängen aber von Umständen ab, die mit unserer Aufgabe nichts zu tun haben und deren Berechnung daher auch nicht verlangt werden kann. Wir wollen nur jene Spannungen ermitteln, die durch die Lasten hervorgerufen werden. **Wir nehmen daher an, daß im natürlichen Zustande keine Spannungen auftreten,** und setzen σ_x'' usf. $= 0$ Ausdrücklich

müssen wir uns dabei freilich daran erinnern, daß etwaige Eigenspannungen von unserer Untersuchung überhaupt nicht berührt werden.
Mit $\xi'' = 0$, $\eta'' = 0$, $\zeta'' = 0$ folgt aber

$$\xi' = \xi; \quad \eta' = \eta; \quad \zeta' = \zeta,$$

d. h. die beiden vorgeschlagenen Zwangszustände, die alle Bedingungen
mit Einschluß der Grenzbedingungen erfüllen sollten, müssen identisch
miteinander sein. Die Lösung der Aufgabe ist daher eine eindeutige,
und wir sind sicher, den wahren Spannungszustand ermittelt zu haben,
wenn wir nachweisen können, daß er allen aufgestellten Bedingungen
entspricht.

Anmerkung. Mit der anderwärts üblichen Beweisführung für
die Eindeutigkeit der Lösung habe ich mich niemals befreunden können.
Sie erweckt nämlich nur zu leicht den Eindruck, als wenn überhaupt
keine Spannungen in einem unbelasteten Körper vorkommen könnten,
was natürlich keineswegs zutrifft.

§ 73. Die Lösung von de Saint-Venant.

Als in den vorausgehenden Abschnitten die Biegung und die
Verwindung eines Stabes untersucht wurde, nahm ich überall
ohne weiteren Beweis an, daß die parallel zur Stabachse verlaufenden Fasern keinen merklichen Querdruck oder Querzug und auch
keine Schubspannungen in der Richtung quer zur Stabachse aufeinander übertrügen. Mit anderen Worten, wenn wie seither stets
die X-Achse in die Richtung der Stabmittellinie gelegt ist, wurde

$$\sigma_y = \sigma_z = \tau_{yz} = 0 \qquad\qquad (296)$$

gesetzt. Wenn dies auch nicht gerade ausdrücklich ausgesprochen wurde, so wurde doch auf Spannungen in diesen
Richtungen weder bei der Biegung noch bei der Torsion
jemals Rücksicht genommen. Sie wurden stillschweigend entweder als nicht vorhanden oder doch als unerheblich gegenüber jenen Spannungen angesehen, deren Berechnung durchgeführt wurde.

Man kann sich jetzt nachträglich darüber Rechenschaft
geben, inwiefern dies nach der strengen Theorie zulässig ist
und zu welchen weiteren Schlüssen diese strenge Theorie für
einen solchen Spannungszustand führt, bei dem die Gl. (296)

genau erfüllt sind. Diesen Weg hat de Saint-Venant bei seiner
berühmten Untersuchung eingeschlagen.

Zunächst ist klar, daß ein solcher Spannungszustand genau
nur dann verwirklicht sein kann, wenn auf die Mantelfläche
des Stabes keine Druckkräfte und auch keine Reibungen oder
überhaupt keine tangentialen Kräfte in der Richtung quer zur
Stabachse übertragen werden, denn sonst müßten, zunächst
wenigstens an der Mantelfläche selbst, wo solche äußere Kräfte
angebracht wären, die in Gl. (296) aufgeführten Spannungskomponenten von Null verschieden sein, um die durch die
Gl. (6) ausgesprochenen Grenzbedingungen zu erfüllen. Die
Saint-Venantsche Theorie kann daher nur für solche Stäbe
genau richtig sein, bei denen nur an den beiden Endquerschnitten von außenher Lasten übertragen werden; allenfalls
könnten dazu noch tangentiale äußere Kräfte an der Mantelfläche treten, die der Stabachse parallel sind. Der letzte Fall
kommt aber bei den Anwendungen kaum in Frage.

Wenn wir die Spannungen mit Hilfe der Gl. (279) und
(283) in den Verschiebungen ausdrücken, können wir die Gl.
(296) auch durch die folgenden

$$\frac{\partial \eta}{\partial y} + \frac{e}{m-2} = 0; \quad \frac{\partial \zeta}{\partial z} + \frac{e}{m-2} = 0; \quad \frac{\partial \eta}{\partial z} + \frac{\partial \zeta}{\partial y} = 0$$

ersetzen oder mit Rücksicht auf die Bedeutung von e auch durch

$$e = \frac{m-2}{m} \cdot \frac{\partial \xi}{\partial x}; \quad \frac{\partial \eta}{\partial y} = \frac{\partial \zeta}{\partial z} = -\frac{1}{m} \cdot \frac{\partial \xi}{\partial x}; \quad \frac{\partial \eta}{\partial z} + \frac{\partial \zeta}{\partial y} = 0. \quad (297)$$

Die Grundgleichungen (295) gehen hiermit über in

$$\left.\begin{aligned}
2\frac{\partial^2 \xi}{\partial x^2} + \frac{\partial^2 \xi}{\partial y^2} + \frac{\partial^2 \xi}{\partial z^2} &= 0 \\
\frac{\partial^2 \eta}{\partial x^2} + \frac{\partial^2 \eta}{\partial z^2} + \frac{m-1}{m} \cdot \frac{\partial^2 \xi}{\partial x \partial y} &= 0 \\
\frac{\partial^2 \zeta}{\partial x^2} + \frac{\partial^2 \zeta}{\partial y^2} + \frac{m-1}{m} \cdot \frac{\partial^2 \xi}{\partial x \partial z} &= 0
\end{aligned}\right\}. \quad (298)$$

Hier sind die Werte von e, von $\frac{\partial \eta}{\partial y}$ und von $\frac{\partial \zeta}{\partial z}$ aus den Gleichungen (297) schon eingesetzt. Dagegen ist auf die letzte

der Gl. (297) noch keine Rücksicht genommen. Wir müssen uns jetzt davon überzeugen, ob die Gl. (298) mit den Gl. (297) in der Tat vereinbar sind, ob also kein Widerspruch zwischen beiden besteht und welche Bedingungen erfüllt sein müssen, damit dies zutreffe. Zu diesem Zwecke ist es am besten, zunächst alle Differentialquotienten nach Möglichkeit in solchen von ξ auszudrücken, um zu Gleichungen zu gelangen, die diese Veränderliche allein enthalten. Wir beginnen mit denen von η Nach der letzten der Gleichungen (297) ist

$$\frac{\partial \eta}{\partial z} = -\frac{\partial \zeta}{\partial y}; \quad \text{also } \frac{\partial^2 \eta}{\partial z^2} = -\frac{\partial^2 \zeta}{\partial y \partial z}$$

und daher, unter Berücksichtigung der zweiten der Gleichungen (297),

$$\frac{\partial^2 \eta}{\partial z^2} = +\frac{1}{m} \cdot \frac{\partial^2 \xi}{\partial x \partial y}. \tag{299}$$

Setzen wir diesen Wert in die zweite der Gleichungen (298) ein, so geht sie über in

$$\frac{\partial^2 \eta}{\partial x^2} = -\frac{\partial^2 \xi}{\partial x \partial y}. \tag{300}$$

Gerade so verfahren wir, um die Differentialquotienten von ζ in ξ auszudrücken. Aus der letzten der Gl. (297)

$$\frac{\partial \zeta}{\partial y} = -\frac{\partial \eta}{\partial z} \quad \text{oder} \quad \frac{\partial^2 \zeta}{\partial y^2} = -\frac{\partial^2 \eta}{\partial y \partial z}$$

folgt mit Rücksicht auf die zweite der Gl. (297)

$$\frac{\partial^2 \zeta}{\partial y^2} = +\frac{1}{m} \cdot \frac{\partial^2 \xi}{\partial x \partial z} \tag{301}$$

und, wenn wir dies in die letzte der Gl. (298) einsetzen, auch

$$\frac{\partial^2 \zeta}{\partial x^2} = -\frac{\partial^2 \xi}{\partial x \partial z}. \tag{302}$$

Außerdem liefert die letzte der Gl. (297), wenn wir sie zweimal nach x differentiieren,

$$\frac{\partial^2 \eta}{\partial x^2 \partial z} + \frac{\partial^2 \zeta}{\partial x^2 \partial y} = 0,$$

und hier können wir für die zweiten Differentialquotienten nach x ihre Werte aus den Gl. (300) und (302) einsetzen.

Die Gleichung geht dann über in

$$\frac{\partial^3 \xi}{\partial x \partial y \partial z} = 0, \tag{303}$$

und damit haben wir schon eine sehr einfache Bedingung gefunden, der die Verschiebung ξ parallel zur Stabachse jedenfalls genügen muß, wenn der durch die Gl. (296) ausgedrückte de Saint-Venantsche Gleichgewichtszustand verwirklicht sein soll. Wir können aber sofort auch noch einige andere Beziehungen angeben, denen die dritten Differentialquotienten von ξ unterworfen sein müssen.

Zunächst ist nach Gl. (300)

$$\frac{\partial^3 \eta}{\partial x^2 \partial y} = -\frac{\partial^3 \xi}{\partial x \partial y^2}$$

und andererseits nach der zweiten der Gl. (297) bei zweimaliger Differentiation nach x

$$\frac{\partial^3 \eta}{\partial x^2 \partial y} = -\frac{1}{m} \cdot \frac{\partial^3 \xi}{\partial x^3}.$$

Der Vergleich beider Werte liefert

$$\frac{\partial^3 \xi}{\partial x \partial y^2} = \frac{1}{m} \cdot \frac{\partial^3 \xi}{\partial x^3}. \tag{304}$$

In derselben Weise finden wir aus Gl. (302)

$$\frac{\partial^3 \zeta}{\partial x^2 \partial z} = -\frac{\partial^3 \xi}{\partial x \partial z^2}$$

und aus der zweiten der Gl. (297) durch Differentiation

$$\frac{\partial^3 \zeta}{\partial x^2 \partial z} = -\frac{1}{m} \cdot \frac{\partial^3 \xi}{\partial x^3},$$

also aus dem Vergleiche beider Werte

$$\frac{\partial^3 \xi}{\partial x \partial z^2} = \frac{1}{m} \cdot \frac{\partial^3 \xi}{\partial x^3} \tag{305}$$

Bis jetzt haben wir noch keinen Gebrauch von der ersten der Gleichungen (298) gemacht, die überhaupt nur Differentialquotienten von ξ enthält. Da wir schon ziemlich viel über die dritten Differentialquotienten dieser Veränderlichen ausgemacht haben, wollen wir diese Gleichung noch einmal nach

x differentiieren; wir finden dann

$$2\frac{\partial^3\xi}{\partial x^3} + \frac{\partial^3\xi}{\partial x\partial y^2} + \frac{\partial^3\xi}{\partial x\partial z^2} = 0$$

und hier können wir für das zweite und dritte Glied auf der linken Seite die in den Gl. (304) und (305) gefundenen Werte einsetzen. Die Gleichung geht dann über in

$$\frac{\partial^3\xi}{\partial x^3} = 0, \tag{306}$$

und damit folgt zugleich auch

$$\frac{\partial^3\xi}{\partial x\partial y^2} = 0 \quad \text{und} \quad \frac{\partial^3\xi}{\partial x\partial z^2} = 0. \tag{307}$$

Durch die Gl. (303), (306) und (307) wird über die Eigenschaften der Unbekannten ξ schon ein recht genauer Einblick gewonnen. Wir können diese Gleichungen übersichtlich in folgender Weise zusammenfassen:

$$\frac{\partial^2}{\partial x^2}\left(\frac{\partial\xi}{\partial x}\right) = \frac{\partial^2}{\partial y^2}\left(\frac{\partial\xi}{\partial x}\right) = \frac{\partial^2}{\partial z^2}\left(\frac{\partial\xi}{\partial x}\right) = \frac{\partial^2}{\partial y\partial z}\left(\frac{\partial\xi}{\partial x}\right) = 0. \tag{308}$$

Die Form der Funktion ξ selbst läßt sich daraus zwar noch nicht bestimmen, wohl aber, was fast noch wichtiger ist, der analytische Ausdruck von $\frac{\partial\xi}{\partial x}$, d. h. von der bezogenen Dehnung in der Richtung der Stabmittellinie. Diese kann nämlich, wie aus den Gl. (308) hervorgeht, x nur in der ersten Potenz enthalten (denn der zweite Differentialquotient nach x verschwindet nach diesen Gleichungen), und ebenso muß sie linear in bezug auf y und auf z sein. Außerdem kann auch kein Glied darin auftreten, das y und z zugleich enthielte. Der allgemeinste Ausdruck, der mit den Gl. (308) verträglich ist, lautet daher

$$\frac{\partial\xi}{\partial x} = a_0 + a_1 x + a_2 y + a_3 z + a_4 xy + a_5 xz, \tag{309}$$

in der die a konstante Größen, also unabhängig von x, y, z sind, während sie von der Größe der Belastung des Stabes abhängig sein können und müssen.

Betrachten wir nun noch etwas näher, was wir hiermit gefunden haben. Nach dem Elastizitätsgesetze ist

$$\sigma_x = E \varepsilon_x = E \frac{\partial \xi}{\partial x},$$

da die anderen Spannungen σ_y und σ_s Null sind. Durch Multiplikation von Gl. (309) mit E finden wir daher auch die Normalspannungen σ_x. Uns interessiert jetzt nur der Umstand, daß σ_x hierdurch als eine lineare Funktion der Querschnittskoordinaten dargestellt wird. Das war aber die Annahme, von der wir willkürlich bei den Untersuchungen des dritten Abschnittes über die Biegungsfestigkeit der Stäbe ausgingen, und wir finden jetzt nachträglich, daß diese Annahme gar nicht so willkürlich ist, wie sie damals hingestellt wurde, daß sie vielmehr für Körper, die dem Hookeschen Gesetze folgen, eine notwendige Folge aus der anderen Annahme ist, daß kein Anlaß zur Übertragung von Spannungen σ_y, σ_s und τ_{ys} zwischen den einzelnen Fasern gegeben sei.

Damit ist für den Fall der Biegung jede weitere Untersuchung überflüssig gemacht. Wir müßten, wenn wir die Betrachtung nach dieser Richtung hin fortsetzen wollten, notwendig wieder zu den früheren Ergebnissen gelangen, denn nachdem die Annahme von der linearen Spannungsverteilung einmal hypothetisch eingeführt war, schloß sich daran das übrige folgerichtig, und es zeigte sich namentlich, daß sich überall Gleichgewicht herstellen läßt, ohne daß Kräfte σ_y, σ_s, τ_{ys} zu Hilfe genommen werden mußten. Wir brauchen daher jetzt nicht noch einmal nachzuweisen, daß die Gl. (297) und (298), falls man die notwendige Bedingung (309) erfüllt, in der Tat in Übereinstimmung miteinander sind und einem möglichen Gleichgewichtszustande entsprechen, der bei passender Anbringung der äußeren Kräfte an den Endquerschnitten des Stabes auch sofort verwirklicht werden kann.

§ 74. Rückblick auf die vorige Entwicklung.

Wer die Entwicklungen des vorigen Paragraphen zum ersten Male kennen lernt, wird sie zunächst umständlich und langwierig finden. Nachdem man sich aber einmal dazu entschlossen hat, Schritt für Schritt die ganze Betrachtung nachzuprüfen, wird man sich überzeugen, daß jeder Schritt für sich genommen ganz einfach und leicht verständlich ist. Nur die Aufeinanderfolge der einzelnen Schlüsse liegt nicht so klar zutage; man sieht zuerst nicht recht ein, zu was es nützen soll, die verschiedenen Differentiationen auszuführen und die Ergebnisse in der Weise, wie es geschehen war, miteinander zu vergleichen. Man bedenke aber, daß es sich darum handelte, die Verträglichkeit von sechs Gleichungen zwischen drei Unbekannten miteinander zu prüfen. Auch wenn es sich gar nicht um Differentialgleichungen, sondern um gewöhnliche Gleichungen der Algebra gehandelt haben würde, hätte man danach streben müssen, zwei der Unbekannten zu eliminieren, um zu Beziehungen zu gelangen, die für die dritte Unbekannte erfüllt sein müssen. Von diesem Bestreben ist der ganze Gedankengang des vorigen Paragraphen beeinflußt, und es kann nach den Erfahrungen, die man schon in der gewöhnlichen Algebra beim Auflösen von Gleichungen macht, nicht überraschen, daß gewisse Verbindungen, die den Eindruck von Kunstgriffen machen, schneller zu dem gewünschten Ziele führen, als wenn eine solche Anleitung fehlte.

Es fragt sich ferner, was nun mit dem Resultate, zu dem wir gelangt sind, für die Biegungstheorie gewonnen ist. Dabei müssen wir uns vor allen Dingen daran erinnern, daß nach den Untersuchungen von § 72 jede mögliche Lösung zur wirklichen Lösung wird, sobald die von außenher auf die Körperoberfläche übertragenen Lasten an jeder Stelle in Übereinstimmung mit dem Spannungszustande stehen, der zu dieser Lösung gehört. Denken wir uns etwa einen Balken, der auf der einen Seite eingemauert ist und an dem frei hinauskragenden Ende eine Last trägt. Wenn die Saint-Venantsche

Lösung die wirkliche für diesen Balken sein soll, muß zunächst die ganze Mantelfläche des Balkens frei von Lasten sein, was hier von vornherein erfüllt ist. Ferner darf aber auch an dem Endquerschnitte die Last nicht in beliebiger Weise angebracht sein, sie muß vielmehr über die ganze Fläche dieses Endquerschnittes in der Weise verteilt sein, wie wir sie früher für die Verteilung der Schubspannungen im gebogenen Balken gefunden haben. Und schließlich muß auch die Befestigung an der Einmauerungsstelle so beschaffen sein, daß die zu der möglichen Lösung gehörigen Formänderungen, also die Querdehnung der gedrückten Fasern und die Querverkürzung der gezogenen dadurch nicht gehindert wird.

Wenn alle diese Bedingungen genau erfüllt wären, außerdem auch der Stoff, aus dem der Balken hergestellt ist, dem Hookeschen Gesetze gehorchte, könnte kein Zweifel darüber bestehen, daß die Saint-Venantsche Lösung streng richtig wäre. In den praktisch vorkommenden Fällen kann aber von einer strengen Erfüllung der genannten Bedingungen kaum jemals die Rede sein, und die ganze Betrachtung würde durch diesen Umstand sehr an Wert verlieren, wenn man nicht zeigen könnte, daß eine Verletzung dieser Bedingungen bis zu einem gewissen Grade ohne wesentlichen Einfluß auf den wirklichen Spannungszustand ist.

Man achte z. B. auf die Bedingung, daß sich die Last über den Endquerschnitt nach dem für die Schubspannungen gültigen Gesetze verteilen muß. Wenn anstatt dessen ein Strick um das freie Stabende geschlungen ist, an dem die Last aufgehängt wird, kann kein Zweifel darüber bestehen, daß in unmittelbarer Nachbarschaft des Stabendes die Spannungsverteilung durchaus von der de Saint-Venantschen verschieden ist, da der wirkliche Spannungszustand hier jetzt ganz anderen Grenzbedingungen unterworfen ist. Je weiter man aber von dem Stabende abrückt, desto weniger Unterschied macht es aus, wie die Last in Wirklichkeit am Stabende angreift. Um dies zu erkennen, stelle man sich ein Gleichgewichtssystem äußerer Lasten vor, so daß ein Teil mit der de Saint-Venantschen Angriffsweise der Last am Endquerschnitte übereinstimmt, während der Rest überall genau entgegengesetzt mit den von dem Stricke übertragenen Oberflächenkräften ist. Wenn man das so zusammengesetzte Lastensystem zu dem durch den Strick verursachten hinzufügt, kommt genau die de Saint-Venantsche Belastungsweise heraus. Der Unterschied zwischen den Spannungszuständen in beiden Fällen der Angriffsweise der Last an dem Ende wird daher durch jenen Spannungszustand angegeben, der dem angeführten Gleichgewichtssysteme der Lasten entspricht. Nun ist aber von vornherein zu erwarten, daß ein am Stabende dicht zusammengedrängtes Lastensystem, das dort im Gleichgewichte steht, zwar in der Nachbarschaft erhebliche Formänderungen und Spannungen hervorrufen kann, daß aber der Einfluß schnell verschwinden muß, wenn wir uns von dem Stabende entfernen. So vermag man etwa eine Schiene von einigen Metern Länge am einen Ende in einen Schraubstock einzuspannen und sie der Quere nach zusammenzudrücken oder sie sonstwie durch große Lasten, die nur in der Nähe dieses Endes angreifen und dort im Gleichgewichte miteinander stehen, sogar zu zerquetschen oder irgendwie zu beschädigen, ohne daß die weiter ab liegenden Teile der Schiene dabei merklich in Mitleidenschaft gezogen würden. Eine Katze, die man in den Schwanz zwickt, verhält sich freilich ganz anders. Aber für die leblosen Körper gilt der Satz, wie die Erfahrung lehrt. Er spricht eine grundlegende Einsicht aus, die in der Elastizitätstheorie auch als das Saint-Venantsche Prinzip bezeichnet wird. Daß der Satz richtig ist, läßt sich in vielen Fällen auch rein theoretisch ohne Berufung auf die Erfahrung beweisen; sonst gilt er als Axiom.

· Da die genauere Art der Lastübertragung demnach nur in der nächsten Nachbarschaft der Angriffsstelle der Last von wesentlichem Einflusse ist, kann man die vorher für den gebogenen Balken gefundene Lösung in einiger Entfernung von der Angriffsstelle als hinreichend genau zutreffend ansehen. Bei einer Entfernung, die etwa das drei- bis vierfache der größten Querschnittsabmessung bildet, ist jedenfalls keine merkliche Abweichung mehr zu erwarten. Durch diesen Umstand gewinnt die im vorigen Paragraphen vorgetragene Theorie erst ihren vollen Wert.

Die Absicht, die uns bei dem Eintritte in die Untersuchungen der strengen Elastizitätstheorie leitete, nämlich eine befriedigendere Grundlage für die Formeln der Festigkeitslehre

zu gewinnen, als sie die hypothetische Aufstellung von Form-
änderungs- oder Spannungsverteilungsgesetzen für die besonderen
Fälle bildet, ist jetzt erreicht. Freilich handelt es sich dabei
bis jetzt mehr um eine nachträgliche bestätigende Kritik, als
um die Gewinnung neuer Ergebnisse. Immerhin ist wohl
zu betonen, daß nur das lineare Spannungsverteilungsgesetz Naviers und nicht etwa die Bernoullische Annahme, daß die Querschnitte eben blieben, nachträglich als richtig erkannt wurde.

§ 75. Reine Verdrehungsbeanspruchung.

Die Untersuchungen in § 73 bezogen sich auf einen Stab,
der gleichzeitig auf Biegung und auf Verdrehen beansprucht sein
konnte. Nachdem wir die Folgerungen hervorgehoben haben,
die sich aus der allgemeinen Untersuchung für die Biegungsspannungen ergeben, ist es besser, wenn wir jetzt weiterhin
die Aufgabe dadurch vereinfachen, daß wir die Beanspruchung
auf Verwinden für sich untersuchen. Zu diesem Zwecke setze
ich also jetzt überall $\sigma_x = 0$, oder, was auf dasselbe hinauskommt,

$$\frac{\partial \xi}{\partial x} = 0. \tag{310}$$

Mit Gl. (309) ist dieser Ansatz verträglich; er geht aus dieser
Gleichung hervor, wenn man annimmt, daß in dem besonderen
Falle, den wir fernerhin betrachten wollen, alle mit a bezeich-
neten Konstanten verschwinden.

Aus Gl. (310) folgt

$$\xi = \varphi(y, s), \tag{311}$$

wenn φ irgendeine bis jetzt unbekannte Funktion der Querschnittskoordinaten bedeutet. Mit Gl. (310) gehen ferner die
Gl. (297), die den von de Saint-Venant untersuchten Spannungszustand näher beschreiben, in die einfachere Form

$$e = 0; \quad \frac{\partial \eta}{\partial y} = \frac{\partial \zeta}{\partial s} = 0; \quad \frac{\partial \eta}{\partial s} + \frac{\partial \zeta}{\partial y} = 0 \tag{312}$$

über. Auch die durch die Gl. (298) ausgesprochenen allgemeinen Gleichgewichtsbedingungen vereinfachen sich hier erheblich. Sie lauten jetzt

$$\left.\begin{aligned}
\frac{\partial^2 \xi}{\partial y^2} + \frac{\partial^2 \xi}{\partial z^2} &= 0 \\[4pt]
\frac{\partial^2 \eta}{\partial x^2} + \frac{\partial^2 \eta}{\partial z^2} &= 0 \\[4pt]
\frac{\partial^2 \zeta}{\partial x^2} + \frac{\partial^2 \zeta}{\partial y^2} &= 0
\end{aligned}\right\} \tag{313}$$

Außerdem gelten auch alle übrigen Gleichungen, die wir in § 73 gefunden haben, da der hier zu behandelnde Fall in dem früheren mit enthalten ist. So erhalten wir aus den Gl. (299) und (300)

$$\frac{\partial^2 \eta}{\partial z^2} = 0; \quad \frac{\partial^2 \eta}{\partial x^2} = 0 \tag{314}$$

und aus den Gl. (301) und (302)

$$\frac{\partial^2 \zeta}{\partial y^2} = 0; \quad \frac{\partial^2 \zeta}{\partial x^2} = 0. \tag{315}$$

Wir wissen jetzt so viel von den Differentialquotienten der Funktionen η und ζ, daß wir deren analytische Form im allgemeinen angeben können. Die Funktion η muß nämlich nach Gl. (312) unabhängig von y sein, und nach Gl. (314) muß sie linear sein in bezug auf x und z. Sie ist daher von der Form

$$\eta = b_0 + b_1 x + z(b_2 + b_3 x), \tag{316}$$

in der die b unbekannte, aber konstante Größen sind. Ebenso folgt für ζ

$$\zeta = c_0 + c_1 x + y(c_2 + c_3 x). \tag{317}$$

Fügen wir dazu noch die Gl. (311)

$$\xi = \varphi(yz),$$

so ist damit ein Wertsystem der Verschiebungen ξ, η, ζ angegeben, das zunächst einem möglichen Zwangszustande entspricht, falls nur die unbekannte Funktion $\varphi(yz)$ so gewählt wird, daß sie der partiellen Differentialgleichung

$$\frac{\partial^2 \varphi(yz)}{\partial y^2} + \frac{\partial^2 \varphi(yz)}{\partial z^2} = 0 \tag{318}$$

genügt. Außerdem werden davon auch die Bedingungsgleichungen (312) befriedigt, falls wir die Konstanten b und c so wählen, daß

$$\frac{\partial \eta}{\partial z} + \frac{\partial \zeta}{\partial y} = 0$$

wird. Nach Einsetzen aus Gl. (316) und Gl. (317) geht diese Bedingungsgleichung über in

$$b_2 + b_3 x + c_2 + c_3 x = 0,$$

und da diese identisch erfüllt sein muß, folgt für die Konstanten

$$c_2 = - b_2 \quad \text{und} \quad c_3 = - b_3 . \tag{319}$$

Die Verschiebungen ξ, η, ζ wollten wir (vgl. § 70) auf ein Koordinatensystem beziehen, das auf dem Körper selbst festgelegt ist. Im Ursprunge ist daher

$$\xi = 0, \quad \eta = 0, \quad \zeta = 0.$$

Da ferner die X-Achse stets durch denselben unendlich benachbarten Punkt gehen sollte, so wird im Ursprunge auch

$$\frac{\partial \eta}{\partial x} = 0; \quad \frac{\partial \zeta}{\partial x} = 0,$$

und da schließlich die XY-Ebene durch einen dritten unendlich benachbarten Punkt geführt sein sollte, muß im Ursprunge auch

$$\frac{\partial \zeta}{\partial y} = 0$$

sein. Diese Festsetzungen gestatten die Bestimmung der meisten Konstanten b und c. Aus der ersten Reihe folgt nämlich

$$b_0 = 0; \quad c_0 = 0,$$

aus der zweiten

$$b_1 = 0; \quad c_1 = 0,$$

und aus der dritten Bedingung

$$c_2 = 0.$$

Hierdurch und durch die Gl. (319) werden alle Konstanten b und c bis auf eine, nämlich $b_3 = - c_3$ bekannt. Diese eine noch unbekannt gebliebene Konstante sei kurz mit c bezeichnet.

Dann vereinfachen sich die **Werte** für die Verschiebungskomponenten wie folgt

$$\eta = cxz; \quad \zeta = -cxy; \quad \xi = \varphi(yz). \qquad (320)$$

Die im Verhältnisse zu y und z nach Voraussetzung sehr kleinen Verschiebungskomponenten η und ζ lassen sich hiernach als Projektionen eines Kreisbogenelementes auf die Y- und Z-Achse auffassen, dessen Mittelpunkt auf der X-Achse liegt und das zum Zentriwinkel cx gehört. Die Konstante c bedeutet daher den auf die Längeneinheit der Welle bezogenen Verdrehungswinkel.

Die einzige erhebliche Schwierigkeit des Problems besteht jetzt noch in der Bestimmung der Funktion $\xi = \varphi(yz)$, die der Differentialgleichung (318) genügen muß. Man beachte, daß $\xi = \varphi(yz)$ für $x = 0$ die Gleichung der Fläche angibt, in die der Querschnitt $x = 0$ durch die Formänderung übergeht. Alle anderen Querschnitte nehmen dieselbe Gestalt an, da ξ unabhängig von x ist. Früher, als die heute als richtig erkannte de Saint-Venantsche Theorie der Torsion noch nicht bekannt war, nahm man an, daß die Querschnitte eben blieben. Wir wollen zusehen, inwiefern dies richtig sein konnte. Nach dieser Annahme müßte ξ eine lineare Funktion von y und z sein; wir setzen also versuchsweise

$$\xi = \varphi(yz) = a_1 y + a_2 z, \qquad (321)$$

ein Ansatz, der die Differentialgleichung (318) in der Tat befriedigt, also zu einem möglichen Spannungszustande führt. Nun haben wir aber noch die Grenzbedingungen an der Oberfläche der Welle zu erfüllen. Bei gewöhnlichen Torsionsaufgaben ist die Mantelfläche der Welle, abgesehen von den Stellen, wo Räder oder Riemenscheiben aufgekeilt sind, frei von äußeren Kräften. Außer den schon von vornherein gleich Null gesetzten Spannungskomponenten σ_y, σ_z, τ_{yz} muß also an der Oberfläche auch noch jene Schubspannungskomponente gleich Null sein, die in der durch die Stabachse und die Normale zur Oberfläche bestimmten Ebene liegt. Oder mit anderen Worten: die Schubspannung muß über den Querschnitt jeden-

falls so verteilt sein, daß sie den Umfang überall berührt.
Das war die Grenzbedingung, die wir bei der Behandlung der
Torsionsfestigkeit im neunten Abschnitte überall voranstellten,
und sie muß natürlich auch hier noch berücksichtigt werden.
Bisher war von ihr noch nicht die Rede; sie ist es aber gerade, die die noch ausstehende Bestimmung der unbekannten
Funktion ξ oder φ ermöglicht oder die umgekehrt lehrt, unter
welchen Umständen eine solche Lösung der partiellen Differentialgleichung (318) wie die in Gl. (321) gegebene der Wirklichkeit entspricht.

Um diese Bedingung in Form einer Gleichung ausdrücken
zu können, gehe ich auf die Werte für die Spannungskomponenten τ_{xy} und τ_{xz} in den Gl. (279) zurück. Danach war

$$\tau_{xy} = G\left(\frac{\partial \xi}{\partial y} + \frac{\partial \eta}{\partial x}\right); \quad \tau_{xz} = G\left(\frac{\partial \xi}{\partial z} + \frac{\partial \zeta}{\partial x}\right).$$

Wenn die Gleichung des Querschnittsumrisses (oder auch eines
Teiles des ganzen Querschnittsumrisses) in der Form

$$z = f(y)$$

angeschrieben wird, so muß, damit die aus den Komponenten
τ_{xy} und τ_{xz} resultierende Schubspannung den Querschnittsumfang berührt,

$$\frac{\tau_{xz}}{\tau_{xy}} = \frac{dz}{dy} \tag{322}$$

sein. Also haben wir noch für den Querschnittsumfang die
Bedingungsgleichung

$$\frac{\frac{\partial \xi}{\partial z} + \frac{\partial \zeta}{\partial x}}{\frac{\partial \xi}{\partial y} + \frac{\partial \eta}{\partial x}} = \frac{dz}{dy}, \tag{323}$$

oder, wenn man die Werte von η und ζ aus Gl (320) einsetzt,

$$\frac{\frac{\partial \xi}{\partial z} - cy}{\frac{\partial \xi}{\partial y} + cz} = \frac{dz}{dy}. \tag{324}$$

Dieser Gleichung muß ξ überall an der Oberfläche genügen,
wenn die Oberfläche frei von äußeren Kräften sein soll, und

zwar nicht nur für den besonderen Fall, den wir hier untersuchen, sondern ganz allgemein.

Wir prüfen jetzt, unter welchen Umständen der in Gl. (321)
aufgestellte Wert von ξ auch dieser Grenzbedingung genügt.
Gl. (324) geht hier über in

$$\frac{a_2 - cy}{a_1 + cz} = \frac{dz}{dy}.$$

Diese gewöhnliche Differentialgleichung erster Ordnung kann
sofort integriert werden. Durch Trennung der Variablen erhält man

$$(a_2 - cy)dy = (a_1 + cz)dz$$

oder nach Integration

$$a_1 z + \frac{c}{2} z^2 - a_2 y + \frac{c}{2} y^2 = K.$$

Das ist ·aber, wie man aus der Gleichheit der Koeffizienten
von y^2 und z^2 erkennt, die Gleichung eines Kreises. Damit
ist bewiesen, daß nur bei kreisförmigen Querschnitten
nach der Torsion alle Punkte, die vorher auf einem
Querschnitte lagen, auch nachher noch in einer Ebene
enthalten sein können. In allen anderen Fällen geht die
Querschnittsebene in eine gekrümmte Fläche über. Die Kritik,
die wir jetzt üben, fällt daher bei der Verdrehung ganz anders
aus als bei der Biegung. Während dort wenigstens die Spannungsverteilung der Navierschen Theorie bestätigt wurde, erkennen wir hier, daß die ältere Theorie der Torsion falsch
war mit einziger Ausnahme des kreisförmigen Querschnittes,
und man muß wohl beachten, daß dieser wichtige Aufschluß,
der inzwischen freilich schon auf die ganze Gestaltung der
elementaren Theorie der Torsion zurückgewirkt hat, erst durch
die strenge Elastizitätstheorie gegeben wurde. — Zugleich
bildet übrigens das eben gewonnene Resultat eine
willkommene Bestätigung der früher vorgetragenen
Theorie der Torsion für Wellen von kreisförmigem
Querschnitte.

§ 76. Hydrodynamisches Gleichnis.

Oft genug läßt sich eine Aufgabe aus einem Gebiete der theoretischen Physik auf eine Aufgabe aus einem ganz anderen Gebiete zurückführen. Jeder Vergleich dieser Art ist lehrreich und nützlich. Eine strenge Lösung wird zwar, da sie bei jeder von beiden Aufgaben gleich schwer zu finden ist, durch den Vergleich vielleicht nicht erleichtert. Dagegen sind näherungsweise Lösungen bei einer von beiden Aufgaben oft mit Leichtigkeit anzugeben und hiermit auf die andere Aufgabe zu übertragen, bei der sie sonst viel schwerer zu finden gewesen wären.

Für das Torsionsproblem hat man zwei Vergleiche dieser Art aufgestellt, die sich als sehr fruchtbar erwiesen haben. Den einen davon, das „hydrodynamische Gleichnis", werde ich hier kurz besprechen, während ich mir vorbehalte, im 5. Bande darauf von neuem zurückzukommen und auch den anderen von Prandtl herrührenden Vergleich des Torsionsproblems mit der Gestalt einer belasteten Membran beizufügen. Indessen ist auch hier schon von der Arbeit von Prandtl einiges benützt. Daß man das Spannungsproblem mit dem Stömungsproblem vergleicht, ist besonders naheliegend, da sich beide Probleme auf Körper beziehen, die man sich in gleicher Weise begrenzt denken kann. Im Innern des festen Körpers treten Spannungen auf, im Innern des flüssigen Strömungen. Die Grenzbedingungen sind die gleichen.

Man denke sich, von einem Punkte des Querschnittes ausgehend, eine Linie gezogen, die in der Richtung der resultierenden Schubspannung τ immer weiter verlängert wird. Alle Linien, die sich in dieser Weise ziehen lassen, wollen wir uns in den Querschnitt eingetragen denken, so daß durch jeden Punkt eine davon geht. Der einfacheren Bezeichnung wegen sollen diese Linien die Spannungslinien und die Gesamtheit der Linien, die den ganzen Querschnitt ausfüllen, das Spannungsfeld genannt werden. Von solchen Konstruktionen macht man oft Gebrauch, um sich über die Verteilung einer gerichteten Größe von irgendeiner Art in einem gegebenen

Gebiete Klarheit zu verschaffen. Am meisten bekannt ist dieses Verfahren in der Lehre vom Magnetismus, wo man die in dieser Weise gezogenen Linien als die Kraftlinien bezeichnet.

Immer, wenn man von dieser Veranschaulichung Gebrauch macht, ist es nützlich, sich noch eines damit zusammenhängenden Bildes zu erinnern. Man kann sich nämlich eine Flüssigkeit vorstellen, die überall in der Richtung der Kraftlinien, oder hier der Spannungslinien strömt, so daß zugleich die Geschwindigkeit der Strömung überall proportional der Größe der Kraft oder der Spannung ist. Diese Flüssigkeitsbewegung ist ebenfalls sehr geeignet, ein anschauliches Bild von dem Felde zu entwerfen, mit dem man es gerade zu tun hat, und in der Lehre vom Magnetismus spielt der daraus hervorgegangene Begriff des „Kraftflusses" eine große Rolle.

Wir wollen jetzt sehen, wie wir die allgemeinen Bedingungsgleichungen, denen unsere Aufgabe unterworfen ist, umformen müssen, um sie der neu gewählten Darstellungsweise anzupassen. Am einfachsten gelingt dies mit der Grenzbedingung, die durch Gl. (324) ausgesprochen war. Wir können sie jetzt einfach dahin in Worte fassen, daß die Flüssigkeitsströmung am Umfange überall in der Richtung der Tangente erfolgen muß, d. h. geradeso wie eine Flüssigkeitsströmung ohnehin erfolgt, wenn sie rings von festen Wänden eingeschlossen ist.

Bezeichnet man die Geschwindigkeitskomponenten der Strömung mit v_y und v_z, und versteht man unter m einen Proportionalitätsfaktor, durch den der bei der Abbildung zugrunde gelegte Maßstab zum Ausdrucke gebracht wird, so hat man

$$\left. \begin{aligned} v_y - m\tau_{xy} &= mG\left(\frac{\partial \xi}{\partial y} + cz\right) \\ v_z - m\tau_{xz} &= mG\left(\frac{\partial \xi}{\partial z} - cy\right) \end{aligned} \right\} . \tag{325}$$

Die Gleichgewichtsbedingung der Spannungen am Volumenelemente gegen Verschieben in der Richtung der X-Achse erfordert, daß

$$\frac{\partial \tau_{xy}}{\partial y} + \frac{\partial \tau_{xz}}{\partial z} = 0 \tag{326}$$

ist, woraus sofort

$$\frac{\partial v_y}{\partial y} + \frac{\partial v_z}{\partial z} = 0 \qquad (327)$$

folgt. Setzt man in diese Gleichung die Werte aus (325) ein, so erhält man

$$\frac{\partial^2 \xi}{\partial y^2} + \frac{\partial^2 \xi}{\partial z^2} = 0, \qquad (328)$$

womit auch Gl. (318) erfüllt ist.

Gl. (327) spricht die „Kontinuitätsbedingung" der Hydrodynamik aus, wie im 4. Bande näher erörtert wird. Sie besagt, daß eine gewöhnliche Wasserströmung zur Abbildung des Spannungsfeldes ausreicht, ohne daß es nötig wäre, Quellen oder Sickerstellen anzunehmen, um den Fluß in dieser Form zu ermöglichen.

Um ferner noch die Bedingung auszusprechen, daß sich v_y und v_z nach den Gl. (325) in derselben Funktion ξ darstellen lassen müssen, differentiieren wir die erste dieser Gleichungen nach z und die zweite nach y und subtrahieren hierauf beide voneinander. Dadurch erhalten wir

$$\frac{\partial v_z}{\partial y} - \frac{\partial v_y}{\partial z} = - 2\, m\, G\, c. \qquad (329)$$

Die linke Seite dieser Gleichung stellt die Stärke des „Wirbels" der Flüssigkeitsströmung dar, und die Gleichung spricht aus, daß die Flüssigkeit an allen Stellen mit derselben Stärke $2\, m\, G\, c$ wirbelt.

Hiermit ist die Flüssigkeitsbewegung vollständig bestimmt; nur auf eine einzige Art ist es nämlich möglich, daß die Wirbelstärke überall einen gegebenen konstanten Wert hat, wenn die inkompressible Flüssigkeit in dem durch den Querschnitt angegebenen Raume stetig herumfließen soll und dabei rings von festen Wänden eingeschlossen ist.

Die Vorstellung unserer Aufgabe unter diesem Bilde kann nun insofern von Nutzen sein, als dadurch gewisse Schätzungen oder auch genaue Rechnungen nach den Lehren der Hydrodynamik erleichtert werden. Als Beispiel dafür wollen wir zunächst ein auf Verwindung beanspruchtes Flacheisen betrachten, also einen Stab von rechteckigem Querschnitt, von dem eine

Querschnittsseite viel größer ist als die andere. Die Strömungs- oder Spannungslinien müssen wegen der ihnen auferlegten Bedingungen ungefähr so im Querschnitte verlaufen, wie in Abb. 110 angegeben ist. Die äußerste Stromlinie fällt nämlich mit dem Umrisse zusammen und auch die etwas weiter nach innen zu liegenden laufen den Langseiten auf längere Strecken hin ohne merkliche Krümmung nahezu parallel. An diesen Stellen kann daher v_y und auch $\frac{\partial v_y}{\partial z}$ genau genug gleich Null gesetzt werden, woraus nach Gl. (329)

$$\frac{\partial v_z}{\partial y} = -2\,m\,G\,c \qquad (330)$$

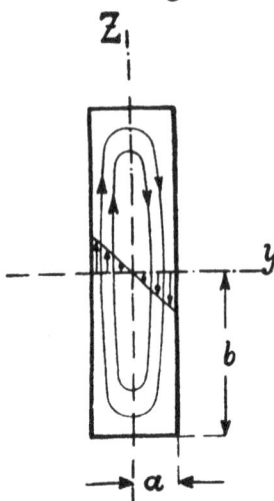

folgt. Wegen der Bedeutung von v_z kann dies auch in der Form

$$\frac{\partial \tau_{xz}}{\partial y} = -2\,G\,c \qquad (331)$$

geschrieben werden. Die Spannung wächst daher für die Punkte auf der Y-Achse proportional mit dem Abstande von der Z-Achse, und das Spannungsverteilungsdiagramm nimmt die in Abb. 110 eingetragene geradlinige Gestalt an. Für die Punkte auf der Z-Achse gilt ein anderes Verteilungsgesetz. Auf dieser Achse wächst die Spannung erst in der Nähe der Schmalseite stärker an. Aber auch in der Mitte der Schmalseite bleibt sie stets kleiner als drei Viertel von der Spannung τ_{max} in der Mitte der Langseite, wie hier nebenbei bemerkt werden möge.

Abb. 111 stellt nochmals ein Viertel des Querschnitts in größerem Maßstab dar. Die beiden Spannungslinien, die darin eingetragen sind, wollen wir uns unendlich nahe benachbart denken; ihr auf der Y-Achse gemessener Abstand sei mit dy bezeichnet. Für die Spannung τ_{xz} an dieser Stelle hat man

$$\tau_{xz} = \tau_{max} \cdot \frac{y}{a}, \qquad (332)$$

Abb. 110.

wenn y den Abstand von der Mitte bedeutet. Alle Spannungen, die in dem zwischen beiden Spannungslinien liegenden schmalen Streifen übertragen werden, setzen sich zu einem Kräftepaare zusammen, dessen Moment mit dM bezeichnet werden möge. Um dM zu berechnen, beachte man, daß durch jeden Querschnitt des Streifens dieselbe Flüssigkeitsmenge fließt und daß daher in jedem Längenelemente ds eine Spannung übertragen wird, die überall mit ds proportional ist und gleich

$$\tau_{\max} \frac{y}{a} dy\, ds \qquad (333)$$

gesetzt werden kann, wenn hier immer noch dy den Abstand der beiden Spannungslinien auf der Y-Achse bedeutet. Diese Spannung geht überall in der Richtung der Tangente an die

Abb 111

Spannungslinie, und wenn man den senkrechten Abstand der Tangente vom Ursprunge, der als Momentenpunkt gewählt wird, mit p bezeichnet, hat man

$$dM = \int \tau_{\max} \cdot \frac{y}{a} p\, dy\, ds = \tau_{\max} \frac{y}{a} dy \int p\, ds, \qquad (334)$$

wobei die Integration über den ganzen Umfang der Spannungslinie auszudehnen ist. Das Integral hat aber eine einfache Bedeutung, denn $p\, ds$ gibt den doppelten Inhalt des Dreiecks an, dessen Grundlinie ds ist, während der Ursprung die gegenüberliegende Ecke bildet. Die Summe aller dieser Dreiecke stellt den Inhalt der in der Abbildung schraffierten Fläche dar, die von der im Abstande y vom Ursprunge die Y-Achse treffenden Spannungslinie eingeschlossen wird. Bezeichnet man diesen Flächeninhalt mit F, so erhält man

$$dM = \tau_{\max} \frac{y}{a} dy \cdot 2F \quad \text{und daher} \quad M = 2 \frac{\tau_{\max}}{a} \int_0^a Fy\, dy,$$

wobei M das Torsionsmoment ist. Nun kann freilich die Integration nicht ausgeführt werden, solange man F nicht als

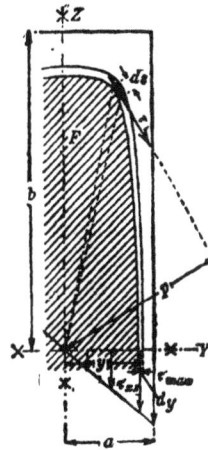

Funktion von y darstellen kann, d. h. solange man nicht genau weiß, wie die Spannungslinien verlaufen. Ungefähr kennt man aber ihren Verlauf; man weiß namentlich, daß die äußeren Spannungslinien, auf die es hauptsächlich ankommt, weil bei ihnen sowohl die Spannungen als die Hebelarme am größten sind, nicht viel von Rechtecken verschieden sein können. Setzt man daher näherungsweise

$$F = 4yb, \tag{335}$$

so wird man zwar F sicher zu groß rechnen, aber bei einem sehr schmalen Rechtecke (schmaler als es in den Abbildungen der Deutlichkeit wegen gezeichnet war) kann der Fehler nicht sehr groß ausfallen. Es mag noch bemerkt werden, daß eine genauere Theorie, auf die erst im 5. Bande eingegangen werden kann, lehrt, daß man an Stelle von b in dem vorhergehenden Ausdrucke eigentlich $b - 0{,}63a$ setzen sollte. Wenn b weit größer ist als a, kommt es aber auf diese geringfügige Verbesserung nicht an. Ich setze also F so ein, wie angegeben, und erhalte

$$M = 8\frac{\tau_{max}}{a}b\int_0^a y^2\,dy = \frac{8}{3}\tau_{max}a^2b, \tag{336}$$

hiermit wird endlich

$$\tau_{max} = \frac{3M}{8a^2b} = \frac{3M}{a_1{}^2b_1}, \tag{337}$$

wenn mit a_1 und b_1 die ganzen Rechteckseiten bezeichnet werden.

Diese Formel liefert, wie aus ihrer Ableitung hervorgeht, die Spannung τ_{max} sicher etwas zu klein. Bei sehr schmalen Rechtecken kommt dieser Wert aber der Wahrheit erheblich näher als die in § 61 abgeleitete Formel (238)

$$\tau_{max} = \frac{9M}{2a_1{}^2b_1},$$

die im übrigen bei Rechtecken, die sich nicht allzuviel von Quadraten unterscheiden, den Vorzug vor Gl. (337) verdient.

Auch die Konstante c, die nach § 75 den auf die Längeneinheit der Welle bezogenen Verdrehungswinkel angibt, kann jetzt leicht berechnet werden. Nach Gl. (332) hat man für die auf der Y-Achse gelegenen Punkte

$$\frac{\partial \tau_{x z}}{\partial y} = \frac{\tau_{max}}{a} = \frac{3\,M}{8\,a^3 b},$$

und nach Gl. (331) folgt daraus für c, vom Vorzeichen, das hier gleichgültig ist, abgesehen

$$c = \frac{3\,M}{16\,a^3 b\,G}. \qquad (338)$$

Für die Länge l wird daher der Verdrehungswinkel $\varDelta\varphi$, wenn man noch die ganzen Rechteckseiten a_1 und b_1 einführt,

$$\varDelta\varphi = \frac{3\,Ml}{a_1{}^3 b_1\,G}. \qquad (339)$$

Indessen ist auch diese Formel nur für schmale Rechtecke zu verwenden; bei Rechtecken, deren Seiten von gleicher Größenordnung sind, ist die auf S. 365 für $\varDelta\varphi$ abgeleitete Näherungsformel als genauer zu betrachten.

Als zweites Beispiel betrachten wir ein sogenanntes ⊏-Eisen, d. h. einen Stab von der in Abb. 112 gezeichneten Querschnittsgestalt. Auch hier müssen die Stromlinien ihrem allgemeinen Verlaufe nach den Umrißlinien des Querschnittes folgen. In den geradlinigen Teilen des Querschnittes gleicht daher der Verlauf der Spannungslinien und hiermit auch die Spannungsverteilung der im vorigen Beispiele besprochenen. Die Torsionssteifigkeit des Stabes kann daher nicht höher veranschlagt werden als die eines Flacheisens, das aus ihm durch Umbiegen der beiden Flanschen erhalten werden könnte. Damit sie auch nur so hoch werden

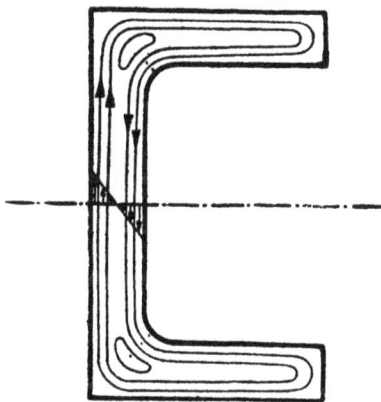

Abb. 112.

kann, muß überdies vorausgesetzt werden, daß die nach innen zu einspringenden Ecken eine hinreichende Abrundung erhalten haben, um eine stärkere Zusammendrängung der Stromlinien, und hiermit eine größere Spannung an diesen Stellen zu vermeiden.

Weit höher fällt dagegen die Torsionssteifigkeit aus, wenn
der Querschnitt eine ringförmig geschlossene Figur bildet, etwa
wie in Abb. 113. Bei einem solchen Rohre können die benachbarten Stromlinien alle im gleichen Sinne weiterfließen, ohne
durch denselben Schenkel auch wieder zurücklaufen zu müssen.

Im Falle eines Recht-
ecks, das nicht zu viel
von einem Quadrate ab-
weicht, verteilen sich die
Spannungen ungefähr so
wie aus der Zeichnung
ersichtlich ist. Bei sehr
dünner Rohrwand ist die
Spannung an allen Stel-
len nahezu gleich groß.
Der Mittelwert τ der
Spannung folgt für den
in der Abbildung darge-
stellten Fall aus der
größten Spannung τ_{max}
an der äußeren Kante zu

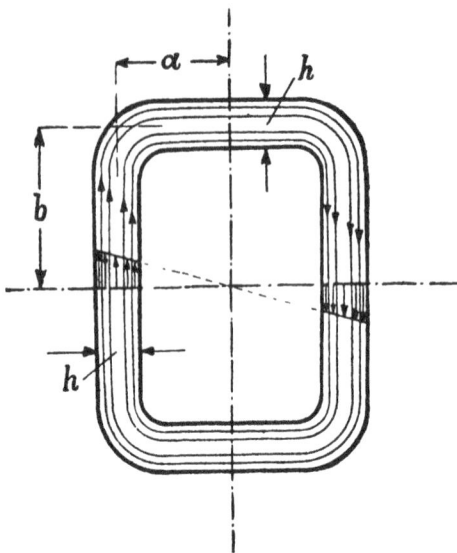

Abb. 113.

$$\tau = \tau_{max} \cdot \frac{a}{a + \frac{1}{2}h},$$

und die Momentengleichung für das Gleichgewicht zwischen den
Spannungen und dem Verdrehungsmomente kann genau genug
in der Form

$$\tau \cdot 4bh \cdot a + \tau \cdot 4ah \cdot b = M$$

angeschrieben werden, woraus

$$\tau_{max} = \frac{a + \frac{1}{2}h}{a} \cdot \frac{M}{8abh} \tag{340}$$

folgt. Auch hierbei ist eine hinreichende Ausrundung der
nach innenhin einspringenden Ecken vorausgesetzt, da sonst
die Spannung an diesen Stellen erheblich größer werden könnte,
als an den äußeren Kanten. Ferner wird vorausgesetzt, daß die
Wandstärke h überall gleich groß ist. Wie sich die Spannungen
bei ungleich großen Wandstärken in einem solchen Hohlquer-
schnitte verteilen ist sehr ausführlich im 2. Bande von „Drang
und Zwang" besprochen.

Sobald aber ein solches Rohr der Länge nach aufgeschlitzt wird, womit der Querschnitt die in Abb. 114 dargestellte Gestalt annimmt, verliert es den größten Teil seiner Torsionssteifigkeit. Die Stromlinien müssen jetzt an der Schlitzstelle wieder umkehren; ihr Verlauf ist daher ganz ähnlich wie in Abb. 112, und die Torsionsfestigkeit ist ungefähr ebenso niedrig einzuschätzen, wie bei einem Flacheisen von derselben Dicke, dessen Breite gleich der Länge des Umfanges ist.

Zu einem bemerkenswerten Resultate gelangt man durch die hydrodynamische Betrachtung auch, wenn man sie auf den Fall anwendet, daß irgendwo im Querschnitte ein kleiner Sprung (Gußfehler oder dergl.) auftritt. Wir wollen annehmen, daß dieser Fehler durch ein kleines kreisförmiges Loch im Querschnitte dargestellt werden kann. Dadurch wird das Spannungsfeld nur in der Umgebung des Loches merklich geändert; die Spannungslinien können jetzt nicht mehr durch die Fläche des Loches weiter gehen, sondern müssen ausbiegen und um den Rand des Loches herumfließen. Man sieht schon ohne weiteres ein, daß an den Rändern des Loches die Geschwindigkeit gesteigert werden muß. Diese Geschwindigkeit entspricht aber der Spannung und damit der Beanspruchung des Materials in der verdrehten Welle. In der Tat kann man auch zahlenmäßig den Einfluß des Sprunges leicht nachweisen; es zeigt sich, daß die Spannung am Rande dadurch gerade auf das Doppelte erhöht wird. Auf die Durchführung der Rechnung verzichte ich hier, da sie auf hydrodynamischen Betrachtungen beruht, die ich hier noch nicht als bekannt voraussetzen kann.

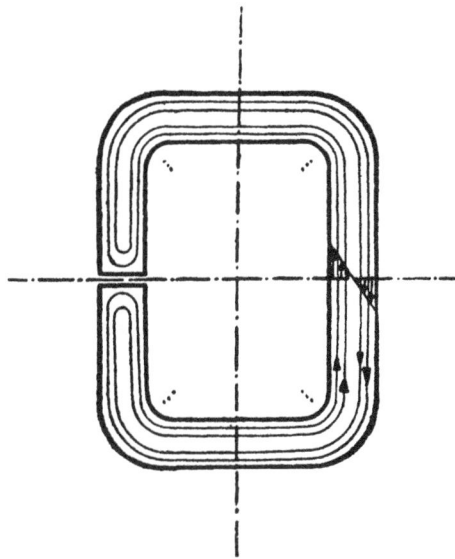

Abb 114.

§ 77. Der Drillungswiderstand der Walzeisenträger.

Von den im vorigen Paragraphen angestellten Überlegungen kann man einen Gebrauch machen, der für die praktischen An-

wendungen der Festigkeitslehre besonders wichtig ist und der
sich auf die üblichen Walzeisenträger, wie I-Eisen, L-Eisen usf.
bezieht. Die Querschnitte dieser Walzeisenträger bestehen aus
einer Vereinigung von schmalen Rechtecken mit Ausrundungen
in den einspringenden Ecken, wie dies schon bei dem vorher
behandelten Ϲ-Eisen, Abb. 112, S. 439 zutraf. Dort war jedoch
vorausgesetzt, daß die Flanschen und der Steg von gleicher
Dicke sein sollten, während wir uns hier von dieser einschränkenden Voraussetzung frei machen wollen.

Dagegen nehmen wir immer noch an, daß es zur Ableitung
eines Näherungswertes für die Verdrehungssteifigkeit eines solchen Stabes gestattet werden kann, die einzelnen Rechtecke
des Querschnitts als unendlich schmal im Vergleiche zu ihrer
Längsseite anzusehen. Dann muß die Flüssigkeitsströmung in
jedem dieser Rechtecke in einigem Abstande von der Anschlußstelle ungefähr ebenso erfolgen, als wenn dieses Rechteck ohne
Verbindung mit den übrigen für sich vorhanden wäre. Der
Widerstand, den das ganze Walzeisen einer Verdrehung entgegensetzt, ist daher gleich der Summe der Widerstände, die
den einzelnen Flacheisen entsprechen, aus denen man sich den
Stab zusammengesetzt denken kann. Auf Grund dieser Überlegung, die sich mit Hilfe des in Band V besprochenen Prandtlschen Vergleichs mit einer gespannten Haut auch noch strenger
begründen läßt*), kann man leicht eine Näherungsformel für
den Verdrehungswinkel von solchen Walzeisenträgern aufstellen.

Jedenfalls ist der Verdrehungswinkel proportional mit dem
verdrehenden Momente M und mit der Stablänge l, sowie umgekehrt proportional dem Schubelastizitätsmodul G zu setzen,
während er im übrigen nur noch von der Gestalt und den Abmessungen des Querschnitts abhängen kann. Man hat daher
für den Verdrehungswinkel $\varDelta\varphi$ zunächst die Formel

$$\varDelta\varphi = \frac{Ml}{J_d\,G},\qquad\qquad (341)$$

*) Man vergleiche hierzu meine Abhandlung „Über den elastischen
Verdrehungswinkel eines Stabes" in den Sitzungsberichten der k. bayr.
Akad. d. Wiss. 1917, auch abgedruckt in „Stahl und Eisen" 1918
Nr 34 u. 36.

wenn man unter J_d eine Größe versteht, die den Einfluß des Querschnitts zum Ausdruck bringt und die erst noch näher zu ermitteln ist. Wir wollen sie den Drillungswiderstand des Querschnitts und das Produkt $J_d G$ die Verdrehungssteifigkeit des Stabes nennen. Der im Bogenmaß auszudrückende Winkel $\varDelta\varphi$ wird durch eine Verhältniszahl dargestellt und hat daher die Dimension Eins; daher müssen Zähler und Nenner des Bruchs auf der rechten Seite von Gl. (341) Größen von gleicher Benennung sein. Es muß also die Verdrehungssteifigkeit $J_d G$ gleich einer Kraft mal dem Quadrat einer Länge sein und der Drillungswiderstand J_d stellt demnach eine Länge zur vierten Potenz dar, d. h. J_d ist eine Größe von der gleichen Benennung wie ein Trägheitsmoment einer Querschnittsfläche. In der Tat gilt auch Gl. (341) für Stäbe von kreisförmigem Querschnitt, wie aus dem Vergleiche mit Gl. (225) S. 348 hervorgeht, ohne weiteres, wenn man J_d gleich dem polaren Trägheitsmoment des kreisförmigen Querschnitts setzt. Nach der älteren Navierschen Theorie der Torsion, die von der Annahme ausging, daß die Querschnitte bei der Verdrehung stets eben bleiben sollten, nahm man in der Tat an, daß der durch Gl. (341) eingeführte Drillungswiderstand bei allen Querschnitten gleich dem polaren Trägheitsmoment zu setzen sei.

Für ein schmales Rechteck von den Seiten a_1 und b_1 ist dagegen, wie aus Gl. (339) hervorgeht, im Widerspruche mit dieser Annahme der älteren Theorie

$$J_d = \frac{a_1^3 b_1}{3} \qquad (342)$$

zu setzen, worin a_1 die kleinere Rechteckseite bedeutet.

Nach der Überlegung, die wir vorher anstellten, ist der Drillungswiderstand des ganzen Walzeisenquerschnitts gleich der Summe der Drillungswiderstände der einzelnen Recktecke anzunehmen, aus denen er besteht, d. h. man findet

$$J_d = \tfrac{1}{3} \sum a^3 b, \qquad (343)$$

womit die Aufgabe, den Verdrehungswinkel zu berechnen, bereits gelöst ist. Um der Ungenauigkeit Rechnung zu tragen, die dadurch herbeigeführt wird, daß man die einzelnen Rechtecke als unendlich schmal ansah, kann man der Formel auch noch einen Berichtigungsfaktor beigeben, sie also

$$J_d = \eta \cdot \tfrac{1}{3} \sum a^3 b \qquad (343\,\text{a})$$

schreiben und sich vorbehalten, η für die verschiedenen, in den Profiltabellen vorkommenden Walzeisenträger auf Grund von Verdrehungsversuchen zu ermitteln. Aus einer großen Zahl solcher Versuche, die während der letzten Jahre in meinem Laboratorium durchgeführt wurden (veröffentlicht in den Sitzungsberichten der Bayrischen Akad. d. Wiss. für 1921, S. 296), hat sich der Berechtigungsfaktor η in den meisten Fällen nicht viel von Eins verschieden ergeben. Die wichtigste Ausnahme machen die I-Träger, für die im Mittel

$$\eta = 1{,}30$$

gefunden wurde, und zwar sowohl für die alten Normalprofile, wie für die neuerdings viel benutzten Breitflanschprofile.

Auch eine Näherungsformel für die größte Schubspannung τ_{max} läßt sich auf derselben Grundlage ableiten, wenn man voraussetzen darf, daß in den einspringenden Ecken des Querschnitts genügende Ausrundungen vorgenommen sind, um dort ein Anwachsen der Spannung über den sonst an anderer Stelle zu erwartenden größten Wert zu vermeiden. Von einer solchen Erhöhung abgesehen, tritt die größte Schubspannung in der Mitte der Längseite des dicksten aller Rechtecke ein, aus denen sich der Querschnitt zusammensetzt. Dies folgt nämlich daraus, daß sich die einzelnen Flacheisen, aus deren Verbindung man sich den ganzen Stab hervorgegangen denken kann, alle um denselben Winkel $\varDelta \varphi$ verwinden müssen, und daß bei gleichem Verdrehungswinkel die Spannungen um so größer ausfallen, je größer der Drillungswiderstand ist.

Versteht man jetzt unter $a_1 b_1$ die Seiten des dicksten Rechtecks, unter J_{d_1} dessen Drillungswiderstand und unter M_1 den Teil des ganzen Verdrehungsmoments, der in diesem Rechteck durch die Schubspannungen übertragen wird, so hat man nach Gl. (341) für $\varDelta \varphi$ die beiden Werte

$$\varDelta \varphi = \frac{M l}{J_d\, G} = \frac{M_1\, l}{J_{d_1}\, G}$$

und zugleich nach Gl. (337) S. 432

$$\tau_{max} = \frac{3\, M_1}{a_1^2\, b_1}$$

woraus nach Umrechnung von M_1 auf M mit Hilfe der

vorhergehenden Gleichung und dann noch mit Rücksicht auf
die Gl. (342) und (343a)

$$\tau_{max} = \frac{3\,M J_{d_1}}{J_d\,a_1^2\,b_1} = \frac{M a_1}{J_d} = \frac{3\,M a_1}{\eta\,\Sigma a^3 b} \qquad (344)$$

folgt. Man kann sich natürlich auch hier vorbehalten, noch einen
weiteren Berichtigungsfaktor beizufügen für den Fall, daß man
in die Lage käme, die Formel mit den Versuchsergebnissen zu
vergleichen, aus denen sich unmittelbar auf die unter gegebenen
Umständen wirklich auftretende größte Schubspannung schließen ließe. Freilich ist es viel schwieriger, eine Formel für die
Spannungen auf dem Versuchswege zu prüfen, als eine Formel
für den Verdrehungswinkel, den man leicht messen kann, während die Spannungen selbst nicht unmittelbar gemessen werden
können. Im vorliegenden Falle kann aber immerhin als Anhaltspunkt dafür das Auftreten der Fließfiguren dienen, die auf der
polierten Oberfläche des Versuchskörpers beobachtet werden
können, sobald die Fließgrenze überschritten wird. Auf diese
Weise konnte ich die Bestätigung dafür erhalten, daß ·bei I-
Trägern in der Tat die größte Beanspruchung bei der
Verdrehung in der Mitte der Ansichtsfläche des Flan-
sches auftritt und nicht, wie man früher annahm,
im Stege.

An dieser Stelle muß ich schließlich noch auf eine vielfach gebrauchte Formel für den Verdrehungswinkel hinweisen. Die Formel
rührt von keinem Geringeren als von de Saint-Venant her. Freilich
hat er diese Formel nur als eine brauchbare Interpolationsformel aufgestellt und keinerlei theoretische Begründung dafür gegeben. Nach
dieser Formel soll der Drillungswiderstand für jeden beliebigen einfach
zusammenhängenden Querschnitt (also mit Ausschluß der Hohlquer-
schnitte)

$$J_d = \frac{F^4}{40 J_p} \qquad (344\,a)$$

zusetzt werden können. Darin bedeutet F den Flächeninhalt und J_p
das polare Trägheitsmoment der Querschnittsfläche. Die Formel trifft
zwar in vielen Fällen ganz gut zu; sie ist aber nicht in allen Fällen
zuverlässig. Wenigstens bei den Walzeisenträgern verdient daher
Gl. (343a) zweifellos den Vorzug vor Gl. (344a).

§ 79. Die Härte.

Die Härte ist eine Oberflächenfestigkeit. Sie macht sich bemerklich, wenn man zwei Körper, die sich anfänglich nur in einem
Punkte oder längs einer Linie berührten, aufeinanderdrückt, so

daß sie sich abplatten, bis sie eine Beschädigung, also entweder einen Sprung oder einen bleibenden Eindruck erfahren. Die elastische Formänderung, die bei dieser Art der Belastung eintritt, wurde von Hertz nach den Methoden der mathematischen Elastizitätstheorie untersucht. Hier beschränke ich mich auf die Angabe der wichtigsten Ergebnisse dieser Untersuchung, während man im fünften Bande eine ausführliche Darstellung davon finden kann.

Als streng richtig sind übrigens die Hertzschen Formeln nicht anzusehen, weil sie auf einen Umstand keine Rücksicht nehmen, der, wie es scheint bei den Härteerscheinungen eine erhebliche Rolle spielt. Die oberflächlichen Schichten eines festen Körpers verhalten sich nämlich anders als die nach innenhin liegenden. Bei den flüssigen Körpern sprechen sich die besonderen Eigenschaften der Oberflächenschichten in den Kapillarerscheinungen aus; sie sind daher schon seit langer Zeit bekannt und genauer untersucht. Bei den festen Körpern bestehen aber, wie aus den Härteversuchen hervorgeht, solche Unterschiede offenbar ebenfalls. Daß sie nur bei der Härte und nicht bei den anderen Beanspruchungsarten eines festen Körpers hervortreten, liegt daran, daß die Härte in erster Linie auf der Festigkeit der Oberflächenschicht beruht und die inneren Teile dabei nur wenig in Mitleidenschaft gezogen werden, während sich bei allen anderen Beanspruchungsarten die Spannungen tief ins Innere des Körpers hinein erstrecken, so daß die Oberflächenschichten nur einen kleinen Teil davon aufzunehmen haben.

Immerhin haben sich die hier mitzuteilenden Formeln von Hertz im wesentlichen bewährt, und sie werden daher in der Technik neuerdings häufig benutzt.

Beide Körper seien zunächst ohne Druck in einem Punkte zur Berührung gebracht. Man denke sich alle Punkte beider Oberflächen in der nächsten Nachbarschaft des Berührungspunkter aufgesucht, die einen sehr kleinen konstanten Abstand e in der Richtung der Berührungsnormalen voneinander besitzen. Bei ihrer Projektion auf die Berührungsebene geben diese Punkte im allgemeinen eine Ellipse, die aber in den Fällen, von denen jetzt die Rede sein soll, in einen Kreis übergeht.

Bei der Abplattung, die die Körper erfahren, wenn man sie mit einer Kraft P aufeinander drückt, berühren sie sich in einer kleinen Fläche, die man als die Druckfläche bezeichnet. Auch die Druckfläche wird ein Kreis, wenn die vorher besprochene Kurve

ein Kreis war. Man kann nun fragen, wie groß die Druckfläche
ist, die zu einer gegebenen Last P gehört, wie sich ferner die
Last P über die Druckfläche verteilt, wie groß also insbesondere
der Druck in der Mitte wird, wo er am größten ausfällt, und
wie groß endlich die Abplattung ist, d. h. um wieviel sich beide
Körper infolge der elastischen Formänderung einander nähern.
Diese Fragen werden durch die Untersuchung von Hertz
beantwortet, wobei jedoch, abgesehen von dem zuvor besprochenen verschiedenen Verhalten der oberflächlichen und der inneren
Schichten, auf das keine Rücksicht genommen wird, selbstverständlich auch vorausgesetzt werden muß, daß die Last P nicht
so groß werden darf, um an irgendeiner Stelle eine Überschreitung der Proportionalitätsgrenze herbeizuführen. Unter dieser
Voraussetzung gilt zunächst, daß der auf die Flächeneinheit bezogene Druck σ am Rande der Druckfläche gleich Null ist und
nach der Mitte hin anwächst wie die Ordinate einer über der
Druckfläche konstruierten Halbkugel. Der größte Wert σ_0 von
σ ist daher $1\frac{1}{2}$ mal so groß als der Durchschnittswert für die
ganze Druckfläche. Ferner wächst der Halbmesser der Druck-
fläche proportional mit der dritten Wurzel aus der Last P. In
demselben Maße wächst daher auch die Spannung σ_0 und hiermit die Beanspruchung des Materials. Die Annäherung α beider
Körper infolge der Abplattung wächst dagegen proportional mit
der zweidrittelten Potenz von P

Für zwei Kugeln aus demselben Materiale vom Elastizitätsmodul E mit den Halbmessern r_1 und r_2 erhält man, wenn
die Poissonsche Verhältniszahl $m = \frac{10}{3}$ gesetzt wird, für den
Halbmesser a der Druckfläche

$$a = 1{,}11 \sqrt[3]{\frac{P}{E} \cdot \frac{r_1 r_2}{r_1 \pm r_2}}. \tag{345}$$

Das untere Vorzeichen im Nenner ist zu nehmen, wenn die eine
Kugel eine Hohlkugel ist. Ferner wird

$$\sigma_0 = 0{,}388 \sqrt[3]{P E^2 \left(\frac{r_1 + r_2}{r_1 r_2}\right)^2}, \tag{346}$$

$$\alpha = 1{,}23 \sqrt[3]{\frac{P^2}{E^2} \cdot \frac{r_1 + r_2}{r_1 r_2}}. \tag{347}$$

Praktisch wichtig ist namentlich der Fall, daß an Stelle der einen
Kugel eine Platte tritt. Man braucht dann nur den betreffenden
Halbmesser in den vorausgehenden Formeln unendlich groß zu

setzen. Dadurch erhält man für eine **Platte** und eine **Kugel vom Halbmesser r**

$$a = 1{,}11 \sqrt[3]{\frac{Pr}{E}}, \tag{348}$$

$$\sigma_0 = 0{,}388 \sqrt[3]{\frac{PE^2}{r^2}} \tag{349}$$

$$\alpha = 1{,}23 \sqrt[3]{\frac{P^2}{E^2 r}}. \tag{350}$$

Ferner erhält man für **zwei rechtwinklig gekreuzte Zylinder** von demselben Halbmesser r

$$\sigma_0 = 0{,}388 \sqrt[3]{\frac{PE^2}{r^2}}. \tag{351}$$

Praktisch wichtig ist ferner noch der Fall, daß sich **zwei Zylinder von den Halbmessern r_1 und r_2** längs einer Erzeugenden berühren. Man muß sich die Zylinder unendlich lang denken. Die eine Halbachse der Druckellipse wird dann auch unendlich groß, und für die andere erhält man

$$a = 1{,}52 \sqrt{\frac{P'}{E} \cdot \frac{r_1 r_2}{r_1 + r_2}}, \tag{352}$$

$$\sigma_0 = 0{,}418 \sqrt{P'E \frac{r_1 + r_2}{r_1 r_2}}. \tag{353}$$

Die Wurzeln sind hier Quadratwurzeln, worauf ich ausdrücklich aufmerksam mache; unter P' ist der Druck auf die Längeneinheit der Zylinder zu verstehen; P' hat daher die Dimension kg/cm.

Wenn einer der Zylinder durch eine Platte ersetzt wird (z. B. bei den **Walzenlagern der Brückenträger**), wird

$$a = 1{,}52 \sqrt{\frac{P'r}{E}}, \tag{354}$$

$$\sigma_0 = 0{,}418 \sqrt{\frac{P'E}{r}}. \tag{355}$$

Vorausgesetzt wird dabei, daß die Platte hinreichend dick ist, so daß die Spannungen sich nahezu so verteilen, als wenn die Dicke unendlich groß wäre.

Wegen des besonderen Einflusses der Oberflächenschichten auf die Härte ist es nicht möglich, die Härte eines Körpers im voraus zu berechnen, wenn seine übrigen Festigkeitseigenschaften, insbesondere seine Zug- und Druckfestigkeit gegeben sind. Man muß die Härte vielmehr durch einen besonderen Versuch ermitteln. Hertz schlug vor, zwei Körper, etwa zwei Kugeln oder eine Kugel und eine Platte aus dem auf seine Härte zu prüfenden Stoffe herzustellen, sie aufeinander zu drücken, bis eine Beschädigung entsteht und hierauf die Härte in der zugehörigen Spannung σ_0 nach den vorher angeführten Formeln auszudrücken. Das hat sich aber als nicht ausführbar herausgestellt. Zunächst läßt sich beim Versuche gewöhnlich nicht genau erkennen, bei welcher Last die erste Beschädigung entsteht. Bei einem sehr spröden Körper kann man zwar annehmen, daß die erste Beschädigung in einem Sprunge besteht, der deutlich wahrnehmbar ist. Aber auch für solche Körper, wie z. B. Glas, gelingt es nicht, die Härte nach dem Vorschlag von Hertz zu bestimmen. Der Versuch zeigt nämlich, daß der beim Eintreten des Sprunges auftretende Wert von σ_0 von den Krümmungshalbmessern der aufeinander gedrückten Kugeln abhängt, was mit der Hertzschen Theorie im Widerspruche steht. Gerade diese Erfahrung ist der deutlichste Beweis dafür, daß die Härte von den besonderen Eigenschaften der Oberflächenschicht abhängt, die in der Hertzschen Theorie nicht berücksichtigt sind.

Bei den Metallen ist es überhaupt nicht möglich, das Eintreten der ersten Beschädigung, die in einem sehr kleinen bleibenden Eindrucke besteht, mit halbwegs ausreichender Sicherheit zu erkennen. Um zu einem zahlenmäßigen Ausdrucke für die Härte eines Metalls, z. B. einer Stahlsorte zu gelangen, bedient man sich in der Praxis der Brinellschen Kugeldruckprobe, auf die schon in § 12 eingegangen worden ist.

Sachverzeichnis.

29*

Vorlesungen über technische Mechanik

Von Prof. Dr. phil. Dr.-Ing. Aug Föppl.

Bd. I.   **Einführung in die Mechanik.** 11. Auflage, 414 Seiten, 104 Abbildungen. 1943. In Hln. RM. 11.80.

Bd. II. **Graphische Statik.** 11. Auflage, 411 Seiten, 209 Abbildungen. 1944. In Hln. RM. 11.80.

Bd. III. **Festigkeitslehre.** 14. Auflage, 451 Seiten, 114 Abbildungen. 1944. In Hln. RM. 11.80.

Bd. IV. **Dynamik.** 10. Auflage, 451 Seiten, 114 Abbildungen. 1944. In Hln. RM. 11.80.

Bd. V.   Vergriffen, erscheint nicht neu. An seine Stelle trat das Werk „**Drang und Zwang**".

Bd. VI. **Die wichtigsten Lehren der höheren Dynamik.** 6. Auflage, 468 Seiten, 33 Abbildungen. 1944. In Hln. RM. 11.80.

Lebenserinnerungen

Rückblick auf meine Lehr- und Aufstiegjahre. Von August Föppl. 158 Seiten. 1925. In Leinen RM. 5.40.

Drang und Zwang. Eine höhere Festigkeitslehre für Ingenieure

Von Prof. Dr. phil. Dr.-Ing. Aug. Föppl und Prof. Dr. Ludwig Föppl.

Bd. I.   4. Aufl. 358 Seiten, 70 Abb. 1944. Hln. RM. 15.50.

Bd. II. 3. Aufl. 390 Seiten, 79 Abb. 1944. Hln. RM. 15.50.

Bd. III. Erscheint 1944.

Aufgaben aus technischer Mechanik

Von Prof. Dr. Ludwig Föppl.

Unterstufe: Statik, Festigkeitslehre, Dynamik. 4. Auflage, 202 Seiten, 317 Abbildungen. 1944. RM. 10.—.

Oberstufe: Höhere Festigkeitslehre, Flugmechanik, Ähnlichkeitsmechanik, Dynamik der Wellen. 2. Aufl. 112 Seiten, 74 Abbildungen. 1944. RM. 7.—.

Festigkeitslehre mittels Spannungsoptik

Von Prof. Dr. Ludwig Föppl und Dr.-Ing. Heinz Neuber. 115 Seiten, 80 Abbildungen. 1935. RM. 6.60.

R. OLDENBOURG · MÜNCHEN I UND BERLIN

www.ingramcontent.com/pod-product-compliance
Lightning Source LLC
Chambersburg PA
CBHW030240230326
41458CB00093B/502